超冷原子分子量子散射理论研究方法

丛书林　王高仁　谢　廷　李泾伦　韩永昌　著

科 学 出 版 社

北　京

内 容 简 介

本书详细介绍超冷原子、分子的量子散射理论及其应用．全书共 10 章．第 1 章介绍超冷原子、分子的基本性质和制备方法．第 2 章介绍超冷原子光缔合与磁-光缔合的理论研究方法及其应用，主要包括密度矩阵理论、映射傅里叶网格方法、含时量子波包理论、热力学统计平均理论等．第 3 章介绍多通道耦合理论及其应用．第 4 章介绍渐近束缚态模型及其应用．第 5 章介绍多通道量子亏损理论及其应用．第 6 章介绍三体散射理论研究方法．第 7 章介绍可分离势理论及其在超冷两原子散射和三原子散射中的应用．第 8 章介绍三体散射的超球坐标理论及其应用．第 9 章介绍低维空间的波导理论及其应用．第 10 章介绍超冷玻色子分子散射和超冷费米子分子散射理论及其应用．

本书可供物理学、化学及其相关学科的科研人员、研究生参考．

图书在版编目（CIP）数据

超冷原子分子量子散射理论研究方法 / 丛书林等著．北京 ：科学出版社, 2025. 6. -- ISBN 978-7-03-081536-1

Ⅰ. O562.5-3

中国国家版本馆 CIP 数据核字第 202506AF99 号

责任编辑：杨慎欣　狄源硕 / 责任校对：韩　杨
责任印制：赵　博 / 封面设计：无极书装

科学出版社 出版
北京东黄城根北街 16 号
邮政编码：100717
http://www.sciencep.com

北京华宇信诺印刷有限公司印刷
科学出版社发行　各地新华书店经销
*
2025 年 6 月第　一　版　开本：720×1000　1/16
2025 年10月第二次印刷　印张：15 3/4
字数：318 000

定价：148.00 元

（如有印装质量问题，我社负责调换）

前　言

超冷原子与分子因具有许多特殊的性质而在精密测量、时间定标、量子态调控、量子制冷、超冷化学反应、量子信息、超精细光谱和国际单位制制定等现代科学技术领域有着重要或潜在的应用.

研究冷、超冷原子和分子的实验技术主要有缓冲气体冷却、斯塔克电场减速、塞曼磁场减速、激光冷却、光缔合、磁-光阱冷却、磁缔合和磁-光缔合等. 缓冲气体冷却技术主要用于制备冷分子. 利用斯塔克电场减速技术可以制备毫开(mK)量级的冷分子. 使用塞曼磁场减速技术可以制备毫开量级的冷分子. 采用激光冷却和光缔合技术可以制备毫开～微开（mK～μK）量级的超冷分子. 光阱、磁阱和磁-光阱是制备超冷原子、分子的常用实验手段. 采用磁-光阱技术可以制备纳开（nK）量级的超冷原子、分子.

研究超冷原子、分子的理论方法主要有密度矩阵理论、映射傅里叶网格方法、含时量子波包理论、热力学统计平均理论、多通道耦合理论、渐近束缚态理论、多通道量子亏损理论、有效场（平均场）理论、李普曼-施温格（Lippmann-Schwinger）方程、三体散射超球坐标理论、三体散射法捷耶夫（Faddeev）方程、可分离势理论和波导理论等. 本书将介绍这些理论及其在光缔合、磁缔合、磁-光缔合、超冷两原子费希巴赫（Feshbach）共振、超冷三原子叶菲莫夫（Efimov）共振、超精细通道之间量子干涉效应、超冷三原子散射与三体复合、激光冷却分子和超冷分子散射研究中的应用.

本书由丛书林、王高仁、谢廷、李泾伦和韩永昌撰写. 具体分工如下：丛书林撰写第 1 章、第 2 章和第 10 章；谢廷撰写第 3 章和第 4 章；王高仁撰写第 5 章和第 9 章；李泾伦撰写第 6 章和第 7 章；韩永昌撰写第 8 章. 作者指导的研究生张为、黄寅、刘勇、李健、胡学进、王彬彬、王猛、李立航、海洋、白岩鹏、胡晋伟、孙志新、陈中博、吕柄宽、赵明明、司博文、李子昂、张蓉、白旭辉和于宗汉等参与了本书相关内容的研究工作，在此表示衷心的感谢.

感谢国家自然科学基金委员会对本书相关研究工作的大力支持和资金资助（项目编号：10674022、10974024、11274056、12174044、12241409、12104082、22103085、2018YFA0306503）.

由于作者水平有限，书中疏漏与不妥之处在所难免，敬请读者批评指正，作者诚挚地表示感谢.

作　者
大连理工大学凌水主校区
2024 年 1 月

目　录

第 1 章　绪　论

冷和超冷分别指温度 1mK≤T< 1K 和 T< 1mK（1mK=10^{-3}K）. 当温度降低时，原子、分子运动速度减小，部分平动、振动和转动自由度被冻结. 只有在绝对零度，原子或分子才会停止运动. 然而，根据热力学第三定律可得，用任何方法都不能使系统达到绝对零度. 目前，实验上能够制备纳开～皮开（nK～pK）量级（1nK=10^{-9}K，1pK=10^{-12}K）的超冷原子与分子.

超冷原子与分子因具有许多特殊的性质而在精密测量、时间定标、量子态调控、量子制冷、超冷化学反应、量子信息、超精细光谱和国际单位制制定等现代科学技术领域有着重要或潜在的应用[1-15].

1.1　超冷原子、分子的基本性质

超冷原子、分子具有许多特殊的物理性质与应用价值[1].

（1）超冷原子、分子光谱具有稳定的结构，分辨率极高，其特征谱线准确地反映了原子、分子的结构信息[1,2].

（2）从超冷原子、分子光谱中可以提取精细和超精细结构参数[16-20]，包括电子自旋-轨道耦合系数、电子自旋-自旋耦合系数、电子自旋与核自旋之间超精细耦合系数、电子磁旋比及原子核磁旋比、偶极-偶极耦合系数、范德瓦耳斯色散系数、分子的振动周期与转动周期、分子的转动常数和电偶极矩等.

（3）利用超冷原子、分子的结构参数可以确定物理学基本常数的精确取值[1, 16-20]，并依此来确定物理量单位. 我国自 2019 年 5 月开始实行“新国际单位制”. 新国际单位制规定的 7 个基本单位（长度单位“米（m）”、质量单位“千克（kg）”、时间单位“秒（s）”、温度单位“开尔文（K）”、电流单位“安培（A）”、物质的量单位“摩尔（mol）”、发光强度单位“坎德拉（cd）”）全部由物理学基本常数（如真空中光速 c、普朗克常数 h、玻尔兹曼常数 k、玻尔半径 a_0 等，共计超过 138 个基本常数）来定义. 其他物理量的单位可由这 7 个基本单位导出.

（4）当原子系统的温度降低到某一值时，系统中大部分原子可能处于单一的量子态上，并发生玻色-爱因斯坦凝聚（Bose-Einstein condensation，BEC）现象[21-23]. 利用外场调控手段可以制备纯的原子、分子量子态，用于研究少体物理、多体物理和量子信息[24].

（5）微观粒子具有波粒二象性. 微观粒子的波动性称为德布罗意波（又称为

物质波）．超冷原子、分子的波动性非常明显，具有干涉、衍射等波动性质[3,4]．超冷原子、分子德布罗意波的波长为

$$\lambda=\frac{h}{mv}=\frac{h}{(2\pi mkT)^{1/2}} \tag{1.1.1}$$

式中，普朗克常数 h=6.63×10^{-34}Js；玻尔兹曼常数 k=1.38×10^{-23}J/K；m 和 v 分别表示原子（或分子）的质量和速度；T 表示温度．以 N_2 分子为例，m=0.028kg/mol，N_2 分子的键长 A=0.11nm．当 T=300K 时，λ=0.02nm，小于键长，不显示波动性；当 T=1K 时，λ=0.33nm，略大于键长，显示波动性；当 T=1mK 时，λ=10.4nm，远大于键长，波动性明显；当 T=1μK=1.0×10^{-6}K 时，λ=346.4nm，波动性特别明显．

利用德布罗意波相干性原理研制的原子干涉仪具有很高的灵敏度，可用于测量重力梯度和重力加速度[25-28]、精细结构常数[29]和牛顿引力常数[30-32]等．利用德布罗意波波长可以确定超冷原子（或分子）之间相互作用的有效空间范围．

（6）研究超冷原子、分子反应形成了新的分支学科——超冷化学[5-8, 33-39]．很多原子、分子反应体系的势垒随着温度的降低而下降，导致化学反应速率随着温度的降低而提高．实现超精细量子态-态分辨的化学反应及其量子调控是科研工作者的研究目标之一．

（7）利用磁场和激光可以巧妙地设计磁阱、光阱、磁-光阱、波导管和光晶格等实验装置[9-11]，把原子、分子囚禁在其中，用于冷却原子及分子和储存量子信息；精确探测超冷原子、分子的结构及其光学性质，并期望进行单原子和单光子探测．

利用四束激光和六束激光可以分别设计光阱和三维光晶格[10]．利用光阱、磁-光阱、光晶格可以研究量子调控和量子纠缠、模拟超流现象和能带结构、研究量子传输与隧道效应等[40-46]．

德国 Bloch[9]设计了纳开超低温下由原子周期排列形成的光晶格，利用激光与这种光晶格相互作用来研究量子干涉和量子纠缠．这种光晶格还具有存储量子信息和捕获原子的功能[9]．

（8）在超冷原子碰撞中，会发生 Feshbach 共振、Efimov 共振和量子干涉现象[13,47,48]．利用外场可以控制这些现象的发生，并抑制另一些非期望过程（如辐射衰减、非弹性碰撞等）的发生．

（9）在纳开～皮开量级超低温度下，可以在超精细量子态-态分辨的水平上观测超冷原子、分子的基本性质，并进行严格的理论计算．由于实验测量和理论计算的精度均极高，故可以检验物理学基本理论的正确性[49,50]．

在 T<1μK 的超低温度下，可以精确地测量磁-光调控超冷原子气体的实验结

果（如原子与分子光谱、Feshbach 共振位置与宽度、散射长度与散射截面、量子干涉与衍射等）. 在理论上，采用量子力学、量子化学、量子光学、量子电动力学、量子场论和量子统计等理论计算实验观测量，并与实验结果比较，以此来检验物理学基本定律和基本理论的正确性.

1.2 制备超冷分子的方法

迄今为止，人们已经发展了许多实验技术用于制备冷、超冷原子和分子. 这些技术主要有：缓冲气体冷却（buffer-gas cooling）[51]、斯塔克电场减速（Stark deceleration）[52,53]、塞曼磁场减速（Zeeman magnetic-field deceleration）[53,54]、磁-光阱（magneto-optical trap）[9-11]、激光冷却（laser cooling）[52, 55-72]、光缔合（photoassociation）[73-76]、磁缔合（magneticassociation）[1,77-79]和磁-光缔合（magnetic-photoassociation）[80-83]等.

使用缓冲气体冷却技术可以制备 1mK～1K 的冷分子. 利用斯塔克电场减速技术可以制备毫开量级的冷分子. 把极性分子置于随时间变化的非均匀电场中，利用斯塔克效应将分子速度减速到接近于零，然后利用磁阱俘获并囚禁分子. 使用塞曼磁场减速技术可以制备毫开量级的极性冷分子.

光阱、磁阱和磁-光阱是制备超冷原子、分子的常用实验手段. 磁-光阱由激光束形成的三维空间驻波场和反亥姆霍兹线圈产生的梯度磁场构成. 偏振激光场与梯度磁场把原子（或分子）束缚在磁-光阱中，产生超冷原子、分子. 目前，使用磁-光阱技术可以制备纳开量级的超冷原子及分子.

光缔合是利用激光控制碰撞原子形成分子的过程. 光缔合分为三种类型：高温光缔合、低温光缔合和超低温光缔合. 温度越低或碰撞能越小，涉及的核间距 R 范围就越大. ① 高温光缔合[84, 85]：利用超短脉冲激光控制两个碰撞原子形成分子的过程（T>1K），制备基电子态低振-转态分子. 高温光缔合发生在短程区域内（$R \leqslant 30a_0$，R 表示核间距，a_0 为玻尔半径）. ② 低温光缔合[86, 87]：利用超短脉冲激光控制冷原子结合成分子的过程（1mK≤T≤1K），制备基电子态低振-转态的冷分子. 低温光缔合通常发生在中程区域内（$R \leqslant 200a_0$）. ③ 超低温光缔合[88-92]：利用超短脉冲激光控制超冷原子形成超冷分子的过程（T< 1mK），产生基电子态低振-转态的超冷分子. 超低温光缔合发生在长程区域（$R \leqslant 10000a_0$）. 利用超低温光缔合可以制备微开～毫开量级的超冷分子. 采用超冷原子光缔合方法制备的超冷分子具有“平动冷、振动热”的特点，即缔合分子处于较高的振动能级. 为了制备稳定的基态超冷分子，需要对光缔合分子实施激光冷却.

磁缔合是利用磁场诱导两个碰撞原子结合成一个弱束缚分子的过程. 在磁场

诱导下，两个碰撞原子的初始态与分子的某个束缚态之间发生耦合，产生 Feshbach 共振，形成一个弱束缚的二聚物（即 Feshbach 分子）. 因此，磁缔合又称为磁场诱导 Feshbach 共振[93-98]. 磁缔合产生的超冷 Feshbach 分子通常位于基电子态的高振动能级，是不稳定的弱束缚分子. 使用两束或多束激光可以将 Feshbach 分子转变为稳定的基振-转态分子. 1998 年，Inouye 等[12]首次在实验中利用磁调控技术观测到 ^{23}Na 原子的 Feshbach 共振现象. 随后，研究人员相继在同核原子 ^{87}Rb、^{7}Li、^{85}Rb、^{39}K、^{133}Cs、^{40}K 和 ^{6}Li 与异核原子 ^{6}Li-^{23}Na、^{6}Li-^{87}Rb、^{40}K-^{87}Rb、^{6}Li-^{133}Cs、^{85}Rb-^{87}Rb、^{7}Li-^{8}Rb、^{39}K-^{87}Rb、^{40}K-^{87}Rb 和 ^{6}Li-^{40}K 中观测到 Feshbach 共振现象[98-102].

磁-光缔合过程是利用磁场和激光场把超冷原子转变为超冷分子的过程. 先利用磁场调节超冷原子发生 Feshbach 共振，产生弱束缚的 Feshbach 分子，然后利用激光把弱束缚的Feshbach分子转变为基电子态基振-转态的稳定超冷分子[15,78,83, 103-105]. 用磁-光缔合技术可以产生微开～纳开量级的超冷分子[15].

1.3　激光冷却分子

1. 激光冷却分子的顺序

在激光冷却原子技术中[106, 107]，采用“吸收-辐射”双能级循环冷却方案. 沿着原子运动方向，让原子吸收光子，再让它随机向空间各个方向发射光子，原子受到大量光子的反冲作用降低了速度. 持续经历“吸收-辐射”循环，降低了原子的能量和动量，使原子冷却到微开～毫开温度. 朱棣文（Chu Steven）、Cohen-Tannoudji[108]和 Phillips[109]三位物理学家因在激光冷却原子研究中的杰出贡献而荣获 1997 年诺贝尔物理学奖. 目前，激光冷却碱金属原子可使其最低温度达纳开量级.

由于分子具有多核结构以及平动、振动和转动自由度，分子吸收与辐射光子一般不会发生在两个固定能级之间，因此利用激光冷却分子要比冷却原子复杂得多. 在原则上，采用包含足够多频率成分的激光可以在分子多个能级之间实现“激发—辐射”循环，从而冷却分子. 1996 年，Bahns 等[56]提出激光冷却分子的顺序：转动冷却→平动冷却→振动冷却. 这种顺序在实验上很难操作. 目前实验上采用的激光冷却分子的顺序为平动冷却→振动冷却→转动冷却或者平动冷却→振动-转动冷却[57, 58]. 研究者利用激光降低分子平动、振动和转动自由度的活性，达到冷却分子的目的. 使用激光冷却技术可以产生微开～毫开量级的超冷分子.

2. 分子的平动冷却

研究者把分子囚禁在磁-光阱或者低温缓冲气体室中，产生“平动冷”的分子．针对极性分子和顺磁性分子，研究者分别采用斯塔克电场减速技术[52]和塞曼磁场减速技术[59]进行分子的平动自由度冷却．

3．分子的振动冷却

1）光泵冷却方案

美国耶鲁大学 Shuman 等[63]使用两个或三个光泵冷却技术成功地实现了极性 SrF 分子的振动冷却．他们根据富兰克-康顿因子（Franck-Condon factor）的大小，巧妙地利用两个光泵在 SrF 分子 $X^2\Sigma^+(\nu=0, 1)$与 $A^2\Pi_{1/2}(\nu=0)$态之间构造“激发—自发辐射”光循环［ν和ν'均表示不同电子态的振动量子数（振动态），不同的振动量子数代表不同的振动态］；或者利用三个光泵在 $X^2\Sigma^+(\nu=0, 1, 2)$与 $A^2\Pi_{1/2}(\nu'=0, 1)$态之间构造光循环．

实验在低温缓冲气体室中完成[63]．经过 1000 次光循环，将 50mK 的 SrF 分子振动冷却到 5mK；经过 10000 次光循环，温度降为 300μK，且大部分 SrF 分子处于 $X^2\Sigma^+(\nu=0)$态，极少数分子处于 $X^2\Sigma^+(\nu=1)$态．

2）飞秒光泵冷却方案

法国巴黎第十一大学 Sofikitis 等利用整型飞秒光泵对光缔合分子 Cs_2 进行了振动冷却[60,61,64]．飞秒光泵具有很大的频宽，可以明显提高冷却效率．由光缔合产生的冷 Cs_2 分子具有“平动冷、振动热”等特点，利用飞秒光泵在分子基电子态 $X^1\Sigma_g^+$ 与激发电子态 $B^1\Pi_u$ 的不同振动能级之间构造“激发—自发辐射”光循环．

光缔合过程在磁-光阱中完成．采用整型飞秒脉冲链作为光泵．单个脉冲的脉宽为 100fs，波长为 773nm，平均强度为 50mW/cm^2．脉冲的高频端被截去一部分，使 Cs_2 分子的基振动态（$\nu=0$）不被激发（作为暗态使用）．飞秒脉冲激光能够激发基电子态大量的$\nu\neq0$ 振动能级向激发电子态跃迁．因存在自发辐射衰减，一部分布居被囚禁到$\nu=0$ 振动态，其余布居衰减到$\nu\neq0$ 振动能级，再被光泵激发到激发电子态，持续经历“激发—衰减”循环，实现了分子的振动冷却．在 Sofikitis 等[60]、Viteau 等[61]的实验中，经过十几次光循环后，有 70%的光缔合 Cs_2 分子被囚禁在基振动态（$\nu=0$）中．

3）光缔合分子的受激拉曼绝热通道冷却方案

利用受激拉曼绝热通道（stimulated Raman adiabatic passage，STIRAP）技术将光缔合分子由激发电子态的高振动能级转移到电子基态的最低振动能级，实现振动冷却[65,66]．受激拉曼绝热通道技术要求单光子失谐、双单光子共振，选择合适的中间态至关重要．另外，也可以采用受激辐射技术对光缔合分子进行振动-转动冷却或者转动冷却．

4. 分子的转动冷却和振动-转动冷却

1）“飞秒光泵+连续波激光泵”冷却方案

法国巴黎第十一大学 Manai 等[67]在飞秒光泵振动冷却的基础上，另加一束连续波激光泵，对光缔合 Cs_2 分子进行转动冷却．他们的实验结果表明，40%的光缔合分子被囚禁在基电子态 $X^1\Sigma_g^+$ 的基振-转态 $|v=0, J=0\rangle$ 上．

2）分子振动-转动冷却的受激拉曼绝热通道方案

日本东京大学 Aikawa 等[72]设计了一种利用受激拉曼绝热通道技术振动-转动冷却光缔合分子 KRb 的实验方案．实验结果表明大于 70%的光缔合分子被囚禁在基电子态 $X^1\Sigma^+$ 的基振-转态 $|v=0, J=0\rangle$ 上．

3）针对分子离子的光泵转动冷却方案

针对平动和振动冷的分子离子（如 MgH^+、HD^+、$BaCl^+$、CaF^+ 等），德国席勒（Schiller）研究小组和丹麦德鲁森（Drewsen）研究小组采用光泵转动冷却方法，实现了分子离子的转动冷却[68-71]．光泵在 MgH^+ 分子离子的振-转态 $|v=0, J=0,1,2\rangle$ 和 $|v=1, J=0,1,2\rangle$ 之间形成“激发—辐射”循环[70]．MgH^+ 分子离子的初始转动温度为 300K，经过多次“激发—辐射”循环冷却后，转动温度低于 100mK．分子离子总布居的 64%分布在基振-转态 $|v=0, J=0\rangle$，23%分布在 $|v=0, J=1\rangle$，其余（13%）处于 $|v=0, J\geqslant 2\rangle$ 态．通过优化激光参数，可以将 MgH^+ 分子离子总布居的 90%囚禁在基振-转态 $|v=0, J=0\rangle$．

1.4　本书的主要内容

本书主要介绍密度矩阵理论、映射傅里叶网格方法、含时量子波包理论、热力学统计平均理论、多通道耦合理论、渐近束缚态理论、多通道量子亏损理论、超球坐标理论、三体散射 Faddeev 方程、可分离势理论和低维空间波导理论在研究光缔合、磁缔合、磁-光缔合、超冷两原子 Feshbach 共振、超冷三原子 Efimov 共振、超冷三原子散射和超冷分子散射过程中的应用．

第 2 章介绍密度矩阵理论、映射傅里叶网格方法、含时量子波包理论、热力学统计平均理论及其在热力学平均光缔合、超冷原子光缔合、超冷双原子 Feshbach 共振、磁缔合、磁-光缔合和光缔合分子振动-转动冷却研究中的应用．

第 3 章介绍多通道耦合理论及其数值计算方法．主要介绍多通道耦合理论在超冷原子磁缔合、磁场诱导 Feshbach 共振研究中的应用．

第 4 章介绍渐近束缚态理论模型及其在磁场调控超冷原子 Feshbach 共振研究中的应用．

第 5 章介绍多通道量子亏损理论（包括量子亏损矩阵和量子亏损参数）及其在超冷原子 Feshbach 共振、超冷原子碰撞和超冷分子碰撞研究中的应用.

第 6 章和第 7 章介绍三体散射的基本问题、李普曼-施温格方程、Faddeev 方程、可分离势理论及其在超冷三原子散射中的应用.

第 8 章介绍三体散射的超球坐标理论及其应用，主要内容包括质量标度（mass-scaled）雅可比坐标系与超球坐标表象、改进的史密斯-惠顿（Smith-Whitten）超球坐标表象、绝热超球坐标表象和数值计算方法，并介绍这些理论在三原子散射与复合研究中的应用.

第 9 章介绍低维空间的波导理论及其应用，主要内容包括低维空间超冷原子碰撞理论、局域坐标变换方法及其应用等.

第 10 章介绍超冷分子散射理论及其应用，主要内容包括超冷玻色子分子 s 波散射理论与高阶分波散射理论及其应用、超冷费米子分子散射理论及其应用.

参考文献

[1] Chin C, Grimm R, Julienne P, et al. Feshbach resonances in ultracold gases. Reviews of Modern Physics, 2010, 82(2): 1225-1286.

[2] Nesbitt D J. Toward state-to-state dynamics in ultracold collisions: Lessons from high-resolution spectroscopy of weakly bound molecular complexes. Chemical Reviews, 2012, 112(9): 5062-5072.

[3] Schumm T, Hofferberth S, Andersson L M, et al. Matter-wave interferometry in a double well on an atom chip. Nature Physics, 2005, 1(1): 57-62.

[4] Clow S, Weinacht T. Four-level atomic interferometer driven by shaped ultrafast laser pulses. Physical Review A, 2010, 82(2): 023411.

[5] Gregory P D, Frye M D, Blackmore J A, et al. Sticky collisions of ultracold RbCs molecules. Nature Communications, 2019, 10(5): 3104.

[6] Ospelkaus S, Ni K K, Wang D, et al. Quantum-state controlled chemical reactions of ultracold Potassium-Rubidium molecules. Science, 2010, 327(5967): 853-857.

[7] de Marco L, Valtolina G, Matsuda K, et al. A degenerate Fermi gas of polar molecules. Science, 2019, 363(6429): 853-856.

[8] Morita M, Krems R V, Tscherbul T V. Universal probability distributions of scattering observables in ultracold molecular collisions. Physical Review Letters, 2019, 123(1): 013401.

[9] Bloch I. Quantum coherence and entanglement with ultracold atoms in optical lattices. Nature, 2008, 453(7198): 1016-1022.

[10] Quemener G, Julienne P S. Ultracold molecules under control!. Chemical Reviews, 2012, 112(9): 4949-5011.

[11] Baranov M A, Dalmonte M, Pupillo G, et al. Condensed matter theory of dipolar quantum gases. Chemical Reviews, 2012, 112(9): 5012-5061.

[12] Inouye S, Andrews M R, Stenger J, et al. Observation of Feshbach resonances in a Bose-Einstein condensate. Nature, 1998, 392(6672): 151-154.

[13] Bauer D M, Lettner M, Vo C, et al. Control of a magnetic Feshbach resonance with laser light. Nature Physics, 2009, 5(5): 339-342.

[14] Danzl J G, Haller E, Gustavsson M, et al. Quantum gas of deeply bound ground state molecules. Science, 2008, 321(5892): 1062-1066.

[15] Ni K K, Ospelkaus S, de Miranda M H G, et al. A high phase-space-density gas of polar molecules. Science, 2008, 322(5899): 231-235.

[16] Hudson E R, Lewandowski H J, Sawyer B C, et al. Cold molecule spectroscopy for constraining the evolution of the fine structure constant. Physical Review Letters, 2006, 96(14): 143004.

[17] Schiller S. Hydrogen like highly charged ions for tests of the time independence of fundamental constants. Physical Review Letters, 2007, 98(18): 180801.

[18] Zelevinsky T, Kotochigova S, Ye J. Precision test of mass-ratio variations with lattice-confined ultracold molecules. Physical Review Letters, 2008, 100(4): 043201.

[19] DeMille D, Sainis S, Sage J, et al. Enhanced sensitivity to variation of m_e/m_p in molecular spectra. Physical Review Letters, 2008, 100(4): 043202.

[20] Shelkovnikov A, Butcher R J, Chardonnet C, et al. Stability of the proton-to-electron mass ratio. Physical Review Letters, 2008, 100(15): 150801.

[21] Santos L, Shlyapnikov G V, Zoller P, et al. Bose-Einstein condensation in trapped dipolar gases. Physical Review Letters, 2000, 85(9): 1791-1794.

[22] Fetter A L, Svidzinsky A A. Vortices in a trapped dilute Bose-Einstein condensate. Journal of Physics: Condensation Matter, 2001, 13(12): R135-R194.

[23] Lushnikov P M. Collapse of Bose-Einstein condensates with dipole-dipole interactions. Physical Review A, 2002, 66(5): 051601.

[24] Baranov M A. Theoretical progress in many-body physics with ultracold dipolar gases. Physics Reports, 2008, 464(3): 71-111.

[25] Mcguirk J M, Foster G T, Fixler J B, et al. Sensitive absolute-gravity gradiometry using atom interferometry. Physical Review A, 2002, 65(3): 033608.

[26] Snadden M J, McGuirk J M, Bouyer P, et al. Measurement of the earth's gravity gradient with an atom interferometer-based gravity gradiometer. Physical Review Letters, 1998, 81(5): 971-974.

[27] Peters A, Chung K Y, Chu S. Measurement of gravitational acceleration by dropping atoms. Nature, 1999, 400(6747): 849-852.

[28] Hu Z K, Sun B L, Duan X C, et al. Demonstration of an ultrahigh-sensitivity atom-interferometry absolute gravimeter. Physical Review A, 2013, 88(4): 043610.

[29] Weiss D S, Young B C, Chu S. Precision measurement of $\hbar / m$ Cs based on photon recoil using laser-cooled atoms and atomic interferometry. Applied Physics B, 1994, 59(3): 217-256.

[30] Fixler J B, Foster G T, McGuirk J M, et al. Atom interferometer measurement of the Newtonian constant of gravity. Science, 2007, 315(5808): 74-77.

[31] Lamporesi G, Bertoldi A, Cacciapuoti L, et al. Determination of the Newtonian gravitational constant using atom interferometry. Physical Review Letters, 2008, 100(5): 050801.

[32] Müller H, Chiow S, Herrmann S, et al. Atom-interferometry tests of the isotropy of post-Newtonian gravity. Physical Review Letters, 2008, 100(3): 031101.

[33] Balakrishnan N, Dalgarno A. Chemistry at ultracold temperatures. Chemical Physics Letters, 2001, 341(5-6): 652-656.

[34] Weck P F, Balakrishnan N. Quantum dynamics of the Li+HF→H+LiF reaction at ultralow temperatures. The Journal of Chemical Physics, 2005, 122(15): 154309.

[35] Lara M, Bohn J L, Potter D, et al. Ultracold Rb-OH collisions and prospects for sympathetic cooling. Physical Review Letters, 2006, 97(18): 183201.

[36] Zahzam N, Vogt T, Mudrich M, et al. Atom-molecule collisions in an optically trapped gas. Physical Review Letters, 2006, 96(2): 023202.

[37] Krems R V. Controlling collisions of ultracold atoms with DC electric fields. Physical Review Letters, 2006, 96(12): 123202.

[38] Krems R V. Cold controlled chemistry. Physical Chemistry Chemical Physics, 2008, 10(28): 4079-4092.

[39] Moore M G, Vardi A. Bose-enhanced chemistry: Amplification of selectivity in the dissociation of molecular Bose-Einstein condensates. Physical Review Letters, 2002, 88(16): 160402.

[40] Wang D W, Lukin M D, Demler E. Quantum fluids of self-assembled chains of polar molecules. Physical Review Letters, 2006, 97(18): 180413.

[41] Micheli A, Brennen G K, Zoller P. A toolbox for lattice-spin models with polar molecules. Nature Physics, 2006, 2(5): 341-347.

[42] DeMille D. Quantum computation with trapped polar molecules. Physical Review Letters, 2002, 88(6): 067901.

[43] Rabl P, DeMille D, Doyle J M, et al. Hybrid quantum processors: Molecular ensembles as quantum memory for solid state circuits. Physical Review Letters, 2006, 97(3): 033003.

[44] Zadoyan R, Kohen D, Lidar D A, et al. The manipulation of massive ro-vibronic superpositions using time-frequency-resolved coherent anti-Stokes Raman scattering (TFRCARS): From quantum control to quantum computing. Chemical Physics, 2001, 266(2-3): 323-351.

[45] Bihary Z, Glenn D R, Lidar D A, et al. An implementation of the Deutsch-Jozsa algorithm on molecular vibronic coherences through four-wave mixing: A theoretical study. Chemical Physics Letters, 2002, 360(5-6): 459-465.

[46] Glenn D R, Lidar D A, Apkarian V A. Quantum logic gates in iodine vapor using time-frequency resolved coherent anti-Stokes Raman scattering: A theoretical study. Molecular Physics, 2006, 104(8): 1249-1266.

[47] Efimov V. Energy levels arising from resonant two-body forces in a three-body system. Physics Letters B, 1970, 33(8): 563-564.

[48] Berninger M, Zenesini A, Huang B, et al. Universality of the three-body parameter for Efimov states in ultracold cesium. Physical Review Letters, 2011, 107(12): 120401.

[49] Fray S, Diez C A, Hansch T W, et al. Atomic interferometer with amplitude gratings of light and its applications to atom based tests of the equivalence principle. Physical Review Letters, 2004, 93(24): 240404.

[50] Dimopoulos S, Graham P W, Hogan J M, et al. Testing general relativity with atom interferometry. Physical Review Letters, 2007, 98(11): 111102.

[51] Hansen A K, Versolato O O, Klosowski L, et al. Efficient rotational cooling of Coulomb-crystallized molecular ions by a helium buffer gas. Nature, 2014, 508(7494): 76-79.

[52] van de Meerakker S Y T, Bethlem H L, Meijer G. Taming molecular beams. Nature Physics, 2008, 4(8): 595-602.

[53] van de Meerakker S Y T, Bethlem H L, Vanhaecke N, et al. Manipulation and control of molecular beams. Chemical Reviews, 2012, 112(9): 4828-4878.

[54] Narevicius E, Raizen M G. Toward cold chemistry with magnetically decelerated supersonic beams. Chemical Reviews, 2012, 112(9): 4879-4889.

[55] Metcalf H J, van der Straten P. Laser cooling and trapping of atoms. Journal of the Optical Society of America B, 2003, 20(5): 887-908.

[56] Bahns J T, Stwalley W C, Gould P L. Laser cooling of molecules: A sequential scheme for rotation, translation, and vibration. The Journal of Chemical Physics, 1996, 104(24): 9689-9697.

[57] Narevicius E, Bannerman S T, Raizen M G. Single-photon molecular cooling. New Journal of Physics, 2009, 11(5): 055046.

[58] Zeppenfeld M, Motsch M P, Pinkse W H, et al. Optoelectrical cooling of polar molecules. Physical Review A, 2009, 80(4): 041401.

[59] Narevicius E, Libson A, Parthey C G, et al. Stopping supersonic oxygen with a series of pulsed electromagnetic coils: A molecular coilgun. Physical Review A, 2008, 77(5): 051401.

[60] Sofikitis D, Weber S, Fioretti A, et al. Molecular vibrational cooling by optical pumping with shaped femtosecond pulses. New Journal of Physics, 2009, 11(5): 055037.

[61] Viteau M, Chotia A, Sofikitis D, et al. Broadband lasers to detect and cool the vibration of cold molecules. Faraday Discussions, 2009, 142(2): 257-270.

[62] Kastle A. Quelques suggestions concernant la production optique et la détection optique d'une inégalité de population des niveaux de quantification spatiale des atomes. Journal de Physique et le Radium, 1950, 11(6): 255-265.

[63] Shuman E S, Barry J F, Glenn D R, et al. Radiative force from optical cycling on a diatomic molecule. Physical Review Letters, 2009, 103(22): 223001.

[64] Viteau M, Chotia A, Allegrini M, et al. Optical pumping and vibrational cooling of molecules. Science, 2008, 321(5886): 232-234.

[65] Shapiro E A, Shapiro M, Peer A, et al. Photoassociation adiabatic passage of ultracold Rb atoms to form ultracold Rb_2 molecules. Physical Review A, 2007, 75(1): 013405.

[66] Martay H E, Martay L, McCabe D J, et al. Demonstrating coherent control in $^{85}Rb_2$ using ultrafast laser pulses: A theoretical outline of two experiments. Physical Review A, 2009, 80(3): 033403.

[67] Manai I, Horchani R, Lignier H, et al. Rovibrational cooling of molecules by optical pumping. Physical Review Letters, 2012, 109(18): 183001.

[68] Schneider T, Roth B, Duncker H, et al. All-optical preparation of molecular ions in the rovibrational ground state. Nature Physics, 2010, 6(4): 275-278.

[69] Staanum P F, Højbjerre A, Peter S, et al. Rotational laser cooling of vibrationally and translationally cold molecular ions. Nature Physics, 2010, 6(4): 271-274.

[70] Højbjerre A, Hansen K, Skyt P S, et al. Rotational state resolved photodissociation spectroscopy of translationally and vibrationally cold MgH^+ ions: Toward rotational cooling of molecular ions. New Journal of Physics, 2009, 11(5): 055026.

[71] Hudson E P. Method for producing ultracold molecular ions. Physical Review A, 2007, 79(3): 032716.

[72] Aikawa K, Akamatsu D, Hayashi M, et al. Coherent transfer of photoassociated molecules into the rovibrational ground state. Physical Review Letters, 2010, 105(20): 203001.

[73] Thorsheim H R, Weiner J, Julienne P S. Laser-induced photoassociation of ultracold sodium atoms. Physical Review Letters, 1987, 58(23): 2420-2423.

[74] Miller J D, Cline R A, Heinzen D J. Photoassociation spectrum of ultracold Rb atoms. Physical Review Letters, 1993, 71(14): 2204-2207.

[75] Lett P D, Helmerson K, Phillips W D, et al. Spectroscopy of Na_2 by photoassociation of laser-cooled Na. Physical Review Letters, 1993, 71(14): 2200-2203.

[76] Nikolov A N, Ensher J R, Eyler E E, et al. Efficient production of ground-state potassium molecules at sub-mK temperatures by two-step photoassociation. Physical Review Letters, 2000, 84(2): 246-249.

[77] Xie T, Wang G R, Zhang W, et al. Effects of an electric field on Feshbach resonances and the thermal-average scattering rate of ^{6}Li-^{40}K collisions. Physical Review A, 2012, 86(3): 032713.

[78] Li L H, Li J L, Wang G R, et al. The modulating action of electric field on magnetically tuned Feshbach resonance. The Journal of Chemical Physics, 2019, 150(6): 064310.

[79] Courteille P, Freeland R S, Heinzen D J, et al. Observation of a Feshbach resonance in cold atom scattering. Physical Review Letters, 1998, 81(1): 69-72.

[80] van Abeelen F A, Heinzen D J, Verhaar B J. Photoassociation as a probe of Feshbach resonances in cold-atom scattering. Physical Review A, 1998, 57(6): 4102-4105.

[81] Tolra B L, Hoang N, T'Jampens B, et al. Controlling the formation of cold molecules via a Feshbach resonance. Europhysics Letters, 2003, 64(2): 171-177.

[82] Hu X J, Xie T, Huang Y, et al. Short-pulse photoassociation of ^{40}K and ^{87}Rb atoms in the vicinity of magnetically tuned Feshbach resonances. Physical Review A, 2015, 92(3): 032709.

[83] Hai Y, Li L H, Li J L, et al. Formation of ultracold $^{39}K^{133}Cs$ molecules via Feshbach optimized photoassociation. The Journal of Chemical Physics, 2020, 152(5): 174307.

[84] Niu Y Y, Wang S M, Yuan K J, et al. Vibrational state-selectivity of product HI in photoassociation reaction I+H→HI. Chemical Physics Letters, 2006, 428(1): 7-12.

[85] Li J L, Huang Y, Xie T, et al. Formation of NaH molecules in the lowest rovibrational level of the ground electronic state via short-range photoassociation. Communications in Computational Physics, 2015, 17(1): 79-92.

[86] Wang M, Li J L, Hu X J, et al. Photoassociation dridren by short laser pulse at millikelvin temperature. Physical Review A, 2017, 96(4): 043417.

[87] Wang M, Lyu B K, Li J L, et al. Rovibration cooling of photoassociated $^{85}Rb_2$ molecules at millikelvin temperature. Physical Review A, 2019, 99(5): 053428.

[88] Zhang W, Huang Y, Xie T, et al. Efficient photoassociation with a slowly-turned-on and rapidly-turned-off laser field. Physical Review A, 2010, 82(6): 063411.

[89] Zhang W, Wang G R, Cong S L. Efficient photoassociation with a train of asymmetric laser pulses. Physical Review A, 2011, 83(4): 045401.

[90] Zhang W, Zhao Z Y, Xie T, et al. Photoassociation dynamics driven by a modulated two-color laser field. Physical Review A, 2011, 84(5): 053418.

[91] Zhang W, Xie T, Huang Y, et al. Enhancing photoassociation efficiency by picosecond laser pulse with cubic-phase modulation. Physical Review A, 2011, 84(6): 065406.

[92] Huang Y, Zhang W, Wang G R, et al. Formation of $^{85}Rb_2$ ultracold molecules via photoassociation by two-color laser fields modulating the Gaussian amplitude. Physical Review A, 2012, 86(4): 043420.

[93] Marte A, Volz T, Schuster J, et al. Feshbach resonances in rubidium 87: Precision measurement and analysis. Physical Review Letters, 2002, 89(28): 283202.

[94] Strecker K E, Partridge G B, Truscott A G, et al. Formation and propagation of matter-wave soliton trains. Nature, 2002, 417(6885): 150-153.

[95] Regal C A, Ticknor C, Bohn J L, et al. Creation of ultracold molecules from a Fermi gas of atoms. Nature, 2003, 424(6944): 47-50.

[96] Stan C A, Zwierlein M W, Schunck C H, et al. Observation of Feshbach resonances between two different atomic species. Physical Review Letters, 2004, 93(14): 143001.

[97] Deh B, Marzok C, Zimmermann C, et al. Feshbach resonances in mixtures of ultracold ^{6}Li and ^{87}Rb gases. Physical Review A, 2008, 77(1): 010701.

[98] Repp M, Pires R, Ulmani J, et al. Observation of interspecies ^{6}Li-^{133}Cs Feshbach resonances. Physical Review A, 2013, 87(1): 010701.

[99] Papp S B, Wieman C E. Observation of heteronuclear Feshbach molecules from a ^{85}Rb-^{87}Rb gas. Physical Review Letters, 2006, 97(18): 180404.

[100] Marzok C, Deh B, Zimmermann C, et al. Feshbach resonances in an ultracold ^{7}Li and ^{87}Rb mixture. Physical Review A, 2009, 79(1): 012717.

[101] Thalhammer G, Barontini G, Sarlo L D, et al. Double species Bose-Einstein condensate with tunable interspecies interactions. Physical Review Letters, 2008, 100(21): 210402.

[102] Wille E, Spiegelhalder F M, Kerner G, et al. Exploring an ultracold Fermi-Fermi mixture: Interspecies Feshbach resonances and scattering properties of ^{6}Li and ^{40}K. Physical Review Letters, 2008, 100(5): 053201.

[103] Herbig J, Kraemer T, Mark M, et al. Preparation of a pure molecular quantum gas. Science, 2003, 301(5639): 1510-1513.

[104] Lang F, Winkler K, Strauss C, et al. Ultracold triplet molecules in the rovibrational ground state. Physical Review Letters, 2008, 101(13): 133005.

[105] Hansch T W, Schawlow A L. Cooling of gases by laser radiation. Optics Communications, 1975, 13(1): 68-69.

[106] Wineeland D J, Itanno W M. Laser cooling of atoms. Physical Review A, 1979, 20(4): 1521-1540.

[107] Chu S. The manipulation of neutral particles. Reviews of Modern Physics, 1998, 70(3): 685-706.

[108] Cohen-Tannoudji C N. Manipulating atoms with photons. Reviews of Modern Physics, 1998, 70(3): 707-720.

[109] Phillips W D. Laser cooling and trapping of neutral atoms. Reviews of Modern Physics, 1998, 70(3): 721-741.

第 2 章　超冷原子光缔合与磁-光缔合过程

本章介绍超冷原子光缔合与磁-光缔合过程的基本理论及其应用.

2.1　超冷原子光缔合的理论研究方法

研究超冷原子光缔合的理论方法主要有密度矩阵理论、映射傅里叶网格方法、含时量子波包理论、热力学统计平均理论和受激拉曼绝热通道理论. 本节介绍这些基本理论研究方法.

2.1.1　密度矩阵理论

为了描述混合态量子系统的物理性质，诺依曼（Neumann）于 1927 年提出了密度矩阵的基本概念和理论. 目前，密度矩阵理论已经被广泛地用于处理与物理学、化学、光学工程、电子科学与技术有关的许多科学技术问题[1-3]. 在超冷原子与分子物理研究领域，密度矩阵理论是研究超冷原子光缔合过程、磁-光缔合过程、Feshbach 共振、激光冷却原子与分子、超冷分子定向与量子态调控、电子自旋混合态量子性质、量子热机与量子制冷机（量子冰箱）的有效理论方法[4-11].

1. 密度矩阵的基本性质

密度矩阵定义为

$$\hat{\rho}=\sum_{i}W_{i}\left|\Psi_{i}\right\rangle\left\langle\Psi_{i}\right| \tag{2.1.1}$$

密度矩阵又称为密度算符. 将纯态 $\left|\Psi_{i}\right\rangle$ 按某一力学量的完备性基矢 $\left\{|m\rangle=\left|\Phi_{m}\right\rangle\right\}$ 展开为

$$\left|\Psi_{i}\right\rangle=\sum_{m}|m\rangle\left\langle m|\Psi_{i}\right\rangle=\sum_{m}C_{im}|m\rangle \tag{2.1.2}$$

密度矩阵的表达式为

$$\hat{\rho}=\sum_{i}W_{i}\sum_{mn}C_{in}^{*}C_{im}|m\rangle\langle n|=\sum_{mn}\rho_{mn}|m\rangle\langle n| \tag{2.1.3}$$

式中，密度矩阵元为

$$\rho_{mn}=\langle m|\hat{\rho}|n\rangle=\sum_{i}W_{i}C_{in}^{*}C_{im}=\sum_{i}W_{i}\left\langle m|\Psi_{i}\right\rangle\left\langle\Psi_{i}|n\right\rangle \tag{2.1.4}$$

特殊地，令 $m=n$，给出密度矩阵的对角矩阵元为

$$\rho_{nn}=\langle n|\hat{\boldsymbol{\rho}}|n\rangle=\sum_i W_i\left|C_{in}\right|^2 \tag{2.1.5}$$

密度矩阵对角矩阵元 ρ_{nn} 表示的物理意义：W_i 表示在系统中发现粒子处于纯态 $|\Psi_i\rangle$ 的概率，而 $|C_{in}|^2$ 表示在纯态 $|\Psi_i\rangle$ 中发现粒子处于本征态 $|n\rangle$ 的概率，故 ρ_{nn} 表示在系统中发现粒子处于本征态 $|n\rangle$ 的总概率．由于概率取正值，故 $\rho_{nn}=\langle n|\hat{\boldsymbol{\rho}}|n\rangle\geqslant 0$．

密度矩阵具有下列性质：① $\hat{\boldsymbol{\rho}}$ 是厄米算符或者厄米矩阵，即 $\hat{\boldsymbol{\rho}}^{\dagger}=\hat{\boldsymbol{\rho}}$．②密度矩阵满足归一化条件 $\mathrm{Tr}\hat{\boldsymbol{\rho}}=1$．③任何一个力学量算符 $\hat{\boldsymbol{Q}}$ 在混态下的期望值（平均值）等于密度矩阵 $\hat{\boldsymbol{\rho}}$ 与 $\hat{\boldsymbol{Q}}$ 乘积的迹（取矩阵对角元素之和），即

$$\left\langle\hat{\boldsymbol{Q}}\right\rangle_m=\mathrm{Tr}(\hat{\boldsymbol{\rho}}\hat{\boldsymbol{Q}})=\sum_n\langle n|\,\hat{\boldsymbol{\rho}}\hat{\boldsymbol{Q}}|n\rangle=\sum_{mn}\langle n|\,\hat{\boldsymbol{\rho}}|m\rangle\langle m|\hat{\boldsymbol{Q}}|n\rangle \tag{2.1.6}$$

密度矩阵包含了用混态描述的系统的所有信息，其作用如同用纯态描述单个粒子的基本性质一样．

2. 量子刘维尔方程

设系统的哈密顿算符为 $\hat{\boldsymbol{H}}$，密度矩阵满足量子刘维尔（Liouville）方程

$$\frac{\partial}{\partial t}\hat{\boldsymbol{\rho}}(t)=\frac{1}{\mathrm{i}\hbar}[\hat{\boldsymbol{H}},\hat{\boldsymbol{\rho}}(t)] \tag{2.1.7}$$

用矩阵元表示为

$$\frac{\partial}{\partial t}\rho_{mn}(t)=\frac{1}{\mathrm{i}\hbar}\left(\hat{\boldsymbol{H}}\hat{\boldsymbol{\rho}}(t)-\hat{\boldsymbol{\rho}}(t)\hat{\boldsymbol{H}}\right)_{mn} \tag{2.1.8}$$

式中，$\hbar$ 表示约化普朗克常数．对于一个孤立系统，当不考虑衰减因素时，量子刘维尔方程（2.1.7）可由密度矩阵的定义式和量子力学薛定谔（Schrödinger）方程推导出来．

当考虑衰减效应时，在方程（2.1.7）中加上描述衰减效应的弛豫项，即

$$\mathrm{i}\hbar\frac{\partial}{\partial t}\hat{\boldsymbol{\rho}}+\mathrm{i}\hbar\left(\frac{\partial\hat{\boldsymbol{\rho}}}{\partial t}\right)_{\mathrm{relax}}=[\hat{\boldsymbol{H}},\hat{\boldsymbol{\rho}}] \tag{2.1.9}$$

3. 约化密度矩阵理论

前面介绍的密度矩阵理论适用于处理封闭系统的物理问题，没有考虑原子（或分子）与周围环境之间的相互作用．在实际问题中，严格意义的封闭或孤立系统是不存在的．对于一个开放系统，可以将其分为两个子系统：原子（或分子）子系统（S）和热浴（环境）子系统（R）．

开放系统的哈密顿算符为

$$\hat{\boldsymbol{H}} = \hat{\boldsymbol{H}}_S + \hat{\boldsymbol{H}}_R + \hat{\boldsymbol{H}}_{S\text{-}R} \tag{2.1.10}$$

式中，$\hat{\boldsymbol{H}}_S$ 和 $\hat{\boldsymbol{H}}_R$ 分别表示原子和热浴的哈密顿算符，原子和热浴均为子系统；$\hat{\boldsymbol{H}}_{S\text{-}R}$ 表示原子和热浴之间的相互作用势．开放系统密度矩阵满足量子刘维尔方程

$$\frac{\partial \hat{\boldsymbol{\rho}}(t)}{\partial t} = -\frac{\mathrm{i}}{\hbar}[\hat{\boldsymbol{H}}, \hat{\boldsymbol{\rho}}(t)] = -\frac{\mathrm{i}}{\hbar}(\hat{\boldsymbol{H}}\hat{\boldsymbol{\rho}} - \hat{\boldsymbol{\rho}}\hat{\boldsymbol{H}}) \tag{2.1.11}$$

对于开放系统，我们感兴趣的是原子（或分子）子系统的动力学行为．为此，对热浴的量子态求迹，给出约化密度矩阵 $\hat{\boldsymbol{\sigma}}(t)$ 的定义式为

$$\hat{\boldsymbol{\sigma}}(t) = \mathrm{Tr}_R[\hat{\boldsymbol{\rho}}(t)] \tag{2.1.12}$$

约化密度矩阵 $\hat{\boldsymbol{\sigma}}(t)$ 与热浴的自由度或量子态无关．将方程（2.1.12）对时间求导数，得到

$$\begin{aligned}\frac{\partial \hat{\boldsymbol{\sigma}}(t)}{\partial t} &= \mathrm{Tr}_R\left\{\frac{\partial \hat{\boldsymbol{\rho}}(t)}{\partial t}\right\} = -\frac{\mathrm{i}}{\hbar}\mathrm{Tr}_R\{[\hat{\boldsymbol{H}}_S + \hat{\boldsymbol{H}}_R + \hat{\boldsymbol{H}}_{S\text{-}R},\ \hat{\boldsymbol{\rho}}(t)]\} \\ &= -\frac{\mathrm{i}}{\hbar}[\hat{\boldsymbol{H}}_S,\ \hat{\boldsymbol{\sigma}}(t)] - \frac{\mathrm{i}}{\hbar}\mathrm{Tr}_R\{[\hat{\boldsymbol{H}}_R + \hat{\boldsymbol{H}}_{S\text{-}R},\ \hat{\boldsymbol{\rho}}(t)]\}\end{aligned} \tag{2.1.13}$$

在式（2.1.13）中，对热浴的量子态求迹后，含有 $\hat{\boldsymbol{H}}_R$ 的项相消．约化密度矩阵满足的时间演化方程为

$$\frac{\partial \hat{\boldsymbol{\sigma}}(t)}{\partial t} = -\frac{\mathrm{i}}{\hbar}[\hat{\boldsymbol{H}}_S,\ \hat{\boldsymbol{\sigma}}(t)] - \frac{\mathrm{i}}{\hbar}\mathrm{Tr}_R\{[\hat{\boldsymbol{H}}_{S\text{-}R},\ \hat{\boldsymbol{\rho}}(t)]\} \tag{2.1.14}$$

式中，$\hat{\boldsymbol{\rho}}(t)$ 由方程（2.1.11）计算．通常采用路径积分方法或者微扰方法求解方程（2.1.14）[9-11]．设热浴的密度矩阵为 $\hat{\boldsymbol{R}}(t)$，在一阶微扰近似下，若取原子和热浴之间相互作用势为双线性函数形式，则有

$$\hat{\boldsymbol{\rho}}(t) = \hat{\boldsymbol{\sigma}}(t) + \hat{\boldsymbol{R}}(t) \tag{2.1.15}$$

$$\hat{\boldsymbol{H}}_{S\text{-}R} = \sum_{\mu} \boldsymbol{K}_{\mu}\boldsymbol{\phi}_{\mu} \tag{2.1.16}$$

式中，$\boldsymbol{K}_{\mu}$ 和 $\boldsymbol{\phi}_{\mu}$ 分别与原子（或分子）和热浴有关．利用式（2.1.15）和式（2.1.16），把方程（2.1.14）简化为

$$\begin{aligned}\frac{\partial \hat{\boldsymbol{\sigma}}(t)}{\partial t} &= -\frac{\mathrm{i}}{\hbar}[\hat{\boldsymbol{H}}_S,\ \hat{\boldsymbol{\sigma}}(t)] - \frac{\mathrm{i}}{\hbar}\mathrm{Tr}_R\{[\hat{\boldsymbol{H}}_{S\text{-}R},\ \hat{\boldsymbol{\sigma}}(t)] + [\hat{\boldsymbol{H}}_{S\text{-}R},\ \hat{\boldsymbol{R}}(t)]\} \\ &= -\frac{\mathrm{i}}{\hbar}[\hat{\boldsymbol{H}}_S + \sum_{\mu}\boldsymbol{K}_{\mu}\mathrm{Tr}_R\{\boldsymbol{\phi}_{\mu}\hat{\boldsymbol{R}}(t)\},\ \hat{\boldsymbol{\sigma}}(t)]\end{aligned} \tag{2.1.17}$$

设热浴处于热平衡状态，其密度矩阵为

$$\hat{\boldsymbol{R}}(t)=\hat{\boldsymbol{R}}_{\mathrm{eq}}(t)=\frac{\exp\left(-\dfrac{\hat{\boldsymbol{H}}_R}{k_{\mathrm{B}}T}\right)}{\mathrm{Tr}_R\left[\exp\left(-\dfrac{\hat{\boldsymbol{H}}_R}{k_{\mathrm{B}}T}\right)\right]} \tag{2.1.18}$$

且有

$$\mathrm{Tr}_R[\boldsymbol{\phi}_\mu\hat{\boldsymbol{R}}(t)]=\left\langle\boldsymbol{\phi}_\mu\right\rangle_R \tag{2.1.19}$$

式中，k_{B} 为玻尔兹曼常数.

在相互作用绘景中，密度矩阵 $\hat{\boldsymbol{\rho}}^{(I)}(t)$ 满足运动方程

$$\frac{\partial\hat{\boldsymbol{\rho}}^{(I)}(t)}{\partial t}=-\frac{\mathrm{i}}{\hbar}[\hat{\boldsymbol{H}}_{S\text{-}R}^{(I)}(t),\ \hat{\boldsymbol{\rho}}^{(I)}(t)] \tag{2.1.20}$$

式中，上标 (I) 表示球张量阶. 设 $\hat{\boldsymbol{U}}_0(t,t_0)$ 表示在相互作用绘景中密度矩阵及哈密顿算符的时间演化算符，即

$$\hat{\boldsymbol{H}}_{S\text{-}R}^{(I)}(t)=\hat{\boldsymbol{U}}_0^{\dagger}(t,t_0)\hat{\boldsymbol{H}}_{S\text{-}R}(t)\hat{\boldsymbol{U}}_0(t,t_0) \tag{2.1.21}$$

$$\hat{\boldsymbol{\rho}}^{(I)}(t)=\hat{\boldsymbol{U}}_0^{\dagger}(t,t_0)\hat{\boldsymbol{\rho}}(t)\hat{\boldsymbol{U}}_0(t,t_0) \tag{2.1.22}$$

利用方程（2.1.20），对热浴量子态求迹，得到相互作用绘景中约化密度矩阵满足的运动方程为

$$\frac{\partial\hat{\boldsymbol{\sigma}}^{(I)}(t)}{\partial t}=-\frac{\mathrm{i}}{\hbar}\mathrm{Tr}_R\{[\hat{\boldsymbol{H}}_{S\text{-}R}^{(I)}(t),\ \hat{\boldsymbol{\rho}}^{(I)}(t)]\} \tag{2.1.23}$$

引入投影算符 $\hat{\boldsymbol{P}}$ 及其正交补集算符 $\hat{\boldsymbol{Q}}=\hat{\boldsymbol{I}}-\hat{\boldsymbol{P}}$（其中 $\hat{\boldsymbol{I}}$ 为单位算符），则有

$$\hat{\boldsymbol{P}}\hat{\boldsymbol{\rho}}(t)=\hat{\boldsymbol{R}}_{\mathrm{eq}}\mathrm{Tr}_R\left[\hat{\boldsymbol{\rho}}(t)\right] \tag{2.1.24}$$

式中，$\hat{\boldsymbol{R}}_{\mathrm{eq}}$ 由式（2.1.18）给出. 利用投影算符，方程（2.1.23）变为

$$\begin{aligned}\frac{\partial\hat{\boldsymbol{\sigma}}^{(I)}(t)}{\partial t}&=\mathrm{Tr}_R\left[\hat{\boldsymbol{P}}\frac{\partial\hat{\boldsymbol{\rho}}^{(I)}(t)}{\partial t}\right]\\&=-\frac{\mathrm{i}}{\hbar}\mathrm{Tr}_R\{[\hat{\boldsymbol{H}}_{S\text{-}R}^{(I)}(t),\ \hat{\boldsymbol{R}}_{\mathrm{eq}}\hat{\boldsymbol{\sigma}}^{(I)}(t)+\hat{\boldsymbol{Q}}\hat{\boldsymbol{\rho}}^{(I)}(t)]\}\end{aligned} \tag{2.1.25}$$

将算符 $\hat{\boldsymbol{Q}}$ 作用于方程（2.1.20），得到

$$\hat{\boldsymbol{Q}}\frac{\partial\hat{\boldsymbol{\rho}}^{(I)}(t)}{\partial t}=\frac{\partial\left[\hat{\boldsymbol{Q}}\hat{\boldsymbol{\rho}}^{(I)}(t)\right]}{\partial t}=-\frac{\mathrm{i}}{\hbar}\hat{\boldsymbol{Q}}\mathrm{Tr}_R\{[\hat{\boldsymbol{H}}_{S\text{-}R}^{(I)}(t),\ \hat{\boldsymbol{P}}\hat{\boldsymbol{\rho}}^{(I)}(t)+\hat{\boldsymbol{Q}}\hat{\boldsymbol{\rho}}^{(I)}(t)]\}$$

$$=-\frac{\mathrm{i}}{\hbar}\hat{\boldsymbol{Q}}\mathrm{Tr}_R\{[\hat{\boldsymbol{H}}_{S\text{-}R}^{(I)}(t),\ \hat{\boldsymbol{R}}_{\mathrm{eq}}\hat{\boldsymbol{\sigma}}^{(I)}(t)+\hat{\boldsymbol{Q}}\hat{\boldsymbol{\rho}}^{(I)}(t)]\}\qquad(2.1.26)$$

把方程（2.1.26）写成积分形式，并代入方程（2.1.25）中，得到

$$\frac{\partial\hat{\boldsymbol{\sigma}}^{(I)}(t)}{\partial t}=-\frac{\mathrm{i}}{\hbar}\mathrm{Tr}_R\{\hat{\boldsymbol{R}}_{\mathrm{eq}}[\hat{\boldsymbol{H}}_{S\text{-}R}^{(I)}(t),\ \hat{\boldsymbol{\sigma}}^{(I)}(t)]\}$$

$$-\frac{1}{\hbar^2}\int_{t_0}^{t}\mathrm{d}\tau\,\mathrm{Tr}_R\{[\hat{\boldsymbol{H}}_{S\text{-}R}^{(I)}(t),\ (\hat{\boldsymbol{I}}-\hat{\boldsymbol{R}})[\hat{\boldsymbol{H}}_{S\text{-}R}^{(I)}(t),\ \hat{\boldsymbol{R}}_{\mathrm{eq}}\hat{\boldsymbol{\sigma}}^{(I)}(t)]]\}\qquad(2.1.27)$$

使用方程（2.1.26），把方程（2.1.27）右边第一项改写为

$$-\frac{\mathrm{i}}{\hbar}\mathrm{Tr}_R\{\hat{\boldsymbol{R}}_{\mathrm{eq}}[\hat{\boldsymbol{H}}_{S\text{-}R}^{(I)}(t),\ \hat{\boldsymbol{\sigma}}^{(I)}(t)]\}=-\frac{\mathrm{i}}{\hbar}\sum_{\mu}\mathrm{Tr}_R\{[\hat{\boldsymbol{R}}_{\mathrm{eq}}\boldsymbol{K}_{\mu}^{(I)}\boldsymbol{\phi}_{\mu}^{(I)},\ \hat{\boldsymbol{\sigma}}^{(I)}(t)]\}$$

$$=-\frac{\mathrm{i}}{\hbar}\sum_{\mu}[\boldsymbol{K}_{\mu}^{(I)}\left\langle\boldsymbol{\phi}_{\mu}^{(I)}\right\rangle_R,\ \hat{\boldsymbol{\sigma}}^{(I)}(t)]\qquad(2.1.28)$$

式中

$$\left\langle\boldsymbol{\phi}_{\mu}^{(I)}\right\rangle_R=\mathrm{Tr}_R\left[\hat{\boldsymbol{R}}_{\mathrm{eq}}\boldsymbol{\phi}_{\mu}^{(I)}\right]\qquad(2.1.29)$$

为了计算方程（2.1.27）右边第二项，定义热浴的相关函数为[4,12-15]

$$C_{\mu\nu}(t)=\left\langle\boldsymbol{\phi}_{\mu}(t)\boldsymbol{\phi}_{\nu}(0)\right\rangle_R-\left\langle\boldsymbol{\phi}_{\mu}\right\rangle_R\left\langle\boldsymbol{\phi}_{\nu}\right\rangle_R\qquad(2.1.30)$$

相关函数 $C_{\mu\nu}(t)$ 反映了热浴函数 $\boldsymbol{\phi}_{\mu}(t)$ 和 $\boldsymbol{\phi}_{\nu}(t)$ 的涨落. 相关函数 $C_{\mu\nu}(t-\tau)$ 的复共轭满足关系式 $C_{\mu\nu}^{*}(t-\tau)=C_{\nu\mu}(-t+\tau)$. 经过复杂的推导，方程（2.1.27）右边第二项变为[12-15]

$$-\frac{1}{\hbar^2}\int_{t_0}^{t}\mathrm{d}\tau\,\mathrm{Tr}_R\{[\hat{\boldsymbol{H}}_{S\text{-}R}^{(I)}(t),\ (\hat{\boldsymbol{I}}-\hat{\boldsymbol{R}})[\hat{\boldsymbol{H}}_{S\text{-}R}^{(I)}(t),\ \hat{\boldsymbol{R}}_{\mathrm{eq}}\hat{\boldsymbol{\sigma}}^{(I)}(t)]]\}$$

$$=-\frac{1}{\hbar^2}\sum_{\mu\nu}\int_{0}^{t}\mathrm{d}\tau\{C_{\mu\nu}(t-\tau)[\boldsymbol{K}_{\mu}^{(I)}(t),\ \boldsymbol{K}_{\nu}^{(I)}(\tau)\hat{\boldsymbol{\sigma}}^{(I)}(\tau)]$$

$$-C_{\mu\nu}^{*}(t-\tau)[\boldsymbol{K}_{\mu}^{(I)}(t),\ \hat{\boldsymbol{\sigma}}^{(I)}(\tau)\boldsymbol{K}_{\nu}^{(I)}(\tau)]\}\qquad(2.1.31)$$

把方程（2.1.28）和方程（2.1.31）代入方程（2.1.27）中，给出相互作用绘景中约化密度矩阵满足的量子主方程为

$$\begin{aligned}\frac{\partial\hat{\boldsymbol{\sigma}}^{(I)}(t)}{\partial t}=&-\frac{\mathrm{i}}{\hbar}\sum_{\mu}\left\langle\boldsymbol{\phi}_{\mu}\right\rangle[\boldsymbol{K}_{\mu}^{(I)}(t)\left\langle\boldsymbol{\phi}_{\mu}^{(I)}\right\rangle_{R},\ \hat{\boldsymbol{\sigma}}^{(I)}(t)]\\&-\frac{1}{\hbar^{2}}\sum_{\mu\nu}\int_{0}^{t}\mathrm{d}\tau\{C_{\mu\nu}(t-\tau)[\boldsymbol{K}_{\mu}^{(I)}(t),\ \boldsymbol{K}_{\nu}^{(I)}(\tau)\hat{\boldsymbol{\sigma}}^{(I)}(\tau)]\\&-C_{\mu\nu}^{*}(t-\tau)[\boldsymbol{K}_{\mu}^{(I)}(t),\ \hat{\boldsymbol{\sigma}}^{(I)}(\tau)\boldsymbol{K}_{\nu}^{(I)}(\tau)]\}\end{aligned}\tag{2.1.32}$$

使用幺正变换，得到薛定谔绘景中约化密度矩阵为

$$\begin{aligned}\hat{\boldsymbol{\sigma}}(t)&=\hat{\boldsymbol{U}}_{S}(t,t_{0})\hat{\boldsymbol{\sigma}}^{(I)}(t)\hat{\boldsymbol{U}}_{S}^{\dagger}(t,t_{0})\\&=\exp[-\mathrm{i}(t-t_{0})\hat{\boldsymbol{H}}_{S}/\hbar]\hat{\boldsymbol{\sigma}}^{(i)}(t)\exp[\mathrm{i}(t-t_{0})\hat{\boldsymbol{H}}_{S}/\hbar]\end{aligned}\tag{2.1.33}$$

它满足的量子主方程为

$$\begin{aligned}\frac{\partial\hat{\boldsymbol{\sigma}}(t)}{\partial t}&=-\frac{\mathrm{i}}{\hbar}[\hat{\boldsymbol{H}}_{S},\hat{\boldsymbol{\sigma}}(t)]+\hat{\boldsymbol{U}}_{S}(t,t_{0})\frac{\partial\hat{\boldsymbol{\sigma}}^{(I)}(t)}{\partial t}\hat{\boldsymbol{U}}_{S}^{\dagger}(t,t_{0})\\&=-\mathrm{i}\hat{L}_{S}'\hat{\boldsymbol{\sigma}}(t)-D\hat{\boldsymbol{\sigma}}(t)\end{aligned}\tag{2.1.34}$$

式中

$$\hat{L}_{S}'\hat{\boldsymbol{\sigma}}(t)=\frac{1}{\hbar}[\hat{\boldsymbol{H}}_{S}+\sum_{\mu}\left\langle\boldsymbol{\phi}_{\mu}^{(I)}\right\rangle\boldsymbol{K}_{\mu},\hat{\boldsymbol{\sigma}}(t)]\tag{2.1.35}$$

描述了原子（或分子）子系统的演化过程．在方程（2.1.34）中，$D\hat{\boldsymbol{\sigma}}(t)$描述了系统的耗散或弛豫过程（或者说，描述了原子能量流向热浴的不可逆过程），其表达式为

$$\begin{aligned}D\hat{\boldsymbol{\sigma}}(t)=&-\frac{1}{\hbar^{2}}\sum_{\mu\nu}\int_{0}^{t-t_{0}}\mathrm{d}\tau\{C_{\mu\nu}(\tau)[\boldsymbol{K}_{\mu},\hat{\boldsymbol{U}}_{S}(\tau)\boldsymbol{K}_{\nu}\hat{\boldsymbol{\sigma}}(t-\tau)\hat{\boldsymbol{U}}_{S}^{\dagger}(\tau)]\\&-C_{\nu\mu}(-\tau)[\boldsymbol{K}_{\mu},\ \hat{\boldsymbol{U}}_{S}(\tau)\hat{\boldsymbol{\sigma}}(t-\tau)\boldsymbol{K}_{\nu}\hat{\boldsymbol{U}}_{S}^{\dagger}(\tau)]\}\end{aligned}\tag{2.1.36}$$

由于约化密度矩阵$\hat{\boldsymbol{\sigma}}(t-\tau)$与时间$t$和$\tau$有关，故精确求解约化密度矩阵的演化方程是一项艰难的工作[14-19]．方程（2.1.34）和方程（2.1.36）描述的演化过程具有存储大量过去数据信息的功能（记忆功能）．为了简化计算，通常用$\hat{\boldsymbol{\sigma}}(t)$代替$\hat{\boldsymbol{\sigma}}(t-\tau)$，并取积分上限为无穷大，这种近似忽略了存储（记忆）功能的计算，称为马尔可夫（Markov）近似[3,4]．

4．超冷原子的双色光缔合

Naskar 等采用密度矩阵理论研究了超冷原子的双色光缔合过程[20-22]．他们推

导了复杂的微分方程组．在具体计算时，他们对方程组做了某些近似处理．下面介绍双色光缔合的简化理论模型．

考虑超冷原子在双色激光的作用下发生光缔合反应．如图 2.1.1 所示，激光 L_1（电场强度为 $\boldsymbol{E}_1$）为光缔合激光，用于耦合原子初始态$|\phi_i\rangle$与分子激发电子态$|\phi_e\rangle$；激光 L_2（电场强度为 $\boldsymbol{E}_2$）耦合分子激发电子态$|\phi_e\rangle$与分子末态$|\phi_f\rangle$（即目标态）．$|\phi_e\rangle$与$|\phi_f\rangle$为分子束缚态，而初始态$|\phi_i\rangle$为能量连续态．

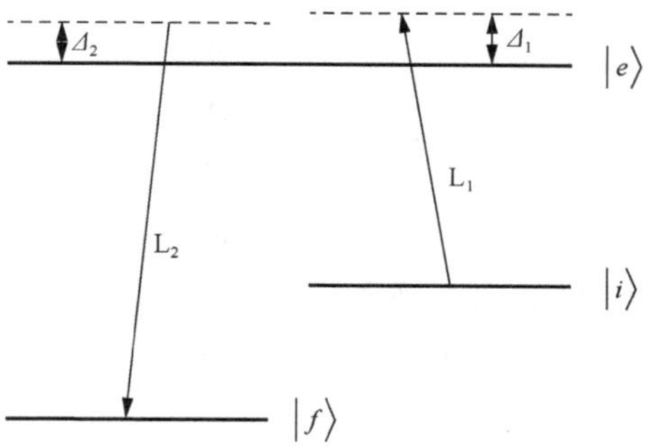

图 2.1.1　超冷原子双色光缔合示意图

三能级系统的哈密顿算符为

$$\hat{\boldsymbol{H}}=\begin{bmatrix}\varepsilon_i & V_{ie} & 0\\ V_{ei} & \varepsilon_e & V_{ef}\\ 0 & V_{fe} & \varepsilon_f\end{bmatrix} \tag{2.1.37}$$

式中，ε_i 表示两个碰撞原子初始态能量．由于初始态$|\phi_i\rangle$为能量连续态，故有

$$\varepsilon_i=\int_0^{E_m}\phi_i^* E\phi_i \,\mathrm{d}E \tag{2.1.38}$$

积分上限 E_m 取两个超冷原子碰撞能的最大值．ε_e 和 ε_f 分别表示光缔合分子激发电子态能量和末态能量（ε_e 和 ε_f 均为束缚态能量）．原子初始态$|\phi_i\rangle$与分子激发电子态$|\phi_e\rangle$之间的电场耦合势 V_{ie} 为

$$V_{ie}=V_{ei}^*=-\int_0^{E_m}\phi_i^*(\boldsymbol{\mu}_{ie}\cdot\boldsymbol{E}_1)\phi_e \,\mathrm{d}E \tag{2.1.39}$$

式中，$\boldsymbol{\mu}_{ie}$ 表示原子初始态$|\phi_i\rangle$与分子激发电子态$|\phi_e\rangle$之间的电偶极矩跃迁矩阵元．分子激发电子态$|\phi_e\rangle$与分子末态$|\phi_f\rangle$之间的电场耦合势 V_{ef} 为

$$V_{ef}=V_{fe}^*=-\boldsymbol{\mu}_{ef}\cdot\boldsymbol{E}_2 \tag{2.1.40}$$

式中，$\boldsymbol{\mu}_{ef}$ 表示分子激发电子态$|\phi_e\rangle$与分子末态$|\phi_f\rangle$之间的电偶极矩跃迁矩阵元．

激光 L_1 和 L_2 的失谐分别为 $\varDelta_1$ 和 $\varDelta_2$，要求三个态的能量之间满足下列共振条件：

$$\hbar\omega_1 = \varepsilon_e + \hbar\varDelta_1 \tag{2.1.41}$$

$$\hbar\omega_2 = \varepsilon_e + \hbar\varDelta_2 \tag{2.1.42}$$

$$\varepsilon_e - \varepsilon_f = \hbar\omega_2 - \hbar\varDelta_2 \tag{2.1.43}$$

三能级系统的密度矩阵为

$$\hat{\rho} = \begin{bmatrix} \rho_{ii} & \rho_{ie} & \rho_{if} \\ \rho_{ei} & \rho_{ee} & \rho_{ef} \\ \rho_{fi} & \rho_{fe} & \rho_{ff} \end{bmatrix} \tag{2.1.44}$$

在具体计算时，因原子初始态 $|\phi_i\rangle$ 与分子末态 $|\phi_f\rangle$ 之间不发生直接耦合（受共振跃迁的影响可能存在较弱的间接耦合），故可取 $\rho_{if} = \rho_{fi} = 0$．

把方程（2.1.37）和式（2.1.44）代入量子刘维尔方程中，得到下列耦合微分方程组：

$$\frac{d\rho_{ii}}{dt} = -\frac{i}{\hbar}V_{ie}(\rho_{ei} - \rho_{ie}) \tag{2.1.45}$$

$$\frac{d\rho_{ee}}{dt} = -\frac{i}{\hbar}[V_{ie}(\rho_{ie} - \rho_{ei}) + V_{ef}(\rho_{fe} - \rho_{ef})] \tag{2.1.46}$$

$$\frac{d\rho_{ff}}{dt} = -\frac{i}{\hbar}V_{ef}(\rho_{ef} - \rho_{fe}) \tag{2.1.47}$$

$$\frac{d\rho_{ie}}{dt} = \frac{d\rho_{ei}^*}{dt} = -\frac{i}{\hbar}V_{ie}(\rho_{ee} - \rho_{ii}) - i\omega_{12}\rho_{ie} \tag{2.1.48}$$

$$\frac{d\rho_{ef}}{dt} = \frac{d\rho_{fe}^*}{dt} = -\frac{i}{\hbar}V_{ef}(\rho_{ff} - \rho_{ee}) - i\omega_{23}\rho_{ef} \tag{2.1.49}$$

式中，$\omega_{12} = (\varepsilon_1 - \varepsilon_2)/\hbar$；$\omega_{23} = (\varepsilon_2 - \varepsilon_3)/\hbar$．

采用标准的四阶（或五阶）龙格-库塔方法数值求解耦合方程组（2.1.45）～（2.1.49），计算光缔合分子的布居密度 ρ_{ee} 和 ρ_{ff}，并研究与光缔合过程相关的问题．

可以将上述理论推广用于处理由超短脉冲激光把 Feshbach 分子转变为稳定的基电子态分子等问题．在超冷原子的磁-光缔合过程中，先利用磁场诱导超冷原子发生 Feshbach 共振，产生不稳定的 Feshbach 分子．然后利用两束（或多束）脉冲激光把 Feshbach 分子转变为稳定的基电子态分子．值得注意的是，利用磁场制备的某些碱金属 Feshbach 分子（例如 $^{39}K^{133}Cs$ 和 $^{39}K^{87}Rb$）通常处于三重态（或者以三重态为主）．为了制备处于单重基电子态的稳定超冷分子，需要利用电子自旋-

轨道耦合来实现三重态与单重态之间的转变[23,24]．这要求在哈密顿算符的表达式（2.1.37）中增加非对角矩阵元，即增加电子自旋-轨道耦合项．

Kuznetsova 等[25]采用五能级密度矩阵理论研究了超冷 Rb 原子的四光子光缔合过程．Bartana 等[26,27]采用约化密度矩阵理论研究了利用激光对冷分子进行振动和转动自由度冷却问题．Kosloff 等[28]、Levy 等[29]采用约化密度矩阵理论研究了量子制冷机（量子冰箱）的冷却机理．

2.1.2　映射傅里叶网格方法

在傅里叶网格方法中，离散化网格点是等间距的．该方法适合于处理短程光缔合问题．对于超冷原子，由于碰撞能很低（微开～毫开量级）以及德布罗意波长很长，光缔合发生在很大的核间距区域内（$R \leqslant 20000a_0$）．在 $5a_0<R \leqslant 20000a_0$ 的核间距范围内演化波函数，数值计算量很大．为了解决这一问题，需要利用雅可比（Jacobi）坐标变换把很大的核间距坐标空间映射到较小的空间，在保证计算精度的前提下大大减少了离散化格点的数目与数值计算量，这种方法称为映射傅里叶网格（mapped Fourier-grid，MFG）方法．在 MFG 方法中，离散化网格点不是等间距的．在短程区域，网格点比较密集；在长程区域，网格点比较稀松．

描述两个超冷原子低能碰撞的径向薛定谔方程为

$$\left[-\frac{1}{2\mu}\frac{\mathrm{d}^2}{\mathrm{d}R^2}+V(R)\right]\psi(R)=E\psi(R) \tag{2.1.50}$$

式中，$\psi(R)$表示径向波函数；μ 为约化质量；$V(R)$为势能函数．设两个碰撞原子的动能最大值为 $E_{\max}$，势能曲线的最低值为$-V_{\min}$，则两个碰撞原子的动量最大值为

$$p_{\max}=\sqrt{2\mu(E_{\max}-V_{\min})} \tag{2.1.51}$$

对于超冷双原子碰撞体系，局域德布罗意波长为

$$\Lambda(E,R)=\frac{h}{\sqrt{2\mu[E-V(R)]}}=\frac{h}{p_R}=\frac{2\pi\hbar}{p_R} \tag{2.1.52}$$

式中，h 表示普朗克常数（通常使用 $\hbar=h/2\pi$）；在核间距 R 处，两个碰撞原子相对运动的动量为

$$p_R=\mu\frac{\mathrm{d}R}{\mathrm{d}t} \tag{2.1.53}$$

在由坐标和动量构成的二维相空间(R, p_R)中，为了保证计算精度，相空间的面积应该满足

$$S \geqslant L \cdot 2p_{\max} \tag{2.1.54}$$

设格点间距为ΔR，则网格的长度为$L = N \cdot \Delta R$．动量的取值范围为$[-p_{\text{grid}}, p_{\text{grid}}]$，相空间的面积为

$$S_N = L \cdot 2p_{\text{grid}} = 2\pi N\hbar \tag{2.1.55}$$

方程（2.1.55）为格点间距ΔR设置了取值上限，即

$$\Delta R = \frac{\pi\hbar}{p_{\text{grid}}} \leqslant \frac{\pi\hbar}{p_{\max}} = \frac{\pi\hbar}{\sqrt{2\mu(E_{\max} - V_{\min})}} \tag{2.1.56}$$

在计算中，核间距$L = N \cdot \Delta R$越长，所需格点数目N就越多．对于超冷原子光缔合过程，在长程区域势能曲线变化缓慢，可以选取较稀松的格点．

为了优化相空间的结构，尽可能减少格点的数目，我们采用雅可比坐标变换把很大的二维相空间(R, p_R)映射变换到较小的坐标空间(x, p_x)中．当把核间距坐标R变换到自适应坐标x时，相应的动量p_x由对拉格朗日算符$L(x, \dot{x})$求导数得到

$$p_x = \frac{\partial L(x, \dot{x})}{\partial \dot{x}} = \mu J^2(x)\dot{x} = J(x)p_x \tag{2.1.57}$$

式中，$\dot{x} = \mathrm{d}x/\mathrm{d}t$；$J(x) = \mathrm{d}R/\mathrm{d}x$．雅可比坐标变换行列式满足下列关系式：

$$\begin{vmatrix} \dfrac{\partial R}{\partial x} & \dfrac{\partial R}{\partial p_x} \\ \dfrac{\partial p_R}{\partial x} & \dfrac{\partial p_R}{\partial p_x} \end{vmatrix} = \begin{vmatrix} J(x) & 0 \\ -\dfrac{p_x J'(x)}{J^2(x)} & \dfrac{1}{J(x)} \end{vmatrix} = 1 \tag{2.1.58}$$

式（2.1.58）说明由(R, p_R)到(x, p_x)的正则变换保留了相空间的面积，即$\mathrm{d}R\mathrm{d}p_R = \mathrm{d}x\mathrm{d}p_x$．设系统的最大动能为$E_{\max}$，在相空间$(x, p_x)$中哈密顿算符$\hat{H}(x, p_x)$满足条件：

$$\hat{H}(x, p_x) \leqslant E_{\max}, \quad \forall (x, p_x) \in S \tag{2.1.59}$$

设对于任意的x值，最大的动量相同，即

$$\hat{H}(x, p_{\max}) = \frac{p_{\max}^2}{2\mu J^2(x)} + V(x) = E_{\max} \tag{2.1.60}$$

则雅可比变换函数$J(x)$为

$$J(x) = \frac{p_{\max}}{\sqrt{2\mu[E_{\max} - V(R)]}} = \frac{p_{\max}\Lambda(E_{\max}, R)}{h} \tag{2.1.61}$$

从方程（2.1.61）可以看出，雅可比变换函数 $J(x)$ 正比于德布罗意波长 $\Lambda(E_{\max},R)$．自适应坐标 x 由下列积分计算：

$$x(R)=\int_{R_{\text{in}}}^{R}\frac{\mathrm{d}R'}{J(R')}=\frac{\sqrt{2\mu}}{p_{\max}}\int_{R_{\text{in}}}^{R}\mathrm{d}R'\sqrt{[E_{\max}-V(R')]} \tag{2.1.62}$$

式中，R_{in} 表示最大动能 $E_{\max}$ 对应的势能曲线的内转折点位置．在最大动能 $E_{\max}$ 处，动量的取值为$\pm p_{\max}$，与自适应坐标 x 无关．相空间 (x,p_x) 的面积为

$$S_x=L_x\cdot 2p_{\max} \tag{2.1.63}$$

式中，L_x 表示 x 坐标空间的网格长度，它远小于 R 坐标空间的网格长度 L．在 x 坐标空间中，最大的格点间距 Δx 满足下列条件

$$\Delta x=\frac{h}{2p_{\max}}=\frac{\pi\hbar}{p_{\max}} \tag{2.1.64}$$

比较方程（2.1.64）和方程（2.1.56）可以看出，x 坐标空间最大的格点间距 Δx 与 R 坐标空间最大的格点间距 ΔR 相同，由于 $L_x=N_x\Delta x\ll L$，故在 x 坐标空间计算所需的格点数目 N_x 远远小于 R 坐标空间的格点数目 N.

在实际计算中，为了描述量子隧穿效应和多通道散射问题，需要引入一个通用的包络势 $V_{\text{env}}(R)$．为此，把自适应坐标 x 改为

$$x(R)=\int_{R_0}^{R}\frac{\mathrm{d}R'}{J_{\text{env}}(R')}=\beta\frac{\sqrt{2\mu}}{p_{\max}}\int_{R_0}^{R}\mathrm{d}R'\sqrt{[E_{\max}-V_{\text{env}}(R')]} \tag{2.1.65}$$

式中，积分起点 R_0 略小于势能曲线排斥部分的位置；$\beta\leqslant 1$ 为一个可调节参数，用于描述波函数振幅逐渐趋于零的部分．包络势的选取要求满足 $V_{\text{env}}(R)\leqslant V(R)$条件．对于多通道散射问题，要求 $V_{\text{env}}(R)$等于或者小于能量最低点的势能值；而在势能最低点以内的短程区域，可以选取包络势 $V_{\text{env}}(R)$等于势能曲线最低点的能量值．

下面推导在 x 坐标空间中波函数和哈密顿算符的具体表达式．

设在 R 坐标空间中两个波函数为 $\varphi(R)$ 和 $\psi(R)$，为了建立它们与 x 坐标空间中波函数 $\varphi(x)$ 和 $\psi(x)$ 之间的变换关系，并消除 $\varphi(R)$ 与 $\psi(R)$ 标量积中雅可比变换函数 $J(x)$，引入两个波函数：

$$\tilde{\varphi}(x)=\sqrt{J(x)}\varphi(R) \tag{2.1.66}$$

$$\tilde{\psi}(x)=\sqrt{J(x)}\psi(R) \tag{2.1.67}$$

利用 $\mathrm{d}R=J(x)\mathrm{d}x$，给出：

$$\begin{aligned}\int_{R_0}^{R}\mathrm{d}R\varphi^*(R)\psi(R)&=\int_{0}^{L_x}\mathrm{d}xJ(x)\varphi^*(R(x))\psi(R(x))\\&=\int_{R_0}^{R}\mathrm{d}x\tilde{\varphi}^*(x)\tilde{\psi}(x)\end{aligned} \tag{2.1.68}$$

设算符 $\hat{A}$ 在 x 和 R 坐标空间中分别为 $\hat{A}_x$ 和 $\hat{A}_R$，则有

$$\hat{A}_x = \sqrt{J(x)}\hat{A}_R \frac{1}{\sqrt{J(x)}} \tag{2.1.69}$$

动量算符在 x 坐标空间中的表达式为

$$\hat{p}_x = \sqrt{J(x)}(-\mathrm{i}\hbar\frac{\mathrm{d}}{\mathrm{d}R})\frac{1}{\sqrt{J(x)}} = -\mathrm{i}\hbar\frac{1}{\sqrt{J(x)}}\frac{\mathrm{d}}{\mathrm{d}x}\frac{1}{\sqrt{J(x)}} \tag{2.1.70}$$

动能算符和势能算符在 x 坐标空间中的表达式分别为

$$\hat{T}_x = -\frac{\hbar^2}{2\mu}\frac{1}{\sqrt{J(x)}}\frac{\mathrm{d}}{\mathrm{d}x}\frac{1}{J(x)}\frac{\mathrm{d}}{\mathrm{d}x}\frac{1}{\sqrt{J(x)}} \tag{2.1.71}$$

和

$$\hat{V}_x = \hat{V}(x) \tag{2.1.72}$$

在确定了动量算符、动能算符和势能算符之后，需要选择合适的基矢表象来计算哈密顿算符的矩阵元以及本征函数．如果选取的基矢表象不合适，将会出现“鬼态”（ghost state）等非物理解[30]．Willner 等[30]指出，采用正弦或余弦函数作为基矢可以避免出现“鬼态”．

定义正弦和余弦基矢函数分别为

$$s_k(x) = \sqrt{\frac{2}{N}}\sin\left(k\frac{\pi}{L_x}x\right),\quad k = 1, 2, \cdots, N-1 \tag{2.1.73}$$

和

$$c_k(x) = \sqrt{\frac{2}{N}}\cos\left(k\frac{\pi}{L_x}x\right),\quad k = 0, 1, \cdots, N \tag{2.1.74}$$

$s_k(x)$ 和 $c_k(x)$ 满足正交性条件．正弦和余弦基矢函数的导数满足下列关系式：

$$\frac{\mathrm{d}s_k(x)}{\mathrm{d}x} = k\frac{\pi}{L_x}c_k(x) \tag{2.1.75}$$

$$\frac{\mathrm{d}c_k(x)}{\mathrm{d}x} = -k\frac{\pi}{L_x}s_k(x) \tag{2.1.76}$$

离散化的正弦函数和余弦函数分别由幺正矩阵 $\boldsymbol{S}$ 和 $\boldsymbol{C}$ 的矩阵元给出：

$$S_{jk} = s_k(x_j) = \sqrt{\frac{2}{N}}\sin\left(k\frac{\pi}{N}j\right),\quad j,k = 1, 2, \cdots, N-1 \tag{2.1.77}$$

$$C_{jk} = \alpha_k c_k(x_j)\alpha_j = \sqrt{\frac{2}{N}}\alpha_k\cos\left(k\frac{\pi}{N}j\right)\alpha_j,\quad j,k = 0, 1, \cdots, N \tag{2.1.78}$$

式中，当 k=0 和 N 时，$\alpha_k = 1/\sqrt{2}$；当 k 取其他值时，$\alpha_k = 1$．引入下列插值函数：

$$\tilde{s}_l(x) = \sum_{k=1}^{N-1} s_k(x) S_{kl}^* \tag{2.1.79}$$

$$\tilde{c}_l(x) = \sum_{k=0}^{N} c_k(x) \alpha_k C_{kl}^* \alpha_l \tag{2.1.80}$$

式中，$\tilde{s}_l(x)$ 可以通过对 $s_k(x)$ 做幺正变换求得. 对于 $\tilde{c}_l(x)$，由于存在 α_k 和 α_l，$\tilde{c}_l(x)$ 与 $c_k(x)$ 之间的变换是近似幺正的．可以求出插值函数的解析解为

$$\tilde{s}_l(x) = \frac{1}{2N}\left\{\frac{\sin\left[(2N-1)\lambda_x(x-x_l)\right]}{\sin\left[\lambda_x(x-x_l)\right]} - \frac{\sin\left[(2N-1)\lambda_x(x+x_l)\right]}{\sin\left[\lambda_x(x+x_l)\right]}\right\},\quad x \neq x_l \tag{2.1.81}$$

$$\tilde{s}_l(x) = 1, \quad x = x_l \tag{2.1.82}$$

$$\begin{aligned}\tilde{c}_l(x) = \frac{\alpha_l^2}{2N}\Bigg\{&\frac{\sin\left[(2N-1)\lambda_x(x-x_l)\right]}{\sin\left[\lambda_x(x-x_l)\right]} + \cos\left[2N\lambda_x(x-x_l)\right] \\ &+ \cos\left[2N\lambda_x(x+x_l)\right] + \frac{\sin\left[(2N-1)\lambda_x(x+x_l)\right]}{\sin\left[\lambda_x(x+x_l)\right]}\Bigg\},\quad x \neq x_l\end{aligned} \tag{2.1.83}$$

$$\tilde{c}_l(x) = 1, \quad x = x_l \tag{2.1.84}$$

式中

$$\lambda_x = \frac{\pi}{2L_x} \tag{2.1.85}$$

插值函数的导数满足关系式：

$$\frac{\mathrm{d}\tilde{s}_l(x_j)}{\mathrm{d}x} = \frac{1}{\alpha_j}\frac{\pi}{L_x} D_{jl} \tag{2.1.86}$$

$$\frac{\mathrm{d}\tilde{c}_l(x_j)}{\mathrm{d}x} = -\alpha_l \frac{\pi}{L_x} D_{jl}^{\dagger} \tag{2.1.87}$$

式中，j=0, 1,⋯, N；l=1, 2,⋯, N−1；矩阵元 D_{jl} 的表达式为

$$\begin{aligned}D_{jl} &= \sum_{k=1}^{N-1} kC_{jk}S_{kl}^{\dagger} \\ &= \begin{cases} -\alpha_j \dfrac{1}{2}(-1)^{j+l}\left[\cot\left(\pi\dfrac{j+l}{2N}\right) - \cot\left(\pi\dfrac{j-l}{2N}\right)\right], & j \neq l \\ -\alpha_j \dfrac{1}{2}\cot\left(\pi\dfrac{j}{N}\right), & j = l \end{cases}\end{aligned} \tag{2.1.88}$$

在正弦基矢函数和余弦基矢函数表象中，势能算符 $\hat{V}_x = \hat{V}(x)$ 可以直接用对角矩阵来表示．动能算符的矩阵元可以表示为

$$\begin{aligned}\hat{T}_{jl}(x) &= \frac{\pi^2}{2\mu L_x^2}\sum_{k=0}^{N}\frac{1}{\sqrt{J(x_j)}}D_{jk}^{\dagger}\frac{1}{J(x_k)}D_{kl}\frac{1}{\sqrt{J(x_l)}} \\ &= \frac{\pi^2}{2\mu L_x^2}\sum_{k=0}^{N}\sum_{m,n=1}^{N-1}\frac{1}{\sqrt{J(x_j)}}S_{jn}nC_{nk}^{\dagger}\frac{1}{J(x_k)}C_{km}mS_{ml}^{\dagger}\frac{1}{\sqrt{J(x_l)}}\end{aligned} \tag{2.1.89}$$

在计算中，利用动能算符和势能算符的表达式写出哈密顿算符的矩阵表达式，然后把哈密顿算符对角化，得到在 x 坐标空间中系统的能量本征值和本征波函数．使用方程（2.1.66）或方程（2.1.67），求出 R 坐标空间中的波函数．

包含多个电子态的超冷原子碰撞体系将涉及一系列耦合通道．可以把上述单通道映射傅里叶网格方法推广到求解多通道耦合的量子散射问题．设有 n 个耦合电子态，在 x 坐标空间中，径向波函数 $\boldsymbol{\psi}(x)$ 用矩阵表示为

$$\boldsymbol{\psi}(x) = \begin{bmatrix}\varphi_1(x)\\ \varphi_2(x)\\ \vdots \\ \varphi_n(x)\end{bmatrix} \tag{2.1.90}$$

式中，$\varphi_k(x)$ 表示第 k 个通道的波函数（k=1, 2,⋯, n）．多通道映射傅里叶网格计算方法与单通道映射傅里叶网格计算方法相似．求解多通道问题转化为对角化 $nN_x \times nN_x$ 矩阵，其中 N_x 为 x 坐标表象下的格点数．

2.1.3　含时量子波包理论

采用映射傅里叶网格方法可以求出超冷碰撞原子在长程区域的波函数，即求出光缔合过程的初始波函数（初始波包）$\boldsymbol{\psi}$（t=0）．

在确定初始波包之后，波包随时间的演化可以通过求解含时薛定谔方程

$$\mathrm{i}\hbar\frac{\partial}{\partial t}\boldsymbol{\psi}(t) = \hat{\boldsymbol{H}}(t)\boldsymbol{\psi}(t) = [\hat{\boldsymbol{T}} + \hat{\boldsymbol{V}}(R)]\boldsymbol{\psi}(t) \tag{2.1.91}$$

得到．任意 t 时刻系统的波函数为

$$\boldsymbol{\psi}(t) = \hat{\boldsymbol{U}}(t)\boldsymbol{\psi}(0) = \hat{\varGamma}\exp\left[-\frac{\mathrm{i}}{\hbar}\int_0^t \hat{\boldsymbol{H}}(t')\mathrm{d}t'\right]\boldsymbol{\psi}(0) \tag{2.1.92}$$

式中，$\hat{\boldsymbol{U}}(t)$ 为时间演化算符；$\hat{\varGamma}$ 为时序算符．采用短时传播方法或者多项式展开方法可以计算波包随时间的演化过程．短时传播方法是把总的演化时间分成 N 个

小的时间段，在每个小的时间段内哈密顿算符不发生明显变化．时间演化算符为

$$\hat{\boldsymbol{U}}(t)=\prod_{n=0}^{N-1}\hat{\boldsymbol{U}}\left[(n+1)\Delta t,n\Delta t\right] \tag{2.1.93}$$

式中，$\Delta t=t/N$．短时传播方法是一种局域演化方法，包括分裂算符方法[31,32]和二阶差分方法[33]等，适用于处理在短程或者中短程区域波包随时间和核间距的演化问题．

把时间演化算符展开成某种多项式是一种计算波包演化的有效方法[34]．切比雪夫（Chebyshev）多项式是一种全局长时演化方法，是研究超冷原子长程光缔合问题最常用的演化方法．

原始的切比雪夫多项式定义为

$$T_n(x)=\cos(n\theta),\quad x\in[-1,1] \tag{2.1.94}$$

式中，$x=\cos\theta$．$T_n(x)$ 是下列微分方程的解：

$$\left[(1-x^2)\frac{\mathrm{d}^2}{\mathrm{d}x^2}-x\frac{\mathrm{d}}{\mathrm{d}x}+n^2\right]T_n(x)=0 \tag{2.1.95}$$

式中，$T_n(x)$ 有 n 个零点，其位置由式（2.1.96）给出：

$$x=\cos\left[\frac{\pi(k-1/2)}{n}\right],\quad k=1,2,\cdots,n \tag{2.1.96}$$

切比雪夫多项式 $T_n(x)$ 的取值范围为[−1, 1]．切比雪夫多项式满足正交性条件：

$$\int_{-1}^{1}\frac{T_i(x)T_j(x)}{(1-x^2)^{1/2}}\mathrm{d}x=\begin{cases}0, & i\neq j\\ \pi/2, & i=j\neq 0\\ \pi, & i=j=0\end{cases} \tag{2.1.97}$$

切比雪夫多项式满足递推关系：

$$T_{n+1}(x)=2xT_n(x)-T_{n-1}(x) \tag{2.1.98}$$

且有 $T_0(x)=1$、$T_1(x)=x$ 和 $T_2(x)=2x^2-1$．

把一个标量函数 $\exp(\alpha x)$ 用切比雪夫多项式展开为

$$\exp(\alpha x)=\sum_{n=0}^{\infty}(2-\delta_{n0})\mathrm{J}_n(\alpha)T_n(x) \tag{2.1.99}$$

式中，$\alpha=\Delta Et/(2\hbar)$；$\mathrm{J}_n(\alpha)$ 表示 n 阶第一类贝塞尔（Bessel）函数．

由于时间演化算符的表达式为复变函数，因此需要使用复数形式的切比雪夫

多项式来展开时间演化算符. 复切比雪夫多项式的定义域为[−i, i]. 要求把哈密顿算符重整化为[34]

$$\hat{\boldsymbol{H}}_{\text{norm}} = 2\frac{\hat{\boldsymbol{H}} - (\Delta E/2 + V_{\min})\hat{\boldsymbol{I}}}{\Delta E} \tag{2.1.100}$$

式中，$\hat{\boldsymbol{I}}$ 表示单位算符（或单位矩阵）；$\Delta E = E_{\max} - E_{\min}$，这里 $E_{\max}$ 和 $E_{\min}$ 分别表示哈密顿算符的最大和最小能量本征值. 在计算中，可以近似地取为 $E_{\max} = T_{\max} + V_{\max}$ 及 $E_{\min} = V_{\min}$.

波函数随时间的演化可以表示为

$$\begin{aligned}\boldsymbol{\psi}(t) &= \exp(-\mathrm{i}\hat{\boldsymbol{H}}t/\hbar)\boldsymbol{\psi}(0)\\ &\approx \exp[-\mathrm{i}(\Delta E/2 + V_{\min})t/\hbar]\sum_{n=0}^{N} a(\alpha)\Phi_n(-\mathrm{i}\hat{\boldsymbol{H}}_{\text{norm}})\boldsymbol{\psi}(0)\end{aligned} \tag{2.1.101}$$

其中展开系数为

$$a(\alpha) = \int_{-\mathrm{i}}^{\mathrm{i}} \frac{\mathrm{e}^{\mathrm{i}\alpha x} T_n(x)\mathrm{d}x}{(1-x^2)^{1/2}} = c_n \mathrm{J}_n(\alpha) \tag{2.1.102}$$

式中，$\alpha = \Delta E t/(2\hbar)$；当 n=0 时，$c_n = c_0 = 1$；当 n>0 时，$c_n = 2$. 在式（2.1.101）中，算符 $\Phi_n(-\mathrm{i}\hat{H}_{\text{norm}})$ 对初始态 $\psi(0)$ 的作用可以使用切比雪夫多项式的递推关系来计算：

$$\boldsymbol{T}_n(-\mathrm{i}\hat{\boldsymbol{H}}_{\text{norm}}) = \Phi_n(-\mathrm{i}\hat{\boldsymbol{H}}_{\text{norm}})\boldsymbol{\psi}(0) \tag{2.1.103}$$

$$\boldsymbol{T}_{n+1}(-\mathrm{i}\hat{\boldsymbol{H}}_{\text{norm}}) = -\mathrm{i}2\hat{\boldsymbol{H}}_{\text{norm}}\boldsymbol{T}_n(-\mathrm{i}\hat{\boldsymbol{H}}_{\text{norm}}) - \boldsymbol{T}_{n-1}(-\mathrm{i}\hat{\boldsymbol{H}}_{\text{norm}}) \tag{2.1.104}$$

$$\boldsymbol{T}_0(-\mathrm{i}\hat{\boldsymbol{H}}_{\text{norm}}) = 1 \tag{2.1.105}$$

切比雪夫多项式传播方法对哈密顿算符的形式没有特殊要求. 与分裂算符方法相比，积分的时间步长可以选取更长一些.

2.1.4　热力学统计平均理论

物理系统的动力学状态遵从热力学统计分布. 宏观观测量是对微观量可能的动力学状态取统计平均值. 系统的初始态由一系列归一化的离散本征态 $|\psi_{E_k}\rangle$ 加权叠加而成. 通常使用本征能量 E_k 和本征态 $|\psi_{E_k}\rangle$ 计算激发电子态光缔合分子的布居. 系统处于本征态 $|\psi_{E_k}\rangle$ 的概率为

$$P_{E_k} = \frac{1}{Z}\mathrm{e}^{-\beta E_k} \tag{2.1.106}$$

式中

$$Z = \sum_k \mathrm{e}^{-\beta E_k} \tag{2.1.107}$$

表示配分函数．式（2.1.106）中，

$$\beta = \frac{1}{k_\mathrm{B} T} \tag{2.1.108}$$

式中，k_B 为玻尔兹曼常数；T 为系统的温度．处于激发电子态的振动态 $\left|\psi_{\nu_\mathrm{e}}\right\rangle$ 的光缔合分子布居为

$$P_{\nu_\mathrm{e}} = \sum_k P_{E_k} P_{k\to\nu_\mathrm{e}} \tag{2.1.109}$$

式中，$P_{k\to\nu_\mathrm{e}}$ 表示在激光作用下从初始态 $\left|\psi_{E_k}\right\rangle$ 转移到激发电子态的振动态 $\left|\psi_{\nu_\mathrm{e}}\right\rangle$ 的布居．激发电子态的总布居为

$$P_\mathrm{e} = \sum_{\nu_\mathrm{e}} P_{\nu_\mathrm{e}} \tag{2.1.110}$$

对于系统的初始态为能量连续态的情况，激发电子态的振动态 $\left|\psi_{\nu_\mathrm{e}}\right\rangle$ 的布居为

$$P'_{\nu_\mathrm{e}} = \frac{1}{Z'} \int_0^\infty \mathrm{e}^{-\beta E} P_{E\to\nu_\mathrm{e}} \mathrm{d}E \tag{2.1.111}$$

配分函数变为

$$Z' = \int_0^\infty \mathrm{e}^{-\beta E} \mathrm{d}E \tag{2.1.112}$$

$P_{E\to\nu_\mathrm{e}}$ 表示在激光作用下从初始连续态 $\left|\psi_E\right\rangle$ 转移到激发电子态的振动态 $\left|\psi_{\nu_\mathrm{e}}\right\rangle$ 的布居．在数值计算中，可以根据能量区间对式（2.1.111）进行分割，即

$$P'_{\nu_\mathrm{e}} = \frac{1}{Z'} \sum_k \int_{E_k}^{E_{k+1}} \mathrm{e}^{-\beta E} P_{E\to\nu_\mathrm{e}} \mathrm{d}E \tag{2.1.113}$$

在初始态总布居（设为 1）守恒条件下，即

$$\int_0^\infty \left|\psi_E\right|^2 \mathrm{d}E = \sum_k \left|\psi_{E_k}\right|^2 = 1 \tag{2.1.114}$$

表达式（2.1.113）与式（2.1.111）是等价的．方程（2.1.114）又可以表示为

$$\sum_k \int_{E_k}^{E_{k+1}} \left|\psi_E\right|^2 \mathrm{d}E = \sum_k \left|\psi_{E_k}\right|^2 = 1 \tag{2.1.115}$$

在小的能量区间$[E_k, E_{k+1}]$内，布居是守恒的，即

$$\int_{E_k}^{E_{k+1}} \left|\psi_E\right|^2 \mathrm{d}E = \left|\psi_{E_k}\right|^2 \tag{2.1.116}$$

当能量间隔$\Delta E_k = E_{k+1} - E_k$足够小时，在能量区间$[E_k, E_{k+1}]$内波函数近似不变．在这种条件下，方程（2.1.116）变为

$$\left|\psi_E\right|^2 \Delta E_k = \left|\psi_{E_k}\right|^2 \tag{2.1.117}$$

由式（2.1.117）可得到

$$\psi_E = \frac{\psi_{E_k}}{\sqrt{\Delta E_k}} = \frac{\psi_{E_k}}{\sqrt{E_{k+1} - E_k}}, \quad E \in \left[E_k, E_{k+1}\right] \tag{2.1.118}$$

光缔合分子在其激发电子态的振动态$\left|\psi_{v_e}\right\rangle$上的布居为

$$P'_{v_e} = \frac{1}{Z'}\sum_k \frac{P_{E_k \to v_e}}{E_{k+1} - E_k}\int_{E_k}^{E_{k+1}} \mathrm{e}^{-\beta E}\mathrm{d}E \tag{2.1.119}$$

表达式（2.1.119）包含了热力学统计平均效应，可以用于研究温度$T \geqslant 1\mu\mathrm{K}$的冷或超冷原子的光缔合问题．

2.1.5　受激拉曼绝热通道理论

控制超冷原子或分子使其处于特定的量子态是研究者追求的目标之一．受激拉曼绝热通道（STIRAP）技术是转移原子或分子布居的一种有效方法[35,36]．STIRAP技术的特点是使用两束逆序且部分重叠的激光耦合一个由初始态、中间态和目标态构成的三能级体系．在满足双光子共振条件下，通过调节激光强度和脉冲的持续时间，在初始态和目标态之间形成一个绝热的暗态，初始态经由暗态绝热地演化到目标态．STIRAP 技术已经在量子光学、量子化学、原子与分子物理研究领域有广泛的应用[37-42]．

在超冷原子与分子研究领域，使用 STIRAP 技术可以把超冷原子转变为超冷分子[38,39]，把弱束缚的 Feshbach 分子转变为稳定的超冷分子[40,41]．目前，研究者已经使用磁缔合结合 STIRAP 技术制备了 $^{40}\mathrm{K}^{87}\mathrm{Rb}$、$^{87}\mathrm{Rb}_2$、$\mathrm{Cs}_2$、$^{23}\mathrm{Na}^{40}\mathrm{K}$、$^{23}\mathrm{Na}^{87}\mathrm{Rb}$和 $^{87}\mathrm{Rb}^{133}\mathrm{Cs}$ 等超冷分子[42-48]．下面以简单的三能级系统为例介绍 STIRAP 技术的基本原理[48]．

在三能级 STIRAP 中，忽略了其他能级的影响，认为系统在初始态$\left|\varphi_i(t)\right\rangle$、中间态$\left|\varphi_e(t)\right\rangle$和末态（目标态）$\left|\varphi_f(t)\right\rangle$之间进行演化．图 2.1.2 表示三能级 STIRAP

的示意图．在泵浦（pump）脉冲和斯托克斯（Stokes）脉冲的作用下，初始态与中间态之间以及中间态与末态之间将发生跃迁．三能级系统的量子态可以表示为

$$\left|\Phi(t)\right\rangle=\left|\varphi_{\mathrm{i}}(t)\right\rangle+\left|\varphi_{\mathrm{e}}(t)\right\rangle+\left|\varphi_{\mathrm{f}}(t)\right\rangle=C_{\mathrm{i}}(t)\left|i\right\rangle+C_{\mathrm{e}}(t)\left|e\right\rangle+C_{\mathrm{f}}(t)\left|f\right\rangle \qquad (2.1.120)$$

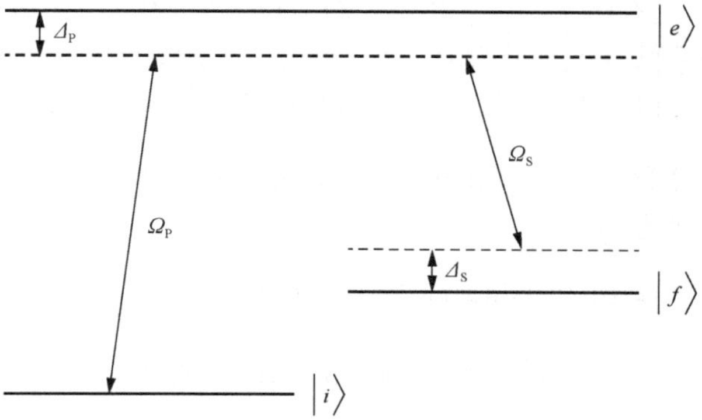

图 2.1.2　三能级 STIRAP 示意图

在旋转波近似下，系统的哈密顿矩阵为[48]

$$\boldsymbol{H}(t)=\hbar\begin{bmatrix}0 & \Omega_{\mathrm{P}}(t)/2 & 0\\ \Omega_{\mathrm{P}}(t)/2 & \Delta_{\mathrm{P}} & \Omega_{\mathrm{S}}(t)/2\\ 0 & \Omega_{\mathrm{S}}(t)/2 & \Delta_{\mathrm{P}}-\Delta_{\mathrm{S}}\end{bmatrix} \qquad (2.1.121)$$

式中，$\Omega_{\mathrm{P}}(t)$ 和 $\Omega_{\mathrm{S}}(t)$ 分别表示由 pump 脉冲和 Stokes 脉冲引起跃迁的拉比（Rabi）频率，其表达式分别为

$$\Omega_{\mathrm{P}}(t)=-\frac{\mu_{\mathrm{ie}}E_{\mathrm{P}}(t)}{\hbar} \qquad (2.1.122)$$

和

$$\Omega_{\mathrm{S}}(t)=-\frac{\mu_{\mathrm{ef}}E_{\mathrm{S}}(t)}{\hbar} \qquad (2.1.123)$$

其中，$\mu_{\mathrm{ie}}=\langle\varphi_{\mathrm{i}}|\mu|\varphi_{\mathrm{e}}\rangle$ 和 $\mu_{\mathrm{ef}}=\langle\varphi_{\mathrm{e}}|\mu|\varphi_{\mathrm{f}}\rangle$ 表示跃迁电偶极矩矩阵元，$E_{\mathrm{P}}(t)$ 和 $E_{\mathrm{S}}(t)$ 分别表示 pump 脉冲和 Stokes 脉冲的电场强度．pump 脉冲和 Stokes 脉冲的单光子失谐分别为

$$\Delta_{\mathrm{P}}(t)=\frac{E_{\mathrm{e}}-E_{\mathrm{i}}}{\hbar}-\omega_{\mathrm{P}} \qquad (2.1.124)$$

和

$$\Delta_{\mathrm{S}}(t)=\frac{E_{\mathrm{e}}-E_{\mathrm{f}}}{\hbar}-\omega_{\mathrm{S}} \qquad (2.1.125)$$

式中，ω_{P} 和 ω_{S} 分别表示 pump 脉冲和 Stokes 脉冲的圆频率．STIRAP 要求双光子共振，即 $\delta = \Delta_{\mathrm{P}} - \Delta_{\mathrm{S}} = 0$，导致 $\Delta_{\mathrm{P}} = \Delta_{\mathrm{S}} = \Delta$．

把式（2.1.120）和式（2.1.121）代入含时薛定谔方程中，得出

$$\mathrm{i}\hbar\frac{\mathrm{d}}{\mathrm{d}t}\begin{bmatrix} C_{\mathrm{i}}(t) \\ C_{\mathrm{e}}(t) \\ C_{\mathrm{f}}(t) \end{bmatrix} = \hbar\begin{bmatrix} 0 & \Omega_{\mathrm{P}}(t)/2 & 0 \\ \Omega_{\mathrm{P}}(t)/2 & \Delta_{\mathrm{P}} & \Omega_{\mathrm{S}}(t)/2 \\ 0 & \Omega_{\mathrm{S}}(t)/2 & 0 \end{bmatrix}\begin{bmatrix} C_{\mathrm{i}}(t) \\ C_{\mathrm{e}}(t) \\ C_{\mathrm{f}}(t) \end{bmatrix} \tag{2.1.126}$$

采用矩阵对角化方法可以求出三能级系统哈密顿算符的本征值和本征态，并得到三个绝热本征态为

$$\left|\Phi^{+}(t)\right\rangle = \sin\theta(t)\sin\phi(t)\left|i\right\rangle + \cos\phi(t)\left|e\right\rangle + \cos\theta(t)\sin\phi(t)\left|f\right\rangle \tag{2.1.127}$$

$$\left|\Phi^{0}(t)\right\rangle = \cos\theta(t)\left|i\right\rangle - \sin\theta(t)\left|f\right\rangle \tag{2.1.128}$$

$$\left|\Phi^{-}(t)\right\rangle = \sin\theta(t)\cos\phi(t)\left|i\right\rangle - \sin\phi(t)\left|e\right\rangle + \cos\theta(t)\cos\phi(t)\left|f\right\rangle \tag{2.1.129}$$

式中，$\theta(t)$ 和 $\phi(t)$ 表示混合角，由拉比频率计算：

$$\theta(t) = \arctan\frac{\Omega_{\mathrm{P}}(t)}{\Omega_{\mathrm{S}}(t)} \tag{2.1.130}$$

$$\phi(t) = \frac{1}{2}\arctan\frac{\sqrt{\Omega_{\mathrm{P}}^{2}(t) + \Omega_{\mathrm{S}}^{2}(t)}}{\Delta} \tag{2.1.131}$$

在一般情况下，两个绝热态之间存在非绝热耦合．三能级系统在演化过程中可能由于中间态寿命较短而产生损失．当使用两束逆序脉冲激光且部分重叠足够大时，脉冲激光参数能够满足绝热条件，系统完全可能在一个由初始态和末态构成的相干绝热态 $\left|\Phi^{0}(t)\right\rangle$ 上演化．绝热态 $\left|\Phi^{0}(t)\right\rangle$ 被称为暗态，它与中间态无关，因此不会产生中间态损失．暗态不同于通常的电子态，它包含了激光场的信息，是联系两个电子态的纽带．通过暗态，可以把分子从一个量子态转移到另一个量子态．

Park 等[46]采用三能级 STIRAP 技术从实验和理论两个方面研究了利用两束脉冲激光把 Feshbach 分子 ^{23}Na-^{40}K 转变为稳定的基态超冷分子 ^{23}Na^{40}K 的过程 Seeßelberg 等[41]从理论上模拟了利用两束脉冲激光把 Feshbach 分子 ^{23}Na-^{40}K 转变为稳定的基态分子 ^{23}Na^{40}K 的 STIRAP 过程．

以上介绍了研究冷及超冷原子光缔合常用的理论方法．研究光缔合、磁缔合和磁-光缔合还有很多重要的理论计算方法，例如，多通道耦合理论、多通道量子

亏损理论、渐近束缚态模型、李普曼-施温格方程和可分离势方法等，我们将在其他章节进行介绍.

2.2　毫开温度下冷原子光缔合过程

在毫开温度下，冷原子光缔合兼具超冷原子光缔合和热力学平均光缔合两个方面的性质[49]. 理论处理要求把超冷原子光缔合理论与热力学平均光缔合理论结合在一起. 超冷原子散射以 s 波散射为主. 随着温度的升高，较多的振动态和转动态被激活（被布居）. 冷原子（$1\text{mK} < T < 1\text{K}$）的布居将分布在振动、转动能级较高的振动态和转动态上. 转动态的存在导致势能曲线上出现离心势垒. 具有较大平动能的碰撞原子很容易越过离心势垒. 因此，在短程区域冷原子光缔合的概率增大. 在短程区域，离心势垒将产生准束缚态. 准束缚态和原子散射态将发生形共振，产生形共振现象. 形共振将增加短程区域波函数的概率密度，从而提高光缔合概率.

在毫开温度下，光缔合概率受到离心势垒、玻尔兹曼统计分布和形共振等多种因素影响. 光缔合的初始态包含了振动和转动态，因而不能简单地选取一个纯的 s 波散射态为初始态. 在光缔合过程中，要求激光脉冲具有较大的频谱宽度，能够覆盖初始态和形共振所对应的能量范围.

2.2.1　冷原子光缔合的理论模型

下面以 ^{85}Rb 原子为例来介绍毫开温度下冷原子光缔合的基本理论[49].

双原子 ^{85}Rb 体系的势能曲线具有特殊的结构. 在洪特情况（a）中，单色光缔合过程涉及基电子态 $X^1\Sigma_g^+$ 和两个激发电子态 $A^1\Sigma_u^+$ 与 $b^3\Pi_u$. 单重态 $X^1\Sigma_g^+$ 和三重态 $b^3\Pi_u$ 之间不发生电偶极矩跃迁，只有 $X^1\Sigma_g^+$ 和 $A^1\Sigma_u^+$ 之间发生电偶极矩跃迁. 但两个激发电子态 $A^1\Sigma_u^+$ 和 $b^3\Pi_u$ 之间存在电子自旋-轨道耦合 $\varDelta_{\Sigma\Pi}$ 及 $\varDelta_{\Pi\Sigma}$（耦合势 $\varDelta_{\Pi\Sigma} = \varDelta_{\Sigma\Pi}$）. 在洪特情况（a）中，光缔合为三态光缔合过程. 在洪特情况（c）中，光缔合分子的激发电子态 0_u^+(5S+5P)包含了电子态 $A^1\Sigma_u^+$ 与 $b^3\Pi_u$，是二者的混合态. 利用 $A^1\Sigma_u^+$ 与 $b^3\Pi_u$ 之间的电子自旋-轨道耦合，将 2×2 矩阵

$$\hat{\boldsymbol{H}}_{\mathrm{e}} = \begin{bmatrix} V_{A^1\Sigma_u^+}(R) & \varDelta_{\Pi\Sigma} \\ \varDelta_{\Sigma\Pi} & V_{b^3\Pi_u}(R) - \varDelta_{\Pi\Pi} \end{bmatrix} \tag{2.2.1}$$

对角化后，得到洪特情况（c）中电子态 $0_u^+(5\text{S}+5\text{P}_{1/2})$ 和 $0_u^+(5\text{S}+5\text{P}_{3/2})$ 及其势能曲

线．在式（2.2.1）中，$V_{A^1\Sigma_u^+}(R)$ 和 $V_{b^3\Pi_u}(R)$ 分别表示洪特情况（a）中单重激发电子态 $A^1\Sigma_u^+$ 和三重激发电子态 $b^3\Pi_u$ 的势能函数；$\Delta_{\Pi\Pi}$ 表示三重激发电子态 $b^3\Pi_u$ 的电子自旋-轨道耦合势．图 2.2.1 表示在洪特情况（c）中描绘的基电子态 $X^1\Sigma_g^+$ 势能曲线和因电子自旋-轨道耦合而分开的激发电子态 $0_u^+(5S+5P_{1/2})$ 与 $0_u^+(5S+5P_{3/2})$ 的势能曲线．

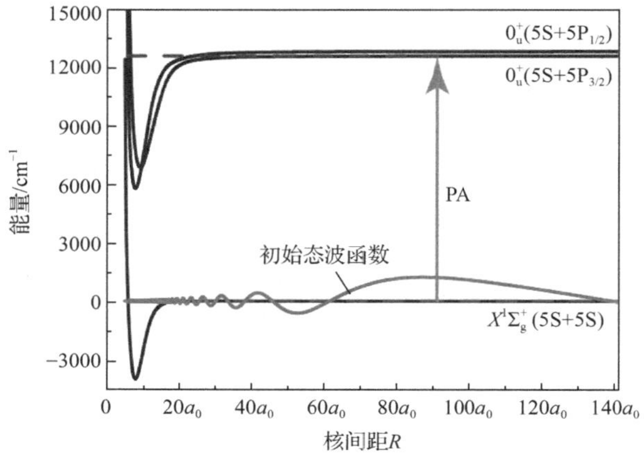

图 2.2.1　在洪特情况（c）中冷原子光缔合示意图

PA 表示光缔合激光；a_0 为波尔半径

在电偶极矩跃迁和旋转波近似下，描述光缔合过程的哈密顿算符为

$$\hat{\boldsymbol{H}} = \hat{\boldsymbol{T}} + \hat{\boldsymbol{V}}(R) + \hat{\boldsymbol{V}}_E + \hat{\boldsymbol{H}}_{so} \tag{2.2.2}$$

式中，$\hat{\boldsymbol{T}}$、$\hat{\boldsymbol{V}}(R)$、$\hat{\boldsymbol{V}}_E$ 和 $\hat{\boldsymbol{H}}_{so}$ 分别表示动能算符、玻恩-奥本海默势能算符、电场与碰撞原子对的相互作用势和电子自旋-轨道耦合势．动能算符包含平动能和转动动能（离心势）算符，即

$$\hat{\boldsymbol{T}} = -\frac{\hbar^2}{2\mu_m R}\frac{\partial^2}{\partial R^2}R + \frac{\hbar^2\hat{\boldsymbol{L}}^2}{2\mu_m R^2} \tag{2.2.3}$$

式中，μ_m 表示两个原子的约化质量；R 表示核间距；$\hat{L}$ 表示角动量算符．电场与碰撞原子对的相互作用势 $\hat{\boldsymbol{V}}_E$ 为

$$\hat{\boldsymbol{V}}_E = -\boldsymbol{\mu}(R)\cdot\boldsymbol{E}(t) \tag{2.2.4}$$

式中，$\boldsymbol{\mu}(R)$ 表示电偶极矩；$\boldsymbol{E}(t)$ 表示脉冲激光的电场强度．

我们在洪特情况（a）中把方程（2.2.2）的哈密顿算符表示为矩阵形式[49]

$$\hat{\boldsymbol{H}}=\begin{bmatrix}\hat{T}+V_{X^1\Sigma_g^+}(R) & -\boldsymbol{\mu}(R)\cdot\boldsymbol{E}(t) & 0\\ -\boldsymbol{\mu}(R)\cdot\boldsymbol{E}(t) & \hat{T}+V_{A^1\Sigma_u^+}(R)-\hbar\omega(t) & \Delta_{\Pi\Sigma}\\ 0 & \Delta_{\Sigma\Pi} & \hat{T}+V_{b^3\Pi_u}(R)-\hbar\omega(t)-\Delta_{\Pi\Pi}\end{bmatrix} \tag{2.2.5}$$

式中，$\omega(t)$ 表示脉冲激光的含时圆频率．哈密顿算符满足含时薛定谔方程：

$$\mathrm{i}\hbar\frac{\partial}{\partial t}\boldsymbol{\Phi}(t)=\hat{\boldsymbol{H}}(t)\boldsymbol{\Phi}(t) \tag{2.2.6}$$

采用 2.1 节介绍的映射傅里叶网格方法和含时量子波包理论可以精确地数值求解方程（2.2.6），获得毫开温度下冷原子光缔合的所有信息．

在温度为 T 的热平衡条件下，采用密度算符 $\hat{\rho}_T(t=t_0)$ 来表示初始态分布：

$$\hat{\rho}_T(t_0)=\frac{\mathrm{e}^{-\beta\hat{H}_g}}{Z}=\frac{\mathrm{e}^{-\beta\hat{H}_g}}{\mathrm{Tr}(\mathrm{e}^{-\beta\hat{H}_g})} \tag{2.2.7}$$

式中，$\beta=1/(k_BT)$；配分函数为 $Z=\mathrm{Tr}(\mathrm{e}^{-\beta\hat{H}_g})$．式（2.2.7）中，基电子态的哈密顿算符为

$$\hat{H}_g=\hat{T}+\hat{V}_{X^1\Sigma_g^+}(R)=-\frac{\hbar^2}{2\mu_m R}\frac{\partial^2}{\partial R^2}R+\frac{l(l+1)\hbar^2}{2\mu_m R^2}+\hat{V}_{X^1\Sigma_g^+}(R) \tag{2.2.8}$$

式中，l 表示转动角动量量子数（以下简称为转动量子数）．对角化基电子态哈密顿算符 $\hat{H}_g$ 可以得到它的本征函数 $\psi_{nlm}(R)$，其中 n、l 和 m 分别表示双原子碰撞体系的平动量子数、转动量子数和磁量子数．平动量子数 n 包含了双原子碰撞体系的散射态和束缚态信息．我们选取 $\hat{H}_g$ 的本征函数 $\psi_{nlm}(R)$ 作为密度算符 $\hat{\rho}_T(t=t_0)$ 的基矢函数．对磁量子数 m 求和，产生简并因子 $(2l+1)/(4\pi)$，本征函数 $\psi_{nlm}(R)$ 约化为 $\psi_{nl}(R)$（相应的能量本征值为 E_{nl}）．初始态的密度算符变为

$$\hat{\rho}_T(t_0)=\frac{1}{4\pi Z}\sum_{nl}(2l+1)\mathrm{e}^{-\beta E_{nl}}\left|\psi_{nl}\right\rangle\left\langle\psi_{nl}\right| \tag{2.2.9}$$

配分函数 Z 变为

$$Z=\frac{1}{4\pi}\sum_{nl}(2l+1)\mathrm{e}^{-\beta E_{nl}} \tag{2.2.10}$$

对初始态波函数 ψ_{nl} 进行时间演化，得到 t 时刻激发电子态分子的布居为

$$P_{nl}^{(\mathrm{e})}(t)=\sum_{v'l_{\mathrm{e}}}P_{v'l_{\mathrm{e}},nl}(t)=\sum_{v'l_{\mathrm{e}}}\left|\left\langle\psi_{v'l_{\mathrm{e}}}\left|\hat{U}(t,t_0)\right|\psi_{nl}\right\rangle\right|^2 \tag{2.2.11}$$

式中，$\hat{U}(t,t_0)$ 表示时间演化算符；$P_{v'l_{\mathrm{e}},nl}(t)$ 表示经过时间演化后处于激发电子态的振-转态 $\psi_{v'l_{\mathrm{e}}}$ 上的分子布居，其中 v' 和 l_{e} 分别表示激发电子态的振动量子数和转动量子数.

在热平衡状态下，光缔合概率为

$$P_{\mathrm{TA}}=\sum_{nl}W_{nl}P_{nl}^{(\mathrm{e})}(t) \tag{2.2.12}$$

式中，W_{nl} 表示基电子态 $|\psi_{nl}\rangle$ 的玻尔兹曼统计权重因子，即

$$W_{nl}=\frac{1}{4\pi Z}(2l+1)\mathrm{e}^{-\beta E_{nl}} \tag{2.2.13}$$

在表达式（2.2.12）中，平动量子数 n、转动量子数 l 的取值范围均受到玻尔兹曼统计权重因子的限制[50]. 图 2.2.2 表示温度 T=2mK 情况下权重因子 W_{nl} 随着平动量子数 n 和转动量子数 l 的分布. 可以看出，权重因子 W_{nl} 主要分布在 $n=124$～138 和 $l=0$～35 区域内. 在该区域以外，权重因子 W_{nl} 很小，可以忽略不计.

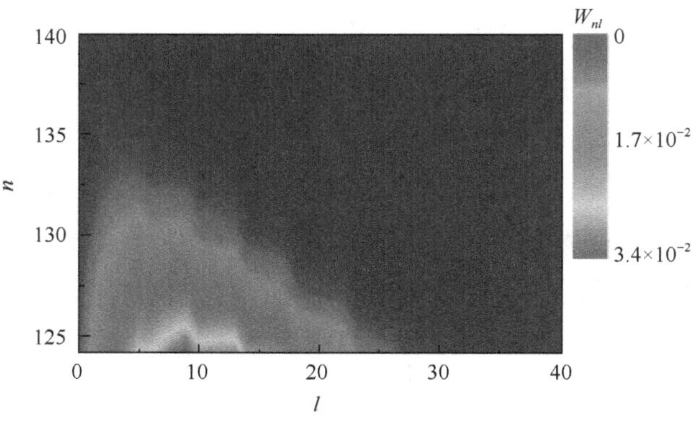

图 2.2.2　在温度 $T=2$mK 情况下权重因子 W_{nl} 的分布[49]

（扫封底二维码查看彩图）

2.2.2　应用举例：Rb 原子光缔合的理论计算结果

图 2.2.3（a）表示基电子态的转动态$|l\rangle$对热平均光缔合分子布居 P_{TA} 的贡献，即

$$P_l^{(\text{e})} = \sum_n (2l+1)\text{e}^{-\beta E_{nl}} P_{nl}^{(\text{e})} \qquad (2.2.14)$$

从图 2.2.3（a）可以看出，热平均光缔合分子布居 P_{TA} 主要来自 l = 0～35 转动态的贡献．该计算结果与实验结果吻合[50,51]．由于在碰撞能 E = 2.7mK 情况下发生了散射态和准束缚态之间的形共振，转动态$|l=22\rangle$对热平均光缔合分子布居 P_{TA} 的贡献明显增大．在短程区域，较大的跃迁概率源于准束缚态波函数较大的概率密度．在温度 T = 2mK 情况下，初始态对应的能量分布区域 0～3.857×10^{-3}cm^{-1}（$W_{nl} \geqslant 5.022\times10^{-8}$）完全被脉冲激光的频宽（2.0cm^{-1}）所覆盖．具有较大频宽的脉冲激光可使更多的初始热平均混合态的振-转态参与光缔合过程．在初始态能量分布区域内发生了多个形共振，转动态$|l=10\rangle$、$|l=14\rangle$和$|l=18\rangle$对热平均光缔合分子布居 P_{TA} 的贡献也明显增大．当 l = 10、14 和 18 时，发生形共振的原子碰撞能分别为 E=10.1mK、13.0mK 和 10.9mK．由于这些形共振对应的原子碰撞能较大，所以相应的转动量子态权重较小．这使转动态$|l=10\rangle$、$|l=14\rangle$和$|l=18\rangle$对热平均光缔合分子布居 P_{TA} 有较小的贡献．

图 2.2.3（b）表示当温度 T=2mK 时，激发电子态的转动态$|l_{\text{e}}\rangle$对热平均光缔合分子布居 P_{TA} 的贡献，即

$$P_{l_{\text{e}}} = \sum_{nl}\sum_{v'} (2l+1)\text{e}^{-\beta E_{nl}} P_{nl}^{(\text{e})} \qquad (2.2.15)$$

从图 2.2.3（b）可以看出，在激发电子态的转动态$|l_{\text{e}}\rangle$上，布居主要分布在$|l_{\text{e}}=0\rangle$～$|l_{\text{e}}=7\rangle$上，这与实验结果基本一致[52]．图 2.2.3（c）表示在温度 T≤0.2mK 情况下，激发电子态的转动分辨分子损失谱[52]．图 2.2.3（d）表示在温度 T = 0.11mK 情况下，在激发电子态的转动态$|l_{\text{e}}\rangle$上的分子布居分布．布居 $P_{l_{\text{e}}}$ 集中分布在四个转动态$|l_{\text{e}}=0\rangle$～$|l_{\text{e}}=3\rangle$上．

概括来说，在毫开温度下，基电子态和激发电子态能量较高的转动态和振动态将被激活．离心势垒、玻尔兹曼权重分布和形共振对光缔合过程有很大的影响．随着系统温度的降低，光缔合分子布居主要分布在能量较低的平动和转动量子态上．热平均光缔合概率随着温度的升高而减小．我们已经将本节的理论模型推广用于研究光缔合分子的激光冷却问题，包括平动、转动和振动冷却[52]．

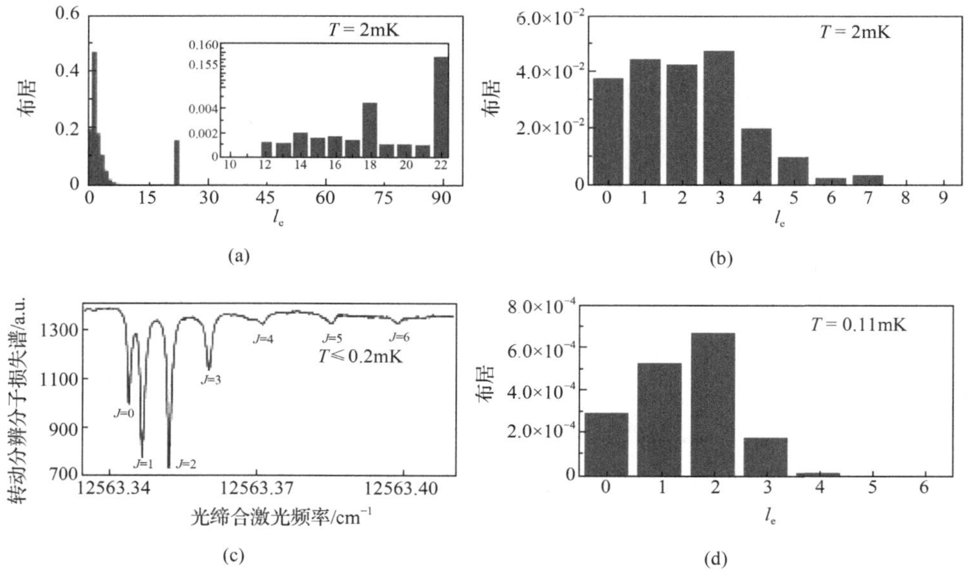

图 2.2.3　在毫开温度下 ^{85}Rb 原子光缔合的理论计算[49]和实验观测结果[51]

(a)激发电子态分子布居 $P_l^{(e)}$ 随着转动量子数 l 的分布. 温度 $T = 2\text{mK}$. 内插图表示 $l = 10 \sim 22$ 的放大细节. 在演化计算中不包含激发电子态的转动结构.（b）当 $T = 2\text{mK}$ 时，激发电子态的分子布居 P_{l_e} 随着转动量子数 l_e 的分布，演化计算中包含激发电子态的转动结构.（c）实验观测的激发电子态 0_u^+ 的转动分辨分子损失谱[51]，其中温度低于 0.2mK.（d）当 $T = 0.11\text{mK}$ 时，激发电子态的分子布居 P_{l_e} 在转动态（$l_e = 0 \sim 6$）上的分布

2.3　超冷原子光缔合过程

利用超短脉冲激光控制超冷原子光缔合过程是原子与分子物理领域的重要研究课题. 1987 年，Thorsheim 等[53]提出了超冷原子光缔合的概念：在激光场的作用下，两个碰撞原子吸收一个或者多个光子后发生跃迁，形成处于激发电子态的分子. 直到 1993 年，人们才从实验上制备了超冷光缔合分子 $^{85}Rb_2$[54]与 Na_2[55]. 处于激发电子态的光缔合分子是不稳定的，可以通过自发辐射或者受激辐射回到基电子态，形成较稳定的基态分子. 研究者采用光缔合方法已经制备了 Li_2[56]、K_2[57]、Cs_2[58]、$^{6}Li^{40}K$[59]、$^{23}Na^{133}Cs$[60]、$^{39}K^{85}Rb$[61]和 $^{85}Rb^{133}Cs$[62]等超冷碱金属分子. 超冷原子光缔合通常发生在较大的核间距区域[63].

用于控制光缔合过程的激光有连续激光[64]、线性调频脉冲激光[65-69]、整形脉冲激光[70-72]、三阶相位脉冲激光[73]、脉冲链[74]和光镊技术[75]等. 最近十几年，控制光缔合的激光逐渐向超短脉冲激光方向发展．超短脉冲的作用时间小于缔合分子的激发电子态寿命，可以减小因激发电子态衰减引起的光缔合概率降低等不利因素．超短脉冲激光具有较大的频宽，能够引起更多的能级之间发生跃迁，从而提高光缔合概率．除了研究超冷碱金属原子光缔合以外，人们还研究了超冷碱土金属原子和其他金属原子（例如 Sr、Yb 等）的光缔合及其相关问题[76-79]．

本节介绍超冷原子光缔合的基本理论及其应用．

2.3.1　超冷原子光缔合的基本理论

描述超冷原子光缔合过程的薛定谔方程为

$$\mathrm{i}\hbar\frac{\partial}{\partial t}\boldsymbol{\Psi}(R,t)=\hat{\boldsymbol{H}}\boldsymbol{\Psi}(R,t) \tag{2.3.1}$$

对于最简单的两态模型，波函数 $\boldsymbol{\Psi}(R,t)$ 的矩阵形式为

$$\boldsymbol{\Psi}(R,t)=\begin{bmatrix}\psi_{\mathrm{g}}(R,t)\\ \psi_{\mathrm{e}}(R,t)\end{bmatrix} \tag{2.3.2}$$

式中，ψ_{g} 和 ψ_{e} 分别表示基电子态和激发电子态的波函数．哈密顿算符 $\hat{\boldsymbol{H}}$ 为

$$\hat{\boldsymbol{H}}=\begin{bmatrix}\hat{T}+\hat{V}_{\mathrm{g}}(R) & \hat{W}(t)\\ \hat{W}(t) & \hat{T}+\hat{V}_{\mathrm{e}}(R)\end{bmatrix} \tag{2.3.3}$$

式中，$\hat{T}$ 表示动能算符；$\hat{V}_{\mathrm{g}}(R)$ 和 $\hat{V}_{\mathrm{e}}(R)$ 分别表示基电子态和激发电子态的势能算符．在电偶极矩跃迁近似下，相互作用势 $\hat{W}(t)$ 为

$$\hat{W}(t)=-\boldsymbol{E}(t)\cdot\boldsymbol{\mu}(R) \tag{2.3.4}$$

式中，$\boldsymbol{E}(t)$ 表示激光的电场强度；$\boldsymbol{\mu}(R)$ 表示碰撞原子对的电偶极矩．

对于三态模型，波函数 $\boldsymbol{\Psi}(R,t)$ 的矩阵形式为

$$\boldsymbol{\Psi}(R,t)=\begin{bmatrix}\psi_{\mathrm{g}}(R,t)\\ \psi_{\mathrm{e}}(R,t)\\ \psi_{\mathrm{f}}(R,t)\end{bmatrix} \tag{2.3.5}$$

相应的哈密顿算符 $\hat{\boldsymbol{H}}$ 为 3×3 矩阵．

采用 2.1 节介绍的映射傅里叶网格方法和含时量子波包理论（切比雪夫多项式演化方法）可以精确地对方程（2.3.1）进行数值求解，并计算光缔合分子布居、光缔合概率和其他感兴趣的物理量．

2.3.2　控制原子光缔合过程的脉冲激光

脉冲激光电场 $\boldsymbol{E}(t)$的具体形式取决于脉冲的包络形状、载波频率、脉冲宽度和载波相位等参数．下面介绍几种用于控制原子光缔合过程的脉冲激光．

1．高斯脉冲

单个高斯脉冲的电场强度为

$$\boldsymbol{E}(t)=\boldsymbol{E}_0 f(t)\cos(\omega t+\phi) \tag{2.3.6}$$

式中，$\boldsymbol{E}_0$ 表示电场的振幅；ϕ 为载波相位；ω 为圆频率．高斯脉冲的包络函数 $f(t)$ 为

$$f(t)=\exp\left[-\frac{2\ln 2}{\tau_c^2}(t-t_0)^2\right] \tag{2.3.7}$$

式中，τ_c 和 t_0 分别表示脉冲宽度和中心时间．

2．双色调制高斯脉冲

双色脉冲激光的电场强度为[80]

$$\boldsymbol{E}(t)=\boldsymbol{E}_{01} f_1(t)\cos(\omega_1 t+\phi_1)+\boldsymbol{E}_{02} f_2(t)\cos(\omega_2 t+\phi_2) \tag{2.3.8}$$

设 $\omega_1>\omega_2$，$\boldsymbol{E}_{02}=\boldsymbol{E}_{01}=\boldsymbol{E}_0/2$，$\phi_2=-\phi_1=\phi$，并令两个脉冲的高斯包络函数为

$$f(t)=f_1(t)=f_2(t)=\exp\left[-\frac{2\ln 2}{\tau_c^2}(t-t_0)^2\right] \tag{2.3.9}$$

得到双色调制脉冲激光的电场为

$$\boldsymbol{E}_{\text{modu}}(t)=\boldsymbol{E}_0 S(t)\cos(\omega_L t) \tag{2.3.10}$$

式中

$$\omega_L=(\omega_1+\omega_2)/2 \tag{2.3.11}$$

$$S(t)=f(t)\cos(2\pi t/T_c-\phi) \tag{2.3.12}$$

其中，T_c 表示总的包络周期，由 $2\pi/T_c=(\omega_1-\omega_2)/2$ 计算．

3. 脉冲链

设脉冲链包含 N 个脉冲，脉冲的重复周期为 T_{rep}，脉冲链的电场强度为[74]

$$\boldsymbol{E}(t)=\sum_{n=0}^{N-1}\boldsymbol{E}_0 f(t-nT_{\text{rep}})\cos[\omega(t-nT_{\text{rep}})+n\phi] \tag{2.3.13}$$

式中，$\boldsymbol{E}_0$ 表示电场的振幅；ω 为载波圆频率；ϕ 为载波相位．第 n 个脉冲的包络函数为

$$f(t-nT_{\text{rep}})=\operatorname{sech}\frac{t-nT_{\text{rep}}}{\tau_p} \tag{2.3.14}$$

式中，$\operatorname{sech}x$ 表示以 x 为变量的双曲正割函数；τ_p 表示脉冲宽度．应该注意，脉冲的包络函数也可以选取其他类型脉冲（如高斯脉冲）的包络函数形式．

4. 整形脉冲激光

整形脉冲激光的电场强度为[70]

$$\boldsymbol{E}(t)=\boldsymbol{E}_0 f(t)\{\cos[\omega_L(t-t_0)]+\gamma\cos[2\omega_L(t-t_0)+\phi]\} \tag{2.3.15}$$

式中，$\boldsymbol{E}_0$ 表示脉冲的电场振幅；ω_L 和 $2\omega_L$ 为载波圆频率；t_0 为脉冲的中心时间；参数 γ 用于调节相对场强（$\gamma \geqslant 0$）；ϕ 为 ω_L 和 $2\omega_L$ 之间的相位差．脉冲的包络函数 $f(t)$ 由式（2.3.16）确定：

$$f^2(t)=g(t)=\exp\left[-\frac{(t-t_0)^2}{\tau^2}\right] \tag{2.3.16}$$

对于慢上升、快下降脉冲，脉冲宽度 τ 为

$$\tau=\begin{cases}\tau_{\text{r}}, & t\leqslant t_0\\ \tau_{\text{f}}, & t>t_0\end{cases} \tag{2.3.17}$$

式中，τ_{r} 和 τ_{f} 分别表示脉冲包络的上升和下降时间．

5. 线性调频脉冲激光

线性调频脉冲激光的频率是线性可调的[68,81]．脉冲激光的电场强度为

$$\boldsymbol{E}(t)=\boldsymbol{E}_0 f(t)\cos[\omega(t)(t-t_0)] \tag{2.3.18}$$

式中，$\boldsymbol{E}_0$ 表示电场的振幅；t_0 为脉冲的中心时间．设脉冲的载波圆频率为 ω_L，线性调频系数为 γ，调频脉冲激光的圆频率为

$$\omega(t) = \omega_L + \gamma(t - t_0) \tag{2.3.19}$$

高斯脉冲的包络函数为

$$f(t) = \left[1 + \left(\frac{\gamma\tau_c^2}{4\ln 2}\right)^2\right]^{-1/4} \exp\left[-\frac{2\ln 2}{\tau_c^2}(t - t_0)^2\right] \tag{2.3.20}$$

式中，τ_c 表示脉冲宽度．

6．相位跃变脉冲激光

相位跃变脉冲激光的电场强度为[82]

$$\boldsymbol{E}(t) = \begin{cases} \boldsymbol{E}_0 f(t)\cos[\omega(t - t_0)], & t < t_0 \\ \boldsymbol{E}_0 f(t)\cos[\omega(t - t_0) + \varphi], & t \geqslant t_0 \end{cases} \tag{2.3.21}$$

式中，$\boldsymbol{E}_0$ 表示电场的振幅；t_0 为脉冲的中心时间；φ 为相位的跃变．脉冲的包络函数为

$$f_n(t) = \exp\left[-\frac{4\ln 2}{\tau_c^2}(t - t_0)^2\right] \tag{2.3.22}$$

式中，τ_c 表示脉冲宽度．

7．二阶和三阶相位脉冲

在频率域中，脉冲激光的电场为[83]

$$E(\omega) = A(\omega)\mathrm{e}^{\mathrm{i}\phi(\omega)} \tag{2.3.23}$$

式中，$E(\omega)$ 为复变函数；$\phi(\omega)$ 为脉冲激光的光谱相位；$A(\omega)$ 为脉冲激光的频谱振幅，其表达式为

$$A(\omega) = \exp\left[-\frac{2\ln 2(\omega - \omega_0)^2}{\omega_f^2}\right] \tag{2.3.24}$$

式中，ω_0 和 ω_f 分别为脉冲激光的中心圆频率和频宽．采用傅里叶变换，得到时间域中脉冲激光的电场为

$$E(t) = \frac{1}{2\pi}\int_{-\infty}^{\infty} E(\omega)\mathrm{e}^{-\mathrm{i}\omega t}\mathrm{d}\omega \tag{2.3.25}$$

在频率域中，可以把脉冲激光的光谱相位 $\phi(\omega)$用泰勒级数展开为[83]

$$\phi(\omega)=\phi_0^{(0)}+\phi_0^{(1)}(\omega-\omega_0)+\frac{1}{2}\phi_0^{(2)}(\omega-\omega_0)^2 +\frac{1}{6}\phi_0^{(3)}(\omega-\omega_0)^3+\cdots+\frac{1}{n!}\phi_0^{(n)}(\omega-\omega_0)^n \tag{2.3.26}$$

上式右边第一项 $\phi_0^{(0)}$ 表示载频包络相位或绝对相位；第二项表示相位的群延迟（相对于起始时间的延迟），$\phi_0^{(1)}$ 为相位的延迟系数；第三项表示脉冲激光的线性调频相位，$\phi_0^{(2)}$ 为二阶相位系数；第四项表示脉冲激光的三阶相位，$\phi_0^{(3)}$ 表示三阶相位系数.

脉冲激光的时域频谱表达式为

$$S(\omega,t)=\left|\int_{-\infty}^{\infty}\Theta(t'-t,T_\omega)E(t')\mathrm{e}^{\mathrm{i}\omega t'}\mathrm{d}t'\right|^2 \tag{2.3.27}$$

式中，时间窗口函数 $\Theta(t'-t,T_\omega)$ 为[84,85]

$$\Theta(t'-t,T_\omega)=0.42+0.50\cos\left[\frac{2\pi}{T_\omega}(t'-t)\right]+0.08\cos\left[\frac{4\pi}{T_\omega}(t'-t)\right] \tag{2.3.28}$$

在具体计算时，取时间参数 T_ω 等于光缔合过程的演化时间.

人们已经利用二阶相位脉冲（线性调频脉冲）和三阶相位脉冲控制超冷原子的光缔合反应[86-89]. 针对皮秒或飞秒脉冲激光，应该使用三阶甚至更高阶相位对脉冲的电场函数进行适当修正.

2.3.3　控制超冷原子光缔合的例子

1. 利用整形脉冲和整形脉冲链控制超冷铯原子的光缔合过程

考虑利用整形脉冲激光控制的光缔合过程 $\mathrm{Cs(6S_{1/2})+Cs(6S_{1/2})}+\hbar\omega\rightarrow \mathrm{Cs_2(0_g^-)}$[70]. 脉冲激光的电场由式（2.3.15）给出. 处于基电子态的两个超冷碰撞 Cs 原子吸收一个光子，跃迁至激发电子态 $0_g^-(\mathrm{6S_{1/2}+6P_{3/2}})$ 的振动能级 ν 上，形成超冷 Cs_2 分子[70]. 如图 2.3.1（a）所示，$0_g^-(\mathrm{6S_{1/2}+6P_{3/2}})$ 势能曲线存在一个双势阱结构，势垒位于 $15a_0$ 处（a_0 为波尔半径）. 图 2.3.1（b）表示整形脉冲激光的强度 $I\propto \boldsymbol{E}^2(t)$. 图 2.3.2 表示激发电子态 0_g^- 的束缚振动态 ϕ_v 与基电子态 $a^3\Sigma_\mathrm{u}^+$ 的初始态 ϕ_i 之间的富兰克-康顿因子随着振动量子数 ν 的变化. 从图 2.3.2 可以看出，仅外势阱中振动态与初始态之间有较大的富兰克-康顿因子，因此光缔合过程主要发生在外势阱中.

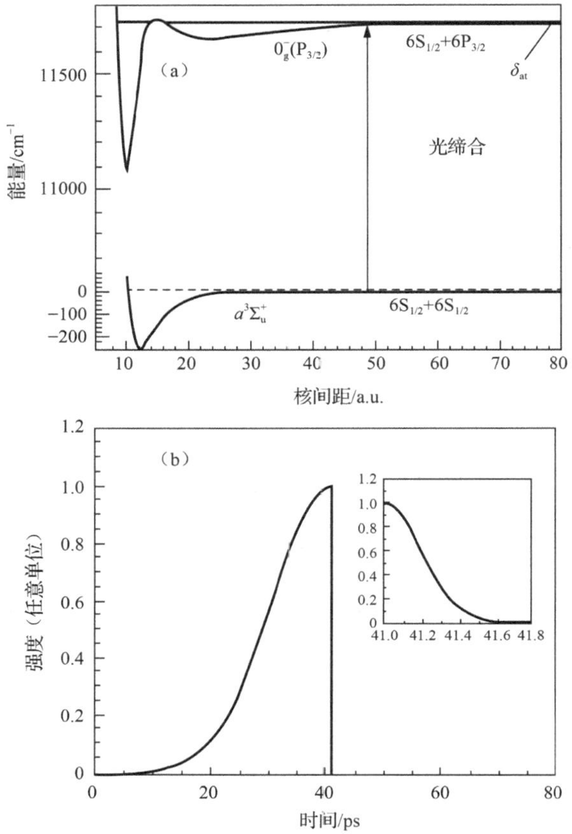

图 2.3.1　Cs_2 分子基电子态、激发电子态势能曲线和整形脉冲包络[70]

（a）基三重态 $a^3\Sigma_u^+$ 和激发电子态 0_g^- 势能曲线. 水平虚线表示初始连续态，δ_{at} 表示失谐.（b）整形脉冲的包络，其中 t_0=41ps, τ_r=10ps 和 τ_f =200fs. 小图展示了整形脉冲在 $t=t_0$ 的细节

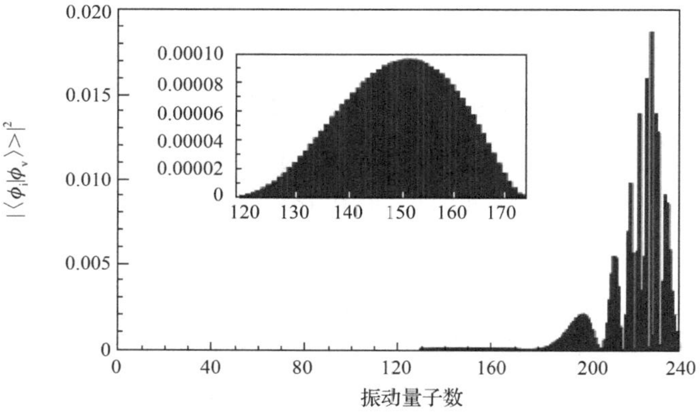

图 2.3.2　Cs_2 分子激发电子态 0_g^- 的束缚振动态 ϕ_v 与基电子态 ϕ_i（初始态）之间的富兰克-康顿因子[70]

在计算中，只考虑了 s 波散射，体系的温度取为 T=54μK，空间传播距离取为 L_R=19200a_0. 对波函数进行了箱归一化处理. 波包的传播时间为 84ps，该时间远小于 Cs 原子激发电子态（$6p^2P_{3/2}$）寿命 32.463ns 和 Cs_2 分子激发电子态 0_g^- 外势阱的振动态寿命 30ns[87]，故可以忽略自发辐射的影响. 激光中心频率相对于原子共振线 D_2 的失谐 δ_{at} 取为 $3.0cm^{-1}$. 在图 2.3.2 中，富兰克-康顿因子的最强峰值出现在振动量子数 $\nu=228$ 处.

图 2.3.3 表示光缔合 Cs_2 分子激发电子态 0_g^- 的振动态总布居 P_{eb} 随着时间 t 的变化曲线. 图中实线和虚线分别表示利用整形脉冲和完整的高斯脉冲控制光缔合过程的计算结果. 对于整形脉冲，选取 τ_r=10ps 和 τ_f=200fs. 在高斯脉冲控制的光缔合过程中，激发电子态 0_g^- 分子布居的最大值为 $P_{eb}(t_0)=2.04\times10^{-2}$（出现在中心时间 t_0 时刻）. 当脉冲结束后，减少为 $P_{eb}=0.960\times10^{-4}$，减少了两个数量级. 在整形脉冲控制的光缔合过程中，P_{eb} 的最大值（出现在 $t=t_0$）与高斯脉冲控制的最大值相等. 但当脉冲结束后，约有布居最大值的 99.4%保留在激发电子态 0_g^- 上. 这是因为激光脉冲下降时间太短以至于电场强度迅速减弱，无法提供足够能量将已经缔合的分子重新转移到初始态. 因此，利用整形脉冲能够有效地提高超冷原子光缔合概率.

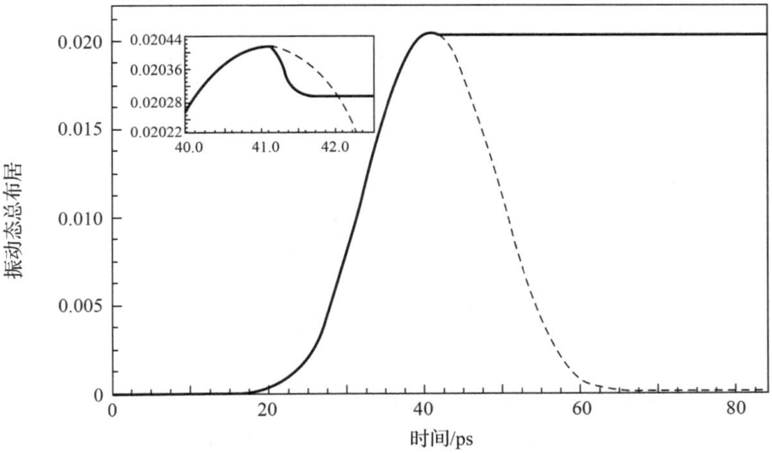

图 2.3.3　光缔合 Cs_2 分子激发电子态 0_g^- 的振动态总布居随着时间的变化曲线[70]

实线表示整形脉冲：t_0=41ps，τ_r=10ps 及 τ_f=200fs.

虚线为高斯脉冲：t_0=41ps，$\tau_r=\tau_f$=10ps. 小图表示在 $t=t_0$ 附近的细节

图 2.3.4 表示利用整形脉冲链（包含五个整形脉冲）和高斯脉冲链控制超冷 Cs 原子光缔合的计算结果[75]. 图 2.3.4（a）实线和点线分别表示整形脉冲链和高斯脉冲链强度随着时间 t 的变化. 图 2.3.4（b）和（c）分别表示在高斯与整形脉

冲链作用下，光缔合 Cs_2 分子激发电子态 0_g^- 布居随着时间 t 的变化[74]. 在整形脉冲链的作用下，光缔合分子激发电子态布居发生累积效应. 在脉冲链的作用结束后，总布居 P_{eb}=0.20. 但在高斯脉冲链控制的光缔合过程中，几乎看不到布居的累积效应.

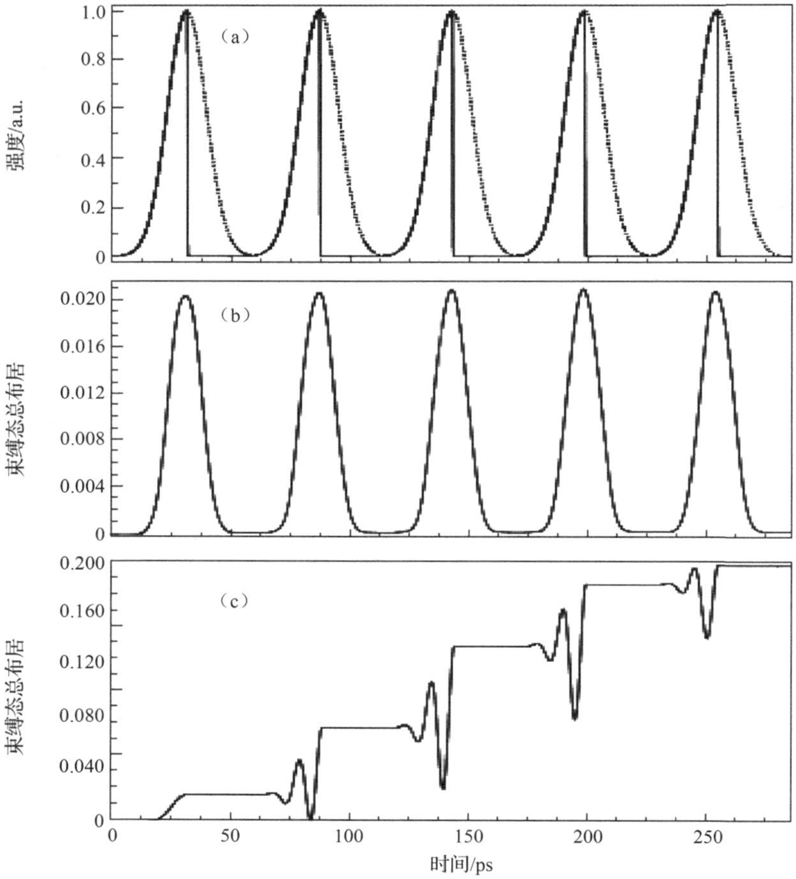

图 2.3.4　利用整形脉冲链和高斯脉冲链控制超冷 Cs 原子光缔合的计算结果[74]

(a) 实线和点线分别表示整形脉冲链和高斯脉冲链强度随着时间的变化.

(b) 和 (c) 分别表示在高斯与整形脉冲链作用下激发电子态 0_g^- 分子的总布居

2. 利用双色调制脉冲控制超冷 Cs 原子的光缔合过程

双色调制脉冲的电场强度由式（2.3.8）给出. 图 2.3.5（a）表示双色调制脉冲的包络形状，图中包络相位 $\phi = 0, \pi/6, \pi/3, \pi/2$，$T_p$=80ps 和 $\tau_c = 15$ps. 图 2.3.5（b）表示光缔合分子 Cs_2 激发电子态 0_g^- 的布居随着时间的变化曲线[80]，其中小图表示

四种相位取值情况下光缔合分子的布居．从图 2.3.5 可以看出，调制脉冲的包络形状和光缔合分子的布居均对包络相位 ϕ 很敏感．当 ϕ 不等于π的整数倍时，相互作用势的绝对值 $|W(t)| \propto |E(t)|$，双色调制脉冲的包络出现了两个峰（图中没有画出）．当 $k\pi < \phi < (k+1/2)\pi$ 时（k 取整数），第一个峰的强度小于第二个峰；当 $\phi = k\pi$ 时，二者相等；而当 $(k+1/2)\pi < \phi < (k+1)\pi$ 时，第一个峰的强度大于第二个峰．光缔合分子布居曲线也存在类似的现象．在图 2.3.5（b）中，当 $\phi = \pi/3$ 时，出现两个明显的峰，位于 t=−12ps 和−5ps 附近．当 ϕ 增加到 π/2 时，双色调制脉冲的长尾巴使光缔合分子的布居保持了较长时间．

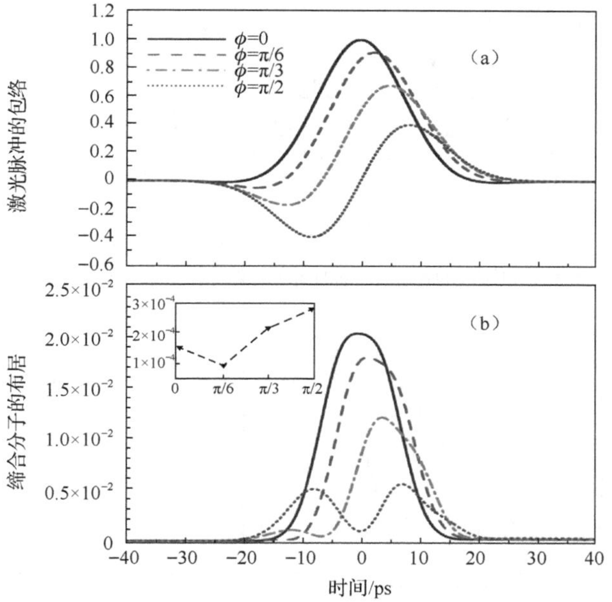

图 2.3.5　调制脉冲包络与光缔合分子布居[80]

（a）调制脉冲包络．相位 $\phi = 0, \pi/6, \pi/3, \pi/2$；$T_p$=80ps 和 $\tau_c = 15$ps．（b）光缔合分子激发电子态 0_g^- 布居随着时间的变化曲线，其中小图表示四种相位取值情况下光缔合分子的布居

图 2.3.6 为光缔合概率随着时间和相位的变化[80]．图 2.3.6（a）表示光缔合概率随着时间 t 和包络相位 ϕ 的变化图像[80]．图 2.3.6（b）表示光缔合概率随着 ϕ 的变化曲线．图 2.3.7 表示在四种包络周期（T_p=20ps, 40ps, 60ps, 100ps）和两种包络相位（ϕ=0, π/4）情况下双色调制脉冲的包络形状和光缔合概率[80]．

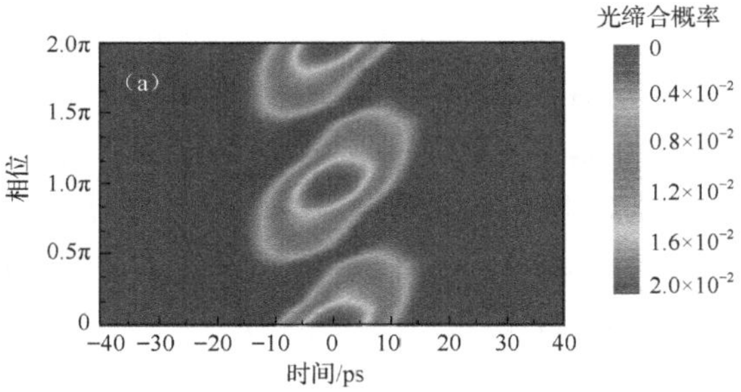

（扫封底二维码查看彩图）

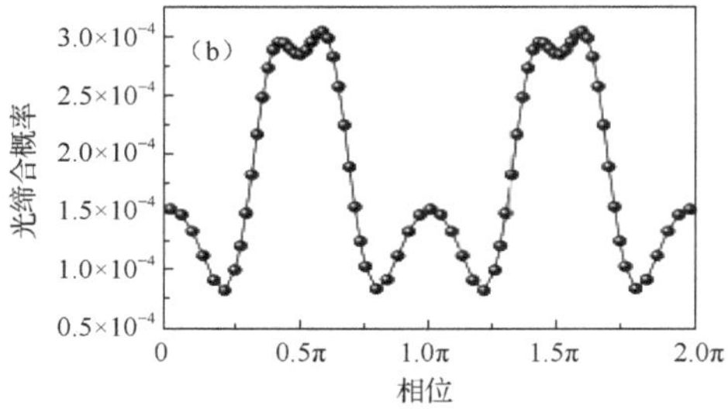

图 2.3.6　光缔合概率随着时间和相位的变化[80]

（a）光缔合概率随着时间 t 和包络相位 ϕ 的变化图像.（b）光缔合概率随着 ϕ 的变化曲线

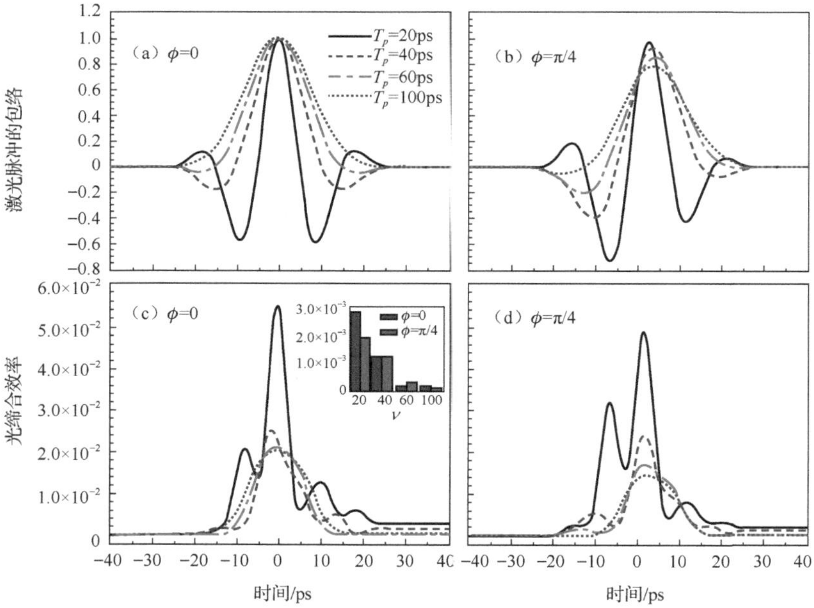

图 2.3.7　利用双色调制脉冲控制超冷 Cs 原子光缔合的计算结果[80]
（包络周期 T_p=20ps, 40ps, 60ps, 100ps）

（a）脉冲包络（$\phi=0$）.（b）脉冲包络（$\phi=\pi/4$）.
（c）光缔合概率（$\phi=0$），小图表示光缔合分子布居分布.（d）光缔合概率（$\phi=\pi/4$）

3. 利用二阶和三阶相位调制脉冲控制超冷 Pb 原子的光缔合过程

考虑利用二阶和三阶相位调制脉冲控制两个超冷 ^{85}Pb(5S)原子的光缔合过程，产生处于电子态 0_u^+ 的超冷 $^{85}Rb_2(0_u^+)$分子. 在电偶极矩和旋转波近似下，描述光缔合过程的哈密顿算符为[90,91]

$$\hat{\boldsymbol{H}}=\begin{bmatrix} \hat{T}+V_{X^1\Sigma_g^+}(R) & -D(R)E_0f(t)/2 & 0 \\ -D(R)E_0f(t)/2 & \hat{T}+V_{A^1\Sigma_u^+}(R)-\hbar\omega(t) & \varDelta_{\Pi\Sigma} \\ 0 & \varDelta_{\Sigma\Pi} & \hat{T}+V_{b^3\Pi_u}(R)-\hbar\omega(t)-\varDelta_{\Pi\Pi} \end{bmatrix} \tag{2.3.29}$$

式中，$\hat{T}$ 为动能算符；R 为原子核间距；$D(r)$表示跃迁电偶极矩；$V_{A^1\Sigma_u^+}(R)$ 和 $V_{b^3\Pi_u}(R)$ 分别表示单重激发电子态 $A^1\Sigma_u^+$ 和三重激发电子态 $b^3\Pi_u$ 的势能函数；$\varDelta_{\Pi\Pi}$ 表示三重激发电子态 $b^3\Pi_u$ 的电子自旋-轨道耦合势. $\varDelta_{\Pi\Sigma}$ 和 $\varDelta_{\Sigma\Pi}$ 表示单重激发电子态 $A^1\Sigma_u^+$ 和三重激发电子态 $b^3\Pi_u$ 之间的电子自旋-轨道耦合势. Rb_2 分子的势能曲线如图 2.2.1 所示.

在理论计算中，取光缔合过程的演化时间为 1100ps. 该时间远小于 ^{85}Rb 原子激发电子态（$5p^2P_{1/2}, 5p^2P_{3/2}$）和 $^{85}Rb_2$ 分子激发电子态 0_u^+ 的寿命，因此可以忽略原子和分子的自发辐射. 初始碰撞能取为 98.78μK. 核间距的变化范围为 $5a_0$～$20000a_0$. 在频率域中脉冲激光的频宽取为 ω_f=1.0cm^{-1}. 脉冲峰强度取为 65kW/cm^2. 脉冲的二阶相位系数 $\phi_0^{(2)}$ 的取值范围为-2.3×10^{-20}～2.3×10^{-20}s^2. 三阶相位系数 $\phi_0^{(3)}$ 的取值范围为-3.5×10^{-30}～3.5×10^{-30}s^3. 当 $\phi_0^{(2)}=\phi_0^{(3)}=0$ 时，相位调制脉冲约化为高斯脉冲. 脉冲的中心频率 ω_0 取为初始态与激发电子态振动能级 v'= 474 之间的共振频率. $\hbar\tilde{\omega}=\hbar\omega-E_{D_1}$ 表示激光脉冲的光子能量 $\hbar\omega$ 与 5S + $5P_{1/2}$ 解离极限 E_{D_1} 之间的能量差. 中心频率 ω_0 满足 $\hbar\omega_0=-3.44$cm^{-1}. 为了方便，采用下列符号表示不同参数下的脉冲激光：当 $\phi_0^{(2)}=\phi_0^{(3)}=0$ 时，用 E_{gauss} 表示脉冲激光的电场；当 $\phi_0^{(2)}\neq0$ 及 $\phi_0^{(3)}=0$ 时，用 $E_{\pm\text{chirp}}$ 表示脉冲激光的电场；当 $\phi_0^{(2)}=0$ 和 $\phi_0^{(3)}\neq0$ 时，用 $E_{\pm\text{cubic}}$ 表示脉冲激光的电场；当 $\phi_0^{(2)}\neq0$ 和 $\phi_0^{(3)}\neq0$ 时，采用 $E_{\pm\text{cubic}}^{\pm\text{chirp}}$ 表示脉冲激光的电场.

图 2.3.8 表示相位调制脉冲激光 E_{gauss}、$E_{\pm\text{chirp}}$、$E_{\pm\text{cubic}}$ 和 $E_{\pm\text{cubic}}^{\pm\text{chirp}}$ 的频谱与时域强度，图中 $\left|\phi_0^{(2)}\right|=2.3\times10^{-20}\text{s}^2$，$\left|\phi_0^{(3)}\right|=3.5\times10^{-30}\text{s}^3$，频谱光强度 $I(\omega)=A^2(\omega)$，时域光强度 $I(t)=|E(t)|^2$. 从图 2.3.8（d）～（g）中可以看出，相位调制脉冲 $E_{-\text{cubic}}^{\text{chirp}}$ 与 $E_{-\text{cubic}}^{-\text{chirp}}$ 的时域强度 $I(t)$相同；$E_{\text{cubic}}^{\text{chirp}}$ 与 $E_{\text{cubic}}^{-\text{chirp}}$ 的时域强度 $I(t)$也相同. 二阶相位系数

的正负号不影响时域强度 $I(t)$，即时域强度 $I(t)$关于中心时间具有对称性．但三阶相位系数将使脉冲激光出现一系列前置或后置脉冲．

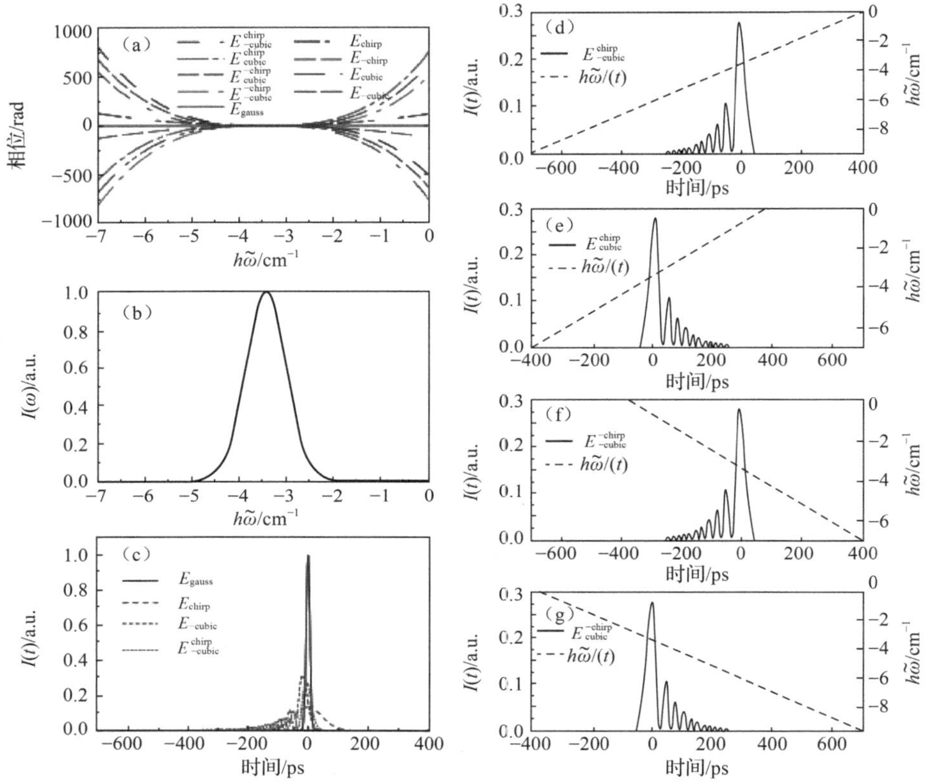

图 2.3.8　相位调制激光脉冲的相位和强度分布[91]

(a) 和 (b) 相位调制激光脉冲 E_{gauss}、$E_{\pm chirp}$、$E_{\pm cubic}$ 和 $E^{\pm chirp}_{\pm cubic}$ 的时域频谱图 $S(\omega,t)$，其中 $\left|\phi_0^{(2)}\right| = 2.3\times10^{-20}\,s^2$ 和 $\left|\phi_0^{(3)}\right| = 3.5\times10^{-30}\,s^3$．(c) E_{gauss}、E_{chirp}、E_{-chirp} 和 E^{chirp}_{-cubic} 的时域强度 $I(t)$．(d)～(g) 黑实线表示 E^{chirp}_{-cubic}、E^{chirp}_{cubic}、E^{-chirp}_{-cubic} 和 E^{-chirp}_{cubic} 的时域强度．(d)～(g) 蓝点线表示 E^{chirp}_{-cubic}、E^{chirp}_{cubic}、E^{-chirp}_{-cubic} 和 E^{-chirp}_{cubic} 的光子能量与分子解离线 D_1 的能量差 $\hbar\tilde{\omega} = \hbar\omega(t) - E_{D_1}$，其中 $\omega(t)$为激光脉冲的瞬时频率

（扫封底二维码查看彩图）

图 2.3.9 为相位调制脉冲激光的时域频谱和激发电子态分子布居分布一[91]．图2.3.9 (a)～(e) 中，相位系数为$\left|\phi_0^{(2)}\right| = 2.3\times10^{-20}\,s^2$ 和$\left|\phi_0^{(3)}\right| = 3.5\times10^{-30}\,s^3$．图2.3.9 (f)～(j) 中，$E_b = E_{v'} - E_{D_1}$ 表示激发电子态 0_u^+ 的振动能级 v'相对于 $5S + 5P_{1/2}$ 解离极限的束缚能．如图 2.3.9 (b) 所示，当 $\phi_0^{(2)} > 0$时，脉冲激光的瞬时频率随着时间的增加而线性增大．图 2.3.9 (g) 中，激发电子态的共振能级从低的振动能级向较高的振动能级移动，布居优先占据较低的振动能级．当 $\phi_0^{(2)} < 0$时，如图 2.3.9 (c)

所示，脉冲激光的瞬时频率随着时间的增加而线性减小．图 2.3.9（h）中，激发电子态的共振能级从较高的振动能级向较低的振动能级移动，布居优先占据较高的振动能级．由于激发电子态波包沿着势能曲线向小核间距方向运动，波包被脉冲激光从激发电子态转移到基电子态，然后再一次被转移到激发电子态上，

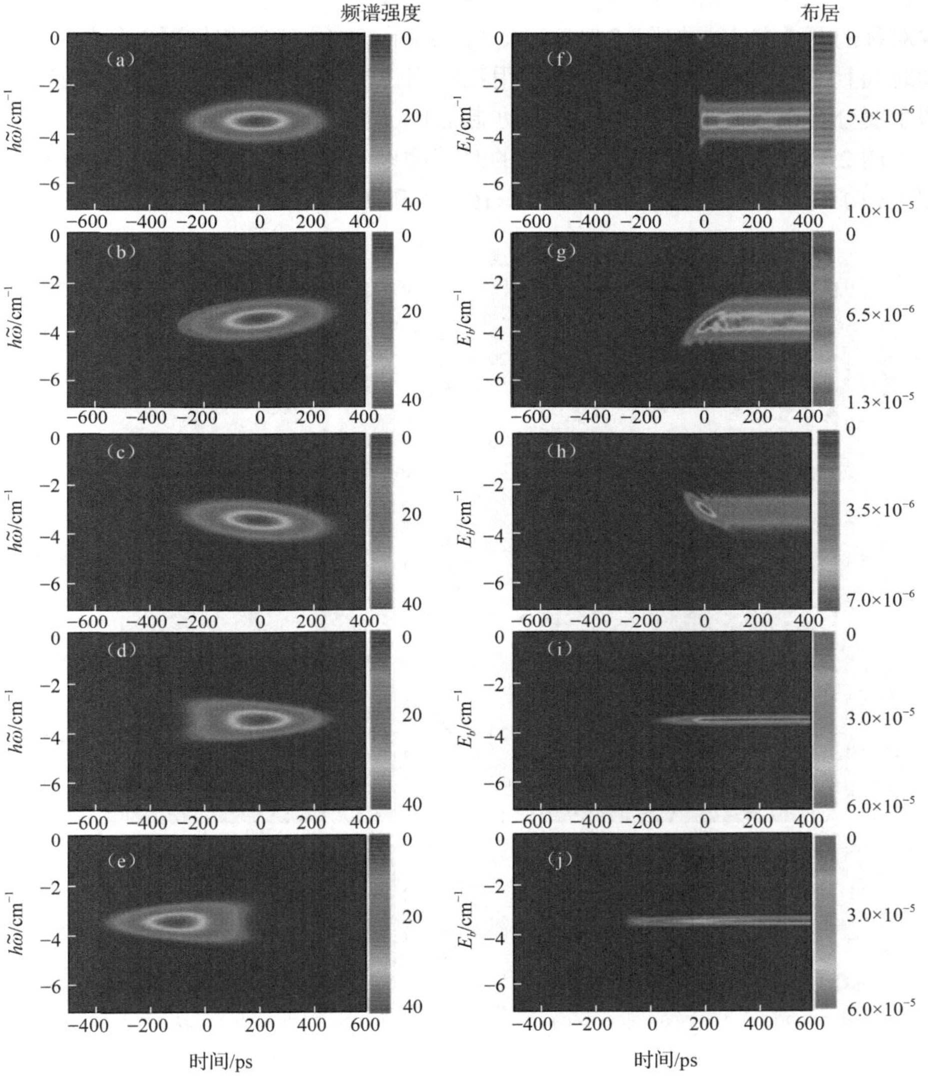

图 2.3.9　相位调制脉冲激光的时域频谱和激发电子态分子布居分布一[91]

（a）～（e）相位调制脉冲激光 E_{gauss}、E_{chirp}、$E_{-\mathrm{chirp}}$、$E_{-\mathrm{cubic}}$ 和 E_{cubic} 的时域频谱 $S(\omega,t)$．

（f）～（j）分子激发电子态 0_u^+ 的布居分布

（扫封底二维码查看彩图）

这种现象称为多重相互作用．它降低了激发电子态共振能级的布居．如图 2.3.9（g）、（h）所示，由于多重相互作用的影响，利用脉冲激光 $E_{-\text{chirp}}$ 控制的光缔合概率低于由脉冲激光 E_{chirp} 控制的光缔合概率．图 2.3.9（d）中，当 $t<0$ 时，脉冲激光 $E_{-\text{cubic}}$ 的时域频谱 $S(\omega, t)$沿着水平轴 $\hbar\omega_0=-3.44\text{cm}^{-1}$ 呈现对称的两个分支．图 2.3.9（e）中，当 $t>0$ 时，脉冲激光 E_{cubic} 的时域频谱 $S(\omega, t)$沿着水平轴 $\hbar\omega_0=-3.44\text{cm}^{-1}$ 呈现对称的两个分支．如图 2.3.9（i）、（j）所示，由于三阶相位可以延长脉冲的持续时间且不改变脉冲的频率，故利用三阶相位调制脉冲激光 $E_{\pm\text{cubic}}$ 激发的分子布居主要分布在激发电子态的单个振动能级上．

图 2.3.10 为相位调制脉冲激光的时域频谱和激发电子态分子布居分布二[91]．图 2.3.10（a）～（e）中，$\left|\phi_0^{(2)}\right|=2.3\times10^{-20}\text{s}^2$ 和 $\left|\phi_0^{(3)}\right|=3.5\times10^{-30}\text{s}^3$．脉冲激光 $E_{\pm\text{cubic}}^{\pm\text{chirp}}$

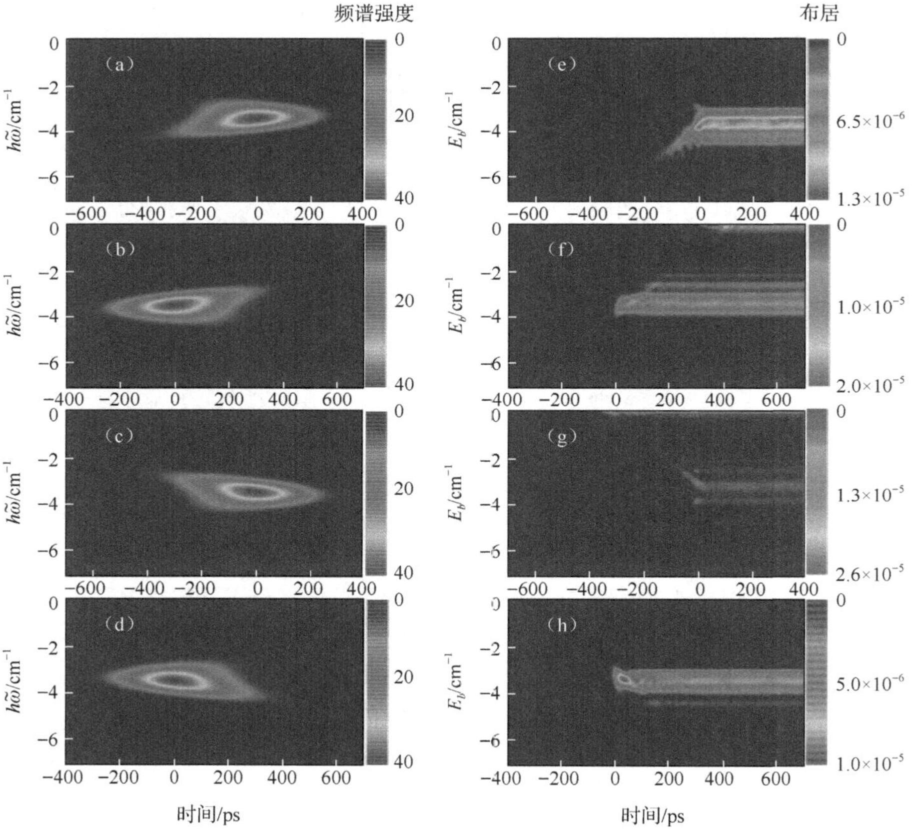

图 2.3.10　相位调制脉冲激光的时域频谱和激发电子态分子布居分布二[91]

（a）～（d）调制脉冲 $E_{-\text{cubic}}^{\text{chirp}}$、$E_{\text{cubic}}^{\text{chirp}}$、$E_{-\text{cubic}}^{-\text{chirp}}$ 和 $E_{\text{cubic}}^{-\text{chirp}}$ 的时域频谱 $S(\omega,t)$．

（e）～（h）激发电子态 0_u^+ 的布居分布

（扫封底二维码查看彩图）

的时域频谱 $S(\omega,t)$ 沿着水平轴 $\hbar\omega_0=-3.44\text{cm}^{-1}$ 呈现不对称的两个分支．如图 2.3.10（a）、（d）所示，当 $\phi_0^{(2)}>0$ 和 $\phi_0^{(3)}<0$ 或者 $\phi_0^{(2)}<0$ 和 $\phi_0^{(3)}>0$ 时，水平轴 $\hbar\tilde{\omega}_0=-3.44\text{cm}^{-1}$ 下面分支的强度大于上面分支的强度，这将引起激发电子态共振能级之外的较低振动能级分布着少量的布居［图 2.3.10（e）、（h）］．图 2.3.10（b）、（c）中，当 $\phi_0^{(2)}>0$ 和 $\phi_0^{(3)}>0$ 或者 $\phi_0^{(2)}<0$ 和 $\phi_0^{(3)}<0$ 时，水平轴 $\hbar\tilde{\omega}_0=-3.44\text{cm}^{-1}$ 上面分支的强度大于下面分支的强度，这将引起激发电子态共振能级之外较高振动能级分布着少量布居［图 2.3.10（f）、（g）］．图 2.3.10（a）、（c）中，当 $\phi_0^{(3)}<0$ 时，上述不对称的两个分支出现在垂直轴 $t=0$ 的左边．图 2.3.10（e）、（f）中，当 $\phi_0^{(3)}>0$ 时，不对称的两个分支出现在垂直轴 $t=0$ 的右边．如图 2.3.10（e）、（f）所示，当 $\phi_0^{(2)}>0$ 时，脉冲激光的线性调频斜率取正值，布居优先占据较低的振动能级．图 2.3.10（g）、（h）中，当 $\phi_0^{(2)}<0$ 时，脉冲激光的线性调频斜率取负值，布居优先占据较高的振动能级．

图 2.3.11 表示在相位调制脉冲激光 $E_{-\text{cubic}}^{\text{chirp}}$、$E_{\text{chirp}}$、$E_{\text{cubic}}^{\text{chirp}}$、$E_{-\text{cubic}}$、$E_{\text{gauss}}$、$E_{\text{cubic}}$、$E_{-\text{cubic}}^{-\text{chirp}}$、$E_{-\text{chirp}}$ 和 $E_{\text{cubic}}^{-\text{chirp}}$ 的作用之后光缔合分子激发电子态 0_u^+ 振动能级 $v'=400$～500 的布居分布．由图 2.3.8 可知，由三阶相位系数引起的前置小脉冲或者后置小脉冲可以被看作一系列高斯脉冲，且其频率随着时间发生线性变化．当二阶相位系数 $\phi_0^{(2)}=0$ 时，这些前置或后置小脉冲的频率不随时间发生变化．如图 2.3.11（d）、（f）所示，因三阶相位脉冲能够延长脉冲的作用时间，所以在三阶相位脉冲激光作用之后激发电子态的布居主要分布在振动能级 $v'=475$ 上．图 2.3.11（a）～（c）、（g）～（i）中，当 $\phi_0^{(2)}\neq 0$ 时，线性调频斜率不等于零，这将导致脉冲激光的频率随着时间发生变化.激发电子态的布居分布在一系列共振的振动能级上，而不是集中分布在某一个振动能级上．在图 2.3.11（a）、（c）、（g）、（i）中，由于一系列前置小脉冲和后置小脉冲的持续时间小于三阶相位调制脉冲的持续时间，所以每个共振能级上的布居均小于由纯三阶相位脉冲激发的振动能级 $v'=475$ 的布居．

图2.3.12表示激发电子态 0_u^+ 共振能级 $v'=471$～485 的总布居随着 $\phi_0^{(2)}$ 和 $\phi_0^{(3)}$ 的变化曲线．图 2.3.12（a）中，当 $\phi_0^{(2)}>0$ 时，脉冲激光的频率覆盖了较多的共振能级，致使共振能级的总布居小于由纯三阶相位脉冲激发的总布居；当 $\phi_0^{(2)}<0$ 时，脉冲激光的线性调频斜率为负值，引起了多重相互作用，从而降低了激发电子态的分子布居．图 2.3.12（b）中，当 $\phi_0^{(2)}<0$ 和 $\phi_0^{(3)}<0$ 时，多重相互作用对激发电子态布居的影响很小；当 $\phi_0^{(2)}<0$ 和 $\phi_0^{(3)}>0$ 时，由于后置小脉冲参与多重相互作用，因而降低了多重相互作用对激发电子态布居分布的影响．

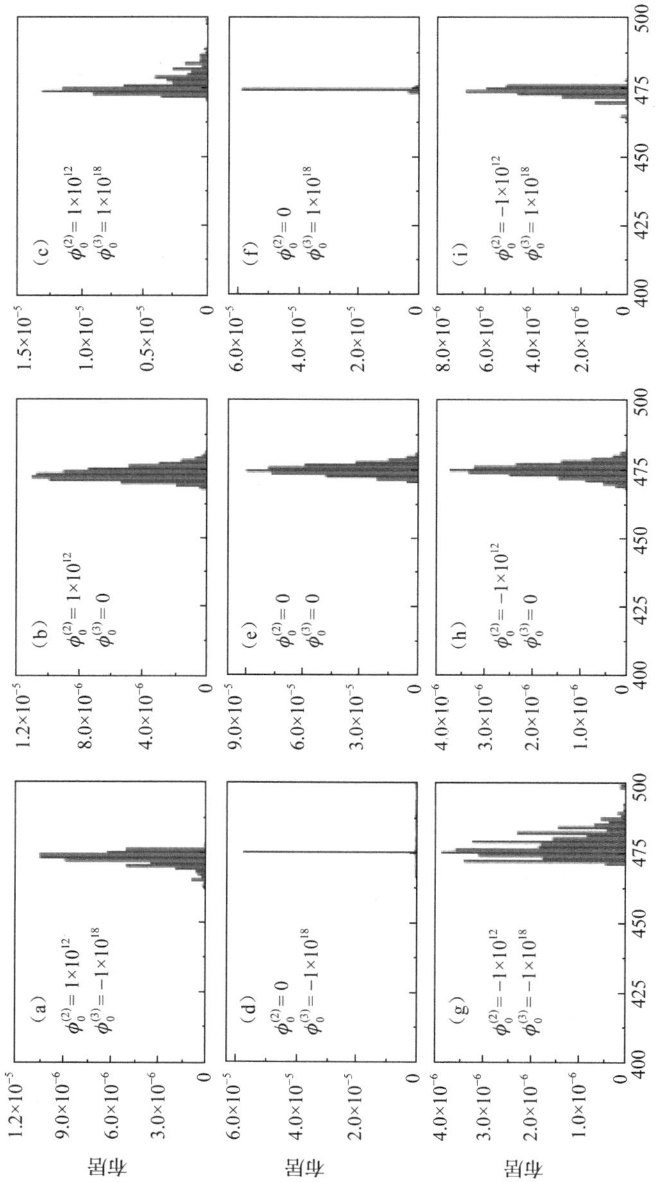

图 2.3.11　在相位调制脉冲激光作用之后光缔合分子激发电子态 0_u^+ 振动能级 v'=400～500 的布居分布[91]

（a）$E_{-\mathrm{cubic}}^{\mathrm{chirp}}$．（b）$E_{\mathrm{chirp}}$．（c）$E_{\mathrm{cubic}}^{\mathrm{chirp}}$．（d）$E_{-\mathrm{cubic}}$．（e）$E_{\mathrm{gauss}}$．（f）$E_{\mathrm{cubic}}$．（g）$E_{-\mathrm{cubic}}^{-\mathrm{chirp}}$．（h）$E_{-\mathrm{chirp}}$ 和（i）$E_{\mathrm{cubic}}^{-\mathrm{chirp}}$

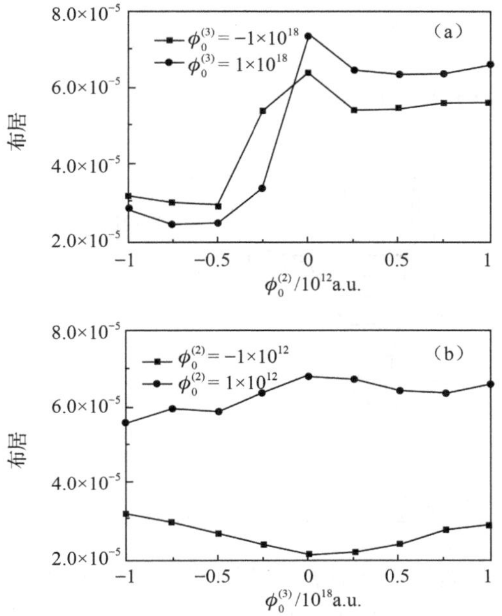

图 2.3.12　激发电子态 0_u^+ 共振能级 v'=471～485 的总布居随着 $\phi_0^{(2)}$ 和 $\phi_0^{(3)}$ 的变化[91]

（a）激发电子态 0_u^+ 共振能级 v'=471～485 的总布居随着 $\phi_0^{(2)}$ 的变化.

（b）激发电子态 0_u^+ 共振能级 v'=471～485 的总布居随着 $\phi_0^{(3)}$ 的变化

2.4　磁缔合与磁-光缔合过程

本节先介绍 Feshbach 共振，然后介绍磁-光缔合过程及其应用.

2.4.1　磁场诱导 Feshbach 共振（磁缔合）

1. Feshbach 共振

在磁场（或激光场）诱导下，两个碰撞原子的初始态与分子的某个束缚态之间发生耦合，产生一个弱束缚的二聚物（即 Feshbach 分子），该耦合过程被称为磁场诱导（或光诱导）Feshbach 共振. 如图 2.4.1 所示，初始态和束缚态分别属于开通道和闭通道. 在共振位置处，s 波散射长度为

$$a = a_{\text{bg}}\left(1 - \frac{\Delta}{B - B_0}\right) \tag{2.4.1}$$

式中，a_{bg} 表示背景散射长度；Δ 表示共振宽度；B 表示磁场强度；B_0 表示在共振位置处的磁场强度.

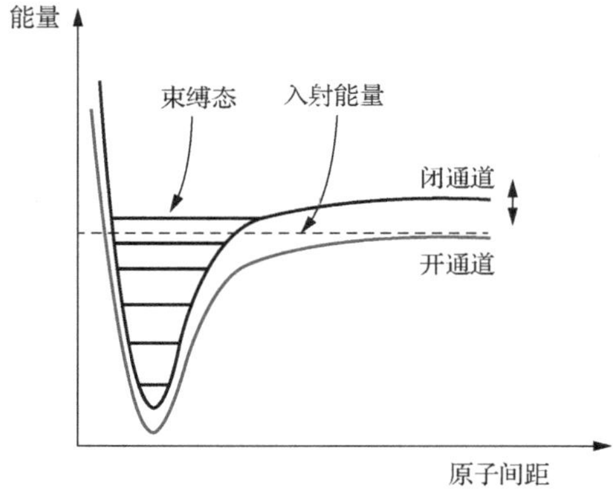

图 2.4.1　超冷原子 Feshbach 共振[92]

散射长度在共振位置取极大值或发散（若不计衰减效应，则 $a\to\pm\infty$；若计入衰减效应，则$|a|$取有限的极大值）；散射截面 σ 取极大值．图 2.4.2 表示 Feshbach 共振处散射长度随着磁场强度的变化（未计入衰减效应）.

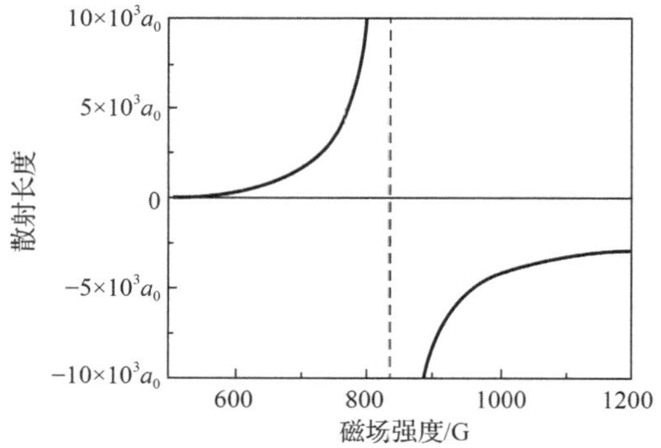

图 2.4.2　Feshbach 共振处散射长度 a 随磁场强度的变化[92]

$1G=10^{-4}T$

磁场诱导 Feshbach 共振又称为磁缔合．外电场可以改变磁场诱导 Feshbach 共振的性质，而磁场也可以改变光诱导 Feshbach 共振的性质[93,94].

利用磁场可以调节超冷气体中原子之间的相互作用，发生 Feshbach 共振，形成弱束缚的磁缔合分子．在磁场与超冷原子相互作用中，通过电子自旋-轨道耦合、磁场与电子及核自旋之间塞曼耦合、偶极-偶极耦合、电子自旋与核自旋之间耦合、磁场与磁偶极矩耦合作用等使开通道和闭通道之间发生共振耦合，产生 Feshbach 分子. 调节磁场可以改变开通道和闭通道之间的能量差，并改变磁缔合的概率.

1998 年，Courteille 等[95]和 Inouye 等[96]在实验上观测到磁调控超冷 ^{23}Na 原子的 Feshbach 共振现象. 随后研究人员相继观测到磁场诱导 ^{6}Li、^{7}Li、^{39}K、^{40}K、^{85}Rb、^{87}Rb 和 ^{133}Cs 等同核碱金属原子体系的 Feshbach 共振现象[97-102]以及 ^{6}Li-^{23}Na、^{85}Rb-^{87}Rb、^{6}Li-^{40}K、^{39}K-^{87}Rb 等异核碱金属原子体系的 Feshbach 共振现象[103-110].

通过磁缔合可以制备微开～纳开量级的超冷 Feshbach 分子. 对于高阶分波，由于存在离心势垒，入射波函数很难越过离心势垒进入短程区域. 在微开～纳开超低温下，s 波散射占主导地位，因此研究磁缔合过程与 Feshbach 共振主要集中在 s 波共振散射的情况. 随着实验技术的不断发展，越来越多的研究人员把目光投向高阶分波共振散射情况[111-113]，并发现了一些新奇有趣的物理现象.

2. Feshbach 共振的理论描述

在外磁场中，两个超冷原子体系的哈密顿算符为

$$\hat{H}=\hat{T}+\hat{V}(R)+\hat{H}_{\text{zm}}+\hat{H}_{\text{hf}}+\hat{H}_{\text{SS}} \tag{2.4.2}$$

式中，$\hat{T}$、$\hat{V}(R)$、$\hat{H}_{\text{zm}}$、$\hat{H}_{\text{hf}}$ 和 $\hat{H}_{\text{SS}}$ 分别表示动能算符、势能算符、塞曼耦合势、超精细耦合势和自旋-自旋耦合势. 动能算符包含平动能和转动动能（离心势）算符，可以表示为

$$\hat{T}=-\frac{\hbar^2}{2\mu_{\text{m}}R}\frac{\partial^2}{\partial R^2}R+\frac{\hbar^2\hat{l}^2}{2\mu_{\text{m}}R^2} \tag{2.4.3}$$

式中，μ_{m} 表示两个原子体系的约化质量；R 表示核间距；$\hat{l}$ 表示两个原子的转动角动量算符. 势能算符 $\hat{V}(R)$ 包含短程区域的玻恩-奥本海默势 $\hat{V}_{\text{BO}}$ 和长程区域的范德瓦耳斯势 $\hat{V}_{\text{van}}$，即

$$\hat{V}(R)=\hat{V}_{\text{BO}}+\hat{V}_{\text{van}} \tag{2.4.4}$$

在短程区域（$R\leqslant 100a_0$），玻恩-奥本海默势 $\hat{V}_{\text{BO}}$ 起主导作用；在长程区域（$R>100a_0$），范德瓦耳斯势 $\hat{V}_{\text{van}}$ 起主要作用. 对于超冷原子碰撞体系，$\hat{V}_{\text{van}}$ 可以表示为[114,115]

$$\hat{V}_{\text{van}}=-\frac{C_6}{R^6}-\frac{C_8}{R^8}-\frac{C_{10}}{R^{10}}\pm E_{\text{ex}} \tag{2.4.5}$$

式中，C_6、C_8 和 C_{10} 表示范德瓦耳斯色散系数；E_{ex} 为交换势，计算公式为[114,115]

$$E_{\text{ex}}=A_{\text{ex}}R^{\tau}\exp(-\rho R) \tag{2.4.6}$$

式中，A_{ex}、τ 和 ρ 表示单重态和三重态的拟合参数．式（2.4.5）中交换势前面的±号反映了电子自旋态的交换对称与反对称性[114,115]．对于温度 $T \leqslant 1\mu K$ 的超冷碱金属原子碰撞体系，方程（2.4.5）中 $-C_6/R^6$ 为主导项．

磁场与原子中电子及核自旋之间的塞曼耦合势为

$$\hat{H}_{zm} = \sum_{\beta=1,2} (g_{s\beta}\boldsymbol{s}_\beta - g_{i\beta}\boldsymbol{i}_\beta)\cdot \boldsymbol{B} \tag{2.4.7}$$

式中，$g_{s\beta}$ 表示第 β 个原子的电子磁旋比；$g_{i\beta}$ 表示第 β 个原子核的磁旋比；$\boldsymbol{s}_\beta$ 和 $\boldsymbol{i}_\beta$ 分别表示第 β 个原子的电子和核自旋角动量．描述原子中电子自旋与核自旋之间的超精细耦合势为

$$\hat{H}_{hf} = \sum_{\beta=1,2} \frac{\alpha_{hf,\beta}}{\hbar^2}\boldsymbol{s}_\beta \cdot \boldsymbol{i}_\beta \tag{2.4.8}$$

式中，$\alpha_{hf,\beta}$ 表示第 β 个原子的超精细耦合系数．

表 2.4.1 表示碱金属原子同位素的电子自旋量子数 s、核自旋量子数 i、电子磁旋比 g_s、原子核磁旋比 g_i 和超精细常数 α_{hf} [116]．

表 2.4.1　碱金属原子同位素的电子自旋量子数 s、核自旋量子数 i、电子磁旋比 g_s、原子核磁旋比 g_i 和超精细常数 α_{hf} [116]

同位素	s	i	g_s	g_i	α_{hf}/MHz
^{6}Li	0.5	1.0	2.00230100	−0.0004476540	152.1368393
^{7}Li	0.5	1.5	2.00230100	−0.0011822130	401.7520433
^{23}Na	0.5	1.5	2.00229600	−0.0008046108	885.8130750
^{39}K	0.5	1.5	2.00229421	−0.0001419349	230.8598601
^{40}K	0.5	4.0	2.00229421	0.0001764900	−285.7308000
^{41}K	0.5	1.5	2.00229421	−0.0000779060	127.0069350
^{85}Rb	0.5	2.5	2.00233113	−0.0002936400	1011.9108130
^{87}Rb	0.5	1.5	2.00233113	−0.0009951414	3417.3413064
^{133}Cs	0.5	3.5	2.00254032	−0.0003988540	2298.1579425

电子自旋-自旋耦合势 $\hat{H}_{SS}$ 描述了两个原子的价电子之间的自旋耦合作用．它包含磁偶极矩-磁偶极矩耦合和二阶电子自旋-轨道耦合的贡献．在分子坐标系中 $\hat{H}_{SS}$ 为[116]

$$\hat{H}_{SS} = \lambda_{SS}(3S_z^2 - S^2) \tag{2.4.9}$$

式中，S_z 表示总的电子自旋在分子轴上的投影分量．耦合系数 $\lambda_{SS}=\lambda_{SS}(R)$ 与核间距有关，可以表示为

$$\lambda_{SS}(R)=\alpha_{fine}^2\Omega_h\{R^{-3}+A_{SO}\exp[-B_{SO}(R-R_{SO})]\} \tag{2.4.10}$$

式中，$\alpha_{fine}\approx 1/137$ 表示原子的精细结构常数；Ω_h 表示与散射体系有关的系数．方程（2.4.10）右边大括号内第一项表示磁偶极矩-磁偶极矩耦合，它按照 R^{-3} 的变化规律随着核间距 R 的增大而衰减；大括号内第二项描述了二阶电子自旋-轨道耦合的指数衰减效应，其中 A_{SO}、B_{SO} 和 R_{SO} 表示二阶电子自旋-轨道耦合参数．在实际计算中，需要把式（2.4.9）从分子坐标系变换到实验室坐标系中．值得注意的是，对于较重的碱金属原子（如 Rb 和 Cs）碰撞体系，二阶电子自旋-轨道耦合效应比较明显．

把方程（2.4.2）中的哈密顿算符代入定态薛定谔方程

$$\hat{H}\Psi(\boldsymbol{R})=E\Psi(\boldsymbol{R}) \tag{2.4.11}$$

中，并完成数值求解，可以得到与磁场调控超冷原子 Feshbach 共振有关的信息，包括 Feshbach 共振位置与宽度、散射长度、散射截面、散射相移、磁缔合分子的布居分布、磁缔合概率等．数值求解方程（2.4.11）的方法有多通道耦合理论[117-120]、渐近束缚态模型[93,121,122]和多通道量子亏损理论[123-126]等．我们将在第 3～6 章介绍这些理论研究方法及其应用．

2.4.2　磁-光缔合过程

在短程区域，碰撞原子对的密度较低，因此光缔合概率较低．Feshbach 共振明显提高了短程区域碰撞原子对的密度．但利用磁缔合制备的超冷 Feshbach 分子是不稳定的．为此，研究者提出了磁-光缔合方法，利用激光把不稳定的 Feshbach 分子转变为稳定的超冷分子．磁-光缔合方法主要有两种：一种是通过受激拉曼绝热通道把 Feshbach 分子转变为稳定的基电子态分子；另一种是磁场诱导 Feshbach 共振优化光缔合（Feshbach resonance-optimizized photoassociation，FOPA）方法，其基本思想是通过增大短程区域碰撞原子对的密度来提高磁-光缔合概率．在 Feshbach 共振附近，短程区域的波函数振幅急剧增加了几个数量级，这极大地提高了超冷原子的缔合概率．

Courteille 等[95]和 van Abeelen 等[127]从实验和理论两个方面研究了 Feshbach 共振对超冷 ^{85}Rb 原子光缔合的影响，证实了使用磁-光缔合方法可以明显提高超冷原子的缔合概率[95,127]．Tolra 等[128]采用磁-光缔合方法制备了超冷 Cs_2 分子．

在磁场中，超冷碱金属原子碰撞体系的哈密顿算符为

$$\hat{H}_0=\hat{T}+\hat{V}(R)+\hat{H}_{zm}+\hat{H}_{hf} \tag{2.4.12}$$

与方程（2.4.2）相比，方程（2.4.12）忽略了电子自旋-自旋耦合势 $\hat{H}_{SS}$．为了对

单重态（S=0）和三重态（S=1）加以区分，把势能算符$\hat{V}(R)$表示为

$$\hat{V}(R)=V_0(R)\hat{P}_0+V_1(R)\hat{P}_1 \tag{2.4.13}$$

式中，$V_0(R)$和$V_1(R)$分别表示单重态和三重态的绝热势；$\hat{P}_0$和$\hat{P}_1$分别表示势能算符在单重态和三重态上的投影算符．塞曼耦合势$\hat{H}_{\mathrm{zm}}$和超精细耦合势$\hat{H}_{\mathrm{hf}}$分别由式（2.4.7）和式（2.4.8）给出．

在 μK 超低温度下，只需要考虑 s 波散射过程．采用映射傅里叶网格方法对角化哈密顿算符$\hat{H}_0$，得到体系的本征态为[24,129]

$$\left|\Psi_0\right\rangle=\sum_{\sigma}\frac{1}{R}\varphi_{\sigma}(R)\left|\sigma\right\rangle \tag{2.4.14}$$

式中，$\sigma=\{f_1,m_{f_1};f_2,m_{f_2}\}$表示两原子体系中单个原子总自旋量子数及其磁量子数的集合；$\left|\sigma\right\rangle=\left|f_1,m_{f_1};f_2,m_{f_2}\right\rangle$表示原子基矢；$\varphi_{\sigma}(R)$表示两原子体系的径向波函数．原子的总自旋由电子自旋和原子核自旋叠加而成，即$\boldsymbol{f}_1=\boldsymbol{s}_1+\boldsymbol{i}_1$和$\boldsymbol{f}_2=\boldsymbol{s}_2+\boldsymbol{i}_2$，相应的磁量子数分别为$m_{f_1}$和$m_{f_2}$．两个碰撞原子体系总的自旋$\boldsymbol{F}=\boldsymbol{f}_1+\boldsymbol{f}_2$，其投影磁量子数$M_F$在碰撞过程中保持不变（即$M_F$是一个好量子数）．$M_F$值相同的自旋态之间存在耦合．在采用切比雪夫多项式方法进行波函数演化之前，需要把原子基矢下的本征态$\left|\Psi_0\right\rangle$通过幺正变换转换到分子基矢$\left|\chi\right\rangle=\left|S,M_S;I,M_I\right\rangle$表象中，其中$S=s_1+s_2$及$I=i_1+i_2$分别表示两原子体系总的电子自旋和核自旋量子数，$M_S$和$M_I$是相应的磁量子数．图 2.4.3 表示在磁场强度 B=100G 的外磁场中，Li-Cs 体系 s 波散射在原子基矢$\left|\sigma\right\rangle=\left|f_1,m_{f_1};f_2,m_{f_2}\right\rangle$［图 2.4.3（a）］和分子基矢$\left|\chi\right\rangle=\left|S,M_S;I,M_I\right\rangle$［图 2.4.3（b）］表象中的径向波函数．系统的温度为 T=3μK．在原子基矢表象中，开通道波函数用点线表示，相应的通道量子数为f_{Li}=1，m_{Li} =1，f_{Cs}=3 和 m_{Cs}=3．在分子基矢表象中，单重态（虚线）和三重态（实线）的波函数明显分开．

描述磁-光缔合过程的哈密顿算符为

$$\hat{H}(t)=\hat{H}_0+\hat{V}_{\mathrm{E}} \tag{2.4.15}$$

式中，$\hat{V}_{\mathrm{E}}$表示激光与磁缔合分子（Feshbach 分子）之间的相互作用势．在电偶极矩跃迁下，$\hat{V}_{\mathrm{E}}$的表达式为

$$\hat{V}_{\mathrm{E}}=-\boldsymbol{\mu}\cdot\boldsymbol{\varepsilon}(t)=-\mu\boldsymbol{\varepsilon}(t)\cos\theta \tag{2.4.16}$$

式中，$\boldsymbol{\mu}$表示磁缔合分子的电偶极矩；$\boldsymbol{\varepsilon}(t)$表示激光的电场强度；$\theta$ 表示电场方向与电偶极矩方向之间的夹角．对于高斯脉冲激光，其电场强度为

$$\boldsymbol{\varepsilon}(t)=\boldsymbol{\varepsilon}_0 f(t)\cos(\omega t) \tag{2.4.17}$$

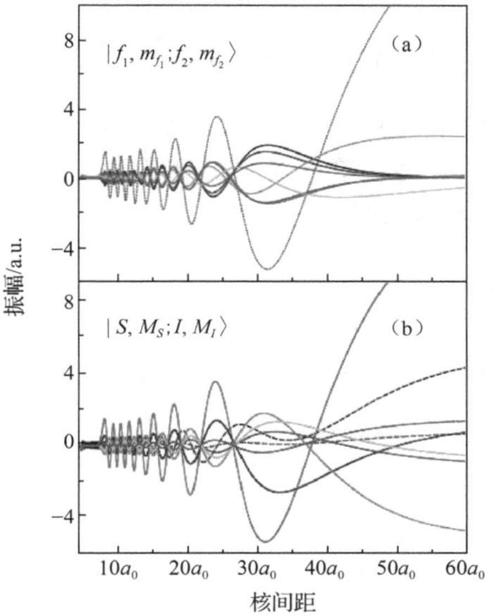

图 2.4.3　外磁场中 Li-Cs 体系 s 波散射在原子基矢和分子基矢表象中的径向波函数[129]

式中，$\boldsymbol{\varepsilon}_0$ 表示脉冲包络的电场振幅；ω 表示脉冲的中心圆频率．高斯脉冲的包络函数 $f(t)$ 为

$$f(t)=\exp\left[-\frac{4\ln 2(t-t_0)^2}{\tau^2}\right] \tag{2.4.18}$$

式中，t_0 表示脉冲的中心时间；τ 表示脉冲的时域半高全宽（full width at half maximum，FWHM），简称为脉宽．

在 s 波散射情况下（l=0），不存在离心势．为了清楚起见，把方程（2.4.15）改写为

$$\hat{\boldsymbol{H}}(t)=\hat{\boldsymbol{H}}_1+\hat{\boldsymbol{H}}_{\mathrm{zm}}+\hat{\boldsymbol{H}}_{\mathrm{hf}} \tag{2.4.19}$$

式中，$\hat{\boldsymbol{H}}_1$ 包含了动能算符 $\hat{T}$、势能算符 $\hat{V}(R)$、激光与 Feshbach 分子相互作用势 $\hat{V}_{\mathrm{E}}$、电子自旋-轨道耦合势 $\hat{V}^{(\mathrm{SO})}$．

把哈密顿算符［方程（2.4.19）］代入含时薛定谔方程

$$\mathrm{i}\hbar\frac{\partial}{\partial t}\boldsymbol{\Phi}(R,t)=\hat{\boldsymbol{H}}(t)\boldsymbol{\Phi}(R,t) \tag{2.4.20}$$

中，并采用 2.1 节介绍的含时量子波包方法数值求解，可以得到磁-光缔合过程所有感兴趣的物理量．

下面以超冷原子 ^{39}K 和 ^{133}Cs 的磁-光缔合过程为例进行讨论．

2.4.3　超冷 K 和 Cs 原子的磁-光缔合过程与量子干涉效应

图 2.4.4 表示超冷 Feshbach 分子 ^{39}K-^{133}Cs 的激光转换过程. 涉及基单重态 $X^1\Sigma^+$ 和基三重态 $a^3\Sigma^+$ 以及激发单重态 $A^1\Sigma^+$ 和激发三重态 $b^3\Pi_{\Omega=0}$，其中 Ω 表示 Feshbach 分子总角动量在核间距方向的投影量子数. 把 $\hat{\boldsymbol{H}}_1$ 用矩阵表示为[24]

$$\hat{\boldsymbol{H}}_1=\begin{bmatrix} \hat{T}+V_X(R) & 0 & \mu_{XA}\varepsilon^*(t) & 0 \\ 0 & \hat{T}+V_a(R) & 0 & \mu_{ab}\varepsilon^*(t) \\ \mu_{XA}\varepsilon(t) & 0 & \hat{T}+V_A(R)-\hbar\omega & V_{Ab}^{(\mathrm{so})} \\ 0 & \mu_{ab}\varepsilon(t) & V_{Ab}^{(\mathrm{so})} & \hat{T}+V_b(R)-\hbar\omega \end{bmatrix} \tag{2.4.21}$$

式中，$V_X(R)$ 和 $V_a(R)$ 分别表示基单重态 $X^1\Sigma^+$ 和基三重态 $a^3\Sigma^+$ 的势能函数；$V_A(R)$ 和 $V_b(R)$ 分别表示激发单重态 $A^1\Sigma^+$ 和激发三重态 $b^3\Pi_{\Omega=0}$ 的势能函数；μ_{XA} 和 μ_{ab} 分别表示单重态之间电偶极矩跃迁矩阵元和三重态之间电偶极矩跃迁矩阵元；$V_{Ab}^{(\mathrm{so})}$ 表示单重态与三重态之间的电子自旋-轨道耦合势[130].

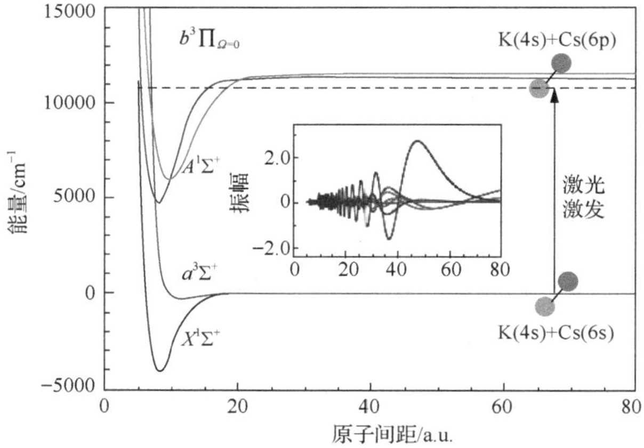

图 2.4.4　超冷 Feshbach 分子 ^{39}K-^{133}Cs 的激光转换过程[24]

把系统的波函数表示为矩阵形式：

$$\boldsymbol{\Phi}(R,t)=\begin{bmatrix} \psi_X \\ \psi_a \\ \psi_A \\ \psi_b \end{bmatrix} \tag{2.4.22}$$

把方程（2.4.19）、方程（2.4.21）和方程（2.4.22）代入方程（2.4.20）中，并完成数值求解，给出单重态和三重态分子布居分布和磁-光缔合概率等感兴趣的物理量.

目标振动态 $|\nu'\rangle$ 为[24]

$$|\nu'\rangle = \sum_{\xi=A,b} \frac{1}{R}\varphi_{\xi}^{(\nu')}(R)|\xi\rangle \tag{2.4.23}$$

式中，ν' 表示振动量子数．分子处于电子态 $|A\rangle$ 和 $|b\rangle$ 的布居为

$$P_A^{(\nu')}(t) = \left|\left\langle \varphi_A^{(\nu')} \middle| \psi_A(t)\right\rangle\right|^2 \tag{2.4.24}$$

$$P_b^{(\nu')}(t) = \left|\left\langle \varphi_b^{(\nu')} \middle| \psi_b(t)\right\rangle\right|^2 \tag{2.4.25}$$

图 2.4.5 表示当磁量子数 $M_F = 4$ 时，^{39}K 与 ^{133}Cs 碰撞体系的塞曼能级随着磁场强度 B 的变化，其中原子基矢 $|\sigma\rangle = |1,1,3,3\rangle$ 为最低的能态．

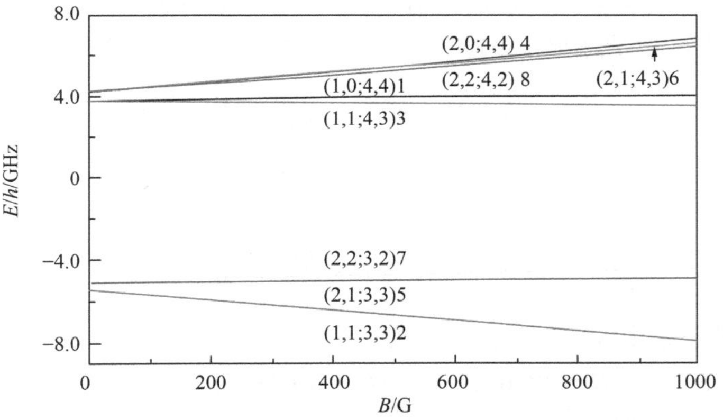

图 2.4.5　^{39}K 与 ^{133}Cs 碰撞体系塞曼能级随着磁场强度 B 的变化曲线[24]

对于超冷原子 ^{39}K（$|f_K, m_K\rangle = |1,1\rangle$）与 ^{133}Cs（$|f_{Cs}, m_{Cs}\rangle = |3,3\rangle$）碰撞体系，首先使用映射傅里叶网格方法求解哈密顿算符 $\hat{H}_0$ 满足的耦合通道方程，然后根据 $a = -\tan(\eta_0 / k)$ 计算 s 波散射长度，其中 η_0 表示初始入射通道的低能相移，$k = \sqrt{2\mu E}$ 表示与碰撞能 E 有关的动量．磁场诱导 Feshbach 共振的宽度ΔB 由下式计算：

$$a(B) = a_{bg}\left(1 - \frac{\Delta B}{B - B_0}\right) \tag{2.4.26}$$

式中，a_{bg} 表示背景散射长度．表 2.4.2 表示计算的超冷 ^{39}K-^{133}Cs 碰撞体系的 Feshbach 共振位置 B_0 及共振宽度ΔB．目前实验上仅检测到前两个共振位置，理论计算结果[24]与实验结果[131]一致．

表 2.4.2 超冷 ^{39}K 与 ^{133}Cs 碰撞体系的 Feshbach 共振位置 B_0 和共振宽度ΔB

M_F	理论[24]		实验[131]
	B_0/G	ΔB/G	B_0/G
4	361.04	4.06	361.10
	442.94	0.35	442.59
	882.20	$<4.50\times10^{-3}$	—
	930.55	0.05	—
	986.66	1.02	—

注：磁量子数 $M_F=4$．共振位置 B_0 的实验数据来自文献[131].

在弱激光场中，磁-光缔合概率主要取决于初始态与目标态之间的跃迁概率．当初始波函数在短程区域的幅值增大时，跃迁概率增大，磁-光缔合概率也随之增加．从初始态 $|\Psi_0\rangle$ 到目标激发电子态 $|A\rangle$ 和 $|b\rangle$ 的跃迁概率分别为

$$T_A^{(\nu')}=\left|\langle\Psi_0|\mu_{XA}(R)|\varphi_A^{(\nu')}\rangle\right|^2 \tag{2.4.27}$$

和

$$T_b^{(\nu')}=\left|\langle\Psi_0|\mu_{ab}(R)|\varphi_b^{(\nu')}\rangle\right|^2 \tag{2.4.28}$$

式中，$|\Psi_0\rangle$ 共包含了 8 个超精细量子态．下面重点关注两个宽共振（在 B_0=361.04G 处，$\Delta B=4.06$G；在 B_0=986.66G 处，$\Delta B=1.02$G）和一个窄共振（在 B_0=442.94G 处，$\Delta B=0.35$G）情况．在共振位置 $B_0=361.04$G 和 442.94G 附近，从激发电子态振动能级 $\nu'=284$ 发生的单重态之间的跃迁概率 $T_A^{(284)}$ 明显大于从其他振动能级发生的跃迁概率．类似地，在共振位置 $B_0=986.66$G 附近，从振动能级 ν'=282 发生的三重态之间的跃迁概率 $T_b^{(282)}$ 明显大于从其他振动能级发生的跃迁概率．因此，我们选择振动能级 ν'=282 和 284 作为磁-光缔合过程的目标振动能级，相应的束缚能分别为 13.87cm^{-1} 和 9.33cm^{-1}.

图 2.4.6（a）表示单重态之间的跃迁概率 $T_A^{(282)}$ 与 $T_A^{(284)}$ 随着磁场强度 B 的变化．图 2.4.6（b）表示三重态之间的跃迁概率 $T_b^{(282)}$ 与 $T_b^{(284)}$ 随着磁场强度 B 的变化．在共振位置，跃迁概率取极大值．在宽共振 $B_0=361.04$G 和 986.66G 处，跃迁过程分别由单重态之间跃迁和三重态之间跃迁主导．在同一个共振位置，不同的超精细态对跃迁概率 $T_A^{(\nu')}$ 和 $T_b^{(\nu')}$ 有不同的贡献．在不同的共振位置，单重态之间跃迁概率 $T_A^{(\nu')}$ 和三重态之间跃迁概率 $T_b^{(\nu')}$ 均取不同的值．图 2.4.6（c）表示激发电子态 $|A\rangle$ 与 $|b\rangle$ 的布居 $P_{A,f}^{(284)}$ 与 $P_{b,f}^{(284)}$ 随着磁场强度 B 的变化曲线，其中激光

强度 I=7.0×10⁹W/m². 图 2.4.6（d）表示 $P_{A,f}^{(282)}$ 与 $P_{b,f}^{(282)}$ 随着磁场强度 B 的变化曲线，其中 I=9.0×10⁹W/m². 脉冲激光的脉宽为 τ =10ps，对应的频宽为 1.47cm^{-1}. 当满足共振激发条件时，布居主要分布在 ν'= 282 与 ν'= 284 振动能级上. 从图 2.4.6(c)、(d) 可以看出，在 Feshbach 共振位置处，布居 $P_{A,f}^{(284)}$、$P_{b,f}^{(284)}$、$P_{A,f}^{(282)}$ 和 $P_{b,f}^{(282)}$ 均急剧增大.

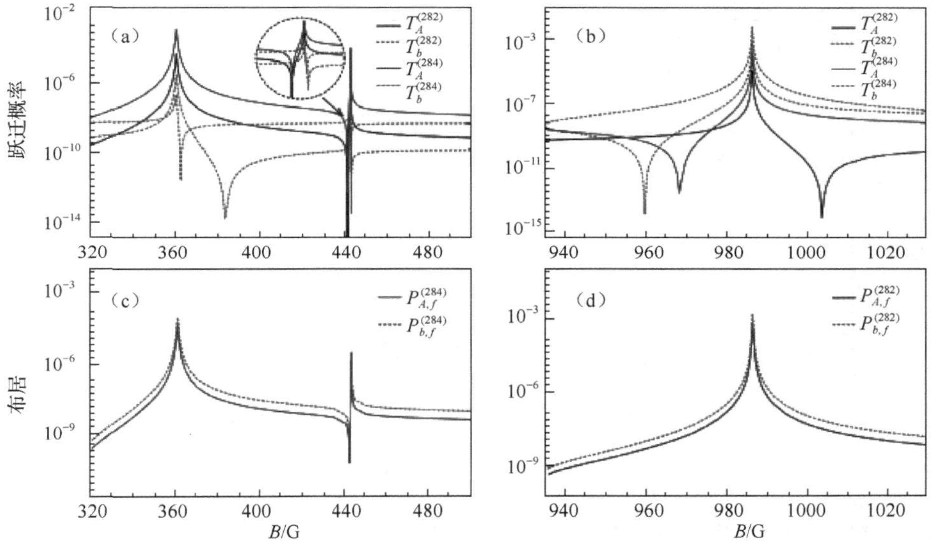

图 2.4.6 跃迁概率和激发电子态布居随着磁场的变化[24]

图 2.4.7（a）～（c）表示布居 $P_A^{(\nu')}(t)$、$P_b^{(\nu')}(t)$ 和 $P^{(\nu')}(t)=P_A^{(\nu')}(t)+P_b^{(\nu')}(t)$ 随着时间 t 的变化曲线[24]. 图2.4.7(a)中，磁场强度 $B=360.90$G，散射长度 $a=2185.59a_0$. 当脉冲结束后激发电子态 $|A\rangle$ 和 $|b\rangle$ 的总布居为 $P_f^{(284)}=9.47\times10^{-5}$. 图 2.4.7（b）中，$B$=442.93G，$a$=2420.18$a_0$，脉冲结束后激发电子态的总布居为 $P_f^{(284)}=9.78\times10^{-6}$. 图 2.4.7（c）中，$B=986.63$G，$a=2469.94a_0$，脉冲结束后激发电子态的总布居为 $P_f^{(282)}=1.71\times10^{-3}$. 可以看出，$P_A^{(282)}(t)$、$P_b^{(282)}(t)$、$P_A^{(284)}(t)$ 和 $P_b^{(284)}(t)$ 的变化曲线发生了微小振荡，但 $P^{(282)}(t)$ 和 $P^{(284)}(t)$ 的曲线几乎没有发生振荡. 这是由于 $|A\rangle$ 和 $|b\rangle$ 之间发生了电子自旋-轨道耦合作用，使少量的布居在两个电子态之间发生交换. 另外，在图 2.4.7（a）～（c）中，始终有 $P_b^{(\nu')}(t)>P_A^{(\nu')}(t)$. 图 2.4.7（d）表示总布居 $P_f^{(\nu')}=P_{A,f}^{(\nu')}+P_{b,f}^{(\nu')}$ 随着激光强度 I 的变化曲线. 随着 I 的增强，$P_f^{(282)}$ 和 $P_f^{(284)}$ 先增加后减小，这说明激发电子态布居随着激光强度的增强存在饱和效应.

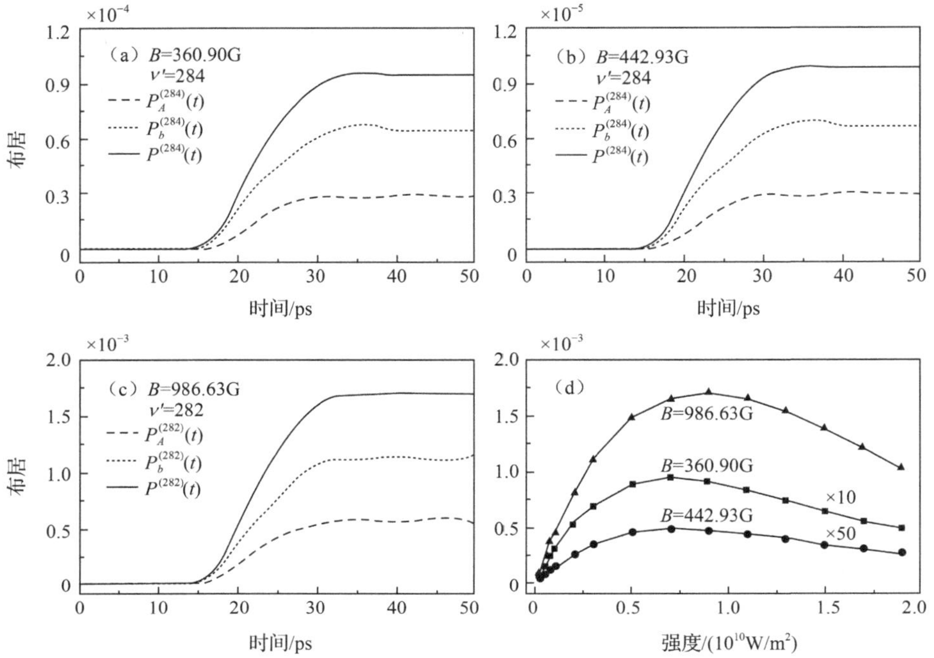

图 2.4.7　激发电子态的布居分布

（a）～（c）布居 $P_A^{(\nu')}(t)$（虚线）、$P_b^{(\nu')}(t)$（点线）及 $P^{(\nu')}(t)$（实线）随着时间 t 的变化曲线[24].
（d）布居 $P_f^{(\nu')}$ 随着激光脉冲峰值强度 I 的变化曲线．对于 $B=B_0=360.90$G 和 $B=B_0=442.93$G，$P_f^{(\nu')}$ 分别被放大 10 倍和 50 倍. 激光脉冲 $\tau=10$ps，中心时间 $t_0=21$ps，碰撞能 $E=4\mu$K

下面讨论发生在共振位置 B_0=360.90G、442.93G 和 986.63G 附近的量子干涉效应，分别对应图 2.4.8、图 2.4.9 和图 2.4.10．从$|\Psi_0\rangle$的超精细量子态$|\sigma\rangle$到目标电子态$|A\rangle$与$|b\rangle$的跃迁概率分别为

$$T_{\sigma,A}^{(\nu')}=\left|\left\langle\varphi_\sigma\left|\mu_{XA}(R)\right|\varphi_A^{(\nu')}\right\rangle\right|^2 \tag{2.4.29}$$

和

$$T_{\sigma,b}^{(\nu')}=\left|\left\langle\varphi_\sigma\left|\mu_{ab}(R)\right|\varphi_b^{(\nu')}\right\rangle\right|^2 \tag{2.4.30}$$

式中，φ_σ 由式（2.4.14）给出．向目标电子态$|A\rangle$与$|b\rangle$跃迁概率之和分别为$T_{\mathrm{sum},A}^{(\nu')}=\sum_\sigma T_{\sigma,A}^{(\nu')}$ 和 $T_{\mathrm{sum},b}^{(\nu')}=\sum_\sigma T_{\sigma,b}^{(\nu')}$．图 2.4.8（a）表示在原子基矢$|\sigma\rangle=|f_{\mathrm{K}},m_{\mathrm{K}};f_{\mathrm{Cs}},m_{\mathrm{Cs}}\rangle$表象中碰撞原子体系 s 波散射的径向波函数．图 2.4.8（b）表示单重态之间的跃迁

概率 $T_{\sigma,A}^{(v')}$、$T_{\mathrm{sum},A}^{(v')}$ 和 $T_{A}^{(v')}$ 以及三重态之间的跃迁概率 $T_{\sigma,b}^{(v')}$、$T_{\mathrm{sum},b}^{(v')}$ 和 $T_{b}^{(v')}$，其中 $T_{A}^{(v')}$ 和 $T_{b}^{(v')}$ 分别由方程（2.4.27）和方程（2.4.28）计算. 为了便于讨论，对八个基矢 $|\sigma\rangle = |1,0;4,4\rangle$、$|1,1;3,3\rangle$、$|1,1;4,3\rangle$、$|2,0;4,4\rangle$、$|2,1;3,3\rangle$、$|2,1;4,3\rangle$、$|2,2;3,2\rangle$ 和 $|2,2;4,2\rangle$ 按 1～8 次序编号. 当从方程（2.4.14）中选取某个超精细量子态作为激光控制布居转移过程的初始态时，布居记作 $P_{\sigma}^{(v')}(t)$，且 $P_{\mathrm{sum}}^{(v')}(t) = \sum_{\sigma} P_{\sigma}^{(v')}(t)$. 当选取包含 8 个超精细量子态的 Feshbach 态 $|\Psi_0\rangle$ 作为激光控制布居转移过程的初始态时，布居记作 $P^{(v')}(t)$. 图 2.4.8（c）表示布居 $P_{\sigma=7}^{(v')}(t)$、$P_{\mathrm{sum}}^{(v')}(t)$ 和 $P^{(v')}(t)$ 随着时间 t 的变化曲线. 当脉冲作用结束后，相应的布居为 $P_{\sigma=7,f}^{(v')}$、$P_{\mathrm{sum},f}^{(v')}$ 和 $P_{f}^{(v')}$. 在计算中，Feshbach 态 $|\Psi_0\rangle$ 的波函数被归一化. 定义从单个超精细量子态到激发电子态振动能级的跃迁为一个跃迁路径（或跃迁通道）. 为了分析不同跃迁路径之间的量子干涉效应，在计算 $P_{\sigma}^{(v')}(t)$ 和 $P_{\sigma,f}^{(v')}$ 时，把分量波函数 $\varphi_{\sigma}(R)$ 在叠加态 $|\Psi_0\rangle$ 中所占的权重定义为 W_{σ}. 根据 $P_{f}^{(v')} > P_{\mathrm{sum},f}^{(v')}$ 还是 $P_{f}^{(v')} < P_{\mathrm{sum},f}^{(v')}$，可以判断在磁-光缔合过程中发生了相长干涉还是相消干涉. 图 2.4.8（d）表示初始态 $|\Psi_0\rangle$ 包含不同的超精细量子态时激发电子态布居随着时间 t 的变化.

如图 2.4.8（a）所示，在短程区域，在所有超精细量子态 $|\sigma\rangle = |f_{\mathrm{K}}, m_{\mathrm{K}}; f_{\mathrm{Cs}}, m_{\mathrm{Cs}}\rangle$ 中，第 7 个超精细量子态波函数 $\varphi_7(R)$ 的振幅明显大于其他超精细量子态波函数的振幅. 图 2.4.8（b）中，与第 7、第 3 和第 8 个超精细量子态对应的跃迁概率 $T_{7,A}^{(284)}$、$T_{3,b}^{(284)}$ 和 $T_{8,b}^{(284)}$ 明显大于其他超精细量子态对应的跃迁概率，且 $T_{A}^{(284)} > T_{\mathrm{sum},A}^{(284)}$ 及 $T_{b}^{(284)} < T_{\mathrm{sum},b}^{(284)}$. 图 2.4.8（c）中，激光脉冲的峰值强度为 $I = 7.0\times10^9\mathrm{W/m^2}$，布居 $P_{7}^{(284)}(t)$ 和 $P^{(284)}(t)$ 随着时间 t 的增加而增大. 当激光脉冲结束时，布居为 $P_{7,f}^{(284)}(t) = 6.02\times10^{-5}$ 和 $P_{f}^{(284)} = 9.47\times10^{-5}$. 由于 $P_{f}^{(284)} > P_{\mathrm{sum},f}^{(284)}$，从初始态 $|\Psi_0\rangle$ 到激发电子态振动能级 $v' = 284$ 的跃迁过程发生了相长量子干涉. 在 8 个布居 $P_{\sigma,f}^{(284)}$ 中，$P_{7,f}^{(284)}$ 最大，$P_{8,f}^{(284)}$ 次之. 由于 $P_{7,f}^{(284)} / P_{f}^{(284)} = 0.64$ 和 $P_{8,f}^{(284)} / P_{f}^{(284)} = 0.03$，故第 7 个超精细量子态的跃迁过程为主导跃迁过程. 图 2.4.8（d）中，保持脉冲激光的峰值强度 $I = 7.0\times10^9\mathrm{W/m^2}$ 不变，当初始态 $|\Psi_0\rangle$ 只包含两个超精细量子态（量子态 7 +量子态 j，$j\neq 7$）或者 7 个超精细量子态（不含第 7 个量子态）时，初始态 $|\Psi_0\rangle$ 不包含第 7 个超精细量子态的布居 $P_{\sigma\neq7,f}^{(284)}$ 明显小于包含第 7 个超精细量子态的布居 $P_{7,f}^{(284)}$ 和 $P_{7+j,f}^{(284)}$，这进一步说明跃迁过程由第 7 个超精细量子态主导.

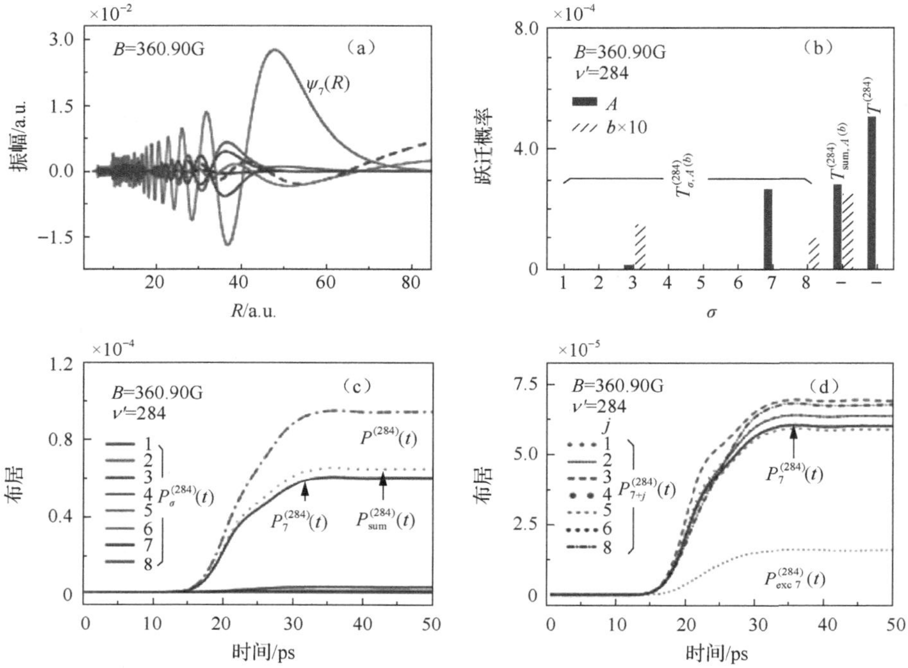

图 2.4.8　共振位置 $B_0 = 360.90G$ 附近 ^{39}K-^{133}Cs 体系的径向波函数、跃迁概率和布居分布[24]

（a）在原子基矢 $|\sigma\rangle = |f_K, m_K; f_{Cs}, m_{Cs}\rangle$ 表象中 s 波散射径向波函数．$|\sigma\rangle = |1,1;3,3\rangle$（红虚线）对应 $M_F = 4$ 的最低能态．（b）单重态之间的跃迁概率 $T_{\sigma,A}^{(v')}$、$T_{sum,A}^{(v')}$ 和 $T_A^{(v')}$（红色方柱）以及三重态之间的跃迁概率 $T_{\sigma,b}^{(v')}$、$T_{sum,b}^{(v')}$ 和 $T_b^{(v')}$（蓝色方柱），其中三重态之间的跃迁概率被放大 10 倍．（c）布居 $P_\sigma^{(v')}(t)$、$P_{sum}^{(v')}(t)$ 和 $P^{(v')}(t)$ 随着时间 t 的变化．（d）布居 $P_{7+j}^{(v')}(t)$ 和 $P_{j\neq 7}^{(v')}(t)$ 随时间 t 的变化，其中 $j\neq 7$．在（b）～（d）中，$v' = 284$，$I = 7.0\times10^9 W/m^2$，$\tau = 10ps$，$t_0 = 21ps$．碰撞能 $E = 4\mu K$

（扫封底二维码查看彩图）

图 2.4.9 表示共振位置 B_0=442.93G 附近 ^{39}K-^{133}Cs 体系的径向波函数、跃迁概率和布居分布．在短程区域，如图 2.4.9（a）所示，第 2 个和第 5 个超精细量子态波函数 $\varphi_2(R)$ 和 $\varphi_5(R)$ 的振幅明显大于其他超精细量子态波函数的振幅．图 2.4.9（b）中，跃迁概率 $T_{2,A}^{(284)}$、$T_{2,b}^{(284)}$ 和 $T_{5,b}^{(284)}$ 明显大于其他超精细量子态的跃迁概率，且 $T_A^{(284)} < T_{sum,A}^{(284)}$ 及 $T_b^{(284)} < T_{sum,b}^{(284)}$．相应地，在图 2.4.9（c）中，激光脉冲的峰值强度为 $I = 7.0\times10^9 W/m^2$，布居 $P_2^{(284)}(t)$、$P_5^{(284)}(t)$ 和 $P^{(284)}(t)$ 随着时间 t 的增加而增大．当脉冲激光作用结束时，布居为 $P_{2,f}^{(284)}(t) = 5.90\times10^{-5}$、$P_{5,f}^{(284)}(t) = 1.07\times10^{-5}$ 和 $P_f^{(284)} = 9.78\times10^{-6}$．由于 $P_f^{(284)} < P_{sum,f}^{(284)}$，故从初始态 $|\Psi_0\rangle$ 到激发电子态振动能级

$\nu'=284$ 的跃迁过程发生了相消量子干涉．在 8 个布居 $P_{\sigma,f}^{(284)}$ 中，$P_{2,f}^{(284)}$ 最大，$P_{5,f}^{(284)}$ 次之．从 $P_{2,f}^{(284)}/P_{f}^{(284)}=6.03$ 和 $P_{5,f}^{(284)}/P_{f}^{(284)}=1.09$ 可以判断，第 2 个超精细量子态对跃迁过程的贡献最大，但第 5 个超精细量子态的贡献不可忽略．如图 2.4.9（d）所示，当初始态只包含两个超精细量子态（$2+j, j\neq 2$）或者 7 个超精细量子态（不含第 2 个量子态）时，最终布居 $P_{2+j,f}^{(284)}$ 的分布比较分散．在 7 个 $P_{2+j,f}^{(284)}$ 中，$P_{2+5,f}^{(284)}$ 偏离 $P_{2,f}^{(284)}$ 最远，$P_{2+4,f}^{(284)}$、$P_{2+6,f}^{(284)}$ 和 $P_{2+7,f}^{(284)}$ 相对于 $P_{2,f}^{(284)}$ 均有不同程度的偏移．这说明有多个超精细量子态参与在共振位置 B_0=442.93G 附近的磁-光缔合过程．

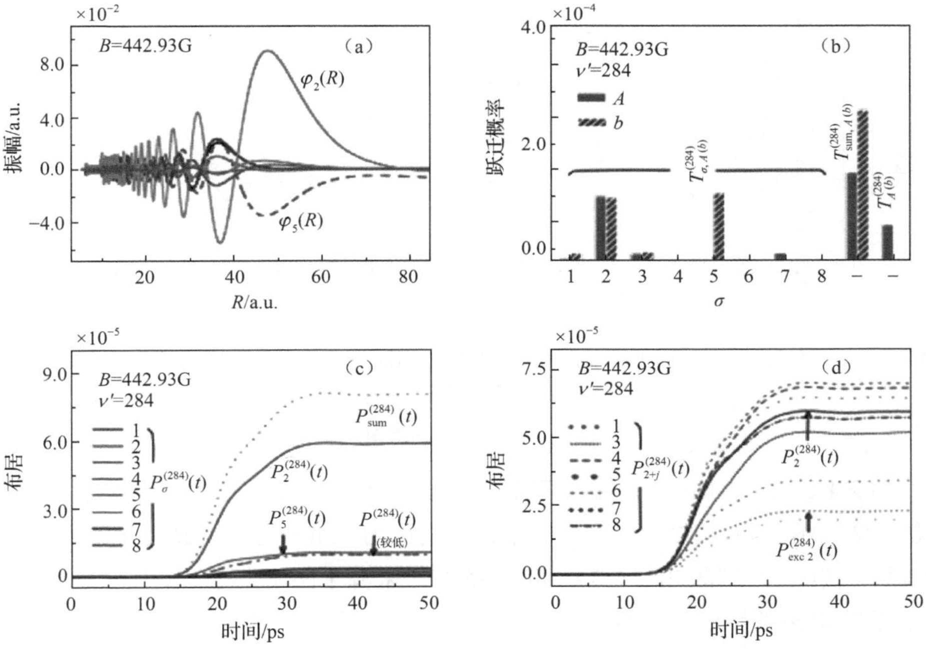

图 2.4.9　共振位置 $B_0=442.93$G 附近 ^{39}K-^{133}Cs 体系的径向波函数、跃迁概率和布居分布[24]

（扫封底二维码查看彩图）

图 2.4.10 表示共振位置 B_0=986.63G 附近 ^{39}K-^{133}Cs 体系的径向波函数、跃迁概率和布居分布．如图 2.4.10（a）所示，在短程区域，第 8 个超精细量子态波函数 $\varphi_8(R)$ 的振幅明显大于其他超精细量子态波函数的振幅．图 2.4.10（b）～（d）表示跃迁概率和布居．跃迁概率 $T_A^{(282)}<T_{\text{sum},A}^{(282)}$ 及 $T_b^{(282)}>T_{\text{sum},b}^{(282)}$．由 $T_f^{(282)}>T_{\text{sum},f}^{(282)}$ 可以推断，跃迁过程发生了相长干涉．如图 2.4.10（c）所示，在 8 个 $P_{\sigma,f}^{(282)}$ 中，$P_{8,f}^{(282)}$ 最大，$P_{7,f}^{(282)}$ 次之．从 $P_{8,f}^{(282)}/P_{f}^{(282)}=0.81$ 和 $P_{7,f}^{(282)}/P_{f}^{(282)}=0.01$ 可以判断，第 8 个超精细量子态主导着跃迁过程．

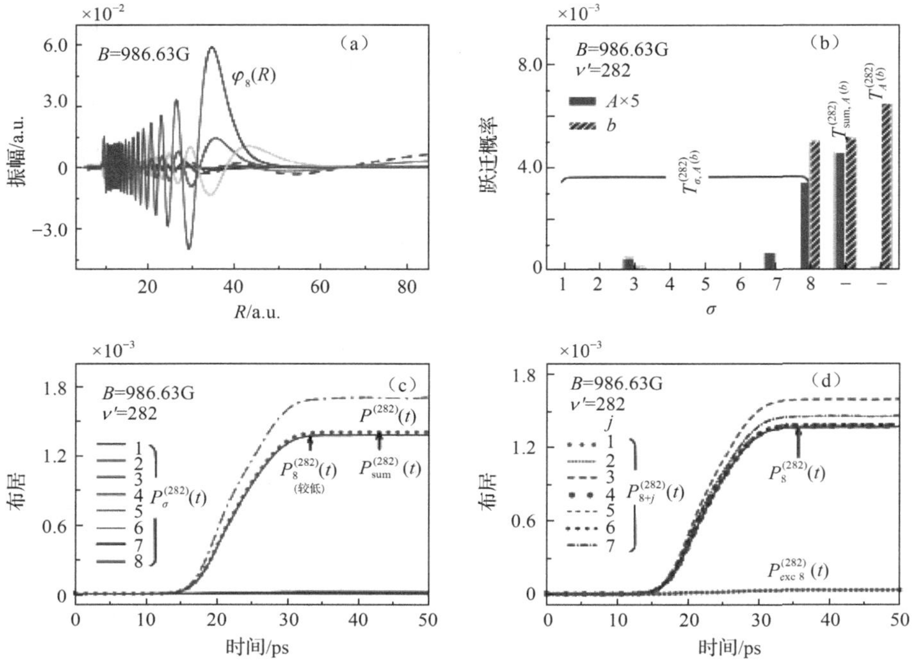

图 2.4.10　共振位置 B_0=986.63G 附近 ^{39}K-^{133}Cs 体系的径向波函数、跃迁概率和布居分布[24]

（扫封底二维码查看彩图）

图 2.4.8～图 2.4.10 中，激发三重态 $|b\rangle$ 上的布居总是大于激发单重态 $|A\rangle$ 上的布居，这与图 2.4.6 的结果一致．但这并不能认为三重态之间的跃迁主导着整个跃迁过程．实际上，激发电子态 $|A\rangle$ 和 $|b\rangle$ 的布居来源于两个渠道：①从基单重态 $|A\rangle$ 到激发单重态的跃迁和从基三重态 $|b\rangle$ 到激发三重态的跃迁；②由电子自旋-轨道耦合引起的单重态 $|A\rangle$ 和三重态 $|b\rangle$ 之间的布居转移[132,133]．下面讨论两种特殊的跃迁过程：一种只包含单重态之间的跃迁，另一种只包含三重态之间的跃迁．图 2.4.11 表示在这两种特殊跃迁情况下布居 $P^{(\nu')}_{X\to A}(t)$ 和 $P^{(\nu')}_{a\to b}(t)$ 随着时间的变化．为了便于讨论，我们把包含单重态之间跃迁与三重态之间跃迁的布居 $P^{(\nu')}(t)$ 也表示在图 2.4.11 中．初始态 $|\varPsi_0\rangle$ 包含了所有 8 个超精细量子态．图 2.4.11（a）中，共振位置 B_0=360.90G 附近，仅包含单重态之间跃迁的布居 $P^{(284)}_{X\to A,f}$ 明显大于只包含三重态之间跃迁的布居 $P^{(284)}_{a\to b,f}$，而 $P^{(284)}_f$ 则介于二者之间．这说明跃迁过程是由单重态之间跃迁主导的．图 2.4.11（b）中，B_0=442.93G，布居分布与图 2.4.11（a）的结果相似．图 2.4.11（c）中，B_0=986.63G，$P^{(282)}_f$ 仍然介于两者之间，但布居 $P^{(282)}_{a\to b,f}$ 明显大于 $P^{(282)}_{X\to A,f}$，这说明跃迁过程是由三重态之间跃迁主导的．

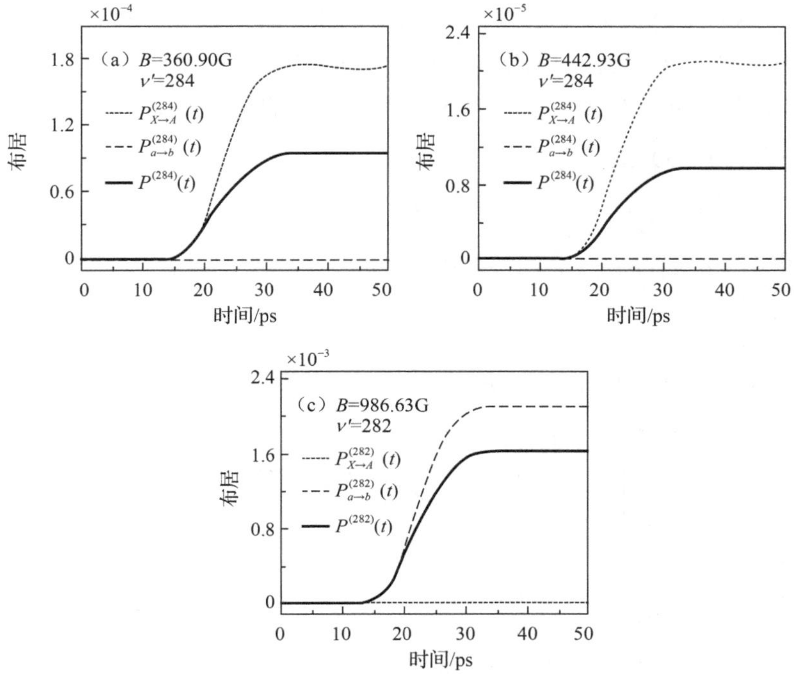

图 2.4.11　布居 $P^{(v')}_{X\to A}(t)$（点线）、$P^{(v')}_{a\to b}(t)$（虚线）和 $P^{(v')}_{f}$（实线）随着时间的变化曲线[24]

（a）B_0 =360.90G，（b）B_0 = 442.93G，（c）B_0= 986.63G. 脉冲激光 τ = 10ps，t_0 = 21ps，碰撞能 E = 4μK.
在（a）和（b）中，$I = 7.0\times10^9\text{W/m}^2$，$v'$= 284；在（c）中，$I = 9.0\times10^9\text{W/m}^2$，$v'$= 282

本节介绍了超冷原子的 Feshbach 共振、磁缔合过程和磁-光缔合过程，讨论了磁-光缔合过程中的量子干涉效应．利用磁场诱导 Feshbach 共振可以明显提高超冷原子的磁-光缔合概率．量子干涉主要来源于初始态中各个超精细量子态的相干叠加．另外，脉冲激光强度对量子干涉有一定的影响[24]．系统的温度对磁-光缔合概率和量子干涉也有影响[24]．

2.5　光缔合分子的激光冷却

2.5.1　光缔合分子激光冷却的基本理论

本节推广 2.2 节介绍的毫开温度下冷原子的光缔合理论，用于研究光缔合分子的平动、振动和转动冷却问题．在毫开温度下有较多的转动和振动态被激活．离心势垒和玻尔兹曼权重分布将影响光缔合和振动-转动冷却的效率．

采用四束激光控制毫开温度下冷原子 ^{85}Rb 的光缔合过程和振动-转动冷却[52]．如图 2.5.1 所示，利用脉冲激光 L_1 控制两个冷原子从初始态 $X^1\Sigma_g^+(5S+5S)$ 到激发电子态$0_u^+(5S+5P_{1/2})$的光缔合过程；利用三束脉冲激光L_2、L_3和L_4对光缔合分子进行振动-转动冷却．把处于激发电子态$0_u^+(5S+5P_{1/2})$的光缔合分子经由两个中间振动态转移到基电子态$X^1\Sigma_g^+$，产生稳定基电子态的基振-转态超冷$^{85}Rb_2$分子．

把方程（2.2.5）改写为

$$\hat{\boldsymbol{H}}=\begin{bmatrix}\hat{T}+V_{X^1\Sigma_g^+}(R) & -\boldsymbol{\mu}(R)\cdot\boldsymbol{E}(t) & 0\\ -\boldsymbol{\mu}(R)\cdot\boldsymbol{E}(t) & \hat{T}+V_{A^1\Sigma_u^+}(R)-\hbar\omega_{0i} & \Delta_{\Pi\Sigma}\\ 0 & \Delta_{\Sigma\Pi} & \hat{T}+V_{b^3\Pi_u}(R)-\hbar\omega_{0i}-\Delta_{\Pi\Pi}\end{bmatrix} \tag{2.5.1}$$

式中，ω_{0i}表示第i个脉冲激光的中心频率（i=1, 2, 3, 4）．

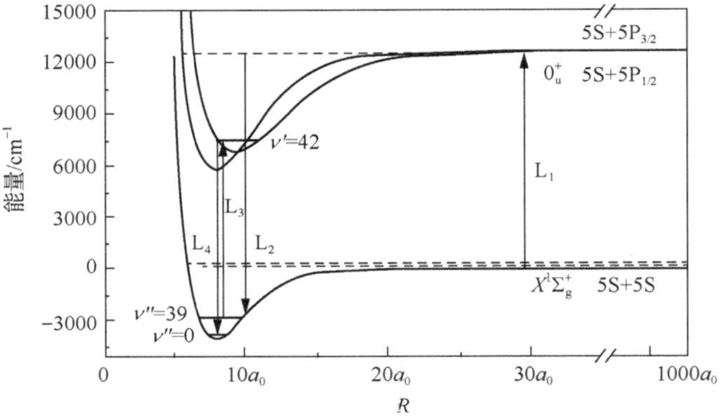

图 2.5.1　在毫开温度下冷原子^{85}Rb光缔合与振动-转动冷却原理图[52]

在激光L_1控制的冷原子^{85}Rb光缔合过程中，从初始态$|\psi_{nl}\rangle$转移到激发电子态的振-转态$|\psi_{v'l_e}\rangle$的布居为

$$P_{v'l_e,nl}(t)=\left|\langle\psi_{v'l_e}|\hat{U}(t,t_0)|\psi_{nl}\rangle\right|^2 \tag{2.5.2}$$

式中，$\hat{U}(t,t_0)$表示时间演化算符；v'和l_e分别表示激发电子态的振动和转动量子数．激发电子态振-转态的热平均布居为

$$P_{v'l_e}=\sum_{nl}W_{nl}P_{v'l_e,nl} \tag{2.5.3}$$

振动和转动冷却受相应的跃迁矩阵元控制．从初始态$|\psi_{nl}\rangle$到激发电子态振-转态$|\psi_{v'l_e}\rangle$的跃迁概率（等于跃迁矩阵元的模平方）为

$$M_{v'l_e,nl}=\left|\langle\psi_{v'l_e}|\mu(R)|\psi_{nl}\rangle\right|^2 \tag{2.5.4}$$

考虑热力学统计平均效应，加权跃迁概率为

$$M'_{v'l_e,nl}=\frac{\mathrm{e}^{-\beta E_{nl}}}{\sum_{n'}\mathrm{e}^{-\beta E_{n'l}}}\left|\left\langle\psi_{v'l_e}\middle|\mu(R)\middle|\psi_{nl}\right\rangle\right|^2 \tag{2.5.5}$$

在激光冷却过程中，从简并激发电子态$\left|\psi_{l_e}(t)\right\rangle$到基电子态振-转态$\left|\psi_{v''l}\right\rangle$的跃迁概率为

$$M_{l_e,v''l}(t)=\left|\left\langle\psi_{l_e}(t)\middle|\mu(R)\middle|\psi_{v''l}\right\rangle\right|^2 \tag{2.5.6}$$

激发电子态$\left|\psi_{l_e}(t)\right\rangle$由式（2.5.7）计算：

$$\left|\psi_{l_e}(t)\right\rangle=\sum_{v'n}\frac{W_{nl}}{\sum_{n'}W_{n'l}}\left\langle\psi_{v'l_e}\middle|\hat{U}(t,t_0)\middle|\psi_{nl}\right\rangle\left|\psi_{v'l_e}\right\rangle \tag{2.5.7}$$

式中，W_{nl}表示基电子态$\left|\psi_{nl}\right\rangle$的玻尔兹曼统计权重因子，由式（2.2.13）计算．对平动量子数求和后，得到转动态的权重因子为

$$W_l=\sum_n W_{nl} \tag{2.5.8}$$

值得注意的是，平动量子数n、振动量子数v和转动量子数l的取值均受到玻尔兹曼统计权重因子的限制．转动冷却还受到角动量跃迁选择定则的限制．在电场的作用下，从初始态$X^1\Sigma_g^+(5S+5S)$到激发电子态$A^1\Sigma_u^+$发生电偶极矩跃迁，跃迁矩阵元为

$$\left\langle \mathrm{P}_l\middle|-\boldsymbol{\mu}(R)\cdot\boldsymbol{E}(t)\middle|\mathrm{P}_{l_e}\right\rangle=-\frac{1}{2}\mu(R)E_0 f(t)C_{ll_e} \tag{2.5.9}$$

式中，P_l和P_{l_e}表示勒让德函数；E_0表示相位调制的脉冲激光的电场振幅；$f(t)$为脉冲的包络函数．耦合因子C_{ll_e}为

$$C_{ll_e}=\left\langle\mathrm{P}_l\middle|\cos\theta\middle|\mathrm{P}_{l_e}\right\rangle \tag{2.5.10}$$

式中，θ表示电场方向与电偶极矩方向之间的夹角．

在光缔合分子的振动-转动冷却中，从$\left|\psi_{nl}\right\rangle$态转移到$\left|\psi_{v''l}\right\rangle$态的布居为

$$P_{v''l,nl}(t)=\left|\left\langle\psi_{v''l}\middle|\hat{U}(t,t_0)\middle|\psi_{nl}\right\rangle\right|^2 \tag{2.5.11}$$

分布在基电子态振-转态的热平均布居为

$$P_{v''l}=\sum_{nl}W_{nl}P_{v''l,nl} \tag{2.5.12}$$

在频率域中，电场强度为

$$\tilde{E}(\omega)=A(\omega)\exp[-\mathrm{i}\phi(\omega)t] \tag{2.5.13}$$

式中，$\phi(\omega)$ 表示激光的光谱相位．激光的频谱振幅 $A(\omega)$ 为

$$A(\omega)=\exp\left[-2\ln 2\frac{(\omega-\omega_0)^2}{\omega_\tau^2}\right] \tag{2.5.14}$$

式中，ω_τ 表示在频率域中脉冲的频宽．在计算中，频宽 ω_τ 由光缔合共振区域的能量范围决定．使用傅里叶变换，得到时间域中脉冲激光的电场为

$$E(t)=\frac{1}{2\pi}\int_{-\infty}^{\infty}\tilde{E}(\omega)\exp(-\mathrm{i}\omega t)\,\mathrm{d}\omega \tag{2.5.15}$$

具有较大频宽的超短脉冲激光能够覆盖较多的激发电子态的振动能级，有利于提高光缔合概率．通过调节脉宽 ω_τ 和光谱相位 $\phi(\omega)$，可以控制光缔合和冷却光缔合分子的概率．

下面以毫开温度下光缔合分子 $^{85}Rb_2$ 为例来讨论激光冷却过程[52]．

2.5.2　光缔合分子 $^{85}Rb_2$ 的振动-转动冷却

激光脉冲 L_1、L_2、L_3 和 L_4 的峰强度分别取为 2.5×10^6W/cm^2、2.5×10^{10}W/cm^2、6.0×10^8W/cm^2 和 1.0×10^{10}W/cm^2. 它们的频宽依次取为 2.0cm^{-1}、10.0cm^{-1}、1.0cm^{-1} 和 10.0cm^{-1}．演化时间取为 200ps，时间步长取为 0.01ps．由于演化时间远小于原子 ^{85}Rb 能级（$5p^2P_{1/2}$,$5p^2P_{3/2}$）和 $^{85}Rb_2$ 分子激发电子态 $0_u^+(5S+5P_{1/2})$ 的寿命，因此可以忽略自发辐射．核间距 R 的取值范围为 $5a_0$～$1000a_0$（a_0 表示玻尔半径）．

图 2.5.2 表示在温度 $T=0.5$mK、1.0mK 和 2.0mK 条件下，转动态权重因子 $W_l=\sum_n W_{nl}$ 随着基电子态转动量子数 l 的变化曲线[52]．当 $T=0.5$mK 时，W_l 主要分布在 $l=0$～30 范围内，最大值出现在 $l=6$ 处．当 $T=1.0$mK 时，W_l 主要分布在 $l=0$～45 范围内，最大值出现在 $l=9$ 处．当 $T=2.0$mK 时，W_l 分布在 $l=0$～60 范围内，最大值出现在 $l=13$ 处．随着温度的升高，被激活的转动态数量增加．图 2.5.3 表示当 $T=2.0$mK 时，W_{nl} 在 $l=0$～60 和 $n=124$～155 范围内的分布．权重因子 W_{nl} 和 W_l 取决于简并因子 $(2l+1)/4\pi$ 和能量分布因子 $\exp(-\beta E_{nl})$.

选取光缔合分子激发电子态的转动态 $|l_\mathrm{e}=1\rangle$ 为目标态．当光缔合过程结束后，处于振-转态 $|\psi_{v'l_\mathrm{e}}\rangle$ 的布居 $P_{v'l_\mathrm{e}}$ 取决于加权跃迁概率 $M'_{v'l_\mathrm{e},nl}$．图 2.5.4（a）表示在 $l=2$、$n=124$～150、$l_\mathrm{e}=1$、$v'=440$～500 范围内振-转态 $|\psi_{v'l_\mathrm{e}}\rangle$ 与 $|\psi_{nl}\rangle$ 之间的加权跃迁概率 $M'_{v'l_\mathrm{e},nl}$．由于 $^{85}Rb_2$ 分子激发电子态的振-转态 $|\psi_{v'l_\mathrm{e}}\rangle$ 与基电子态的基振-转态 $|\psi_{v''=0,l=0}\rangle$ 之间的跃迁矩阵元非常小，故需要寻找一个合适的中间态来解决这个问题．通过数值计算发现，激发电子态的振-转态 $|\psi_{v'l_\mathrm{e}}\rangle$ 与基电子态的深束缚振-转态 $|\psi_{v'',l}\rangle$ 之间的跃迁矩阵元较大．因此，可以先将处于激发电子态的较高振-转

能级的光缔合分子转移到基电子态的深束缚振-转态，然后再转移到基电子态的基振-转态．深束缚振-转态$\left|\psi_{v'',l}\right\rangle$的布居由跃迁概率

$$M_{v'l_e,v''l}=\left|\left\langle\psi_{v'l_e}\left|\mu(R)\right|\psi_{v''l}\right\rangle\right|^2 \tag{2.5.16}$$

和光缔合分子振-转态$\left|\psi_{v'l_e}\right\rangle$布居$P_{v'l_e}$决定．图 2.5.4（b）表示在$l=0$、$v''=30$～45、$l_e=1$、$v'=440$～500 区域，振-转态$\left|\psi_{v'',l}\right\rangle$与$\left|\psi_{v'l_e}\right\rangle$之间的跃迁概率$M_{v'l_e,v''l}$．跃迁概率$M_{v'l_e,v''l}$的最大值出现在振动态$\left|\psi_{v''=39}\right\rangle$．激光 L_1 和 L_2 的中心频率分别由跃迁概率$M'_{v'l_e,nl}$和$M_{v'l_e,v''l}$决定．由于激光 L_1 激发的电子态波包不是热力学平衡态，因此跃迁概率$M_{v'l_e,v''l}$不含玻尔兹曼统计权重因子．为了提高光缔合分子的振动-转动冷却效率，激光 L_1 的中心频率 ω_{01} 应该满足从初始态$\left|\psi_{nl}\right\rangle$到激发电子态振-转态$\left|\psi_{v'=473,\ l_e=1}\right\rangle$跃迁的共振条件，激光 L_2 的中心频率 ω_{02} 应该满足从振-转态$\left|\psi_{v'=473,\ l_e=1}\right\rangle$到基电子态振-转态$\left|\psi_{v''=39,l=0}\right\rangle$跃迁的共振条件．

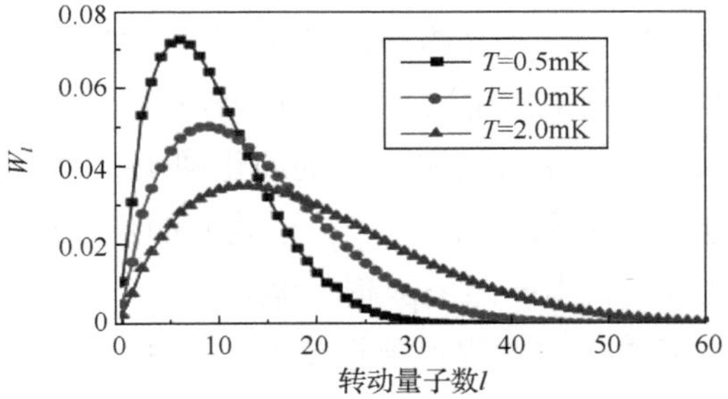

图 2.5.2　在温度 $T=0.5$mK、1.0mK 和 2.0mK 条件下权重因子 W_l 随着转动量子数 l 的变化[52]

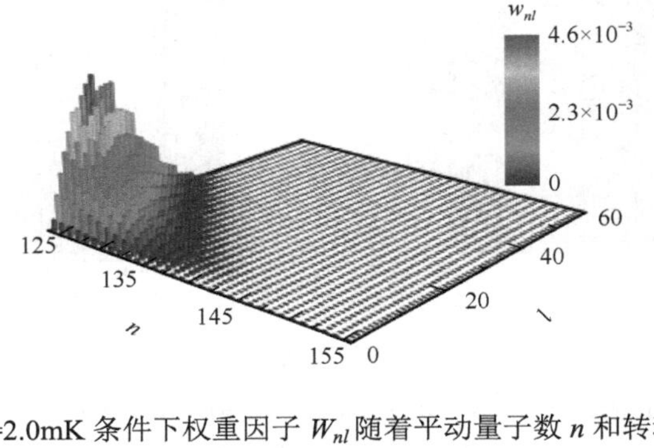

图 2.5.3　在温度 $T=2.0$mK 条件下权重因子 W_{nl} 随着平动量子数 n 和转动量子数 l 的变化[52]

（扫封底二维码查看彩图）

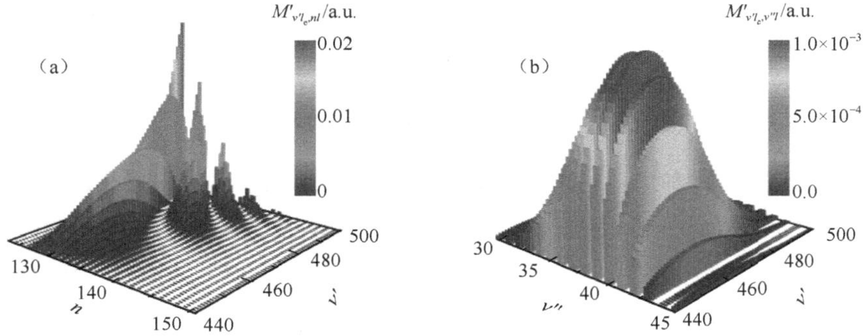

图 2.5.4　跃迁概率随着平动和转动量子数的变化[52]

（a）$M'_{v'l_e,nl}$ 随着 n 和 v' 的变化.（b）$M_{v'l_e,v''l}$ 随着 v'' 和 v' 的变化

（扫封底二维码查看彩图）

在确定了激光 L_1 和 L_2 的中心频率之后，需要确定它们的中心时间. 对激光 L_1 的中心时间 t_{01} 没有特殊的要求，t_{01} 大于其持续时间的一半即可，取为 t_{01}=25ps. 激光 L_2 的中心时间 t_{02} 对光缔合分子的冷却效率有一定的影响. 需要通过分析光缔合分子的波包运动来确定激光 L_2 的中心时间 t_{02}. 图 2.5.5（a）表示激发电子态$\left|\psi_{l_e}(t)\right\rangle$波包随着时间 t 与核间距 R 的演化图像. 图 2.5.5（b）表示激发电子态$\left|\psi_{l_e=1}(t)\right\rangle$与基电子态振-转态$\left|\psi_{v''=0\sim100,l=0}\right\rangle$之间的跃迁概率 $M_{l_e,v''l}(t)$ 随着振动量子数 v'' 和时间 t 的变化. 当 $t=105$ps 时，激发电子态波包传播到内转折点附近的区域（$R<20a_0$）. 基电子态的深束缚振动态$\left|v''=39\right\rangle$主要分布在 $R<7a_0$ 范围内. 跃迁概率 $M_{l_e=1,v''=39,l=0}(t)$ 的最大值出现在 $t=105$ps 时刻. 因此，激光 L_2 的优化中心时间取为 t_{02}=105ps.

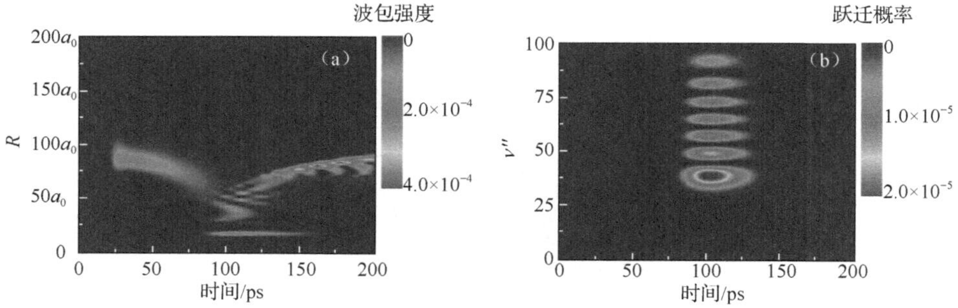

图 2.5.5　激发电子态波包和跃迁概率随时间的变化[52]

（a）激发电子态$\left|\psi_{l_e}(t)\right\rangle$波包随着时间 t 与核间距 R 的演化图像.

（b）跃迁概率 $M_{l_e,v''l}(t)$ 随着振动量子数 v'' 和时间 t 的变化

（扫封底二维码查看彩图）

图 2.5.6 表示当温度 T=2mK 和时间 t =90ps 时振-转态 $\left|\psi_{v'l_e}\right\rangle$ 的布居 $P_{v'l_e}$ 分布. 布居 $P_{v'l_e}$ 主要分布在转动能级 $l_e=0\sim8$ 上. 当 $l_e\geqslant4$ 时，$P_{v'l_e}$ 明显减小. 当 $l_e=9$ 时，$P_{v'l_e}$ 接近于 0. 另外，如图 2.5.6 所示，布居 $P_{v'l_e}$ 分布在较大的振动能级区域（v'=375～500）.

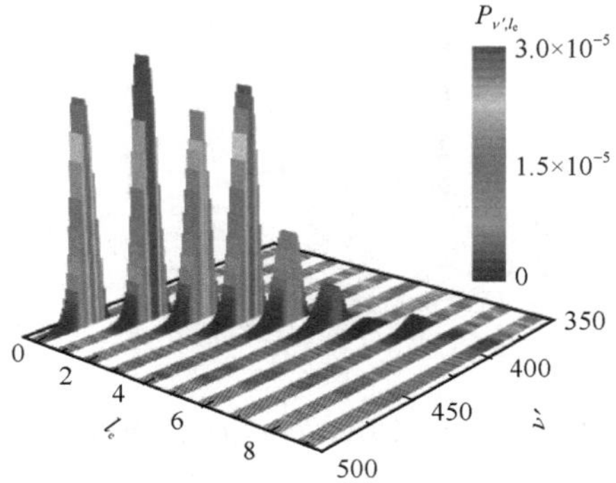

图 2.5.6　当温度 T=2mK 和时间 t=90ps 时振-转态 $\left|\psi_{v'l_e}\right\rangle$ 的布居 $P_{v'l_e}$ 分布[52]

（扫封底二维码查看彩图）

在激光冷却过程中，光缔合分子首先被激光 L_2 冷却到基电子态的深束缚振动能级. 图 2.5.7 表示在激光 L_2 作用之后、L_3 开启之前振-转态 $\left|\psi_{v''l}\right\rangle$ 的布居 $P_{v''l}$ 分布（温度 T=2mK）. 布居 $P_{v''l}$ 集中分布在 $v''=39$ 振动能级. 在转动态 $l=0\sim8$ 范围内，振动能级 $v''=39$ 与其邻近振动能级的能量差均大于 45.0cm^{-1}. 频宽为 10.0cm^{-1} 的激光 L_2 不能覆盖 $v''=39$ 附近的两个振动能级，因此布居 $P_{v''l}$ 只能分布在 $v''=39$ 振动能级上. 在基电子态的转动态上布居 P_l 为

$$P_l=\sum_{v''=0}^{100}P_{v''l} \tag{2.5.17}$$

布居 P_l 集中分布在 $l=0\sim6$ 转动能级上，其最大值出现在 $l=1$ 转动能级上.

为了把处于基电子态振-转态 $\left|\psi_{v''=39,l=0\sim6}\right\rangle$ 的分子冷却到基电子态基振-转态 $\left|\psi_{v''=0,l=0}\right\rangle$，需要挑选一个合适的激发电子态振-转态 $\left|\psi_{v'l_e}\right\rangle$ 作为中间态. 图 2.5.8（a）表示跃迁概率 $M_{v'l_e=1,v''=39,l=2}$ 和 $M_{v'l_e=1,v''=0,l=0}$ 及其乘积 $M_{v'l_e=1,v''=39,l=2}\times M_{v'l_e=1,v''=0,l=0}$. 这里，$M_{v'l_e=1,v''=39,l=2}$ 表示基电子态振-转态 $\left|\psi_{v''=39,l=2}\right\rangle$ 与激发电子态振-转态 $\left|\psi_{v',l_e=1}\right\rangle$ 之间的跃迁概率；而 $M_{v'l_e=1,v''=0,l=0}$ 表示基电子态基振-转态 $\left|\psi_{v''=0,l=0}\right\rangle$ 与激发电子态振-转态 $\left|\psi_{v',l_e=1}\right\rangle$ 之间的跃迁概率. 从图 2.5.8（a）可以看出，当激发电子态的振动

量子数 $\nu'=42$ 时，两个跃迁概率的乘积 $M_{\nu'=42,l_e=1,\nu''=39,l=2}\times M_{\nu'=42,l_e=1,\nu''=0,l=0}$ 取最大值．因此，激发电子态的振-转态 $\left|\psi_{\nu'=42,l_e=1}\right\rangle$ 是一个合适的中间态．由此可以选取激光 L_3 和 L_4 的中心频率 ω_{03} 和 ω_{04} 分别为 9356.86cm^{-1} 和 11375.62cm^{-1}．

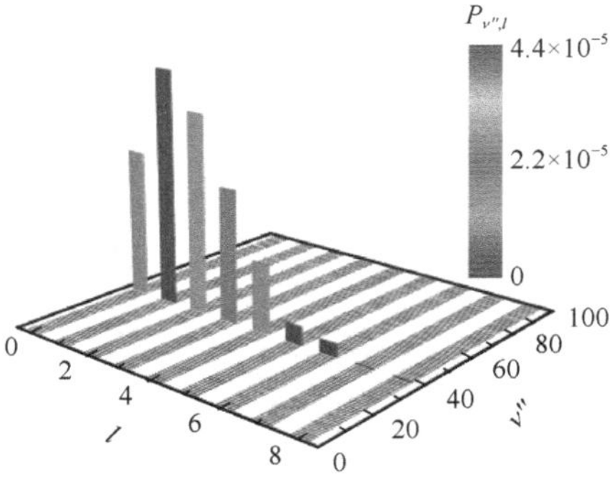

图 2.5.7　在激光 L_2 作用之后、L_3 开启之前振-转态 $\left|\psi_{\nu''l}\right\rangle$ 的布居 $P_{\nu''l}$ 分布[52]（温度 T=2mK）

（扫封底二维码查看彩图）

在激光 L_3 和 L_4 作用下，处于基电子态的振-转态 $\left|\psi_{\nu''=39,l=0\sim6}\right\rangle$ 的分子被冷却到基电子态的基振-转态 $\left|\psi_{\nu''=0,l=0}\right\rangle$．如图 2.5.8（b）所示，中间态 $\left|\psi_{\nu'=42,l_e=1}\right\rangle$ 的布居全被转移到最低的振动能级 $\nu''=0$．基振-转态 $\left|\psi_{\nu''=0,l=0}\right\rangle$ 的布居 $P_{\nu''=0,l=0}=1.04\times10^{-5}$．在最低的振动能级 $\nu''=0$，有 51.59%的布居分布在最低的转动态 $\left|l=0\right\rangle$ 上，其余布居分布在转动态 $\left|l=1\right\rangle\sim\left|l=3\right\rangle$ 上．这表明利用四束激光可以有效地控制光缔合分子的振动-转动冷却过程[53]．

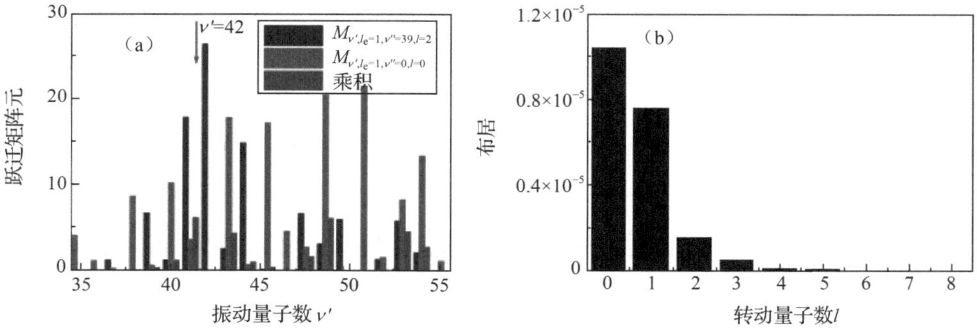

图 2.5.8　跃迁矩阵元和转动态布居分布[52]

（a）跃迁概率 $M_{\nu'l_e=1,\nu''=39,l=2}$ 和 $M_{\nu'l_e=1,\nu''=0,l=0}$ 及其乘积 $M_{\nu'l_e=1,\nu''=39,l=2}\times M_{\nu'l_e=1,\nu''=0,l=0}$．

（b）在基电子态的振-转态 $\left|\psi_{\nu''=0,l}\right\rangle$ 上布居 $P_{\nu''=0,l}$ 分布

（扫封底二维码查看彩图）

参 考 文 献

[1] Lin S H, Alden R, Islampour R, et al. Density matrix method and femtosecond processes. Singapore: World Scientific, 1991.

[2] Lin S H, Fujimura Y, Neusser H J, et al. Multiphoton spectroscopy of molecules. London: Academic Press, 1984.

[3] Blum K. Density matrix theory and applications. New York: Plenum Press, 1981.

[4] May V, Kühn O. Charge energy transfer dynamics in molecular systems. Berlin: Wiley-VCH, 1999.

[5] Pillet P, Crubellier A, Bleton A, et al. Photoassociation in a gas of cold alkali atoms: Ⅰ. Perturbative quantum approach. Journal of Physics B, 1997, 30(12): 2801-2820.

[6] Paramonov G K, Saalfrank P. Time-evolution operator method for non-Markovian density matrix propagation in time and space representation: Application to laser association of OH in an environment. Physical Review A, 2009, 79(1): 013415.

[7] Bartana A, Kosloff R. Laser cooling of internal degrees of freedom. Ⅱ. The Journal of Chemical Physics, 1997, 106(4): 1435-1448.

[8] Huisinga W, Pesce L, Kosloff R, et al. Faber and Newton polynomial integrators for open-system density matrix propagation. The Journal of Chemical Physics, 1999, 110(12): 5538-5547.

[9] Kondov I S. Numerical studies of electron transfer in system with dissipation. Berlin: Humboldt University, 2003.

[10] Fick E, Sauermann G. The quantum statistics of dynamic processes. New York: Springer, 1990.

[11] Renger T, May V, Kühn O. Ultrafast excitation energy transfer dynamics in photosynthetic pigment-protein complexes. Physics Reports, 2001, 343(3): 137-254.

[12] Mancal T. Laser pulse control of dissipative dynamics in molecular systems. Berlin: Humboldt University, 2002.

[13] Petkovic M. Inaugural dissertation. Berlin: der Freien Universi. 2004.

[14] Villaeys A A, Lin S H. Non-Markovian effects on optical absorption. Physical Review A, 1991, 43(9): 5030-5038.

[15] Lavoine J P, Villaeys A A. Influence of non-Markovian effects in degenerate four-wave-mixing processes. Physical Review Letters, 1991, 67(20): 2780-2783.

[16] Mancal T, May V. Non-Markovian relaxation in an open quantum system: Polynomial approach to the solution of the quantum master equation. The European Physical Journal B, 2000, 18(4): 633-643.

[17] Mancal T, Bok J, Skala L. Short time de-excitation dynamics of a two-level electrons system: Non-perturbative solution of the master equation. Journal of Physics A, 1998, 31(47): 9429-9440.

[18] Mancal T, May V. Interplay of non-Markovian relaxation and ultrafast optical state preparation in molecular systems: The Laguerre polynomial method. The Journal of Chemical Physics, 2001, 114(4): 1510-1523.

[19] Niu K, Dong L Q, Cong S L. Theoretical description of femtosecond fluorescence depletion spectrum of molecules in solution. The Journal of Chemical Physics, 2007, 127(12): 124502.

[20] Naskar S, Saha S, Dey T N, et al. Electromagnetically induced transparency in two-colour ultracold photoassociation. Journal of Physics B, 2017, 50(12): 125003.

[21] Saha S, Naskar S, Deb B. Photoassociative cooling and trapping of a pair of interacting atoms. Physical Review A, 2016, 94(2): 023413.

[22] Sardar D, Naskar S, Pal A, et al. Formation of a molecular ion by photoassociative Raman processes. Journal of Physics B, 2016, 49(24): 245202.

[23] Kruzins A, Klincare I, Nikolayeva O, et al. Fourier-transform spectroscopy and coupled-channels deperturbation treatment of the $A^1\Sigma^+$-$b^3\Pi$ complex of KCs. Physical Review A, 2010, 81(4): 042509.

[24] Hai Y, Li L H, Li J L, et al. Formation of ultracold $^{39}K^{133}Cs$ molecules via Feshbach optimized photoassociation. The Journal of Chemical Physics, 2020, 152(5): 174307.

[25] Kuznetsova E, Pellegrini P, Côté R, et al. Formation of deeply bound molecules via chainwise adiabatic passage. Physical Review A, 2008, 78(2): 021402.

[26] Bartana A, Kosloff R, Tannor D J. Laser cooling of molecular internal degrees of freedom by a series of shaped pulses. The Journal of Chemical Physics, 1993, 99(1): 196-210.

[27] Bartana A, Kosloff R, Tannor D J. Laser cooling of internal degrees of freedom. Ⅱ. The Journal of Chemical Physics, 1997, 106(4): 1435-1448.

[28] Kosloff R, Feldmann T. Optimal performance of reciprocating demagnetization quantum refrigerators. Physical Review E, 2010, 82(1): 011134.

[29] Levy A, Kosloff R. Quantum absorption refrigerator. Physical Review Letters, 2012, 108(7): 070604.

[30] Willner K, Dulieu O, Masnou-Seeuws F. Mapped grid methods for long-range molecules and cold collisions. The Journal of Chemical Physics, 2004, 120(2): 548-561.

[31] Feit M D, Fleck J A, Steiger A. Solution of the Schrödinger equation by a spectral method. Journal of Computational Physics, 1982, 47(3): 412-433.

[32] Feit M D, Fleck J A. Solution of the Schrödinger equation by a spectral method Ⅱ: Vibrational energy levels of triatomic molecules. The Journal of Chemical Physics, 1983, 78(1): 301-308.

[33] McCullough E A, Wyatt R E. Dynamics of the collinear H + H_2 reaction Ⅰ: Probability density and flux. The Journal of Chemical Physics, 1971, 54(8): 3578-3591.

[34] Tal-Ezer H, Kosloff R. An accurate and efficient scheme for propagating the time dependent Schrödinger equation. The Journal of Chemical Physics, 1984, 81(9): 3967-3971.

[35] Bergmann K, Theuer H, Shore B W. Coherent population transfer among quantum states of atoms and molecules. Reviews of Modern Physics, 1998, 70(3): 1003-1025.

[36] Gaubatz U, Rudecki P, Schiemann S, et al. Population transfer between molecular vibrational levels by stimulated Raman scattering with partially overlapping laser fields: A new concept and experimental results. The Journal of Chemical Physics, 1990, 92(2): 5363-5366.

[37] Shu C C, Yu J, Yuan K J, et al. Stimulated Raman adiabatic passage in molecular electronic states. Physical Review A, 2009, 79(6): 023418.

[38] Cheng J, Han S, Yan Y. Stimulated Raman adiabatic passage from atomic to molecular Bose-Einstein condensates: Feedback laser-detuning control and suppression of dynamical instability. Physical Review A, 2006, 73(3): 035601.

[39] Dou F Q, Yang J, Lu Y Q. Ultracold atom-molecule conversion dynamics in a closed-loop three-level system. Physical Letters A, 2021, 410(1): 127549.

[40] Takekoshi T, Reichsöllner L, Schindewolf A, et al. Ultracold dense samples of dipolar RbCs molecules in the rovibrational and hyperfine ground state. Physical Review Letters, 2014, 113(20): 205301.

[41] Seeßelberg F, Buchheim N, Lu Z K, et al. Modeling the adiabatic creation of ultracold polar $^{23}Na^{40}K$ molecules. Physical Review A, 2018, 97(1): 013405.

[42] Ni K K, Ospelkaus S, de Miranda M H G, et al. A high phase-space-density gas of polar molecules. Science, 2008, 322(5899): 231-235.

[43] Danzl J G, Mark M J, Haller E, et al. An ultracold high-density sample of rovibronic ground-state molecules in an optical lattice. Nature Physics, 2010, 6(4): 265-270.

[44] Winkler K, Lang F, Thalhammer G, et al. Coherent optical transfer of Feshbach molecules to a lower vibrational state. Physical Review Letters, 2007, 98(4): 043201.

[45] Danzl J G, Haller E, Gustavsson M, et al. Quantum gas of deeply bound ground state molecules. Science, 2008, 321(5892): 1062-1066.

[46] Park J W, Will S A, Zwierlein M W. Ultracold dipolar gas of fermionic $^{23}Na^{40}K$ molecules in their absolute ground state. Physical Review Letters, 2015, 114(20): 205302.

[47] Guo M Y, Zhu B, Lu B, et al. Creation of an ultracold gas of ground-state dipolar $^{23}Na^{87}Rb$ molecules. Physical Review Letters, 2016, 116(20): 205303.

[48] Vitanov N V, Rangelov A A, Shore B W. et al. Stimulated Raman adiabatic passage in physics, chemistry, and beyond. Reviews of Modern Physics, 2017, 89(1): 015006.

[49] Wang M, Li J L, Hu X J, et al. Photoassociation driven by short laser pulse at millikelvin temperature. Physics Review A, 2017, 96(4): 043417.

[50] Gardner J R, Cline R A, Miller J D, et al. Collisions of doubly spin-polarized ultracold ^{85}Rb atoms. Physical Review Letters, 1995, 74(19): 3764-3767.

[51] Huang Y, Qi J, Pechkis H K, et al. Formation, detection and spectroscopy of ultracold Rb_2 in the ground $X^1\Sigma_g^+$ state. Journal of Physics B, 2006, 39(19): S857-S869.

[52] Wang M, Lyu B K, Li J L, et al. Rovibration cooling of photoassociated $^{85}Rb_2$ molecules at millikelvin temperature. Physical Review A, 2019, 99(5): 053428.

[53] Thorsheim H R, Weiner J, Julienne P S. Laser-induced photoassociation of ultracold sodium atoms. Physical Review Letters, 1987, 58(23): 2420-2423.

[54] Miller J D, Cline R A, Heinzen D J. Photoassociation spectrum of ultracold Rb atoms. Physical Review Letters, 1993, 71(14): 2204-2207.

[55] Lett P D, Helmerson K, Phillips W D, et al. Spectroscopy of Na_2 by photoassociation of laser-cooled Na. Physical Review Letters, 1993, 71(14): 2200-2203.

[56] Abraham E R I, Mcalexander W I, Sackett C A, et al. Spectroscopic determination of the s-wave scattering length of lithium. Physical Review Letters, 1995, 74(8): 1315-1318.

[57] Nikolov A N, Ensher J R, Eyler E E, et al. Efficient production of ground-state potassium molecules at sub-mK temperatures by two-step photoassociation. Physical Review Letters, 2000, 84(2): 246-249.

[58] Fioretti A, Comparat D, Crubellier A, et al. Formation of cold Cs_2 molecules through photoasso ciation. Physical Review Letters, 1998, 80(20): 4402-4405.

[59] Ridinger A, Chaudhuri S, Salez T, et al. Photoassociative creation of ultracold heteronuclear $^6Li^{40}K$ molecules. Europhysics Letters, 2011, 96(3): 33001.

[60] Shaffffer J P, Chalupczak W, Bigelow N P. Photoassociative ionization of heteronuclear molecules in a novel two-species magneto-optical trap. Physical Review Letters, 1999, 82(6): 1124-1127.

[61] Wang D, Qi J, Stone M F, et al. Photoassociative production and trapping of ultracold KRb molecules. Physical Review Letters, 2004, 93(24): 243005.

[62] Kerman A J, Sage J M, Sainis S, et al. Production of ultracold, polar RbCs molecules via photoassociation. Physical Review Letters, 2004, 92(3): 033004.

[63] Jones K M, Tiesinga E, Lett P D, et al. Ultracold photoassociation spectroscopy: Long-range molecules and atomic scattering. Reviews of Modern Physics, 2006, 78(2): 483-535.

[64] Weiner J, Bagnato V S, Zilio S, et al. Experiments and theory in cold and ultracold collisions. Reviews of Modern Physics, 1999, 71(1): 1-85.

[65] Delfyett P J, Mandridis D, Piracha M U, et al. Chirped pulse laser sources and applications. Progress in Quantum Electronics, 2012, 36(4-6): 475-540.

[66] Vala J, Dulieu O, Masnou-Seeuws F, et al. Coherent control of cold-molecule formation through photoassociation using a chirped-pulsed-laser field. Physical Review A, 2000, 63(1): 013412.

[67] Salzmann W, Mullins T, Eng J, et al. Coherent transients in the femtosecond photoassociation of ultracold molecules. Physical Review Letters, 2008, 100(23): 233003.

[68] Huang Y, Xie T, Wang G R, et al. Creation of ultracold Cs_2 molecules via two-step photoassociation with Gaussian and chirped pulses. Laser Physics, 2014, 24(4): 046001.

[69] Carini J L, Kallush S, Kosloff R, et al. Enhancement of ultracold molecule formation by local control in the nanosecond regime. New Journal of Physics, 2015, 17(2): 025008.

[70] Zhang W, Huang Y, Xie T, et al. Efficient photoassociation with a slowly turned-on and rapidly-turned-of laser field. Physical Review A, 2010, 82(6): 063411.

[71] Salzmann W, Poschinger U, Wester R, et al. Coherent control with shaped femtosecond laser pulses applied to ultracold molecules. Physical Review A, 2006, 73(2): 023414.

[72] Levin L, Skomorowski W, Kosloff R, et al. Coherent control of bond making: The performance of rationally phase-shaped femtosecond laser pulses. Journal of Physics B, 2015, 48(18): 184004.

[73] Zhang W, Xie T, Huang Y, et al. Enhancing photoassociation efficiency by picosecond laser pulse with cubic-phase modulation. Physical Review A, 2011, 84(6): 065406.

[74] Zhang W, Wang G R, Cong S L. Efficient photoassociation with a train of asymmetric laser pulses. Physical Review A, 2011, 83(4): 045401.

[75] Weyland M, Szigeti S S, Hobbs R A B, et al. Pair correlations and photoassociation dynamics of two atoms in an optical tweezer. Physical Review Letters, 2021, 126(8): 083401.

[76] Ciamei A, Bayerle A, Pasquiou B, et al. Observation of Bose-enhanced photoassociation products. Europhysics Letters, 2017, 119(4): 46001.

[77] Sun Z X, Hai Y, Lyu B K, et al. Formation of ultracold ground-state CsYb molecules via Feshbach-optimized photoassociation. Journal of Physics B, 2020, 53(20): 205204.

[78] Aman J A, Hill J C, Ding R, et al. Photoassociative spectroscopy of a halo molecule in ^{86}Sr. Physical Review A, 2018, 98(5): 053441.

[79] Han J H, Kang J H, Lee M, et al. Photoassociation spectroscopy of ultracold ^{173}Yb atoms near the intercombination line. Physical Review A, 2018, 97(1): 013401.

[80] Zhang W, Huang Y, Xie T, et al. Photoassociation dynamics driven by a modulated two-color laser field. Physical Review A, 2011, 84(5): 053418.

[81] Yang J, Chen M, Yu J, et al. Field-free molecular orientation with chirped laser pulse. The European Physical Journal D, 2012, 66(4): 1-5.

[82] Ma L, Chai S, Zhang X M, et al. Molecular orientation controlled by few-cycle phase-jump pulses. Laser Physics Letters, 2017, 15(1): 016002.

[83] Monmayrant A, Weber S, Chatel B. A newcomer's guide to ultrashort pulse shaping and characterization. Journal of Physics B, 2010, 43(10): 103001.

[84] Hoki K, Ohtsuki Y, Kono H, et al. Quantum control of NaI predissociation in subpicosecond and several-picosecond time regimes. The Journal of Physical Chemistry A, 1999, 103(32): 6301-6308.

[85] Shu C C, Henriksen N E. Coherent control of indirect photofragmentation in the weak-fifield limit: Control of transient fragment distributions. The Journal of Chemical Physics, 2011, 134(16): 164308.

[86] Relch R M, Ndong M, Kkoch C P. Monotonically convergent optimization in quantum control using Krotov's method. The Journal of Chemical Physics, 2012, 136(3): 104103.

[87] Luc-Koenig E, Kosloff R, Masnou-Seeuws F, et al. Photoassociation of cold atoms with chirped laser pulses: Time-dependent calculations and analysis of the adiabatic transfer within a two-state model. Physical Review A, 2004, 70(3): 033414.

[88] Wright M, Gensemer S, Vala J, et al. Control of ultracold collisions with frequency-chirped light. Physical Review Letters, 2005, 95(6): 063001.

[89] Chatel B, Degert J, Girard B. Role of quadratic and cubic spectral phases in ladder climbing with ultrashort pulses. Physical Review A, 2004, 70(5): 053414.

[90] Huang Y, Zhang W, Wang G R, et al. Formation of $^{85}Rb_2$ ultracold molecules via photoassociation by two-color laser fields modulating the Gaussian amplitude. Physical Review A, 2012, 86(4): 043420.

[91] Wang M, Chen M D, Hu X J, et al. Photoassociation dynamics driven by second- and third-order phase-modulated laser fields. Laser Physics, 2016, 26(5): 055005.

[92] Chin C, Grimm R, Julienne P, et al. Feshbach resonances in ultracold gases. Reviews of Modern Physics, 2010, 82(2): 1225-1286.

[93] Xie T, Wang G R, Zhang W, et al. Effects of an electric field on Feshbach resonances and the thermal-average scattering rate of ^{6}Li-^{40}K collisions. Physical Review A, 2012, 86(3): 032713.

[94] Li L H, Li J L, Wang G R, et al. The modulating action of electric field on magnetically tuned Feshbach resonance. The Journal of Chemical Physics, 2019, 150 (6): 064310.

[95] Courteille P, Freeland R S, Heinzen D J, et al. Observation of a Feshbach resonance in cold atom scattering. Physical Review Letters, 1998, 81(1): 69-72.

[96] Inouye S, Andrews M R, Stenger J, et al. Observation of Feshbach resonances in a Bose-Einstein condensate. Nature, 1998, 392(6672): 151-154.

[97] Zhang J, van Kempen E G M, Bourdel T, et al. P-wave Feshbach resonances of ultracold ^{6}Li. Physical Review A, 2004, 70(3): 030702.

[98] Strecker K E, Partridge G B, Truscott A G, et al. Formation and propagation of matter-wave soliton trains. Nature, 2002, 417(6885): 150-153.

[99] Regal C A, Ticknor C, Bohn J L, et al. Creation of ultracold molecules from a Fermi gas of atoms. Nature, 2003, 424(6944): 47-50.

[100] Claussen N R, Kokkelmans S J J M F, Thompson S T, et al. Very-high-precision bound-state spectroscopy near a ^{85}Rb Feshbach resonance. Physical Review A, 2003, 67(6): 060701.

[101] Marte A, Volz T, Schuster J, et al. Feshbach resonances in rubidium 87: Precision measurement and analysis. Physical Review Letters, 2002, 89(28): 283202.

[102] Chin C, Vuletic V, Kerman A J, et al. Precision Feshbach spectroscopy of ultracold Cs_2. Physical Review A, 2004, 70(3): 032701.

[103] Stan C A, Zwierlein M W, Schunck C H, et al. Observation of Feshbach resonances between two different atomic species. Physical Review Letters, 2004, 93(14): 143001.

[104] Deh B, Marzok C, Zimmermann C, et al. Feshbach resonances in mixtures of ultracold ^{6}Li and ^{87}Rb gases. Physical Review A, 2008, 77(1): 010701.

[105] Ferlaino F, D'Errico C, Roati G, et al. Feshbach spectroscopy of a K-Rb atomic mixture. Physical Review A, 2006, 73(4): 040702.

[106] Repp M, Pires R, Ulmani J, et al. Observation of interspecies ^{6}Li-^{133}Cs Feshbach resonances. Physical Review A, 2013, 87(1): 010701.

[107] Papp S B, Wieman C E. Observation of heteronuclear Feshbach molecules from a ^{85}Rb-^{87}Rb gas. Physical Review Letters, 2006, 97(18): 180404.

[108] Marzok C, Deh B, Zimmermann C, et al. Feshbach resonances in an ultracold ^{7}Li and ^{87}Rb mixture. Physical Review A, 2009, 79(1): 012717.

[109] Thalhammer G, Barontini G, Sarlo L D, et al. Double species Bose-Einstein condensate with tunable interspecies interactions. Physical Review Letters, 2008, 100(21): 210402.

[110] Wille E, Spiegelhalder F M, Kerner G, et al. Exploring an ultracold Fermi-Fermi mixture: Interspecies Feshbach resonances and scattering properties of ^{6}Li and ^{40}K. Physical Review Letters, 2008, 100(5): 053201.

[111] Cui Y, Shen C, Deng M, et al. Observation of broad d-wave Feshbach resonances with a triplet structure. Physical Review Letters, 2017, 119(20): 203402.

[112] Yao X C, Qi R, Liu X P, et al. Degenerate Bose gases near a d-wave shape resonance. Nature Physics, 2019, 15(6): 570-576.

[113] Luciuk C, Trotzky S, Smale S, et al. Evidence for universal relations describing a gas with p-wave interactions. Nature Physics, 2016, 12(6): 599-605.

[114] Strauss C, Takekoshi T, Lang F, et al. Hyperfine, rotational and vibrational structure of the $a^3\Sigma_u^+$ state of $^{87}Rb_2$. Physical Review A, 2010, 82(5): 052514.

[115] Falke S, Knockel H, Friebe J, et al. Potassium ground-state scattering parameters and Born-Oppenheimer potentials from molecular spectroscopy. Physical Review A, 2008, 78(1): 012503.

[116] Arimondo E, Inguscio M, Violino P. Experimental determinations of the hyperfine structure in the alkali atoms. Reviews of Modern Physics, 1977, 49(1): 31-75.

[117] Li Z, Krems R V. Electric field-induced Feshbach resonances in ultracold alkali-metal mixtures. Physical Review A, 2007, 75(3): 032709.

[118] Hutson J M, Tiesinga E, Julienne P S. Avoided crossings between bound states of ultracold cesium dimers. Physical Review A, 2008, 78(5): 052703.

[119] Petrov A, Makrides C, Kotochigova S. Magnetic control of ultra-cold ^{6}Li and ^{174}Yb atom mixtures with Feshbach resonances. New Journal of Physics, 2015, 17(4): 045010.

[120] Li L H, Hai Y, Lyu B K, et al. Feshbach resonances of non-zero partial waves at different collision energies. Journal of Physics B, 2021, 54(11): 115201.

[121] Tiecke T G, Goosen M R, Walraven J T M, et al. Asymptotic-bound-state model for Feshbach resonances. Physical Review A, 2010, 82(4): 042712.

[122] Goosen M R, Tiecke T G, Vassen W, et al. Feshbach resonances in ^{3}He-^{4}He mixtures. Physical Review A, 2010, 82(4): 042713.

[123] Gao B. Quantum-defect theory of atomic collisions and molecular vibration spectra. Physical Review A, 1998, 58(5): 4222-4225.

[124] Croft J F E, Wallis A O G, Hutson J M, et al. Multichannel quantum defect theory for cold molecular collisions. Physical Review A, 2011, 84(4): 042703.

[125] Wang G R, Xie T, Zhang W, et al. Prediction of Feshbach resonances using an analytical quantum defect matrix. Physical Review A, 2012, 85(3): 032706.

[126] Li J L, Hu X J, Wang G R, et al. Simple model for predicting and analyzing magnetically induced Feshbach resonances. Physical Review A, 2015, 91(4): 042708.

[127] van Abeelen F A, Heinzen D J, Verhaar B J. Photoassociation as a probe of Feshbach resonances in cold-atom scattering. Physical Review A, 1998, 57(6): 4102-4105.

[128] Tolra B L, Hoang N, T'Jampens B, et al. Controlling the formation of cold molecules via a Feshbach resonance. Europhysics Letters, 2003, 64(2): 171-177.

[129] Hu X J, Xie T, Huang Y, et al. Feshbach-optimizized photoassociation controlled by electric and magnetic fields. Physical Review A, 2014, 89(5): 052712.

[130] Bohn J L, Julienne P S. Semianalytic theory of laser-assisted resonant cold collisions. Physical Review A, 1999, 60(1): 414-425.

[131] Gröbner M, Weinmann P, Kirilov E, et al. Observation of interspecies Feshbach resonances in anultracold ^{39}K-^{133}Cs mixture and refinement of interaction potentials. Physical Review A, 2017, 95(2): 022715.

[132] Koch C P, Kosloff R, Masnou-Seeuws F. Short-pulse photoassociation in rubidium below the D_1 line. Physical Review A, 2006, 73(4): 043409.

[133] Ghosal S, Doyle R J, Koch C P, et al. Stimulating the production of deeply bound RbCs molecules with laser pulses: The role of spin-orbit coupling in forming ultracold molecules. New Journal of Physics, 2009, 11(5): 055011.

第 3 章　多通道耦合理论及其应用

3.1　双原子两体散射理论

研究超冷原子量子散射对深入理解超冷原子、分子的基本性质具有重要的科学意义．一个简单的原子散射过程可能会产生不同的结果：弹性碰撞不改变原子的量子态，而非弹性散射和化学反应会导致量子气体变热，并引起势阱内原子发生损耗[1-14]．超冷量子气体的温度很低，密度很小，两体散射（碰撞）通常起主导作用．通过研究超低温度下的两体散射，我们可以获得量子散射参量，并将其用于计算超冷原子散射长度和预测多体散射性质[15]．本章介绍超冷原子弹性和非弹性散射的非含时量子散射理论及其数值计算方法[16-18]．

3.1.1　散射振幅和散射截面

在介绍原子散射振幅和散射截面之前，先介绍一下散射实验．图 3.1.1 为散射实验示意图[19]．一束具有特定碰撞能和流密度 $J_{\rm inc}$ 的均匀入射粒子束α射入靶心，入射粒子被散射至空间不同方向，利用探测器探测单位时间内散射到立体角 $\mathrm{d}\Omega$ 内的出射粒子数．设散射粒子流密度为 $J_{\rm sc}$，入射粒子束沿着空间 z 轴方向，探测器和靶心的距离为 r，它与空间 z 轴的夹角为 θ．使用图 3.1.2 的空间固定球坐标系来描述散射图像，入射流沿着 z 轴方向，探测器与靶的距离为 r，矢量 $\boldsymbol{r}$ 与 z 轴的夹角为 θ，矢量 $\boldsymbol{r}$ 在(x, y)平面内投影与 x 轴的夹角为 φ，散射面积元 $\mathrm{d}S$ 为

$$\mathrm{d}S = r^2 \sin\theta \mathrm{d}\theta \mathrm{d}\varphi = r^2 \mathrm{d}\Omega \tag{3.1.1}$$

穿过面积元 $\mathrm{d}S$ 的粒子数 $\mathrm{d}N$ 为

$$\mathrm{d}N = J_{\rm sc}\mathrm{d}S = r^2 J_{\rm sc}\mathrm{d}\Omega \tag{3.1.2}$$

散射粒子数随着入射粒子流密度 $J_{\rm inc}$ 的增大而增加，设比例系数为 $\mathrm{d}\sigma$，则有

$$\mathrm{d}N = r^2 J_{\rm sc}\mathrm{d}\Omega = J_{\rm inc}\mathrm{d}\sigma \tag{3.1.3}$$

式中，$\mathrm{d}\sigma$ 表示入射粒子进入空间立体角 $\mathrm{d}\Omega$ 的有效面积，称为微分散射截面．对 $\mathrm{d}\sigma$ 进行空间角度积分，得到积分散射截面 σ，即

$$\sigma = \int \mathrm{d}\sigma = \int_{4\pi} \left(\frac{\mathrm{d}\sigma}{\mathrm{d}\Omega}\right) \mathrm{d}\Omega \tag{3.1.4}$$

积分散射截面 σ 表示入射粒子散射到空间所有方向（角度）的有效面积．

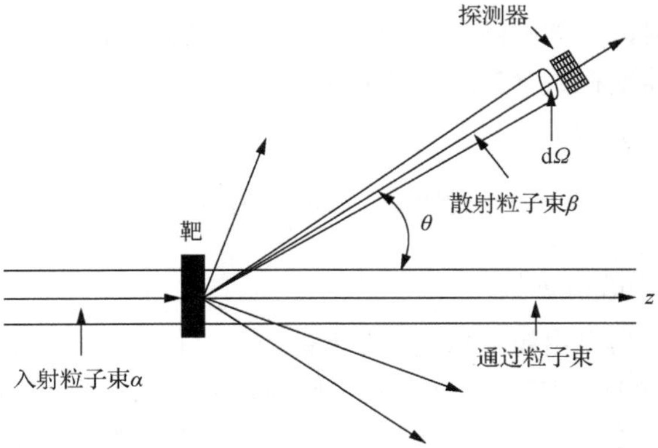

图 3.1.1　散射实验示意图

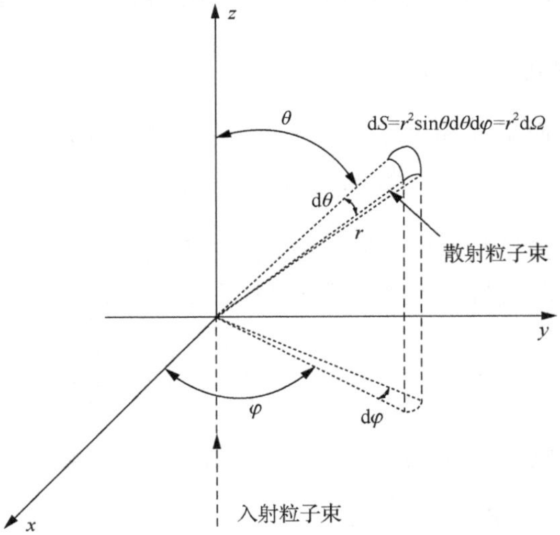

图 3.1.2　空间固定球坐标系

采用沿着 z 轴方向传播的平面波来描述具有动量 $\hbar\boldsymbol{k}$ 的入射粒子波函数，即

$$\psi_{\text{inc}} = A\mathrm{e}^{\mathrm{i}kz} \tag{3.1.5}$$

式中，A 是归一化因子．入射波受靶心粒子的作用产生了散射波 ψ_{sc}，如果散射波是各向同性的，即散射至空间各个方向的概率都相同，则散射波［式（3.1.6)］为球对称波函数．

$$\psi_{\text{sc}}^{\text{iso}} = A\frac{\mathrm{e}^{\mathrm{i}kr}}{r} \tag{3.1.6}$$

对于弹性散射，不同的散射波函数具有相同的归一化因子 A. 但散射波通常是各向异性的，需要在式（3.1.6）中加入一个与角度有关的相因子. 各向异性的散射波函数可以表示为

$$\psi_{\text{sc}}^{\text{aniso}} = Af\left(k,\theta,\varphi\right)\frac{\mathrm{e}^{\mathrm{i}kr}}{r} \tag{3.1.7}$$

式中，$f\left(k,\theta,\varphi\right)$ 为散射振幅.

考虑入射粒子为自由粒子情况（即入射粒子之间没有相互作用）. 入射粒子 A 与靶粒子 B 在一个球对称势 $V(r)$中发生碰撞，m_{A} 和 m_{B} 分别为粒子 A 和粒子 B 的质量. 可以把碰撞过程分解为质心运动和粒子间相对运动两部分，认为相对运动是一个具有折合质量 $\mu = m_{\text{A}}m_{\text{B}}/(m_{\text{A}}+m_{\text{B}})$的粒子 C 与一个固定的散射中心通过球对称势 $V(r)$相互作用. 散射中心位于坐标系原点，粒子 C 与散射中心的距离为 r，矢量 $\boldsymbol{r}$ 与空间 z 轴夹角为 θ，矢量 $\boldsymbol{r}$ 在坐标系中的角度为$\left(\theta,\varphi\right)$.

3.1.2 非含时薛定谔方程

描述原子 A 和原子 B 相对运动的非含时薛定谔方程为

$$\hat{H}\psi = \left(\hat{T}+\hat{V}\right)\psi = E\psi \tag{3.1.8}$$

式中，ψ 表示两个原子相对运动的波函数；E 为系统的能量；$\hat{T}$ 和 $\hat{V}$ 分别表示动能算符和势能算符. 在笛卡儿空间直角坐标系中，$\hat{T}$ 的表达式为

$$\hat{T} = -\frac{1}{2\mu}\nabla^2 = -\frac{1}{2\mu}\left(\frac{\partial^2}{\partial x^2}+\frac{\partial^2}{\partial y^2}+\frac{\partial^2}{\partial z^2}\right) \tag{3.1.9}$$

注意，本章使用了原子单位（取 $\hbar$=1）. 动能算符在球坐标系中的表达式为

$$\hat{T} = -\frac{1}{2\mu}\frac{1}{r^2}\frac{\partial}{\partial r}r^2\frac{\partial}{\partial r} - \frac{1}{2\mu r^2}\left[\frac{1}{\sin\theta}\frac{\partial}{\partial\theta}\left(\sin\theta\frac{\partial}{\partial\theta}\right)+\frac{1}{\sin^2\theta}\frac{\partial^2}{\partial\varphi^2}\right] \tag{3.1.10}$$

式（3.1.10）等号右边第一项和第二项分别表示动能算符的径向和角向部分. 描述碰撞原子对的转动角动量平方算符 $\hat{l}^2(\theta,\varphi)$ 为

$$\hat{l}^2(\theta,\varphi) = -\left[\frac{1}{\sin\theta}\frac{\partial}{\partial\theta}\left(\sin\theta\frac{\partial}{\partial\theta}\right)+\frac{1}{\sin^2\theta}\frac{\partial^2}{\partial\varphi^2}\right] \tag{3.1.11}$$

在球坐标系中非含时薛定谔方程为

$$\left[-\frac{1}{2\mu}\frac{1}{r^2}\frac{\partial}{\partial r}r^2\frac{\partial}{\partial r}+\frac{\hat{l}^2(\theta,\varphi)}{2\mu r^2}+\hat{V}\right]\psi(r,\theta,\varphi) = E\psi(r,\theta,\varphi) \tag{3.1.12}$$

将式（3.1.12）等号两边同时乘以-2μ，得到：

$$\left[\frac{1}{r^2}\frac{\partial}{\partial r}r^2\frac{\partial}{\partial r}-\frac{\hat{l}^2(\theta,\varphi)}{r^2}+k^2-2\mu\hat{V}\right]\psi(r,\theta,\varphi)=0 \tag{3.1.13}$$

式中，$k^2=2\mu E$．如果势能 V 在 $r\to\infty$ 长程区域比 $1/r^2$ 更快地趋近于 0，则在长程区域可以忽略 V 的作用，方程（3.1.13）约化为自由原子满足的薛定谔方程：

$$\left[\frac{1}{r^2}\frac{\partial}{\partial r}r^2\frac{\partial}{\partial r}+\frac{\hat{l}^2(\theta,\varphi)}{r^2}+k^2\right]\psi(r,\theta,\varphi)=0 \tag{3.1.14}$$

求解方程（3.1.14），得到在长程区域波函数 $\psi(r,\theta,\varphi)$，然后把它表示为入射和散射波叠加的形式：

$$\psi(r,\theta,\varphi)\xrightarrow{r\to\infty}\psi_{\rm inc}(r)+\psi_{\rm sc}(r,\theta,\varphi)=A\left[{\rm e}^{{\rm i}kz}+f(k,\theta,\varphi)\frac{{\rm e}^{{\rm i}kr}}{r}\right] \tag{3.1.15}$$

比较式（3.1.15）和方程（3.1.14）的解，可以得到散射振幅 $f(k,\theta,\varphi)$．

3.1.3　微分散射截面

原子流密度 $J(r)$ 可用波函数 $\psi(r)$ 与矢量微分算符表示为

$$\begin{aligned}J(r)&=\frac{1}{2{\rm i}\mu}\left[\psi(r)^*(\nabla\psi(r))-(\nabla\psi(r))^*\psi(r)\right]\\&=\frac{1}{\mu}{\rm Im}\left[\psi(r)^*(\nabla\psi(r))\right]\end{aligned} \tag{3.1.16}$$

在球坐标系中，矢量微分算符为

$$\nabla=\frac{\partial}{\partial r}\hat{r}+\frac{1}{r}\frac{\partial}{\partial\theta}\hat{\theta}+\frac{1}{r\sin\theta}\frac{\partial}{\partial\varphi}\hat{\varphi} \tag{3.1.17}$$

在 $r\to\infty$ 的长程区域，式（3.1.17）变为

$$\nabla=\frac{\partial}{\partial r}\hat{r} \tag{3.1.18}$$

式（3.1.18）表明，在长程区域原子流密度与角度无关，只与核间距 r 有关．

把入射波函数（3.1.5）代入式（3.1.16）中，得到入射原子流密度为

$$J_{\rm inc}=|A|^2\frac{k}{\mu}=|A|^2 v \tag{3.1.19}$$

式中，v 表示入射流速度；归一化因子为 $|A|=v^{-1/2}$．归一化因子对于弹性散射并不

重要，在后面的推导中可以被消除．但对于多通道碰撞过程，它不能被消除．归一化因子对非弹性散射振幅有影响．

散射原子流密度的表达式为

$$J_{\mathrm{sc}} = |A|^2 \frac{k}{\mu r^2} |f(k,\theta,\varphi)|^2 \tag{3.1.20}$$

将式（3.1.19）和式（3.1.20）代入式（3.1.3）中，得出微分散射截面和散射振幅之间的关系为

$$\frac{\mathrm{d}\sigma}{\mathrm{d}\Omega} = |f(k,\theta,\varphi)|^2 \tag{3.1.21}$$

3.2　单通道散射理论

3.2.1　自由粒子薛定谔方程在长程渐近处的解

角动量平方算符 $\hat{l}^2(\theta,\varphi)$ 的本征函数为球谐函数 $\mathrm{Y}_{lm_l}(\theta,\varphi)$，即

$$\hat{l}^2 \mathrm{Y}_{lm_l}(\theta,\varphi) = l(l+1)\mathrm{Y}_{lm_l}(\theta,\varphi) \tag{3.2.1}$$

式中，l 表示转动量子数；m_l 为磁量子数．采用分波展开方法，把方程（3.1.14）的解写为径向和角向波函数的乘积形式：

$$\psi_{lm_l}(r,\theta,\varphi) = F_{lm_l}(k,r)\mathrm{Y}_{lm_l}(\theta,\varphi) \tag{3.2.2}$$

总波函数可以表示为

$$\psi(r,\theta,\varphi) = \sum_l \sum_{m_l} \psi_{lm_l}(r,\theta,\varphi) = \sum_l \sum_{m_l} F_{lm_l}(k,r)\mathrm{Y}_{lm_l}(\theta,\varphi) \tag{3.2.3}$$

对于球对称势阱情况，散射波关于 z 轴具有转动对称性．散射波函数和散射振幅与 φ 角无关，因此可以用勒让德函数 $\mathrm{P}_l(\cos\theta)$ 把波函数展开为

$$\psi(r,\theta) = \sum_{l=0}^{\infty} F_l(k,r)\mathrm{P}_l(\cos\theta) \tag{3.2.4}$$

在上述展开式中，$l = 0,1,2,3\cdots$ 分别被称为 s, p,d, f $\cdots$ 分波．

把式（3.2.4）代入方程（3.1.14）中，利用

$$\frac{1}{r^2}\frac{\mathrm{d}}{\mathrm{d}r}r^2\frac{\mathrm{d}}{\mathrm{d}r} = \frac{\mathrm{d}^2}{\mathrm{d}r^2} + \frac{2}{r}\frac{\mathrm{d}}{\mathrm{d}r} \tag{3.2.5}$$

把径向和角向部分分开，得到径向方程为

$$\left[\frac{\mathrm{d}^2}{\mathrm{d}r^2} + \frac{2}{r}\frac{\mathrm{d}}{\mathrm{d}r} + k^2 - \frac{l(l+1)}{r^2}\right]F_l(k,r) = 0 \tag{3.2.6}$$

定义 $\rho = kr$，式（3.2.6）变为球贝塞尔微分方程：

$$\left[\frac{\mathrm{d}^2}{\mathrm{d}\rho^2}+\frac{2}{\rho}\frac{\mathrm{d}}{\mathrm{d}\rho}+1-\frac{l(l+1)}{\rho^2}\right]F_l(\rho)=0 \tag{3.2.7}$$

方程（3.2.7）的通解为

$$F_l(k,r)=B_l\mathrm{j}_l(kr)+C_l\mathrm{n}_l(kr) \tag{3.2.8}$$

式中，$\mathrm{j}_l(kr)$ 和 $\mathrm{n}_l(kr)$ 分别是球贝塞尔和球诺依曼（Neumann）函数；B_l 和 C_l 为系数．在长程区域，径向波函数为

$$F_i(k,r)\xrightarrow{r\to\infty}\frac{1}{kr}\left[B_l\sin\left(kr-\frac{l\pi}{2}\right)-C_l\cos\left(kr-\frac{l\pi}{2}\right)\right] \tag{3.2.9}$$

由于方程（3.1.14）中的算符都是线性实算符，总可以找到一个实数解，故 C_l/B_l 也是实数．引入参数 A_l 和 δ_l，即

$$\begin{aligned}B_l &= A_l\cos\delta_l\\ C_l &= -A_l\sin\delta_l\end{aligned} \tag{3.2.10}$$

把式（3.2.9）改写为

$$\begin{aligned}F_l(k,r)&\xrightarrow{r\to\infty}A_l\frac{1}{kr}\left[\sin\left(kr-\frac{l\pi}{2}\right)\cos\delta_l+\cos\left(kr-\frac{l\pi}{2}\right)\sin\delta_l\right]\\ &=A_l\frac{1}{kr}\sin\left(kr-\frac{l\pi}{2}+\delta_l\right)\end{aligned} \tag{3.2.11}$$

式中，$\delta_l=\arctan\left(-C_l/B_l\right)$ 表示第 l 个分波的散射相移．

3.2.2　散射波函数

为了计算散射相移，需要把长程区域径向波函数变换为类似于式（3.2.11）的形式．在前面我们提到，对于弹性散射，归一化因子 A 可以被消除．对于单通道弹性散射，式（3.1.15）变为

$$\psi(r)\xrightarrow{r\to\infty}\mathrm{e}^{\mathrm{i}kz}+f(k,\theta)\frac{\mathrm{e}^{\mathrm{i}kr}}{r} \tag{3.2.12}$$

由于长程散射波函数与 φ 无关，所以在式（3.2.12）中舍弃了方位角 φ．把入射平面波 $\mathrm{e}^{\mathrm{i}kz}$ 和散射振幅 $f\left(k,\theta\right)$ 用勒让德多项式展开为[20]

$$\mathrm{e}^{\mathrm{i}kz}=\sum_{l=0}^{\infty}(2l+1)\mathrm{i}^l\mathrm{j}_l(kr)\mathrm{P}_l(\cos\theta) \tag{3.2.13}$$

$$f(k,\theta)=\sum_{l=0}^{\infty}f_l(k)\mathrm{P}_l(\cos\theta) \tag{3.2.14}$$

在长程区域，式（3.2.13）变为

$$e^{ikz}=\sum_{l=0}^{\infty}(2l+1)i^l\frac{\sin(kr-l\pi/2)}{kr}P_l(\cos\theta) \tag{3.2.15}$$

把式（3.2.15）代入式（3.2.12）中，并比较散射振幅的勒让德展开式（3.2.14）与式（3.2.4），得到第 l 个分波径向波函数的表达式为

$$\begin{aligned}F_l(k,r)&\xrightarrow{r\to\infty}(2l+1)i^l\frac{1}{kr}\sin\left(kr-\frac{l\pi}{2}\right)+f_l(k)\frac{e^{ikr}}{r}\\&\xrightarrow{r\to\infty}(2l+1)i^l\frac{1}{kr}\left[\sin\left(kr-\frac{l\pi}{2}\right)\left(1+i\frac{kf_l(k)}{2l+1}\right)+\cos\left(kr-\frac{l\pi}{2}\right)\frac{kf_l(k)}{2l+1}\right]\end{aligned} \tag{3.2.16}$$

比较式（3.2.16）和式（3.2.11），得到

$$\begin{aligned}(2l+1)i^l\left(1+i\frac{kf_l(k)}{2l+1}\right)&=A_l\cos\delta_l\\(2l+1)i^l\frac{kf_l(k)}{2l+1}&=A_l\sin\delta_l\end{aligned} \tag{3.2.17}$$

式中，系数 A_l 和展开系数 f_l 的表达式为

$$\begin{aligned}A_l&=(2l+1)i^l e^{i\delta_l(k)}\\f_l(k)&=\frac{2l+1}{2ik}\left(e^{2i\delta_l(k)}-1\right)\end{aligned} \tag{3.2.18}$$

散射振幅的表达式为

$$f(k,\theta)=\frac{1}{k}\sum_{l=0}^{\infty}(2l+1)e^{i\delta_l}\sin\delta_l P_l(\cos\theta) \tag{3.2.19}$$

把 A_l 的表达式代入式（3.2.11）中，得到长程区域 F_l 的表达式为

$$F_l(k,r)\xrightarrow{r\to\infty}(2l+1)i^l e^{i\delta_l}\frac{1}{kr}\sin\left(kr-\frac{l\pi}{2}+\delta_l\right) \tag{3.2.20}$$

波函数的渐近表达式为

$$\psi(r,\theta)\xrightarrow{r\to\infty}\sum_{l=0}^{\infty}(2l+1)i^l e^{i\delta^l}\frac{\sin(kr-l\pi/2+\delta_l)}{kr}P_l(\cos\theta) \tag{3.2.21}$$

比较式（3.2.21）和平面波展开式（3.2.15），我们发现弹性散射过程仅仅改变了分波相位，散射振幅的绝对值不发生变化．

3.2.3 微分和积分散射截面

将式（3.2.19）代入微分散射截面的表达式（3.1.21）中，得到

$$\begin{aligned}\frac{\mathrm{d}\sigma}{\mathrm{d}\Omega}&=|f(k,\theta)|^2\\&=\sum_{l=0}^{\infty}\sum_{l'=0}^{\infty}f_l^*(k)\mathrm{P}_l(\cos\theta)f_{l'}(k)\mathrm{P}_{l'}(\cos\theta)\\&=\frac{1}{k^2}\sum_{l=0}^{\infty}\sum_{l'=0}^{\infty}(2l+1)(2l'+1)\mathrm{e}^{\mathrm{i}(\delta_l-\delta_{l'})}\sin\delta_l\sin\delta_{l'}\mathrm{P}_l(\cos\theta)\mathrm{P}_{l'}(\cos\theta)\end{aligned}\tag{3.2.22}$$

利用勒让德函数的正交性[21]：

$$\int_0^{2\pi}\sin\theta\mathrm{P}_l(\cos\theta)\mathrm{P}_{l'}(\cos\theta)\mathrm{d}\theta=\frac{2}{2l+1}\delta_{ll'}\tag{3.2.23}$$

把式（3.2.22）对空间角度积分，得到积分散射截面的表达式为

$$\begin{aligned}\sigma(k)&=\int|f(\theta)|^2\mathrm{d}\Omega\\&=\int_0^{2\pi}\mathrm{d}\varphi\int_0^{\pi}|f(\theta)|^2\sin\theta\mathrm{d}\theta\\&=\frac{4\pi}{k^2}\sum_{l=0}^{\infty}(2l+1)\sin^2\delta_l(k)\end{aligned}\tag{3.2.24}$$

反应矩阵元 $K_l(k)$、跃迁矩阵元 $T_l(k)$ 和散射矩阵元 $S_l(k)$ 分别为

$$K_l(k)=\tan\delta_l(k)\tag{3.2.25}$$

$$T_l(k)=\mathrm{e}^{\mathrm{i}\delta_l(k)}\sin\delta_l(k)\tag{3.2.26}$$

$$S_l(k)=\mathrm{e}^{2\mathrm{i}\delta_l(k)}\tag{3.2.27}$$

这些矩阵元之间有如下关系：

$$\begin{aligned}S_l(k)&=[1+\mathrm{i}K_l(k)][1-\mathrm{i}K_l(k)]^{-1}\\&=1+2\mathrm{i}T_l(k)\end{aligned}\tag{3.2.28}$$

值得注意的是，在一般情况下 $\boldsymbol{K}$ 矩阵元为实数，而 $\boldsymbol{S}$ 和 $\boldsymbol{T}$ 矩阵元均为复变函数.

另外，可以使用 $\boldsymbol{T}$ 或 $\boldsymbol{S}$ 矩阵元把散射振幅表示为

$$\begin{aligned}f(k,\theta)&=\frac{1}{k}\sum_{l=0}^{\infty}(2l+1)T_l(k)\mathrm{P}_l(\cos\theta)\\&=\frac{1}{2\mathrm{i}k}\sum_{l=0}^{\infty}(2l+1)[S_l(k)-1]\mathrm{P}_l(\cos\theta)\end{aligned}\tag{3.2.29}$$

积分散射截面为

$$\sigma(k)=\frac{4\pi}{k^2}\sum_{l=0}^{\infty}(2l+1)\left|T_l(k)\right|^2 =\frac{4\pi}{k^2}\sum_{l=0}^{\infty}(2l+1)\left|S_l(k)-1\right|^2 \tag{3.2.30}$$

3.3 多通道散射理论

在单通道散射理论中，没有考虑原子的能级结构．真实的原子和分子都具有不同的能级结构．在散射过程中，若原子的内能态发生改变，则称这样的过程为非弹性散射．为了计算非弹性散射的概率，需要采用多通道散射理论．本节介绍如何把单通道散射理论推广为多通道散射理论，并介绍用于数值计算的散射矩阵．利用多通道散射矩阵元，可以计算碰撞能转移概率，并计算弹性和非弹性散射截面．

在非含时多通道散射理论中，需要把碰撞原子对的波函数用基矢进行展开，采用耦合微分方程组来描述原子的相对运动．在没有外场的情况下，散射体系的总角动量守恒，不同的总角动量之间不发生耦合，可以把复杂的散射问题分解为不同角动量下的散射问题，采用耦合基矢表象分别加以研究[16,22]．在存在外场的情况下，外场与散射原子会发生耦合，把不同的角动量耦合在一起，可以采用非耦合基表象研究含有外场的原子散射问题[17,23]．很多超冷原子散射实验都涉及外场[24-27]．下面介绍如何求解非耦合基矢表象中的微分方程组．

考虑在外电磁场中两个原子的散射过程．外电磁场将引起原子发生跃迁和能级分裂，诱导产生斯塔克效应，导致塞曼子能级分裂．在长程区域，两原子体系满足的薛定谔方程为

$$\hat{H}_{\mathrm{as}}\phi_\alpha=\varepsilon_\alpha\phi_\alpha \tag{3.3.1}$$

式中，$\hat{H}_{\mathrm{as}}$ 表示在长程区域两原子体系的哈密顿算符；ϕ_α 和 ε_α 分别表示第 α 个通道的波函数和能量．对于多通道散射情况，存在多个不同的通道能量．如果 ε_α 低于入射通道阈值能量，则把通道 α 定义为开通道，反之则定义为闭通道．在非含时散射理论中，入射通道的原子流可以从低能的开通道流出，通道之间的能量差转换为内能，而从开通道到能量较高的闭通道跃迁被禁止．

把系统的哈密顿算符表示为原子相对运动和长程区域两原子体系哈密顿算符之和，即

$$\hat{H}=-\frac{1}{2\mu}\frac{1}{r^2}\frac{\partial}{\partial r}r^2\frac{\partial}{\partial r}+\frac{\hat{l}^2(\theta,\varphi)}{2\mu r^2}+\hat{V}+\hat{H}_{\mathrm{as}} \tag{3.3.2}$$

系统的波函数可以展开为渐近态波函数 $\phi_{\alpha'}$、径向波函数 $F_{\alpha' l' m_l'}$ 和转动波函数 $\mathrm{Y}_{l' m_l'}$ 乘积的求和形式：

$$\psi = \frac{1}{r}\sum_{\alpha'}\sum_{l'}\sum_{m_l'} F_{\alpha' l' m_l'}(r)\phi_{\alpha'}\mathrm{Y}_{l' m_l'}(\hat{r}) \tag{3.3.3}$$

式中，$\hat{r}$ 表示矢量 $\boldsymbol{r}$ 的方向．把式（3.3.3）代入薛定谔方程

$$\hat{H}\psi = E\psi \tag{3.3.4}$$

中，并左乘以 $\phi_\alpha^*\mathrm{Y}_{lm_l}^*(\hat{r})$，然后对 θ 和 φ 积分．分别利用 ϕ_α 和 $\mathrm{Y}_{lm_l}(\hat{r})$ 的正交性质，得到下列耦合微分方程：

$$\left[\frac{\partial^2}{\partial r^2} - \frac{l(l+1)}{r^2} + k_\alpha^2\right]F_{\alpha l m_l}(r) = 2\mu\sum_{\alpha'}\langle\phi_\alpha|\hat{V}|\phi_{\alpha'}\rangle F_{\alpha' l m_l}(r) \tag{3.3.5}$$

式中，$k_\alpha^2 = 2\mu(E-\varepsilon_\alpha)$．当原子间距足够大时，原子间相互作用势 V 可以忽略不计，耦合微分方程变为

$$\left[\frac{\partial^2}{\partial r^2} - \frac{l(l+1)}{r^2} + k_\alpha^2\right]F_{\alpha l m_l}(r) = 0 \tag{3.3.6}$$

当 α 为开通道时，在长程区域方程（3.3.6）的解为球贝塞尔函数 j_l 和球诺依曼函数 n_l 的线性组合，即

$$F_{\alpha l m_l}(r) \xrightarrow{r\to\infty} k_\alpha r[a_{\alpha l m_l}\mathrm{j}_l(k_\alpha r) + b_{\alpha l m_l}\mathrm{n}_l(k_\alpha r)] \tag{3.3.7}$$

在长程区域，不同通道之间耦合很弱，多通道散射问题可以简化为多个单通道散射问题．对于一个特定的散射通道 α，波函数的渐近表达式为

$$\psi_{\alpha l m_l} \to A_\alpha k_\alpha[a_{\alpha l m_l}\mathrm{j}_l(k_\alpha r) + b_{\alpha l m_l}\mathrm{n}_l(k_\alpha r)]\phi_\alpha \mathrm{Y}_{lm_l}(\hat{r}) \tag{3.3.8}$$

式中，A_α 为归一化因子．利用球贝塞尔和球诺依曼函数的渐近形式

$$a_{\alpha l m_l}\mathrm{j}_l(k_\alpha r) + b_{\alpha l m_l}\mathrm{n}_l(k_\alpha r) \xrightarrow{r\to\infty} \frac{1}{k_\alpha r}\left[a_{\alpha l m_l}\sin\left(k_\alpha r - \frac{l\pi}{2}\right) + b_{\alpha l m_l}\cos\left(k_\alpha r - \frac{l\pi}{2}\right)\right] \tag{3.3.9}$$

给出长程区域波函数为

$$\psi_{\alpha l m_l} \xrightarrow{r\to\infty} A_\alpha\frac{1}{r}\left[a_{\alpha l m_l}\sin\left(k_\alpha r - \frac{l\pi}{2}\right) + b_{\alpha l m_l}\cos\left(k_\alpha r - \frac{l\pi}{2}\right)\right]\phi_\alpha \mathrm{Y}_{lm_l}(\hat{r}) \tag{3.3.10}$$

式（3.3.10）箭头右侧也可以表示为指数函数的形式：

$$\psi_{\alpha l m_l} \xrightarrow{r\to\infty} A_\alpha\frac{1}{r}\left[\overline{A}_{\alpha l m_l}\mathrm{e}^{-\mathrm{i}\left(k_\alpha r - \frac{l\pi}{2}\right)} + \overline{B}_{\alpha l m_l}\mathrm{e}^{\mathrm{i}\left(k_\alpha r - \frac{l\pi}{2}\right)}\right]\phi_\alpha \mathrm{Y}_{lm_l}(\hat{r}) \tag{3.3.11}$$

式中，$e^{-i\left(k_\alpha r-\frac{l\pi}{2}\right)}$ 和 $e^{i\left(k_\alpha r-\frac{l\pi}{2}\right)}$ 分别表示入射波和出射波；$\overline{A}_{\alpha l m_l}$ 和 $\overline{B}_{\alpha l m_l}$ 的表达式为

$$\begin{aligned}\overline{A}_{\alpha l m_l} &= -(a_{\alpha l m_l} + \mathrm{i} b_{\alpha l m_l})/(2\mathrm{i}) \\ \overline{B}_{\alpha l m_l} &= (-a_{\alpha l m_l} + \mathrm{i} b_{\alpha l m_l})/(2\mathrm{i})\end{aligned} \tag{3.3.12}$$

利用 $\overline{A}$ 和 $\overline{B}$ 之间的变换关系定义散射矩阵 $\boldsymbol{S}$，即

$$\overline{B}_{\alpha l m_l} = \sum_{\alpha'}\sum_{l'}\sum_{m_l'} S_{\alpha' l' m_l' \to \alpha l m_l} \overline{A}_{\alpha' l' m_l'} \tag{3.3.13}$$

式中，$S_{\alpha' l' m_l' \to \alpha l m_l}$ 表示原子从入射通道 $\alpha' l' m_l'$ 到出射通道 $\alpha l m_l$ 的概率振幅. 对特定出射通道，总的概率等于所有可能的入射通道的概率之和. 使用式（3.3.13），将渐近波函数重新表示为

$$\psi_{\alpha l m_l} \xrightarrow{r\to\infty} A_\alpha \frac{1}{r}\left[\overline{A}_{\alpha l m_l} e^{-i\left(k_\alpha r-\frac{l\pi}{2}\right)} - \sum_{\alpha'}\sum_{l'}\sum_{m_l'} S_{\alpha' l' m_l' \to \alpha l m l} \overline{A}_{\alpha l m_l} e^{i\left(k_\alpha r-\frac{l\pi}{2}\right)}\right]\phi_\alpha \mathrm{Y}_{l m_l}(\hat{r}) \tag{3.3.14}$$

设入射通道 α 的原子被散射到空间各个方向，入射平面波可以展开为[20]

$$\begin{aligned} e^{\mathrm{i}\boldsymbol{k}\cdot\boldsymbol{r}} &= 4\pi\sum_l\sum_{m_l} \mathrm{i}^l \mathrm{j}_l(k_\alpha r)\mathrm{Y}^*_{l m_l}(\hat{k})\mathrm{Y}_{l m_l}(\hat{r}) \\ &= \frac{\mathrm{i}2\pi}{k_\alpha r}\sum_l\sum_{m_l}\mathrm{i}^l\left[e^{-i\left(k_\alpha r-\frac{l\pi}{2}\right)} - e^{i\left(k_\alpha r-\frac{l\pi}{2}\right)}\right]\mathrm{Y}^*_{l m_l}(\hat{k})\mathrm{Y}_{l m_l}(\hat{r}) \end{aligned} \tag{3.3.15}$$

入射波函数的表达式为

$$A_\alpha\phi_\alpha e^{\mathrm{i}\boldsymbol{k}\cdot\boldsymbol{r}} = A_\alpha\phi_\alpha\frac{\mathrm{i}2\pi}{k_\alpha r}\sum_l\sum_{m_l}\mathrm{i}^l\left[e^{-i\left(k_\alpha r-\frac{l\pi}{2}\right)} - e^{i\left(k_\alpha r-\frac{l\pi}{2}\right)}\right]\mathrm{Y}^*_{l m_l}(\hat{k})\mathrm{Y}_{l m_l}(\hat{r}) \tag{3.3.16}$$

下面考虑超冷原子的散射过程. 超冷原子和分子通常被制备在某个特定的量子态上. 设初始入射原子处于通道 α，其他通道的入射原子流为 0. 比较式(3.3.14) 和式（3.3.16）中 $e^{-i(k_\alpha r - l\pi/2)}$ 的系数，得到

$$\begin{aligned}\overline{A}_{\alpha l m_l} &= \frac{\mathrm{i}2\pi}{k_\alpha}\mathrm{i}^l\mathrm{Y}^*_{l m_l}(\hat{k}) \\ \overline{B}_{\alpha l m_l} &= \sum_{l'}\sum_{m_l'} S_{\alpha l' m_l' \to \alpha l m_l}\frac{\mathrm{i}2\pi}{k_\alpha}\mathrm{i}^{l'}\mathrm{Y}^*_{l' m_l'}(\hat{k})\end{aligned} \tag{3.3.17}$$

为了计算散射振幅，我们需要推导散射波函数的具体表达式. 系统的波函数在长程区域可以写为入射波和散射波的叠加：

$$\psi = \psi^{\mathrm{in}} + \psi^{\mathrm{sc}} \tag{3.3.18}$$

式中，散射波函数为

$$\psi^{\mathrm{sc}}=\psi-\psi^{\mathrm{in}}=\psi_{\mathrm{incoming}}+\psi_{\mathrm{outgoing}}-\left(\psi_{\mathrm{incoming}}^{\mathrm{in}}+\psi_{\mathrm{outgoing}}^{\mathrm{in}}\right) \tag{3.3.19}$$

要求散射波函数的进入部分 ψ_{incoming} 和入射波函数的进入部分 $\psi_{\mathrm{incoming}}^{\mathrm{in}}$ 相同，故散射波函数为

$$\psi^{\mathrm{sc}}=\psi_{\mathrm{outgoing}}-\psi_{\mathrm{outgoing}}^{\mathrm{in}} \tag{3.3.20}$$

波函数的流出部分是所有可能通道出射波函数的叠加：

$$\begin{aligned}\psi_{\mathrm{outgoing}}&=\sum_{\alpha'}\sum_{l'}\sum_{m_l'}\left(\psi_{\alpha'l'm_l'}\right)_{\mathrm{outgoing}}\\&=-\sum_{\alpha'}\sum_{l'}\sum_{m_l'}A_{\alpha'}\frac{1}{r}\overline{B}_{\alpha'l'm_l'}\mathrm{e}^{\mathrm{i}\left(k_{\alpha'}r-\frac{l\pi}{2}\right)}\phi_{\alpha'}\mathrm{Y}_{l'm_l'}(\hat{r})\end{aligned} \tag{3.3.21}$$

注意，归一化因子 $A_{\alpha'}$ 只有在弹性散射情况下才等于 A_α. 结合式（3.3.20）和式（3.3.21），得到

$$\psi_{\mathrm{outgoing}}=-\sum_{\alpha'}\sum_{l'}\sum_{m_l'}A_{\alpha'}\frac{1}{r}\phi_{\alpha'}\mathrm{Y}_{l'm_l'}(\hat{r})\mathrm{e}^{\mathrm{i}\left(k_{\alpha'}r-\frac{l'\pi}{2}\right)}\left[\sum_{l}\sum_{m_l}S_{\alpha lml\to\alpha'l'm_l'}\frac{\mathrm{i}2\pi}{k_\alpha}\mathrm{i}^l\mathrm{Y}_{lml}^{*}(\hat{k})\right] \tag{3.3.22}$$

入射波函数的流出部分为

$$\begin{aligned}\psi_{\mathrm{outgoing}}^{\mathrm{in}}&=-A_\alpha\phi_\alpha\frac{\mathrm{i}2\pi}{k_\alpha r}\sum_{l}\sum_{m_l}\mathrm{i}^l\mathrm{e}^{\mathrm{i}\left(k_\alpha r-\frac{l\pi}{2}\right)}\mathrm{Y}_{lm_l}^{*}(\hat{k})\mathrm{Y}_{lm_l}(\hat{r})\\&=-\sum_{\alpha'}\sum_{l'}\sum_{m_l'}\sum_{l}\sum_{m_l}A_{\alpha'}\phi_{\alpha'}\frac{\mathrm{i}2\pi}{k_\alpha r}\mathrm{i}^l\mathrm{e}^{\mathrm{i}\left(k_{\alpha'}r-\frac{l'\pi}{2}\right)}\mathrm{Y}_{lm_l}^{*}(\hat{k})\mathrm{Y}_{l'm_l'}(\hat{r})\delta_{\alpha\alpha'}\delta_{ll'}\delta_{m_lm_l'}\end{aligned} \tag{3.3.23}$$

散射波函数为

$$\begin{aligned}\psi^{\mathrm{sc}}&=\psi-\psi^{\mathrm{in}}\\&=-\sum_{\alpha'}\sum_{l'}\sum_{m_l'}\sum_{l}\sum_{m_l}A_{\alpha'}\varphi_{\alpha'}\frac{\mathrm{i}2\pi}{k_\alpha r}\mathrm{i}^l\mathrm{e}^{\mathrm{i}\left(k_{\alpha'}r-\frac{l'\pi}{2}\right)}\mathrm{Y}_{lm_l}^{*}(\hat{k})\mathrm{Y}_{l'm_l'}(\hat{r})\left(\delta_{\alpha\alpha'}\delta_{ll'}\delta_{m_lm_l'}-S_{\alpha lm_l\to\alpha'l'm_l'}\right)\end{aligned} \tag{3.3.24}$$

把散射波函数用散射振幅表示为

$$\psi^{\mathrm{sc}}=\sum_{\alpha'}A_{\alpha'}f_{\alpha\to\alpha'}\frac{\mathrm{e}^{\mathrm{i}k_{\alpha'}r}}{r}\phi_{\alpha'} \tag{3.3.25}$$

比较式（3.3.24）和式（3.3.25），得到散射振幅的表达式为

$$
\begin{aligned}
f_{\alpha\to\alpha'} &= \sum_{l'}\sum_{m_l'}\sum_{l}\sum_{m_l}\frac{\mathrm{i}2\pi}{k_\alpha}\mathrm{i}^{l}\mathrm{e}^{\mathrm{i}\left(k_{\alpha'}r-\frac{l'\pi}{2}\right)}\mathrm{Y}_{lm_l}^{*}(\hat{k})\mathrm{Y}_{l'm_l'}(\hat{r})\mathrm{e}^{-\frac{\mathrm{i}l'\pi}{2}}\left(\delta_{\alpha\alpha'}\delta_{ll'}\delta_{m_lm_l'}-S_{\alpha lm_l\to\alpha'l'm_l'}\right)\\
&= \sum_{l'}\sum_{m_l'}\sum_{l}\sum_{m_l}\frac{\mathrm{i}2\pi}{k_\alpha}\mathrm{i}^{l-l'}\mathrm{Y}_{lm_l}^{*}(\hat{k})\mathrm{Y}_{l'm_l'}(\hat{r})T_{\alpha lm_l\to\alpha'l'm_l'}
\end{aligned}
\tag{3.3.26}
$$

式中，$T_{\alpha lm_l\to\alpha'l'm_l'}=\delta_{\alpha\alpha'}\delta_{ll'}\delta_{m_lm_l'}-S_{\alpha lm_l\to\alpha'l'm_l'}$ 表示 $\boldsymbol{T}$ 矩阵元．利用散射振幅给出 $\alpha\to\alpha'$ 通道跃迁的微分散射截面为

$$
\frac{\mathrm{d}\sigma_{\alpha\to\alpha'}}{\mathrm{d}\Omega}=\left|f_{\alpha\to\alpha'}\right|^{2} \tag{3.3.27}
$$

将式（3.3.27）对空间角度积分，考虑入射原子流方向的随机性，将得到的结果除以 4π，给出积分散射截面为[17]

$$
\sigma_{\alpha\to\alpha'}=\frac{\pi}{k_\alpha^{2}}\sum_{l'}\sum_{m_l'}\sum_{l}\sum_{m_l}\left|\delta_{\alpha\alpha'}\delta_{ll'}\delta_{m_lm_l'}-S_{\alpha lm_l\to\alpha'l'm_l'}\right|^{2} \tag{3.3.28}
$$

3.4　非含时耦合薛定谔方程组的求解方法

将耦合微分方程用矩阵元表示为

$$
\left[\frac{\partial^{2}}{\partial r^{2}}+k_n^{2}-U_{nn}(r)\right]F_n(r)=\sum_{m\neq n}U_{mn}(r)F_m(r) \tag{3.4.1}
$$

式中，n 和 m 分别表示第 n 和第 m 个通道；$k_n^{2}=2\mu(E-\varepsilon_n)$；$U_{mn}(r)=2\mu\langle\phi_n|\hat{V}+\frac{\hat{l}^{2}}{2\mu r^{2}}|\phi_m\rangle$．对于每个量子态，都能得到相应的方程．求解这些方程等同于求解一个 $n\times n$ 的矩阵微分方程：

$$
\left[\frac{\partial^{2}}{\partial r^{2}}+\boldsymbol{k}^{2}-\boldsymbol{U}(r)\right]\boldsymbol{F}(r)=0 \tag{3.4.2}
$$

式中，$\boldsymbol{k}$、$\boldsymbol{U}$ 和 $\boldsymbol{F}$ 分别表示 k、U 和 F 的 $n\times n$ 矩阵形式．方程（3.4.2）可以简写为

$$
\left[\frac{\partial^{2}}{\partial r^{2}}+\boldsymbol{W}(r)\right]\boldsymbol{F}(r)=0 \tag{3.4.3}
$$

式中，$\boldsymbol{W}(r)=\boldsymbol{k}^{2}-\boldsymbol{U}(r)$．

研究者已经提出了多种数值计算方法求解方程（3.4.3）．下面介绍两种主要的

求解方法：对数导数（logarithmic derivative，LOGD）方法[27-29]和重归一化努曼诺夫（renormalized Numerov，RN）方法[30-34].

3.4.1　LOGD 方法

定义 LOGD 矩阵为

$$\boldsymbol{y}(r)=\boldsymbol{F}'(r)\boldsymbol{F}^{-1}(r) \tag{3.4.4}$$

将式（3.4.4）代入式（3.4.3）中，得到方程（3.4.5）：

$$\boldsymbol{y}'(r)+\boldsymbol{W}(r)+\boldsymbol{y}^2(r)=0 \tag{3.4.5}$$

这样我们把一个二阶微分方程（3.4.3）简化为一阶微分方程（3.4.5），减少了数值计算量和计算误差. 可以采用 Johnson[28]提出的 LOGD 方法求解方程（3.4.5）.

把 r 空间等分成 N 个格点，r_0 表示短程的起始点，r_N 表示长程的终止点. 注意 N 为偶数，相邻格点间距为 h. 我们把 $\boldsymbol{y}(r_n)$ 简写为 $\boldsymbol{y}_n$，求解 $\boldsymbol{y}$ 等同于求解 N 个不同格点上的值.

利用不变嵌入法[35]，得到第 n 个格点 $\boldsymbol{y}_n$ 的表达式为

$$\boldsymbol{y}_n=(\boldsymbol{I}+h\boldsymbol{y}_{n-1})^{-1}\boldsymbol{y}_{n-1}-(h/3)w_n\boldsymbol{u}_n \tag{3.4.6}$$

式中

$$\boldsymbol{u}_n=\begin{cases}\boldsymbol{W}(r_n), & n=0,2,4,\cdots,N\\ [\boldsymbol{I}+(h^2/6)\boldsymbol{W}(r_n)]^{-1}\boldsymbol{W}(r_n), & n=1,3,5,\cdots,N-1\end{cases} \tag{3.4.7}$$

$\boldsymbol{I}$ 表示单位矩阵. 权重因子 w_n 的定义和辛普森积分类似，即

$$w_n=\begin{cases}1, & n=0,N\\ 4, & n=1,3,5,\cdots,N-1\\ 2, & n=2,4,6,\cdots,N-2\end{cases} \tag{3.4.8}$$

其截断误差与 h^4 有关，即

$$\boldsymbol{y}_n^r=\boldsymbol{y}_n+\boldsymbol{C}h^4+\boldsymbol{O}(h^6) \tag{3.4.9}$$

式中，$\boldsymbol{y}_n^r$ 表示精确值；$\boldsymbol{y}_n$ 表示由上述方法数值计算的结果；$\boldsymbol{C}$ 表示未知的常数矩阵；$\boldsymbol{O}(h^6)$ 表示以 h^6 为变量的矩阵. 根据式（3.4.6）～式（3.4.8），只要求出 $\boldsymbol{y}$ 在第一个格点的初始值，就可以得到所有格点处的 LOGD 矩阵.

另外，也可以定义 $\boldsymbol{z}_n=h\boldsymbol{y}_n$，方程（3.4.6）变为

$$\boldsymbol{z}_n=(\boldsymbol{I}+\boldsymbol{z}_{n-1})^{-1}\boldsymbol{z}_{n-1}-(h^2/3)w_n\boldsymbol{u}_n \tag{3.4.10}$$

求出 $\boldsymbol{z}_n$ 后，再利用 $\boldsymbol{y}_n=\boldsymbol{z}_n/h$ 计算 $\boldsymbol{y}_n$.

在求解方程（3.4.6）或方程（3.4.10）时，需要给出初始条件，即给定 $\boldsymbol{y}$ 或 $\boldsymbol{z}$ 在 n=0 处的值. 计算的起始点可以选取为经典的运动禁止区域，波函数趋近于 0，所以 $\boldsymbol{y}_0$ 或 $\boldsymbol{z}_0$ 趋近于无穷大，可以设为 $\boldsymbol{y}_0 = 10^{20}\boldsymbol{I}$，或 $\boldsymbol{z}_0 = 10^{20}\boldsymbol{I}$. 然后对方程（3.4.6）或方程（3.4.10）不断地进行迭代，得到 $\boldsymbol{y}$ 矩阵在最后一个格点 N 处的值 $\boldsymbol{y}_N$. 在长程区域原子间相互作用很弱，与离心势相比可以被忽略. 把径向波函数表示为

$$\boldsymbol{F}(r) \xrightarrow{r \geqslant r_N} \boldsymbol{J}(r) + \boldsymbol{N}(r)\boldsymbol{K} \tag{3.4.11}$$

式中，$\boldsymbol{J}(r)$和 $\boldsymbol{N}(r)$表示对角矩阵. 对于开通道，$\boldsymbol{J}$ 和 $\boldsymbol{N}$ 的对角矩阵元用里卡蒂-贝塞尔函数表示为

$$\begin{aligned} [\boldsymbol{J}(r)]_{ij} &= \delta_{ij} k_j^{-1/2} \hat{\mathrm{j}}_{l_j}(k_j r) \\ [\boldsymbol{N}(r)]_{ij} &= \delta_{ij} k_j^{-1/2} \hat{\mathrm{n}}_{l_j}(k_j r) \end{aligned} \tag{3.4.12}$$

对于闭通道，$\boldsymbol{J}$ 和 $\boldsymbol{N}$ 的对角矩阵元为第一类和第三类修正贝塞尔函数，即

$$\begin{aligned} [\boldsymbol{J}(r)]_{ij} &= \delta_{ij} (k_j r)^{1/2} \mathrm{I}_{l_j+1/2}(k_j r) \\ [\boldsymbol{N}(r)]_{ij} &= \delta_{ij} (k_j r)^{1/2} \mathrm{K}_{l_j+1/2}(k_j r) \end{aligned} \tag{3.4.13}$$

式中，$k_j = \left(2\mu\left|E - \varepsilon_j\right|\right)^{1/2}$. 将式（3.4.11）对 r 求导数，再右除以式（3.4.11），得到 $\boldsymbol{K}$ 矩阵为

$$\boldsymbol{K} = (\boldsymbol{y}\boldsymbol{N} - \boldsymbol{N}')^{-1}(\boldsymbol{y}\boldsymbol{J} - \boldsymbol{J}') \tag{3.4.14}$$

$\boldsymbol{K}$ 矩阵包含了开通道和闭通道信息. 使用四个子矩阵把 $\boldsymbol{K}$ 矩阵表示为

$$\boldsymbol{K} = \begin{bmatrix} \boldsymbol{K}_{\mathrm{oo}} & \boldsymbol{K}_{\mathrm{oc}} \\ \boldsymbol{K}_{\mathrm{co}} & \boldsymbol{K}_{\mathrm{cc}} \end{bmatrix} \tag{3.4.15}$$

式中，$\boldsymbol{K}_{\mathrm{oo}}$、$\boldsymbol{K}_{\mathrm{oc}}$、$\boldsymbol{K}_{\mathrm{co}}$ 和 $\boldsymbol{K}_{\mathrm{cc}}$ 分别为 $\boldsymbol{K}$ 矩阵的开通道-开通道、开通道-闭通道、闭通道-开通道和闭通道-闭通道子矩阵. $\boldsymbol{S}$ 矩阵为

$$\boldsymbol{S} = (\boldsymbol{I} + \mathrm{i}\boldsymbol{K}_{\mathrm{oo}})^{-1}(\boldsymbol{I} - \mathrm{i}\boldsymbol{K}_{\mathrm{oo}}) \tag{3.4.16}$$

利用式（3.3.27）和式（3.3.28），可以计算微分和积分散射截面. 对于 s 波散射，散射长度的表达式为[36,37]

$$a \equiv \lim_{k \to 0} \frac{-\tan\delta(k_j)}{k_j} = \frac{1}{\mathrm{i}k}\left(\frac{1 - S_{jj}(k)}{1 + S_{jj}(k)}\right) \tag{3.4.17}$$

下面介绍由 Manolopoulos[29]改进的 LOGD 方法．定义一个在格点区间$\left[r_n, r_{n+1}\right]$上的嵌入型传播子$\mathcal{Y}$，即

$$\begin{bmatrix} \boldsymbol{F}'(r_n) \\ \boldsymbol{F}'(r_{n+1}) \end{bmatrix} = \begin{bmatrix} \mathcal{Y}_1(r_n, r_{n+1}) & \mathcal{Y}_2(r_n, r_{n+1}) \\ \mathcal{Y}_3(r_n, r_{n+1}) & \mathcal{Y}_4(r_n, r_{n+1}) \end{bmatrix} \begin{bmatrix} -\boldsymbol{F}(r_n) \\ \boldsymbol{F}(r_{n+1}) \end{bmatrix} \tag{3.4.18}$$

把式（3.4.18）写成两个等式的形式：

$$\boldsymbol{F}'(r_n) = -\mathcal{Y}_1(r_n, r_{n+1})\boldsymbol{F}(r_n) + \mathcal{Y}_2(r_n, r_{n+1})\boldsymbol{F}(r_{n+1}) \tag{3.4.19}$$

$$\boldsymbol{F}'(r_{n+1}) = -\mathcal{Y}_3(r_n, r_{n+1})\boldsymbol{F}(r_n) + \mathcal{Y}_4(r_n, r_{n+1})\boldsymbol{F}(r_{n+1}) \tag{3.4.20}$$

将式(3.4.19)右乘以$\boldsymbol{F}^{-1}(r_n)$，式(3.4.20)右乘以$\boldsymbol{F}^{-1}(r_{n+1})$，并忽略$\boldsymbol{F}(r_n)\boldsymbol{F}^{-1}(r_{n+1})$项，给出 LOGD 矩阵的迭代关系式为

$$\boldsymbol{y}(r_{n+1}) = \mathcal{Y}_4(r_n, r_{n+1}) - \mathcal{Y}_3(r_n, r_{n+1})\left[\boldsymbol{y}(r_n) + \mathcal{Y}_1(r_n, r_{n+1})\right]^{-1}\mathcal{Y}_2(r_n, r_{n+1}) \tag{3.4.21}$$

表达式（3.4.21）是 LOGD 方法的关键公式．

把 r 空间等分为相同长度的子区间，利用前一个子区间左边界条件计算右边界 $\boldsymbol{y}$ 矩阵，得到的值作为下一个子区间的左边界条件，这样依次由起始点传播至终止点，得到长程 LOGD 矩阵．Manolopoulos[29]在此基础上定义了子区间的中点．子区间$[a,b]$的中点 c 和半宽 h 为

$$c = (a+b)/2, \quad h = (b-a)/2 \tag{3.4.22}$$

在区间$[a,b]$内，将$\boldsymbol{F}(r)$满足的二阶微分方程引入参考势$\boldsymbol{W}_{\text{ref}}(r)$，即

$$\boldsymbol{F}''(r) = \boldsymbol{W}_{\text{ref}}(r)\boldsymbol{F}(r) \tag{3.4.23}$$

在子区间内参考势为常数对角矩阵，即

$$W_{\text{ref}}(r)_{ij} = \delta_{ij} p_j^2 \tag{3.4.24}$$

注意，原则上参考势可以选取任意形式．我们选取参考势为$\boldsymbol{W}(r)$在子区间中点 c 的对角矩阵元，即

$$p_j^2 = W(r_c)_{jj} \tag{3.4.25}$$

在选取参考势之后，就可以求出方程（3.4.23）的解析解．定义半区间$[a,c]$和$[c,b]$内的传播子 $\boldsymbol{Y}$，其矩阵元为

$$Y_1(r, r+h/2)_{ij} = Y_4(r, r+h/2)_{ij} = \delta_{ij} \begin{cases} |p_j| \coth |p_j| h, & p_j^2 \geqslant 0 \\ |p_j| \cot |p_j| h, & p_j^2 < 0 \end{cases} \tag{3.4.26}$$

$$Y_2(r, r+h/2)_{ij} = Y_3(r, r+h/2)_{ij} = \delta_{ij} \begin{cases} |p_j| \operatorname{csch} |p_j| h, & p_j^2 \geqslant 0 \\ |p_j| \csc |p_j| h, & p_j^2 < 0 \end{cases} \tag{3.4.27}$$

由于前面选取的参考势并不是精确的耦合矩阵，传播子 $\boldsymbol{Y}$ 不同于 $\boldsymbol{y}$，故需要考虑耦合矩阵的残留项：

$$\boldsymbol{W}^c(r)=\boldsymbol{W}(r)-\boldsymbol{W}_{\text{ref}}(r) \tag{3.4.28}$$

残留项在 a、b 和 c 三点的积分贡献为

$$\begin{aligned}\boldsymbol{Q}(a)&=\frac{h}{3}\boldsymbol{W}^c(a)\\ \boldsymbol{Q}(b)&=\frac{h}{3}\boldsymbol{W}^c(b)\\ \boldsymbol{Q}(c)&=\frac{4}{h}\left[\boldsymbol{I}-\frac{h^2}{6}\boldsymbol{W}^c(c)\right]^{-1}-\frac{4}{h}\boldsymbol{I}\end{aligned} \tag{3.4.29}$$

精确传播子 $\bar{\boldsymbol{y}}$ 是使用半区间参考势得到的 $\boldsymbol{Y}$ 与残留势积分之和，为

$$\begin{aligned}\bar{\boldsymbol{y}}_1(r,r+h/2)&=\boldsymbol{Y}_1(r,r+h/2)+\boldsymbol{Q}(r)\\ \bar{\boldsymbol{y}}_2(r,r+h/2)&=\boldsymbol{Y}_2(r,r+h/2)\\ \bar{\boldsymbol{y}}_3(r,r+h/2)&=\boldsymbol{Y}_3(r,r+h/2)\\ \bar{\boldsymbol{y}}_4(r,r+h/2)&=\boldsymbol{Y}_4(r,r+h/2)+\boldsymbol{Q}(r+h/2)\end{aligned} \tag{3.4.30}$$

改进的 LOGD 方法的迭代关系式为

$$\bar{\boldsymbol{y}}(r+h/2)=\bar{\boldsymbol{y}}_4(r,r+h/2)-\bar{\boldsymbol{y}}_3(r,r+h/2)[\bar{\boldsymbol{y}}(r)+\bar{\boldsymbol{y}}_1(r,r+h/2)]^{-1}\bar{\boldsymbol{y}}_2(r,r+h/2) \tag{3.4.31}$$

在式（3.4.31）中，当 $r+h/2=a$ 或 b 时，$\bar{\boldsymbol{y}}(a)=\boldsymbol{y}(a)$，$\bar{\boldsymbol{y}}(b)=\boldsymbol{y}(b)$；而当 $r+h/2=c$ 时，$\bar{\boldsymbol{y}}(c)$ 是计算中产生的一个中间参数，与 $\boldsymbol{y}(c)$ 的意义不同. 利用式（3.4.31）以及初始 $\boldsymbol{y}$ 值，得到最后一个格点的 LOGD 矩阵，再根据式（3.4.14）和式（3.4.16）计算散射矩阵.

由于改进的 LOGD 方法不仅在传播过程中使用了解析解，提高了计算效率，而且在相同格点步长 h 条件下比原始 LOGD 方法的计算精度更高，因此在求解耦合方程组时更加方便、有效.

3.4.2　RN 方法

RN 方法是根据单通道 Numerov 方法发展而来的. 下面先介绍 Numerov 方法[38,39]. 对于单通道散射情况，对径向波函数 $F(r)$作两次泰勒级数展开：

$$F(r+h)=F(r)+hF'(r)+\frac{1}{2}h^2F''(r)+\frac{1}{6}h^3F'''(r)+\frac{1}{24}h^4F''''(r)+\cdots \tag{3.4.32a}$$

$$F(r-h)=F(r)-hF'(r)+\frac{1}{2}h^2F''(r)-\frac{1}{6}h^3F'''(r)+\frac{1}{24}h^4F''''(r)+\cdots \tag{3.4.32b}$$

式中，h 为相邻格点间距．将式（3.4.32a）与式（3.4.32b）相加得到：

$$\left[F(r+h)+F(r-h)\right]=2F(r)+h^2F''(r)+\frac{1}{12}h^4F''''(r)+\frac{1}{360}h^6F''''''(r)+\cdots \quad (3.4.33)$$

对式（3.4.33）求二阶导数后再乘以$\left(-h^2/12\right)$，得到：

$$-\frac{1}{12}h^2\left[F''(r+h)+F''(r-h)\right]=-\frac{1}{6}h^2F''(r)-\frac{1}{12}h^4F''''(r)-\frac{1}{144}h^6F''''''(r)+\cdots \quad (3.4.34)$$

将式（3.4.33）和式（3.4.34）相加，得到：

$$\begin{aligned}&[F(r+h)+F(r-h)]-\frac{1}{12}h^2[F''(r+h)+F''(r-h)]\\&=2F(r)+\frac{5}{6}h^2F''(r)-\frac{1}{240}h^6F''''''(r)+\cdots\end{aligned} \quad (3.4.35)$$

利用 $F''(r)+W(r)F(r)=0$，得到：

$$\begin{aligned}&\left[1+\frac{1}{12}h^2W(r+h)\right]F(r+h)+\left[1+\frac{1}{12}h^2W(r-h)\right]F(r-h)\\&=\left(2-\frac{5}{6}h^2W(r)\right)F(r)+\cdots\end{aligned} \quad (3.4.36)$$

忽略式（3.4.36）中 h 的阶数大于 4 的高阶项，定义 $T_n=-h^2W(r_n)/12$，得到 Numerov 方法的迭代关系式为

$$\left(1-T_{n+1}\right)F(r_{n+1})-[2+10T_n]F(r_n)+(1-T_{n-1})F(r_{n-1})=0 \quad (3.4.37)$$

对于给定的 $F\left(r_{n-1}\right)$ 和 $F\left(r_n\right)$ 初始条件，利用方程（3.4.37），可以得到空间各个格点的波函数．方程（3.4.37）可以推广到多个开通道情况．值得注意的是，如果体系存在闭通道，则方程（3.4.37）不再适用．这是由于闭通道波函数与开通道将发生耦合，导致散射波函数发散，降低了传播的稳定性，但 RN 方法很好地解决了这一问题[35]．

我们定义[35]

$$\boldsymbol{G}_n=[\boldsymbol{I}-\boldsymbol{T}_n]\boldsymbol{F}(r_n) \quad (3.4.38)$$

式中，黑体表示多通道矩阵形式．将式（3.4.38）代入方程（3.4.37）的矩阵形式中，得到

$$\boldsymbol{G}_{n+1}-\boldsymbol{\beta}_n\boldsymbol{G}_n+\boldsymbol{G}_{n-1}=0 \quad (3.4.39)$$

式中，$\boldsymbol{\beta}_n=\left(\boldsymbol{I}-\boldsymbol{T}_n\right)^{-1}(2\boldsymbol{I}+10\boldsymbol{T}_n)$．定义比率矩阵[40]为

$$\boldsymbol{R}_n=\boldsymbol{G}_{n+1}/\boldsymbol{G}_n \quad (3.4.40)$$

将其代入方程（3.4.39）中，把三点迭代式转变为两点迭代式：

$$\boldsymbol{R}_n = \boldsymbol{\beta}_n - \boldsymbol{R}_{n-1}^{-1} \tag{3.4.41}$$

方程（3.4.41）即为 RN 方法的核心迭代方程.

在数值计算中，设短程起始点位于经典禁止区域．第一个格点的波函数设为 0，相邻下一个格点波函数是一个非零的小量，$\boldsymbol{R}_n$ 的初始值为无穷大，通常取为 $10^{20}\boldsymbol{I}$．将这个初始值代入方程（3.4.41）中，然后不断地进行迭代，得到长程区域格点的比率矩阵．下面介绍由 $\boldsymbol{R}$ 获得 $\boldsymbol{K}$ 矩阵的两种方法.

（1）由 LOGD 矩阵得到 $\boldsymbol{K}$ 矩阵.

引入波函数导数[41]：

$$\boldsymbol{F}'(r_n) = h^{-1}[(0.5\boldsymbol{I} - \boldsymbol{T}_{n+1})\boldsymbol{F}(r_{n+1}) - (0.5\boldsymbol{I} - \boldsymbol{T}_{n-1})\boldsymbol{F}(r_{n-1})] \tag{3.4.42}$$

对式（3.4.42）右乘以 $\boldsymbol{F}^{-1}(r_n)$，得到 LOGD 矩阵：

$$\boldsymbol{y}_n = h^{-1}(\boldsymbol{A}_{n+1}\boldsymbol{R}_n - \boldsymbol{A}_{n-1}\boldsymbol{R}_{n-1}^{-1})(\boldsymbol{I} - \boldsymbol{T}_n) \tag{3.4.43}$$

式中，$\boldsymbol{A}_n = (0.5\boldsymbol{I} - \boldsymbol{T}_n)(\boldsymbol{I} - \boldsymbol{T}_n)^{-1}$．得到 $\boldsymbol{y}_n$ 矩阵后，利用式（3.4.14）和式（3.4.16）计算 $\boldsymbol{K}$ 矩阵和 $\boldsymbol{S}$ 矩阵.

（2）利用 $\boldsymbol{R}$ 矩阵直接得到 $\boldsymbol{K}$ 矩阵.

根据 $\boldsymbol{R}_n$ 的定义［式（3.4.40）］，得到：

$$\boldsymbol{R}_n(\boldsymbol{I} - \boldsymbol{T}_n)\boldsymbol{F}(r_n) = (\boldsymbol{I} - \boldsymbol{T}_{n+1})\boldsymbol{F}(r_{n+1}) \tag{3.4.44}$$

把边界条件（3.4.11）代入式（3.4.44），得到[31]：

$$\boldsymbol{R}_n(\boldsymbol{I} - \boldsymbol{T}_n)(\boldsymbol{J}(r_n) + \boldsymbol{N}(r_n)\boldsymbol{K}) = (\boldsymbol{I} - \boldsymbol{T}_{n+1})[\boldsymbol{J}(r_{n+1}) + \boldsymbol{N}(r_{n+1})\boldsymbol{K}] \tag{3.4.45}$$

$$\boldsymbol{K} = \frac{(\boldsymbol{I} - \boldsymbol{T}_{n+1})\boldsymbol{J}(r_{n+1}) - \boldsymbol{R}_n(\boldsymbol{I} - \boldsymbol{T}_n)\boldsymbol{J}(r_n)}{\boldsymbol{R}_n(\boldsymbol{I} - \boldsymbol{T}_n)\boldsymbol{N}(r_n) - (\boldsymbol{I} - \boldsymbol{T}_{n+1})\boldsymbol{N}(r_{n+1})} \tag{3.4.46}$$

求出 $\boldsymbol{K}$ 矩阵之后，就可以计算 $\boldsymbol{S}$ 矩阵以及散射长度等参数.

3.5　多通道耦合理论的应用

本节介绍多通道耦合理论在磁场调制超冷原子散射研究中的应用．在没有磁场的情况下，散射体系的总角动量守恒．外磁场使原子产生塞曼能级分裂，总角动量不再守恒，但总磁量子数是一个好量子数[42].

设磁场方向和空间量子 z 轴平行，为了便于讨论，下面列出超冷原子散射中涉及的角动量符号及其定义.

$s_{\alpha(\beta)}$：原子 $\alpha(\beta)$的电子自旋量子数.

$i_{\alpha(\beta)}$：原子 $\alpha(\beta)$的核自旋量子数.

$m_{s_{\alpha(\beta)}}$：$\boldsymbol{s}_{\alpha(\beta)}$在磁场方向投影量子数（磁量子数）.

$m_{i_{\alpha(\beta)}}$：$\boldsymbol{i}_{\alpha(\beta)}$在磁场方向投影量子数（磁量子数）.

S：总的电子自旋量子数，$\boldsymbol{S}=\boldsymbol{s}_\alpha+\boldsymbol{s}_\beta$.

M_S：$\boldsymbol{S}$在磁场方向投影量子数（磁量子数）.

I：总的核自旋量子数，$\boldsymbol{I}=\boldsymbol{i}_\alpha+\boldsymbol{i}_\beta$.

M_I：$\boldsymbol{I}$在磁场方向投影量子数（磁量子数）.

$f_{\alpha(\beta)}$：原子 $\alpha(\beta)$的总自旋量子数，$\boldsymbol{f}_{\alpha(\beta)}=\boldsymbol{s}_{\alpha(\beta)}+\boldsymbol{i}_{\alpha(\beta)}$.

$m_{f_{\alpha(\beta)}}$：$\boldsymbol{f}_{\alpha(\beta)}$在磁场方向投影量子数（磁量子数）.

F：双原子体系总的自旋角动量量子数，$\boldsymbol{F}=\boldsymbol{f}_\alpha+\boldsymbol{f}_\beta$.

M_F：$\boldsymbol{F}$在磁场方向投影量子数（磁量子数），$M_F=m_{f_\alpha}+m_{f_\beta}=m_{s_\alpha}+m_{i_\alpha}+m_{s_\beta}+m_{i_\beta}$.

l：双原子体系的转动量子数，也称分波量子数.

m_l：$\boldsymbol{l}$在磁场方向投影量子数（磁量子数）.

在磁场调控超冷原子散射实验中，碰撞原子对被制备在一组超精细量子态上[43,44]，m_{f_α}和m_{f_β}为好量子数，散射通道为$\left|f_\alpha,m_{f_\alpha}\right\rangle+\left|f_\beta,m_{f_\beta}\right\rangle$. 在碰撞过程中总的磁量子数$M_{\text{tot}}=M_F+m_l$守恒，由此可以确定参与散射的通道量子态及数目. 通过调节磁场强度，可以改变通道间的能量差. 如果闭通道束缚态和入射通道散射态能量简并，则发生 Feshbach 共振，散射态变为束缚态，散射长度 a 将发散[7]. 在共振位置附近，超冷原子 s 波散射长度为[37]

$$a(B)=a_{\text{bg}}\left(1-\frac{\Delta B}{B-B_0}\right) \tag{3.5.1}$$

式中，B 表示磁场强度；a_{bg}表示背景散射长度；ΔB 表示共振宽度，它是散射长度为 0 和无穷大之间的磁场强度差；B_0表示共振位置. 下面介绍磁场调控超冷原子 Feshbach 共振的计算示例.

在外磁场中，超冷双原子散射体系的哈密顿算符为

$$\hat{H}=-\frac{1}{2\mu r}\frac{\partial^2}{\partial r^2}r+\frac{\hat{l}^2(\theta,\varphi)}{2\mu r^2}+\hat{V}(r)+\hat{V}_B+\hat{V}_{\text{hf}} \tag{3.5.2}$$

式中，μ 表示双原子体系的折合质量；r 表示原子核间距. 式（3.5.2）右边第一项表示平动能算符；第二项表示转动能算符（离心势能）；第三项表示原子间相互作

用势，即

$$\hat{V}(r)=\sum_{SM_S}|SM_S\rangle V_S(r)\langle SM_S| \tag{3.5.3}$$

式中，$V_S(r)$表示碰撞原子对的绝热相互作用势．磁场与超冷原子之间塞曼耦合势$\hat{V}_B$为

$$\hat{V}_B=2\mu_0 BM_S-B\left(\frac{\mu_\alpha}{i_\alpha}m_{i_\alpha}+\frac{\mu_\beta}{i_\beta}m_{i_\beta}\right) \tag{3.5.4}$$

式中，μ_0表示玻尔磁子；B 表示磁场强度；$\mu_{\alpha(\beta)}$表示原子$\alpha(\beta)$的磁偶极矩．超精细相互作用势$\hat{V}_{\text{hf}}$为

$$\hat{V}_{\text{hf}}=\gamma_\alpha \boldsymbol{i}_\alpha\cdot\boldsymbol{s}_\alpha+\gamma_\beta \boldsymbol{i}_\beta\cdot\boldsymbol{s}_\beta \tag{3.5.5}$$

式中，γ_α、γ_β分别表示原子α、原子β的超精细耦合系数．

对于非全同原子散射，引入基矢$\left|s_\alpha m_{s_\alpha} i_\alpha m_{i_\alpha}\right\rangle\left|s_\beta m_{s_\beta} i_\beta m_{i_\beta}\right\rangle|lm_l\rangle$．对于全同原子散射，使用对称化完备性非耦合基矢[6,13,14]：

$$\begin{aligned}&\left|s_\alpha m_{s_\alpha} i_\alpha m_{i_\alpha}\right\rangle\left|s_\beta m_{s_\beta} i_\beta m_{i_\beta}\right\rangle|lm_l\rangle\\&=\frac{1}{\sqrt{2(1+\delta_{m_{s_\alpha}m_{s_\beta}}\delta_{m_{i_\alpha}m_{i_\beta}})}}\left\{\left|s_\alpha m_{s_\alpha} i_\alpha m_{i_\alpha}\right\rangle\left|s_\beta m_{s_\beta} i_\beta m_{i_\beta}\right\rangle\right.\\&\left.+\eta\left|s_\beta m_{s_\beta} i_\beta m_{i_\beta}\right\rangle\left|s_\alpha m_{s_\alpha} i_\alpha m_{i_\alpha}\right\rangle\right\}|lm_l\rangle\end{aligned} \tag{3.5.6}$$

式中，$\eta=\pm1$表示对称和反对称波性．对于全同玻色子和费米子原子散射，η 分别取值为 1 和−1．下面给出哈密顿算符中相互作用势和离心势的矩阵元．为了书写简便，省去了基矢中不变量$s_{\alpha(\beta)}$和$i_{\alpha(\beta)}$．

$$\begin{aligned}&\left\langle m_{s_\alpha}m_{i_\alpha}m_{s_\beta}m_{i_\beta}lm_l\left|\frac{\hat{l}^2}{2\mu R^2}\right|m'_{s_\alpha}m'_{i_\alpha}m'_{s_\beta}m'_{i_\beta}l'm'_l\right\rangle\\&=\delta_{ll'}\delta_{m_lm'_l}\delta_{m_{s_\alpha}m'_{s_\alpha}}\delta_{m_{s_\beta}m'_{s_\beta}}\delta_{m_{i_\alpha}m'_{i_\alpha}}\delta_{m_{i_\beta}m'_{i_\beta}}\frac{l(l+1)}{2\mu R^2}\end{aligned} \tag{3.5.7}$$

$$\begin{aligned}&\left\langle m_{s_\alpha}m_{i_\alpha}m_{s_\beta}m_{i_\beta}lm_l\left|\hat{V}(R)\right|m'_{s_\alpha}m'_{i_\alpha}m'_{s_\beta}m'_{i_\beta}l'm'_l\right\rangle\\&=\delta_{ll'}\delta_{m_lm'_l}\delta_{m_{i_\alpha}m'_{i_\alpha}}\delta_{m_{I_\beta}m'_{i_\beta}}\sum_S V_S(R)(-1)^{2s_\alpha-2s_\beta+m_{s_\alpha}+m_{s_\beta}+m'_{s_\alpha}+m'_{s_\beta}}\\&\times(2S+1)\begin{bmatrix}s_\alpha & s_\beta & S\\ m_{S_\alpha} & m_{S_\beta} & -m_{S_\alpha}-m_{S_\beta}\end{bmatrix}\begin{bmatrix}s_\alpha & s_\beta & S\\ m'_{S_\alpha} & m'_{S_\beta} & -m'_{S_\alpha}-m'_{S_\beta}\end{bmatrix}\end{aligned} \tag{3.5.8}$$

式中，等号右侧中括号表示 3j 符号．

$$\left\langle m_{s_\alpha} m_{i_\alpha} m_{s_\beta} m_{i_\beta} l m_l \middle| \hat{V}_B \middle| m'_{s_\alpha} m'_{i_\alpha} m'_{s_\beta} m'_{i_\beta} l' m'_l \right\rangle$$

$$= \delta_{ll'} \delta_{m_l m'_l} \delta_{m_{s_\alpha} m'_{s_\alpha}} \delta_{m_{s_\beta} m'_{s_\beta}} \delta_{m_{i_\alpha} m'_{i_\alpha}} \delta_{m_{i_\beta} m'_{i_\beta}} B \left[2\mu_0 (m_{s_\alpha} + m_{s_\beta}) - \frac{\mu_\alpha}{i_\alpha} m_{i_\alpha} - \frac{\mu_\beta}{i_\beta} m_{i_\beta} \right] \tag{3.5.9}$$

$$\begin{aligned} &\left\langle m_{s_\alpha} m_{i_\alpha} m_{s_\beta} m_{i_\beta} l m_l \middle| \hat{V}_{\mathrm{hf}} \middle| m'_{s_\alpha} m'_{i_\alpha} m'_{s_\beta} m'_{i_\beta} l' m'_l \right\rangle \\ &= \left\langle m_{s_\alpha} m_{i_\alpha} m_{s_\beta} m_{i_\beta} l m_l \middle| \gamma_\alpha \boldsymbol{i}_\alpha \cdot \boldsymbol{s}_\alpha \middle| m'_{s_\alpha} m'_{i_\alpha} m'_{s_\beta} m'_{i_\beta} l' m'_l \right\rangle \\ &\quad + \left\langle m_{s_\alpha} m_{i_\alpha} m_{s_\beta} m_{i_\beta} l m_l \middle| \gamma_\beta \boldsymbol{i}_\beta \cdot \boldsymbol{s}_\beta \middle| m'_{s_\alpha} m'_{i_\alpha} m'_{s_\beta} m'_{i_\beta} l' m'_l \right\rangle \end{aligned} \tag{3.5.10}$$

式中

$$\begin{aligned} &\left\langle m_{s_\alpha} m_{i_\alpha} m_{s_\beta} m_{i_\beta} l m_l \middle| \gamma_\alpha i_\alpha \cdot s_\alpha \middle| m'_{s_\alpha} m'_{i_\alpha} m'_{s_\beta} m'_{i_\beta} l' m'_l \right\rangle \\ &= \delta_{m_{s_\alpha} m'_{s_\alpha}} \delta_{m_{i_\alpha} m'_{i_\alpha}} \delta_{m_{s_\beta} m'_{s_\beta}} \delta_{m_{i_\beta} m'_{i_\beta}} \delta_{ll'} \delta_{m_l m'_l} \gamma_\alpha m_{i_\alpha} \cdot m_{s_\alpha} \\ &\quad + \delta_{m_{s_\alpha} m'_{s_\alpha}+1} \delta_{m_{i_\alpha} m'_{i_\alpha}-1} \delta_{m_{s_\beta} m'_{s_\beta}} \delta_{m_{i_\beta} m'_{i_\beta}} \delta_{ll'} \delta_{m_l m'_l} \frac{1}{2} \gamma_\alpha [s_\alpha(s_\alpha+1) - m_{s_\alpha}(m_{s_\alpha}-1)]^{1/2} [i_\alpha(i_\alpha+1) - m_{i_\alpha}(m_{i_\alpha}+1)]^{1/2} \\ &\quad + \delta_{m_{s_\alpha} m'_{s_\alpha}-1} \delta_{m_{i_\alpha} m'_{i_\alpha}+1} \delta_{m_{s_\beta} m'_{s_\beta}} \delta_{m_{i_\beta} m'_{i_\beta}} \delta_{ll'} \delta_{m_l m'_l} \frac{1}{2} \gamma_\alpha [s_\alpha(s_\alpha+1) - m_{s_\alpha}(m_{s_\alpha}+1)]^{1/2} [i_\alpha(i_\alpha+1) - m_{i_\alpha}(m_{i_\alpha}-1)]^{1/2} \end{aligned} \tag{3.5.11}$$

同理，可得式（3.5.10）等号右边第二项的矩阵元表达式.

3.5.1　超冷 ^{85}Rb 原子散射

对于超冷 ^{85}Rb 原子，基电子态单重态和三重态散射长度的差异很大，a_{s}= 2735 a_0，a_{t}=–386 a_0，其中 a_{s} 和 a_{t} 表示单重态和三重态散射长度，a_0 是玻尔半径. 超冷 ^{85}Rb 原子的两体 Feshbach 共振具有较大的共振宽度，在早期实验中研究者利用 ^{85}Rb 超低温原子气体研究了两体和多体散射[45-50]. 下面介绍采用多通道耦合理论研究两个超冷 ^{85}Rb 原子在 $|2,-2\rangle + |2,-2\rangle$ 通道的散射过程. 在该散射通道实验中观测到 9 个共振信号，其中有 3 个属于 s 波共振散射[50]. $|2,-2\rangle + |2,-2\rangle$ 通道是 M_F=–4 能量最低通道，它可以与其他比 M_F 能量更低的通道通过电子自旋-耦合发生作用，引起损耗并产生新的共振[50]. 在下面的计算中我们忽略了电子自旋-耦合作用，只考虑 M_F=–4 的散射情况.

在超低温度下，s 波散射（即 $l=0$，$m_l=0$）起主导作用. ^{85}Rb 原子的电子自旋量子数 $s=1/2$，核自旋量子数 $i=5/2$，故 M_F=–4 共有 8 个非对称化基矢. 根据式（3.5.6），对称化后基矢数量为 5 个，因此有 5 通道的耦合微分方程组. 我们使用 Strauss 等[51]根据光谱数据构造的基单重态和三重态势能函数数据，在计算中选取核间距 r 短程起点为 $3a_0$，长程终点为 $10000a_0$，格点的步长为 $0.005a_0$，温度为

1nK，计算的 s 波散射长度收敛很快，几乎不随温度变化．在求出 $\boldsymbol{S}$ 矩阵后，利用式（3.4.17）计算 s 波散射长度．

图 3.5.1 表示采用改进的 LOGD 方法计算的入射通道为 $|2,-2\rangle+|2,-2\rangle$ 的 s 波散射长度．可以看出散射长度在 3 个不同的共振位置处发散，这表明共发生了 3 个磁场诱导 Feshbach 共振[50]．散射长度在共振处随磁场从负无穷到正无穷变化，这表明双原子束缚态能级随磁场强度从上向下穿过碰撞阈值，原子间相互作用由排斥转为吸引，在共振位置附近可以观测到玻色-爱因斯坦凝聚现象[47]．

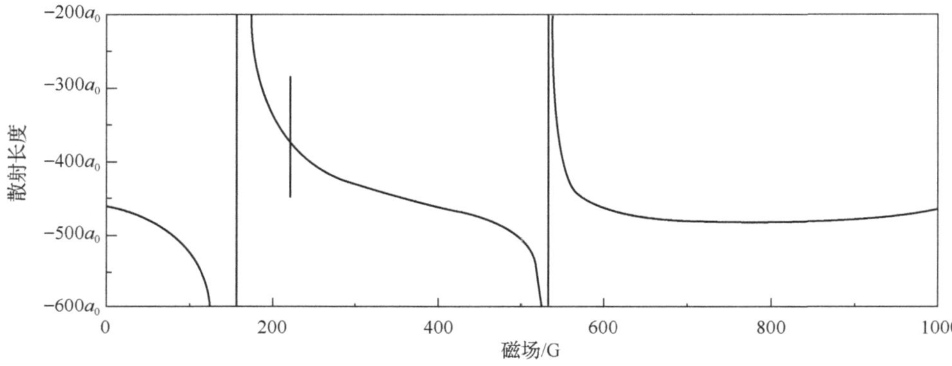

图 3.5.1　采用改进的 LOGD 方法计算的入射通道 $|2,-2\rangle+|2,-2\rangle$ 的 s 波散射长度

表 3.5.1 列出了实验观测的 s 波 Feshbach 共振位置与宽度以及使用改进的 LOGD 和 RN 方法计算的共振位置、宽度和背景散射长度．可以看出，使用两种方法计算的共振位置与实验观测结果基本一致．两种数值计算结果存在一点细微差别：LOGD 是一种“势能跟随”方法，在势能变化较为平缓的区域计算较精确；而 RN 是“解跟随”方法，对于多通道散射和复杂的相互作用势，RN 计算更具有优势．

表 3.5.1　实验观测的 s 波 Feshbach 共振位置与宽度以及使用改进的 LOGD 和 RN 方法计算的共振位置、宽度和背景散射长度[50]

	实验		改进的 LOGD			RN		
	B_0/G	ΔB/G	B_0/G	ΔB/G	a_{bg}	B_0/G	ΔB/G	a_{bg}
$\|2,-2\rangle+\|2,-2\rangle$	156.00	10.50	156.10	10.90	$79.10a_0$	156.20	10.80	$79.00a_0$
	219.58	0.22	220.80	0.40	$74.70a_0$	220.70	0.40	$74.70a_0$
	532.30	3.20	533.40	1.20	$80.20a_0$	533.40	1.20	$80.10a_0$

3.5.2 超冷 ^{85}Rb 与 ^{133}Cs 原子散射

超低温 Rb 和 Cs 原子凝聚体已成功在实验室中制备[52,53]，RbCs 分子是一个很好的超冷极性分子研究对象[54]. RbCs 分子基态具有相对小的转动常数（$1.66\times10^{-2}\mathrm{cm}^{-1}$），在较弱的电场强度下即可达到很好的定向效果.

计算时采用文献[55]中高精度 RbCs 基态势能参数，并考虑了电子自旋-轨道耦合势 $\hat{V}_\mathrm{d}(r)$[55]:

$$\hat{V}_\mathrm{d}(r)=\lambda(r)(\boldsymbol{s}_\alpha\cdot\boldsymbol{s}_\beta-3(\boldsymbol{s}_\alpha\cdot\boldsymbol{e}_r)(\boldsymbol{s}_\beta\cdot\boldsymbol{e}_r)) \tag{3.5.12}$$

式中，$\boldsymbol{e}_r$ 表示沿着分子轴的单位矢量；$\lambda(r)$ 是与 r 有关的耦合参数：

$$\lambda(r)=\alpha_\mathrm{fs}^2\left(A\mathrm{e}^{-Br}+\frac{1}{r^3}\right) \tag{3.5.13}$$

式中，$\alpha_\mathrm{fs}\approx1/137$ 为原子精细结构常数. A 和 B 的值由电子结构计算数据拟合得到[55]. $\hat{V}_\mathrm{d}(r)$ 在 $\left|s_\alpha m_{s_\alpha} i_\alpha m_{i_\alpha}\right\rangle\left|s_\beta m_{s_\beta} i_\beta m_{i_\beta}\right\rangle|lm_l\rangle$ 基矢下的矩阵元为

$$\begin{aligned}
&\left\langle m_{s_\alpha} m_{i_\alpha} m_{s_\beta} m_{i_\beta} lm_l\left|\hat{V}_\mathrm{d}(r)\right|m'_{s_\alpha} m'_{i_\alpha} m'_{s_\beta} m'_{i_\beta} l'm'_l\right\rangle\\
&=\delta_{m_{i_\alpha}m'_{i_\alpha}}\delta_{m_{i_\beta}m'_{i_\beta}}(-\sqrt{30})\lambda(r)(-1)^{s_\alpha-s_\beta-m_{s_\alpha}-m_{s_\beta}-m_l}\\
&\times\left[s_\alpha(s_\alpha+1)(2s_\alpha+1)s_\beta(s_\beta+1)(2s_\beta+1)(2l+1)(2l'+1)\right]^{1/2}\begin{bmatrix} l & 2 & l'\\ 0 & 0 & 0\end{bmatrix}\\
&\times\sum_{q_aq_b}\begin{bmatrix} l & 2 & l'\\ -m_l & -q_a-q_b & m'_l\end{bmatrix}\begin{bmatrix} 1 & 1 & 2\\ q_a & q_b & -q_a-q_b\end{bmatrix}\begin{bmatrix} s_\alpha & 1 & s_\alpha\\ -m_{s_\alpha} & q_a & m'_{s_\alpha}\end{bmatrix}\begin{bmatrix} s_\beta & 1 & s_\beta\\ -m_{s_\beta} & q_b & m'_{s_\beta}\end{bmatrix}
\end{aligned} \tag{3.5.14}$$

电子自旋-轨道耦合作用使不同的轨道角动量态产生耦合，耦合规则满足 $l-l'=0,\ \pm2$.

^{85}Rb 和 ^{133}Cs 原子的电子自旋量子数均为 1/2，核自旋量子数分别为 5/2 和 7/2，超精细能量分裂分别为 $\Delta E_\mathrm{hfs}^\mathrm{Rb}=3.04\,\mathrm{GHz}$ 和 $\Delta E_\mathrm{hfs}^\mathrm{Cs}=9.19\,\mathrm{GHz}$. 在计算中选取入射通道为能量最低的超精细通道 $|2,2\rangle+|3,3\rangle$. 当入射通道为 s 波时，计算中只计入 s 波和 d 波；当入射通道为 p 波时只考虑 p 波和 f 波散射. r 的取值范围选为 $3a_0$ ～ $10000a_0$ ，碰撞能为 1nK.

利用 RbCs 的势能参数，计算的单重态和三重态散射长度分别为 $585.60a_0$ 和 $11.27a_0$. 由于散射长度存在较大差异，单重态、三重态的束缚态能级发生强耦合，可以预测在 ^{85}Rb–^{133}Cs 碰撞体系中存在宽共振. 图 3.5.2（a）表示实验观测的随磁场变化的 Feshbach 共振（原子温度）信号. 空心和实心圆圈分别表示 ^{85}Rb 和

^{133}Cs 原子温度，实线和虚线箭头分别标记观测的 s 波和 p 波共振位置．实验中 Rb 和 Cs 原子团温度不同，当 ^{85}Rb 与 ^{133}Cs 散射体系发生共振时，二者温度会趋近于一个中间温度．为了排除 ^{85}Rb-^{85}Rb 和 ^{133}Cs-^{133}Cs 共振信号的影响，在实验中通过测量 Rb 和 Cs 原子团温度变化作为判断发生共振的依据．当两个原子的温度趋近于相同时，Rb 与 Cs 散射体系发生了共振[56]．图 3.5.2（b）表示采用 LOGD 方法计算的 s 波散射长度随磁场强度的变化曲线．灰色阴影区域表示$|a|<60\,a_0$．黑色实线表示纯 s 波散射长度，其他颜色标记的散射长度发散位置是由 d 波束缚态引起的．图 3.5.2（c）表示在碰撞阈值附近计算的束缚态能量，黑色实线表示 $M_F=5$ 的 s 波束缚态，其他颜色表示 d 波不同 M_F 的束缚态．当束缚态穿过碰撞阈值，即图 3.5.2（c）中的零能时，将发生 Feshbach 共振．可以看出在这个体系中存在大量的共振，即使对于一些非常窄的共振，实验和理论计算的结果也较相符．

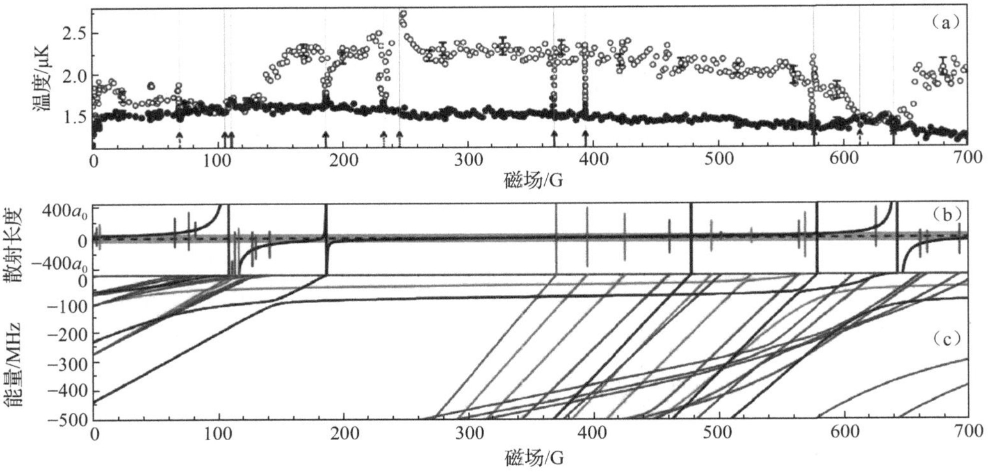

图 3.5.2 原子碰撞体系 ^{85}Rb$|2,2\rangle$ +^{133}Cs$|3,3\rangle$ 的实验观测与理论计算结果[56]

（a）在通道$|2,2\rangle+|3,3\rangle$ 的实验观测的随磁场强度变化的 Feshbach 共振（原子温度）信号[56]．（b）计算的 s 波散射长度随磁场强度的变化曲线．（c）在碰撞阈值附近计算的束缚态能量（扫封底二维码查看彩图）

表 3.5.2 列出了实验观测和理论计算的共振散射参数．表中只列出了计算的宽度$|\varDelta|$大于 0.01G 的共振．δ 表示根据实验观测值拟合的洛伦兹宽度；l_{i} 表示入射通道分波；l、F 和 M_F 表示在共振束缚态处的角动量量子数；B_*表示散射长度为 0 的磁场强度．从表中可见，对于大多数共振，实验观测的共振位置和理论预测的位置较相符．对于所有的共振，理论计算和实验观测结果存在较小的差异．这表明 LOGD 计算方法可以精确地用于描述超冷原子散射过程．

另外，在哈密顿算符中引入其他类型的相互作用势，可以将上述理论推广到包含外电场及弱耦合作用的更复杂理论，用于研究外场调控超冷原子散射问题[57-59].

表 3.5.2　在磁场 0～700G 范围内原子碰撞体系 ^{85}Rb$|2,2\rangle$ +^{133}Cs$|3,3\rangle$ 的实验与理论计算结果[56]

实验		理论							
B_0/G	δ/G	量子数				B_0/G	B_*/G	Δ/G	a_{bg}
		l_i	l	F	M_F				
70.68(4)	0.80(1)	p	1			70.54	58.54	−12.00	
107.13(1)	0.60(2)	s	0	5	5	109.00	350.00	241.00	9.60a_0
112.64(4)	28.00(5)	s	2	6	6	112.29	112.12	−0.17	−628.00a_0
187.66(5)	1.70(3)	s	0	6	5	187.07	182.97	−4.10	−30.30a_0
370.39(1)	0.08(4)	s	2	7	7	370.41	374.31	3.90	1.57a_0
395.20(1)	0.08(1)	s	2	7	6	395.11	395.56	0.45	3.40a_0
577.80(1)	1.10(3)	s	0	6	5	578.36	578.70	0.34	32.20a_0
614.60(3)	1.10(4)	p	1			614.98	608.18	−6.80	
641.80(3)	6.00(2)	s	0	5	5	642.00	901.00	259.00	9.60a_0

注：小括号内的数值表示测量误差.

参 考 文 献

[1] Fedichev P O, Reynolds M W, Rahmanov U M, et al. Inelastic decay processes in a gas of spin-polarized triplet helium. Physical Review A, 1996, 53(3): 1447-1453.

[2] Hensler S, Werner J, Griesmaier A, et al. Dipolar relaxation in an ultra-cold gas of magnetically trapped chromium atoms. Applied Physics B, 2003, 77(8): 765-772.

[3] Stuhler J, Griesmaier A, Koch T, et al. Observation of dipole-dipole interaction in a degenerate quantum gas. Physical Review Letters, 2005, 95(15): 150406.

[4] Beaufils Q, Crubellier A, Zanon T, et al. Feshbach resonance in d-wave collisions. Physical Review A, 2008, 79(3): 032706.

[5] López-Durán D, Tacconi M, Gianturco F A. $LiH^-(X^2\Sigma^+)+^{3,4}He$ rotational quenching at ultralow energies: Spin-flip and isotopic effects from quantum dynamics on an ionic system. The European Physical Journal D, 2009, 55(3): 601-611.

[6] Tscherbul T V, Suleimanov Yu V, Aquilanti V, et al. Magnetic field modification of ultracold molecule-molecule collisions. New Journal of Physics, 2009, 11(5): 055021.

[7] Chin C, Grimm R, Julienne P, et al. Feshbach resonances in ultracold gases. Reviews of Modern Physics, 2010, 82(2): 1225-1286.

[8] Pasquiou B, Bismut G, Beaufils Q, et al. Control of dipolar relaxation in external fields. Physical Review A, 2010, 81(4): 42716.

[9] Naik D, Trenkwalder A, Kohstall C, et al. Feshbach resonances in the ^{6}Li-^{40}K Fermi-Fermi mixture: Elastic versus inelastic interactions. The European Physical Journal D, 2011, 65(1-2): 55-65.

[10] Xu P, Yang J H, Liu M, et al. Interaction-induced decay of a heteronuclear two-atom system. Nature Communications, 2015, 6: 7803.

[11] Karman T, Hutson J M. Microwave shielding of ultracold polar molecules. Physics Review Letters, 2018, 121(16): 163401.

[12] Lassablière L, Quéméner G. Controlling the scattering length of ultracold dipolar molecules. Physics Review Letters, 2008, 121(16): 163402.

[13] Xie T. Effect of spin-dependent interactions on the two-body loss rate in ultracold ^{85}Rb collisions. Physics Review A, 2020, 101(5): 052710.

[14] Xie T, Lepers M, Vexiau R, et al. Optical shielding of destructive chemical reactions between ultracold ground-state NaRb molecules. Physics Review Letters, 2020, 125(15): 153202.

[15] Xie T, Hu X J, Huang Y, et al. Virial expansion around the s-wave Feshbach resonance in mass-imbalanced Fermi gases. Physics Review A, 2014, 89(3): 032704.

[16] Arthurs A, Dalgarno A. The theory of scattering by a rigid rotator. Proceedings of the Royal Society A, 1960, 256(1296): 540-551.

[17] Krems R V, Dalgarno A. Quantum-mechanical theory of atom-molecule and molecular collisions in a magnetic field: Spin depolarization. The Journal of Chemical Physics, 2004, 120(5): 2296.

[18] Levine I N. Quantum Chemistry. 5th ed. New Jersey: Prentice Hall, 1999.

[19] Liboff R L. Introductory quantum mechanics. 4th ed. San Francisco: Addison Wesley, 2003.

[20] Landau L D, Lifshitz E M. Quantum Mechanics. Oxford: Butterworth-Heinemann, 2005.

[21] Zare R N. Angular momentum-understanding spatial aspects in chemistry and physics. New York: John Wiley and Sons, Inc., 1988.

[22] Miller W. Dynamics of molecular collisions, volume 1 of modern theoretical chemistry, chapter Part A. New York: Plenum Press, 1976.

[23] Li Z, Krems R V. Electric-field-induced Feshbach resonances in ultracold alkali-metal mixtures. Physics Review A, 2007, 75(3): 032709.

[24] Weber C, Barontini G, Catani J, et al. Association of ultracold double-species bosonic molecules. Physics Review A, 2008, 78(6): 061601.

[25] Kaufman A M, Anderson R P, Hanna T M, et al. Radio-frequency dressing of multiple Feshbach resonances. Physics Review A, 2009, 80(5): 050701.

[26] Wu C H, Park J W, Ahmadi P, et al. Ultracold fermionic Feshbach molecules of $^{23}Na^{40}K$. Physics Review Letters, 2012, 109(8): 085301.

[27] Greiner M, Mandel O, Esslinger T, et al. Quantum phase transition from a superfluid to a Mott insulator in a gas of ultracold atoms. Nature, 2002, 415: 39-44.

[28] Johnson B R. The multichannel log-derivative method for scattering calculations. Journal of Computational Physics, 1973, 13(3): 445-449.

[29] Manolopoulos D E. An improved log derivative method for inelastic scattering. The Journal of Chemical Physics, 1986, 85(11): 6425-6429.

[30] Johnson B R. New numerical methods applied to solving the one-dimensional eigenvalue problem. The Journal of Chemical Physics, 1977, 67(9): 4086-4093.

[31] Colavecchia F D, Mrugala F, Parker G A, et al. Accurate quantum calculations on three-body collisions in recombination and collision-induced dissociation. II. The smooth variable discretization enhanced renormalized Numerov propagator. The Journal of Chemical Physics, 2003, 118(23): 10387-10398.

[32] Karman T, Janssen L M C, Sprenkels R, et al. A renormalized potential-following propagation algorithm for solving the coupled-channels equations. The Journal of Chemical Physics, 2014, 141(6): 064102.

[33] Blandon J, Park G A, Madrid C. Mapped grid methods applied to the slow variable discretization: enhanced renormalized Numerov approach. The Journal of Physical Chemistry A, 2016, 120(5): 785-792.

[34] Bai J, Xie T. Ultracold atom-atom collisions by renormalized Numerov method. Acta Physica Sinica, 2022, 71(3): 033401.

[35] Allison A C. The numerical solution of coupled differential equations arising from the Schrödinger equation. The Journal of Computational Physics, 1970, 6(3): 378-391.

[36] Hutson J M, Green S. MOLSCAT, version 14, distributed by Collaborative Computational Project No. 6 of the UK Engineering and Physical Sciences Research Council (1994).

[37] Patel H J, Blackley C L, Cornish S L, et al. Feshbach resonances, molecular bound states, and prospects of ultracold-molecule formation in mixtures of ultracold K and Cs. Physics Review A, 2014, 90(3): 032716.

[38] Numerov B V. A method of extrapolation of perturbations. Monthly Notices of the Royal Astronomical Society, 1924, 84(8): 592-601.

[39] Numerov B V. Note on the numerical integration of $d^2x/dt^2 = f(x, t)$. Astronomische Nachrichten, 1927, 230(19): 359-364.

[40] Gautschi W. Computational aspects of three-term recurrence relations. SIAM Review, 1967, 9(1): 24-82.

[41] Blatt J M. Practical points concerning the solution of the Schrödinger equation. The Journal of Computational Physics, 1967, 1(3): 382-396.

[42] Li Z, Singh S, Tscherbul T V. Feshbach resonances in ultracold ^{85}Rb-^{87}Rb and ^{6}Li-^{87}Rb mixtures. Physics Review A, 2008, 78(2): 022710.

[43] Deh B, Gunton W, Klappauf B G, et al. Giant Feshbach resonances in ^{6}Li-^{85}Rb mixtures. Physics Review A, 2010, 82(2): 020701.

[44] Köppinger M P, Mccarron D J, Jenkin D L, et al. Production of optically trapped ^{87}RbCs Feshbach molecules. Physics Review A, 2014, 89(3): 033604.

[45] Vogels J M, Tsai C C, Freeland R S, et al. Prediction of Feshbach resonances in collisions of ultracold rubidium atoms. Physical Review A, 1997, 56(2): R1067-R1070.

[46] Burke J P, Jr., Bohn J L, Esry B D, et al. Prospects for mixed-isotope Bose-Einstein condensates in rubidium. Physical Review Letters, 1998, 80(10): 2097-2100.

[47] Cornish S L, Claussen N R, Roberts J L, et al. Stable ^{85}Rb Bose-Einstein condensates with widely tunable interactions. Physics Review Letters, 2000, 85(9): 1795-1799.

[48] Claussen N R, Cornell E A, Cornish S L, et al. Controlled collapse of a Bose-Einstein condensate. Physics Review Letters, 2001, 86(19): 4211-4214.

[49] Altin P A, Dennis G R, Mcdonald G D, et al. Collapse and three-body loss in a ^{85}Rb Bose-Einstein condensate. Physical Review A, 2011, 84(3): 033632.

[50] Blackley C L, Ruth Le Sueur C, Hutson J M, et al. Feshbach resonances in ultracold ^{85}Rb. Physical Review A, 2013, 87(3): 033611.

[51] Strauss C, Takeoshi T, Lang F, et al. Hyperfine, rotational, and vibrational structure of the $a^3\Sigma^{u+}$ state of $^{87}Rb_2$. Physical Review A, 2010, 82(5): 052514.

[52] Marte A, Volz T, Schuster J, et al. Feshbach resonances in rubidium 87: Precision measurement and analysis. Physical Review Letters, 2002, 89(28): 283202.

[53] Herbig J, Kraemer T, Mark M, et al. Preparation of a pure molecular quantum gas. Science, 2003, 301(5639): 1510-1513.

[54] Gregory P D, Blackmore J A, Bromley S L, et al. Loss of ultracold $^{87}Rb^{133}Cs$ molecules via optical excitation of long-lived two-body collision complexes. Physical Review Letters, 2020, 124(16): 163402.

[55] Takekoshi T, Debatin M, Rameshan R, et al. Towards the production of ultracold ground state RbCs molecules: Feshbach resonances, weakly bound states, and the coupled-channel model. Physics Review A, 2012, 85(3): 032506.

[56] Cho H W, McCarron D J, Köppinger M P, et al. Feshbach spectroscopy of an ultracold mixture of ^{85}Rb and ^{133}Cs. Physics Review A, 2013, 87(1): 010703.

[57] Li Z, Madison K W. Effects of electric fields on heteronuclear Feshbach resonances in ultracold ^{6}Li-^{87}Rb mixtures. Physics Review A, 2009, 79(4): 042711.

[58] Li L H, Li J L, Wang G R, et al. The modulating action of electric field on magnetically tuned Feshbach resonance. The Journal of Chemical Physics, 2019, 150(6): 064310.

[59] Li Li H, Hai Y, Lyu B K, et al. Feshbach resonances of non-zero partial waves at different collision energies. Journal of Physics B: Atomic, Molecular and Optical Physics, 2021, 54(11): 115201.

第 4 章　渐近束缚态模型及其应用

第 3 章介绍了多通道耦合理论及其数值计算方法．尽管多通道耦合理论的计算精度很高，但它的计算量很大．多通道耦合理论的计算量与通道数 N 的三次方成正比．当 N 较大时，计算效率大幅度下降．因此需要发展快速、简单的理论方法来预测超冷原子共振散射的基本性质．

最近三十多年，人们发展了渐近束缚态模型（asymptotic-bound-state model，ABM）和多通道量子亏损理论等简单的理论方法，用于研究超冷原子散射问题[1-15]．渐近束缚态模型不需要精确的相互作用势，只需要电子态的最后一个或几个束缚本征态能量作为输入参数，就可以确定耦合束缚态的性质．当温度 $T<10^{-5}$K 时，采用渐近束缚态模型能够较精确地描述超冷原子散射和 Feshbach 共振的基本性质．

4.1　渐近束缚态模型

渐近束缚态模型由 Moerdijk 等[4]提出，最初的渐近束缚态模型忽略了单重态与三重态之间的耦合．Stan 等[16]使用未耦合轨道和自旋态研究了 Li 和 Na 原子超低温碰撞．在 Moerdijk 等和 Stan 等理论研究基础上，Tiecke 等[6,7]推广并完善了渐近束缚态模型，在推广的渐近束缚态模型中包含了单重态与三重态之间的耦合．

考虑两个处于电子基态的原子 α 和 β．在磁场中双原子碰撞体系的哈密顿算符为[17]

$$\mathscr{H} = -\frac{1}{2\mu r}\frac{\partial^2}{\partial r^2} + \frac{\hat{l}^2(\theta,\varphi)}{2\mu r^2} + \hat{V}(r) + \hat{V}_B + \hat{V}_{\text{hf}} \tag{4.1.1}$$

式中，μ 为双原子体系的折合质量；r 为原子核间距；l 为转动量子数．式（4.1.1）右边第一项表示平动能算符（取 $\hbar=1$）；第二项表示转动能算符（离心势）；第三项表示原子间相互作用势；第四项和第五项分别为塞曼耦合势和超精细耦合势．设描述内能的哈密顿算符为 $\mathscr{H}_{\text{int}} = \hat{V}_B + \hat{V}_{\text{hf}}$，定义有效势 V_{eff} 为

$$V_{\text{eff}} = \frac{\hat{l}^2(\theta,\varphi)}{2\mu r^2} + \hat{V}(r) \tag{4.1.2}$$

在长程区域，两个原子相距非常远，有效势 V_{eff} 趋近于 0，散射通道基矢 $\left| f_\alpha, m_{f_\alpha} \right\rangle +$

$\left|f_\beta, m_{f_\beta}\right\rangle$ 由 $\mathcal{H}_{\text{int}}$ 决定，其中 $f_{\alpha(\beta)}$ 表示单原子 $\alpha(\beta)$总的自旋角动量量子数，$m_{f_{\alpha(\beta)}}$ 表示相应的磁量子数.

有效势 V_{eff} 在通道基矢表象中是非对角的，但在双原子总电子自旋基矢$|S\rangle$表象中是对角的．因此可以把有效势表示为$V_{\text{eff}}=\sum_S|S\rangle V_S^l(r)\langle S|$．求解薛定谔方程

$$(\mathcal{H}_{\text{rel}}-E)\psi=\left(-\frac{1}{2\mu r}\frac{\partial^2}{\partial r^2}+V_{\text{eff}}-E\right)\psi=0 \tag{4.1.3}$$

可以得到束缚本征态$\left|\psi_\nu^{Sl}\right\rangle$与能量本征值$\varepsilon_\nu^{Sl}$，其中$\nu$表示振动量子数．使用有限数目的束缚本征态构造基矢$\left|\psi_\nu^{Sl}\right\rangle|\sigma\rangle|l\rangle$，其中$|\sigma\rangle=\left|SM_S m_{i_\alpha} m_{i_\beta}\right\rangle$表示角向基矢，$M_S$表示自旋磁量子数，$m_{i_{\alpha(\beta)}}$ 表示原子 $\alpha(\beta)$的核自旋磁量子数．若不计各向异性相互作用，则同一个 l 下的不同m_l简并，可以省去磁量子数m_l．把基矢$\left|\psi_\nu^{Sl}\right\rangle|\sigma\rangle|l\rangle$代入薛定谔方程（4.1.3）中，对角化后，得出下面久期方程[7]：

$$\det\left|\left(\varepsilon_\nu^{Sl}-E_{\text{b}}\right)\delta_{\nu l\sigma,\nu' l'\sigma'}+\eta_{\nu\nu'}^{SS'}\left\langle\sigma\left|\hat{\mathcal{H}}_{\text{int}}\right|\sigma'\right\rangle\right|=0 \tag{4.1.4}$$

式中，E_{b} 表示总的有效哈密顿算符的本征值；$\eta_{\nu\nu'}^{SS'}=\left\langle\psi_\nu^{Sl}\middle|\psi_{\nu'}^{S'l}\right\rangle$表示不同 S 对应的绝热电子态之间的富兰克-康顿因子．在一般情况下，当$S=S'$时，$\eta_{\nu\nu'}^{SS'}=\delta_{\nu\nu'}$；当$S\neq S'$时，$0\leqslant\eta_{\nu\nu'}^{SS'}\leqslant 1$．方程（4.1.4）是渐近束缚态模型预测 Feshbach 共振位置的核心方程．在不同的磁场强度下，求解方程（4.1.4），可得随磁场变化的E_{b}、通道阈值能量和 Feshbach 共振位置.

为了求解方程（4.1.4），需要计算裸束缚态能级ε_ν^{Sl}以及富兰克-康顿因子$\eta_{\nu\nu'}^{SS'}$．下面介绍三种计算这两个参量的方法[8].

（1）已知精确的相互作用势$V_S(r)$，振动能级的束缚能及波函数可以通过求解方程（4.1.3）获得[18-22]．使用这种方法计算的结果是精确的，但它依赖于精确的相互作用势.

（2）对于短程相互作用势不够精确或者仅知道部分短程相互作用势的情况，可以利用长程区域原子的相互作用势

$$V(r)=-\frac{C_6}{r^6} \tag{4.1.5}$$

计算所需要的参量．式（4.1.5）中C_6表示范德瓦耳斯色散系数．使用积相法把短程势转换为与势能对应的边界条件，该边界条件可由散射长度得到[23-25]．对于处于基态的碱金属原子，只需要三个输入参数，即范德瓦耳斯色散系数C_6和基单重态、

三重态散射长度，使用积相法可以较精确地给出相互作用势最后一个束缚态的本征能量．但对于深束缚态，需要引入额外的参数，才能得到精确的边界条件[25]．

（3）第三种方法是采用渐近束缚态模型模拟超冷原子 Feshbach 共振的实验结果来确定输入参数[5]．拟合的参数数目取决于束缚态的数目．在计算中通常只考虑单重态、三重态最靠近解离极限的一个或几个振动能级．考虑的振动能级数量 N_ν 由能量范围来确定．通过比较最后一个束缚能级的最大解离能 D^* 和碰撞原子对的最大内能，可以估算束缚态数目的上限．第 ν 个振动能级的最大解离能由半经典公式来估计[26]：

$$D^* = \left(\frac{\nu\zeta\hbar}{\mu^{1/2}C_6^{1/6}}\right) \tag{4.1.6}$$

式中，$\zeta = 2[\Gamma(1+1/6)/\Gamma(1/2+1/6)]\approx 3.84$；$\Gamma(\cdot)$表示伽马函数．值得注意的是，$\nu$ 是从解离极限开始向低能束缚态计数，$|\nu=1\rangle$ 表示最靠近解离极限的束缚态．最大内能近似地取为双原子超精细能级分裂和最大塞曼耦合势之和，即

$$E_{\text{int}}^{\max} \approx E_{\text{hf}}^{\alpha} + E_{\text{hf}}^{\beta} + 2(s_\alpha + s_\beta)g_s\mu_B B \tag{4.1.7}$$

式中，$E_{\text{hf}}^{\alpha(\beta)} = \gamma^{\alpha(\beta)}(i_{\alpha(\beta)} + s_{\alpha(\beta)})$，$\gamma^{\alpha(\beta)}$ 表示超精细结构耦合系数，$i_{\alpha(\beta)}$ 和 $s_{\alpha(\beta)}$ 分别表示原子 $\alpha(\beta)$的核自旋和电子自旋量子数；g_s 表示朗德因子；μ_B 表示玻尔磁子；B 表示磁场强度．注意，式（4.1.7）忽略了弱的核塞曼耦合势．比较式（4.1.6）和式（4.1.7），得到

$$N_\nu \approx \left[\frac{\mu^{1/2}C_6^{1/6}}{\hbar\zeta}(E_{\text{int}}^{\max})^{1/3}\right] \tag{4.1.8}$$

利用上述参量，可以求出方程（4.1.4）的解．在塞曼和超精细结构耦合作用下，不同电子自旋态之间发生了耦合，故 E_{b} 相对于裸束缚态能级 ε_ν^{SI} 会产生一定的偏移．只要连续态的影响足够小，得到的 E_{b} 是精确的．

4.2　缀饰渐近束缚态模型

4.1 节介绍了如何使用渐近束缚态模型预测 Feshbach 共振的位置．本节介绍由标准的 Feshbach 理论发展而来的缀饰渐近束缚态模型（dressed asymptotic-bound-state model，DABM）[27,28]．

根据 Feshbach 理论[27,28]，s 波散射的共振宽度与引起共振的束缚态能级和散射连续态之间的耦合强度有关．在共振位置附近，低能散射行为与束缚态阈值密

切相关．由靠近阈值的共振能级和开通道最后一个束缚态能级之间耦合引起的能级移动，可以确定共振宽度．对于高阶分波（$l>0$）共振散射，其共振宽度和离心势与形共振有关，我们不在此讨论．

引入投影算符 $\hat{P}$ 和 $\hat{Q}$，把希尔伯特空间哈密顿算符（4.1.1）分为两个正交的子空间 $\mathcal{P}$ 和 $\mathcal{Q}$，所有开通道都位于 $\mathcal{P}$ 子空间内，闭通道处于 $\mathcal{Q}$ 子空间内．这样 $\mathcal{H}$ 就被分成四部分[4]：

$$\mathcal{H}=\mathcal{H}_{PP}\oplus\mathcal{H}_{PQ}\oplus\mathcal{H}_{QP}\oplus\mathcal{H}_{QQ}=\begin{bmatrix}\mathcal{H}_{PP} & \mathcal{H}_{PQ}\\ \mathcal{H}_{QP} & \mathcal{H}_{QQ}\end{bmatrix} \tag{4.2.1}$$

式中，$\mathcal{H}_{PP}$ 和 $\mathcal{H}_{QQ}$ 分别表示处于 $\mathcal{P}$ 和 $\mathcal{Q}$ 子空间的子矩阵，而 $\mathcal{H}_{PQ}$（$=\mathcal{H}_{QP}^{\dagger}$）表示 $\mathcal{P}$ 和 $\mathcal{Q}$ 子空间之间的耦合矩阵．

将投影算符 $\hat{P}$ 和 $\hat{Q}$ 作用在两体薛定谔方程上，得到耦合方程组为[4]

$$\begin{aligned}(\boldsymbol{E}-\mathcal{H}_{PP})\left|\boldsymbol{\Psi}_P\right\rangle&=\mathcal{H}_{PQ}^{\dagger}\left|\boldsymbol{\Psi}_Q\right\rangle\\(\boldsymbol{E}-\mathcal{H}_{QQ})\left|\boldsymbol{\Psi}_Q\right\rangle&=\mathcal{H}_{QP}\left|\boldsymbol{\Psi}_P\right\rangle\end{aligned} \tag{4.2.2}$$

式中，$\left|\boldsymbol{\Psi}_P^{\dagger}\right\rangle=\hat{P}\left|\boldsymbol{\Psi}\right\rangle$，$\left|\boldsymbol{\Psi}_Q\right\rangle=\hat{Q}\left|\boldsymbol{\Psi}\right\rangle$，$\boldsymbol{\Psi}$ 是体系总散射波函数；$\mathcal{H}_{PP}=\hat{P}\mathcal{H}\hat{P}$；$\mathcal{H}_{PQ}=\hat{P}\mathcal{H}\hat{Q}$．在 $\mathcal{Q}$ 子空间，$\mathcal{H}_{QQ}$ 的本征态 $\left|\phi_Q\right\rangle$ 为本征能量等于 ε_Q 的两体束缚态．$\boldsymbol{E}=\hbar^2\boldsymbol{k}^2/(2\mu)$ 定义为开通道解离能量的阈值．

考虑一种简单的情况：$\mathcal{P}$ 子空间内只有一个开通道，在共振位置附近它只耦合闭通道中的单一束缚态．$\mathcal{P}$ 子空间的 $\boldsymbol{S}$ 矩阵为[4]

$$\boldsymbol{S}(k)=\boldsymbol{S}_P(k)\left(\boldsymbol{I}-2\pi\mathrm{i}\frac{\left|\left\langle\phi_Q\left|\boldsymbol{H}_{QP}\right|\Psi_P^{\dagger}\right\rangle\right|^2}{\boldsymbol{E}^{\dagger}-\varepsilon_Q-\mathcal{A}(\boldsymbol{E})}\right) \tag{4.2.3}$$

式中，$\left|\Psi_P^{\dagger}\right\rangle$ 表示 $\mathcal{H}_{PP}$ 的散射本征态；$\boldsymbol{S}_P(k)$ 表示与 $\mathcal{Q}$ 子空间无耦合的 $\mathcal{P}$ 子空间直接散射矩阵；$\mathcal{A}(\boldsymbol{E})$ 为复能移，表示由开通道和闭通道之间耦合引起的裸束缚态 $\left|\phi_Q\right\rangle$ 的变化，即

$$\mathcal{A}(\boldsymbol{E})=\left\langle\phi_Q\left|\mathcal{H}_{QP}\frac{1}{\boldsymbol{E}^{\dagger}-\mathcal{H}_{PP}}\mathcal{H}_{PQ}\right|\phi_Q\right\rangle \tag{4.2.4}$$

式中，$\boldsymbol{E}^{\dagger}=\boldsymbol{E}+\mathrm{i}\delta$，$\delta$ 表示一个正的无穷小量．下面采用开通道哈密顿算符 $\mathcal{H}_{PP}$ 的完备性本征态来计算 $\left[\boldsymbol{E}^{\dagger}-\mathcal{H}_{PP}\right]^{-1}$ 的矩阵元．在 $\mathcal{H}_{PP}$ 的本征态中散射态起主导

作用．因为渐近束缚态模型主要利用束缚态参数，为了避免使用散射态，可以使用米塔-列夫勒（Mittag-Leffler）方法把$\left[\boldsymbol{E}^{\dagger}-\mathcal{H}_{PP}\right]^{-1}$用伽莫夫（Gamow）共振态展开为[29]

$$\frac{1}{\boldsymbol{E}^{\dagger}-\mathcal{H}_{PP}}=\frac{\mu}{\hbar^2}\sum_{n=1}^{\infty}\frac{\left|\Omega_n\right\rangle\left\langle\Omega_n^D\right|}{k_n(k-k_n)} \tag{4.2.5}$$

式中，n 表示 $\boldsymbol{S}_P$ 矩阵中所有的奇点．Gamow 共振态$\left|\Omega_n\right\rangle$是 $\mathcal{H}_{PP}$ 的一个本征态，相应的本征值为$\varepsilon_{P_n}=\hbar^2k_n{}^2/(2\mu)$．在方程（4.2.5）中，$\left|\Omega_n^D\right\rangle=\left|\Omega_n\right\rangle^*$是$\mathcal{H}_{PP}^{\dagger}$的本征态，相应的本征值为$\left(\varepsilon_{P_n}\right)^*$．Gamow 共振态满足正交性条件$\left\langle\Omega_n^D\middle|\Omega_{n'}\right\rangle=\delta_{nn'}$．在束缚态奇点$k_n=\mathrm{i}\kappa_n\left(\kappa_n>0\right)$，Gamow 共振态为归一化的束缚态．

设开通道散射性质由单一开通道束缚态决定（$k_n=\mathrm{i}\kappa_P$，κ_P表示开通道束缚态奇点），则式（4.2.3）中与直接散射相关的$\boldsymbol{S}_P$矩阵可以表示为

$$\boldsymbol{S}_P(k)=\mathrm{e}^{-2\mathrm{i}ka_{\mathrm{bg}}}=\mathrm{e}^{-2\mathrm{i}ka_{\mathrm{bg}}^P}\frac{\kappa_P-\mathrm{i}k}{\kappa_P+\mathrm{i}k} \tag{4.2.6}$$

式中，a_{bg}表示开通道散射长度，开通道背景散射长度a_{bg}^P近似等于相互作用势的有效长度范围r_0，即$a_{\mathrm{bg}}^P\approx r_0=\frac{1}{2}\left(\frac{2\mu C_6}{\hbar^2}\right)^{1/4}$．因为我们只考虑$\mathcal{P}$子空间的一个束缚态奇点，式（4.2.5）中 n 取 1，故复能移表达式（4.2.4）简化为

$$\mathcal{A}(E)=\frac{\mu}{\hbar^2}\frac{-\mathrm{i}A}{\kappa_P(k-\mathrm{i}\kappa_P)} \tag{4.2.7}$$

式中，$A=\left\langle\phi_Q\middle|\mathcal{H}_{QP}\middle|\Omega_P\right\rangle\left\langle\Omega_P^D\middle|\mathcal{H}_{PQ}\middle|\phi_Q\right\rangle$与能量无关，与开通道、闭通道束缚态之间的耦合矩阵元有关．把复能移分解为实部和虚部，即$\mathcal{A}\left(E\right)=\varDelta_{\mathrm{res}}\left(E\right)-\mathrm{i}/2\varGamma\left(E\right)$．对于$E>0$情况，非微扰束缚态是一个准束缚态，它的能量宽度为$\varGamma$．对于$E<0$情况，$\mathcal{A}(E)$为一个纯实数，$\varGamma=0$．在低能极限情况下，$k\to+0$，式（4.2.7）变为

$$\mathcal{A}(E)=\varDelta-\mathrm{i}Ck \tag{4.2.8}$$

式中，$\varDelta=A\left(2\left|\varepsilon_P\right|\right)^{-1}$；参数$C=A\left(2\kappa_P\left|\varepsilon_P\right|\right)^{-1}$表示$\mathcal{P}$与$\mathcal{Q}$之间的空间耦合强度[4]．如果直接相互作用是共振耦合，$a_{\mathrm{bg}}\gg r_0$，则复能移$\mathcal{A}(E)=\varDelta-\mathrm{i}Ck\left(1+\mathrm{i}ka^P\right)^{-1}$，其中$a^P=\kappa_P^{-1}$．复能移$\mathcal{A}(E)$描述了裸束缚态能移的来源[30]．

针对一个开通道的情况，$\boldsymbol{S}$矩阵元可以表示为$\mathrm{e}^{2\mathrm{i}\delta(k)}$，其中$\delta(k)$是散射相移[31]．

当 $k\to 0$ 时，散射长度为 $a=-\tan\delta(k)/k$．直接散射过程由开通道散射长度来描述，即 $a_{\mathrm{bg}}=a_{\mathrm{bg}}^{P}+a^{P}$．在共振位置 B_0 处，缀饰束缚态穿过入射通道能量阈值，散射长度发散．缀饰束缚态是考虑了开通道与闭通道之间耦合后闭通道的裸束缚态，其能量可以通过求解 $\boldsymbol{S}$ 矩阵的奇点得到，这等同于求解下列方程的 k[32]：

$$(k-\mathrm{i}\kappa_P)[E-\varepsilon_Q-A(E)]=0 \tag{4.2.9}$$

注意，方程（4.2.9）适用于计算在阈值附近的缀饰束缚态能量．对于深束缚态，使用方程（4.2.9）计算的结果是近似的．

4.3　渐近束缚态模型的应用

本节介绍缀饰渐近束缚态模型在超冷原子散射过程中的应用．考虑磁场调控超冷 ^{6}Li 和 ^{40}K 碰撞体系，它是第一个在实验上实现费米子-费米子异核 Feshbach 共振的体系[5]，对于研究超冷原子散射具有重要的指导意义[33-36]．在低碰撞能情况下，超冷 ^{6}Li 和 ^{40}K 碰撞体系只有一个开通道，散射通道包含了 $M_F=-3$ 的能量最低的自旋态组合．下面讨论处于超精细量子态 $\left|f_{\mathrm{Li}}=1/2,m_{f_{\mathrm{Li}}}=1/2\right\rangle+\left|f_{\mathrm{K}}=9/2,m_{f_{\mathrm{K}}}=-7/2\right\rangle$ 的超冷原子散射过程．

4.3.1　超冷 ^{6}Li 与 ^{40}K 碰撞体系 Feshbach 共振位置的理论计算

^{6}Li 和 ^{40}K 原子具有相同的电子自旋量子数 $s=1/2$，碰撞原子对总的电子自旋量子数 S=0 或 1，因此电子基态含有单重态和三重态．在 Wille 等[5]的实验中，在小于 300G 的磁场强度范围内共观察到 13 个共振信号．在计算中我们把富兰克-康顿因子 $\eta_{\nu=1,\nu'=1}^{S=0,S=1}$ 设为 1．根据式（4.1.8），理论计算只需要考虑单重态和三重态的最后一个振动束缚态即可，要求输入的束缚能参数为 $\varepsilon_{\nu=1}^{S=0,l}$ 和 $\varepsilon_{\nu=1}^{S=1,l}$．利用实验观测的共振位置，反推束缚能参数得到优化的 s 波单重和三重束缚态能量分别为 $\varepsilon_{\nu=1}^{S=0,l=0}/h=-716\mathrm{MHz}$ 和 $\varepsilon_{\nu=1}^{S=1,l=0}/h=-425\mathrm{MHz}$．将这些参数代入方程（4.1.4）中，得到 s 波散射的耦合束缚态能量．p 波单重和三重束缚态能量近似地由 $\varepsilon_{\nu=1}^{S,l=1}=\varepsilon_{\nu=1}^{S,l=0}-2B_{\nu=1}^{S}$ 计算，其中 B_{ν}^{S} 表示处于振动束缚态 $|\nu\rangle$ 分子的转动常数[37,38]．具体的计算结果为 $\varepsilon_{\nu=1}^{S=0,l=1}/h=-336\mathrm{MHz}$ 和 $\varepsilon_{\nu=1}^{S=1,l=1}/h=-113\mathrm{MHz}$．

图 4.3.1 表示超冷 ^{6}Li 与 ^{40}K 散射体系 $M_F=-3$ 的能量最低碰撞通道以及 s 波和 p 波散射的束缚态能量[5]．黑色实线表示 $M_F=-3$ 的最低通道能量，红色实线和蓝色虚线分别表示 s 波和 p 波散射的束缚态能量. 束缚态和通道阈值能量相交的点表示 Feshbach 共振的位置，图中用字母标记为 A～E. 由于分波散射不会改变渐

近区域碰撞原子对的内能，所以不同分波的碰撞阈值能量相同．可以看出，在 $B \leqslant 300\,\text{G}$ 的磁场强度范围内共发生五个 Feshbach 共振，其中 A 和 E 为 p 波共振，B、C 和 D 为 s 波共振．

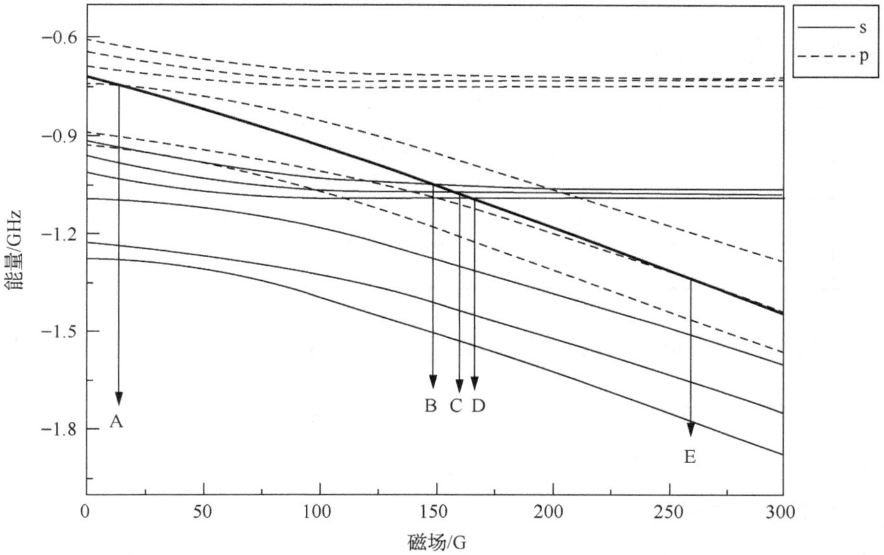

图 4.3.1　采用渐近束缚态模型计算的超冷 ^{6}Li 与 ^{40}K 散射体系随磁场变化的束缚态与碰撞阈值能量

（扫封底二维码查看彩图）

表 4.3.1 列出超冷 ^{6}Li 与 ^{40}K 散射体系 $M_F = -3$ 的能量最低碰撞通道的 Feshbach 共振的实验观测和采用两种方法计算的结果．由于渐近束缚态模型不能预测共振宽度，表 4.3.1 仅列出了共振位置．可以看出，对于 s 波共振散射，采用渐近束缚态模型和多通道耦合理论计算的结果和实验结果较为符合．但对于 p 波共振散射，与实验结果比较，使用两种理论计算的结果均有一定的偏差，这是计算中使用的相互作用势不够精确所致．

值得注意的是，使用多通道耦合理论计算的共振宽度 ΔB 与实验观测的原子损耗宽度 ΔB_{exp} 不具有完全相同的含义．这是由于实验观测的共振宽度是根据随磁场变化的原子损耗拟合得出，而理论计算的共振宽度是采用超低碰撞能下随磁场变化的散射长度由式（3.5.1）拟合得到的．实验中使用的原子气体具有一定的热力学增宽效应．如果在计算中考虑玻尔兹曼统计分布，则可以模拟实验观测的随磁场变化的原子损耗结果[15]．

表 4.3.1　对于超冷 ^{6}Li 与 ^{40}K 散射体系 $M_F = -3$ 的能量最低碰撞通道，磁场强度在 0～300G 范围内 s 波和 p 波散射 Feshbach 共振的位置和宽度[5]

M_F	实验		渐近束缚态模型	多通道耦合理论	
	B_0/G	ΔB_{exp}/G	B_0/G	B_0/G	ΔB/G
−3	16.1	3.8	13.9	10.5	p 波
	149.2	1.2	149.7	150.2	0.280
	159.5	1.7	159.5	159.6	0.450
	165.9	0.6	166.8	165.9	0.001
	263.0	11.0	260.7	262.0	p 波

4.3.2　利用 DABM 计算的超冷 ^{6}Li 与 ^{40}K 碰撞体系的共振位置和宽度

为了计算 s 波散射 Feshbach 共振宽度，需要使用 DABM 理论．计算共振宽度需要三个参量：开通道结合能 ε_P、引起 Feshbach 共振的束缚态结合能 ε_Q 和开通道与闭通道之间的耦合强度 $\mathcal{K}$．下面介绍如何计算这些参量．

对于超冷原子散射，超精细结构耦合势和塞曼耦合势决定了不同通道的阈值能量．在 DABM 计算中，通过基矢变换，可以把分子角向基矢 $|\sigma\rangle = |SM_S m_{i_\alpha} m_{i_\beta}\rangle$ 变换到原子基矢 $|f_\alpha, m_{f_\alpha}, f_\beta, m_{f_\beta}\rangle$ 表象中，从而确定开通道和闭通道的子空间．然后再进行第二次变换，即对角化 $\mathcal{Q}$ 子空间并保持 $\mathcal{P}$ 子空间不变，得到的本征态为 $\mathcal{Q}$ 子空间的裸束缚态，记作 $\{|\phi_{Q_1}\rangle, |\phi_{Q_1}\rangle, \cdots\}$，相应的本征能量为 $\{\varepsilon_{Q_1}, \varepsilon_{Q_2}, \cdots\}$．这种变换对 $\mathcal{P}$ 子空间不产生任何影响．通过变换可以确定 $\mathcal{H}_{PP}$ 的裸束缚态 $|\Omega_P\rangle$ 和相应的结合能 ε_P．在 $\mathcal{H}_{PP}$ 和 $\mathcal{H}_{QQ}$ 的本征态基矢表象中，很容易确定 $\mathcal{Q}$ 子空间的第 i 个束缚态与开通道束缚态之间的耦合矩阵元 $\langle\phi_{Q_i}|\mathcal{H}_{QP}|\Omega_P\rangle$，然后计算不随能量变化的耦合参数 $A_i = \langle\phi_{Q_i}|\mathcal{H}_{QP}|\Omega_P\rangle\langle\Omega_P^D|\mathcal{H}_{PQ}|\phi_{Q_i}\rangle = \mathcal{K}^2$．只考虑入射通道阈值能量以下的束缚态能量，即 $E < 0$，将 A_i 代入式（4.2.7）中，并利用 $k = \mathrm{i}(2\mu|E|)^{1/2}$ 和 $\kappa_P = (2\mu|\varepsilon_P|)^{1/2}$，给出 $\mathcal{A}(E)$，然后再代入方程（4.2.9）中，得到缀饰束缚态能量．

共振宽度与阈值处的 $\mathcal{K}_{\text{th}}$ 有关．在阈值处求解方程（4.2.9），得到

$$\varepsilon_{Q_i}\varepsilon_P = \mathcal{K}_{\text{th}}^2/2 \tag{4.3.1}$$

式中，$\mathcal{K}_{\text{th}}$ 表示阈值处开通道与闭通道之间的耦合强度．共振宽度为[7]

$$\Delta B = \frac{a^P}{a_{\rm bg}}\left(B_0 - \tilde{B}_0\right) = \frac{1}{a_{\rm bg}} \frac{\mathcal{K}_{\rm th}^2}{2\kappa_P \mid \varepsilon_P \mid \mu_{\rm rel}} \tag{4.3.2}$$

式中，B_0 和 $\tilde{B}_0$ 分别表示缀饰束缚态和裸束缚态与阈值交点处的磁场位置；$\mu_{\rm rel}$ 表示在共振位置处缀饰束缚态的相对碰撞阈值的磁矩.

图 4.3.2 表示超冷 ^{6}Li 与 ^{40}K 散射体系束缚态能量随着磁场的变化曲线[7]. 蓝色点虚线表示开通道束缚态能量 ε_P，红色点虚线表示在图中区域内的五个裸束缚态能量 ε_Q，黑色实线表示缀饰束缚态能量，碰撞阈值的能量为 0，散射连续态位于阈值之上，椭圆灰色阴影区域有三个缀饰束缚态穿过碰撞阈值，反映了在此处发生了三个共振. 计算中使用的优化参数为 $\varepsilon_{\nu=1}^{S=0,l=0}/h = -713\text{MHz}$ 和 $\varepsilon_{\nu=1}^{S=1,l=0}/h = -425\text{MHz}$[7]. 可以看出，考虑开通道与闭通道耦合后的缀饰束缚态能量相对于裸束缚态能量发生的移动，移动的大小与耦合强度有关，移动的距离反映了共振宽度的大小.

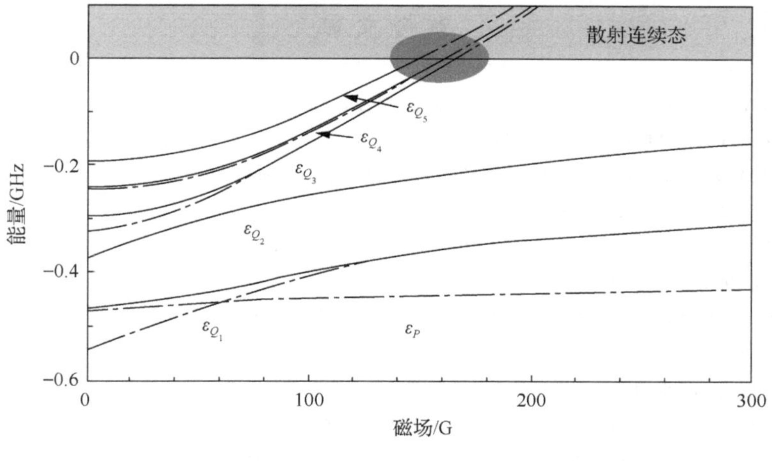

图 4.3.2　超冷 ^{6}Li 与 ^{40}K 散射体系 $M_F = -3$ 束缚态能量随着磁场的变化[7]

（扫封底二维码查看彩图）

表 4.3.2 列出了实验观测与理论计算的超冷 ^{6}Li 和 ^{40}K 散射体系 $M_F = -3$ 最低能量通道中 Feshbach 共振的位置及宽度. 第二、第三列是实验观测值[5]，第四、第五列表示采用 DABM 计算的结果，最后两列表示采用多通道耦合理论精确计算的结果. 可以看出使用 DABM 计算得到的共振宽度要小于多通道耦合理论计算的值，这主要是由于我们只考虑了 a^P 对应的束缚态奇点. 如果在 Mittag-Leffler 展开中考虑虚态的奇点贡献，则开通道与闭通道之间的耦合 $\mathcal{K}$ 增大，从而使得到的 ΔB 更加精确.

表 4.3.2　实验观测与理论计算的超冷 ^{6}Li 与 ^{40}K 散射体系 $M_F = -3$ 最低能量通道中 Feshbach 共振位置及宽度

M_F	实验		DABM		多通道耦合理论	
	B_0/G	ΔB_{exp}/G	B_0/G	ΔB/G	B_0/G	ΔB/G
−3	149.2	1.2	149.1	0.12	150.2	0.28
	159.5	1.7	159.7	0.31	159.6	0.45
	165.9	0.6	165.9	0.0002	165.9	0.001

虽然渐近束缚态模型的计算精度不及多通道耦合理论的计算精度，但它的计算量很小．只需要使用少数几个参数就可以计算共振位置和宽度，并能直观地观测束缚态随磁场的变化．本章介绍的理论模型可以推广到包含多个开通道或者存在开通道共振的复杂情况．

参 考 文 献

[1] Houbiers M, Stoof H T C, McAlexander W I, et al. Elastic and inelastic collisions of ^{6}Li atoms in magnetic and optical traps. Physical Review A, 1998, 57(3): R1497-R1500.

[2] Vogels J M, Verhaar B J, Blok R H. Diabatic models for weakly bound states and cold collisions of ground-state alkali-metal atoms. Physical Review A, 1998, 57(5): 4049-4052.

[3] Hanna T M, Tiesinga E, Julienne P S. Prediction of Feshbach resonances from three input parameters. Physical Review A, 2009, 79(4): 040701.

[4] Moerdijk A J, Verhaar B J, Axelsson A. Resonances in ultracold collisions of ^{6}Li, ^{7}Li, and ^{23}Na. Physics Review A, 1995, 51(6): 4852-4861.

[5] Wille E, Spiegelhalder F M, Kerner G, et al. Exploring an ultracold Fermi-Fermi mixture: Interspecies Feshbach resonances and scattering properties of ^{6}Li and ^{40}K. Physical Review Letters, 2008, 100(5): 053201.

[6] Tiecke T G, Goosen M R, Ludewig A, et al. Broad Feshbach resonance in the ^{6}Li-^{40}K mixture. Physical Review Letters, 2010, 104(5): 053202.

[7] Tiecke T G, Goosen M R, Walraven J T M, et al. Asymptotic-bound-state model for Feshbach resonances. Physics Review A, 2010, 82(4): 042712.

[8] Goosen M R, Tiecke T G, Vassen W, et al. Feshbach resonances in ^{3}He*-^{4}He* mixtures. Physical Review A, 2010, 82(4): 042713.

[9] Tscherbul T V, Calarco T, Lesanovsky I, et al. Rf-field-induced Feshbach resonances. Physics Review A, 2010, 81(5): 050701.

[10] Hanna T M, Tiesinga E, Julienne P S. Creation and manipulation of Feshbach resonances with radiofrequency radiation. New Journal of Physics, 2010, 12(8): 083031.

[11] Knoop S, Schuster T, Scelle R, et al. Feshbach spectroscopy and analysis of the interaction potentials of ultracold sodium. Physical Review A, 2011, 83(4): 042704.

[12] Xie T, Wang G R, Zhang W, et al. Electric-field modulation of the magnetically induced ^{6}Li-^{40}K Feshbach resonance. Physical Review A, 2011, 84(3): 032712.

[13] Schuster T, Scelle R, Trautmann A, et al. Feshbach spectroscopy and scattering properties of ultracold Li+Na mixtures. Physical Review A, 2012, 85(4): 042721.

[14] Xie T, Wang G R, Huang Y, et al. The radio frequency field modulation of magnetically induced heteronuclear Feshbach resonance. Journal Physics B: Atomic, Molecular and Optical Physics, 2012, 45(14): 145302.

[15] Xie T, Wang G R, Zhang W, et al. Effects of an electric field on Feshbach resonances and the thermal-average scattering rate of ^{6}Li-^{40}K collisions. Physical Review A, 2012, 86(3): 032713.

[16] Stan C A, Zwierlein M W, Schunck C H, et al. Observation of Feshbach resonances between two different atomic species. Physical Review Letters, 2004, 93(14): 143001.

[17] Tiesinga E, Moerdijk A J, Verhaar B J, et al. Conditions for Bose-Einstein condensation in magnetically trapped atomic cesium. Physical Review A, 1992, 46(3): R1167-R1170.

[18] Muckerman J T. Some useful discrete variable representations for problems in time-dependent and time-independent quantum mechanics. Chemical Physics Letters, 1990, 173(2-3): 200-205.

[19] Colbert D T, Miller W H. A novel discrete variable representation for quantum mechanical reactive scattering via the *S*-matrix Kohn method. The Journal of Chemical Physics, 1992, 96(3): 1982-1991.

[20] Echave J, Clary D C. Potential optimized discrete variable representation. Chemical Physics Letters, 1992, 190(3-4): 225-230.

[21] Willner K, Dulieu O, Masnou-Seeuws F. Mapped grid methods for long-range molecules and cold collisions. The Journal of Chemical Physics, 2004, 120(2): 548-561.

[22] Kim J, Chen C Y, Dutton R W. An effective algorithm for numerical Schrödinger solver of quantum well structures. Journal of Computational Electron, 2008, 7(1): 1-5.

[23] Moerdijk A J, Verhaar B J. Prospects for Bose-Einstein condensation in atomic ^{7}Li and ^{23}Na. Physical Review Letters, 1994, 73(4): 518-521.

[24] van Kempen E G M, Kokkelmans S J J M F, Heinzen D J, et al. Interisotope determination of ultracold rubidium interactions from three high-precision experiments. Physics Review Letters, 2002, 88(9): 093201.

[25] Verhaar B J, van Kempen E G M, Kokkelmans S J J M F. Predicting scattering properties of ultracold atoms: Adiabatic accumulated phase method and mass scaling. Physical Review A, 2009, 79(3): 032711.

[26] LeRoy R J, Bernstein R B. Dissociation energy and long-range potential of diatomic molecules from vibrational spacings of higher levels. The Journal of Chemical Physics, 1970, 52(8): 3869-3879.

[27] Feshbach H. Unified theory of nuclear reactions. Annals of Physics, 1958, 5(4): 357-390.

[28] Feshbach H. A unified theory of nuclear reactions. II. Annals of Physics, 1962, 19(2): 287-313.

[29] Marcelis B, van Kempen E G M, Verhaar B J, et al. Feshbach resonances with large background scattering length: Interplay with open-channel resonances. Physics Review A, 2004, 70(1): 012701.

[30] Marcelis B, Kokkelmans S J J M F. Fermionic superfluidity with positive scattering length. Physics Review A, 2006, 74(2): 023606.

[31] Marcelis B, Verhaar B, Kokkelmans S. Total control over ultracold interactions via electric and magnetic fields. Physics Review Letters, 2008, 100(15): 153204.

[32] Bhongale S G, Kokkelmans S J J M F, Deutsch I H. Analytic models of ultracold atomic collisions at negative energies for application to confinement-induced resonances. Physics Review A, 2008, 77(5): 052702.

[33] Naik D, Trenkwalder A, Kohstall C, et al. Feshbach resonances in the ^{6}Li-^{40}K Fermi-Fermi mixture: Elastic versus inelastic interactions. The European Physical Journal D, 2011, 65(1-2): 55-65.

[34] Ospelkaus S, Ni K K, Wang D, et al. Quantum-state controlled chemical reactions of ultracold potassium-rubidium molecules. Science, 2010, 327(5967): 853-857.

[35] Molony P K, Gregory P D, Ji Z, et al. Creation of ultracold $^{87}Rb^{133}Cs$ molecules in the rovibrational ground state. Physics Review Letters, 2014, 113(25): 255301.

[36] Guo M Y, Zhu B, Lu B, et al. Creation of an ultracold gas of ground-state dipolar $^{23}Na^{87}Rb$ molecules. Physics Review Letters, 2016, 116(20): 205303.

[37] Derevianko A, Babb J F, Dalgarno A. High-precision calculations of van der Waals coefficients for heteronuclear alkali-metal dimers. Physics Review A, 2001, 63(5): 052704.

[38] Aymar M, Dulieu O. Calculation of accurate permanent dipole moments of the lowest $^{1,3}\Sigma^+$ states of heteronuclear alkali dimers using extended basis sets. The Journal of Chemical Physics, 2005, 122(20): 204302.

第 5 章　多通道量子亏损理论及其应用

本章介绍量子亏损理论（quantum defect theory，QDT）及其在超冷原子散射研究中的应用．最初量子亏损理论是用于研究里德伯原子中电子与核之间的相互作用[1]．后来量子亏损理论被推广到研究负离子光脱附[2]、近阈值双原子分子预解离[3]、原子-分子复合物的预解离[4]等许多物理问题．最近几年，量子亏损理论被广泛地用于研究超冷原子、分子的量子散射过程．研究者已经使用量子亏损理论研究了超冷原子-原子、原子-离子、分子-分子等体系的束缚态能量和散射性质．与多通道耦合理论比较，量子亏损理论极大地减少了数值计算量，能够较精确地描述超冷原子的量子散射过程．

在超冷原子散射过程中，碰撞能很小．以温度开尔文（K）为单位，碰撞能在微开（μK）甚至纳开（nK）量级．在短程区域，两个碰撞原子的电子云发生重叠，原子间电子相互作用很强，碰撞能远小于原子间相互作用势，散射过程主要由相互作用势支配，碰撞能的影响可以忽略．利用这一特点，量子亏损理论定义了一个亏损矩阵 $\boldsymbol{Y}$．当碰撞能在阈值附近时，量子亏损矩阵 $\boldsymbol{Y}$ 几乎不随碰撞能发生变化．

在长程区域，碰撞能大小与原子的超精细耦合势和塞曼耦合势处于同一个量级，碰撞能对散射过程有明显的影响．在长程区域不同通道之间的耦合可以忽略不计．利用这一性质，研究人员在量子亏损理论中引入了四个量子亏损参数 C、$\tan\lambda$、ξ 和 ν，其中 C、$\tan\lambda$ 和 ξ 为描述开通道的参数，ν 为描述闭通道的参数．这四个参数都由单通道势能曲线确定．开通道是指碰撞原子对的能量大于相应通道的阈值能量，闭通道是指碰撞原子对的能量小于相应通道的阈值能量．量子亏损参数随着碰撞能发生变化．在短程区域通道之间的耦合由量子亏损矩阵 $\boldsymbol{Y}$ 来描述，在长程区域散射过程由量子亏损参数来描述．将二者结合起来，既可以计算散射矩阵 $\boldsymbol{S}$，获得散射体系的基本性质，也可以计算阈值之下弱束缚态能级．量子亏损理论将阈值之上的散射过程和阈值之下的过程结合起来，给出散射过程的完整物理图像．

5.1　多通道量子亏损矩阵和量子亏损参数

描述外磁场中两个超冷原子散射过程的哈密顿算符 $\hat{H}$ 为

$$\hat{H} = \hat{T} + \hat{V} + \hat{H}_{\text{Z}} + \hat{H}_{\text{hf}} \tag{5.1.1}$$

式中，$\hat{T}$ 为动能算符；$\hat{V}$ 表示原子间相互作用势；$\hat{H}_{\text{Z}}$ 表示塞曼耦合势；$\hat{H}_{\text{hf}}$ 为超精细耦合势．在不同的核间距处，式（5.1.1）中占据支配地位的相互作用势不同，可以选取不同的通道基矢进行计算．

在长程区域，相互作用势 $\hat{V}$ 趋于零，散射过程主要受 $\hat{H}_{\text{Z}} + \hat{H}_{\text{hf}}$ 支配．渐近通道基矢由分波态 $|l, m_l\rangle$ 和 $\hat{H}_{\text{Z}} + \hat{H}_{\text{hf}}$ 的本征态构造，这里 l 表示两个原子相对运动角动量量子数，m_l 为磁量子数．当不存在外磁场时，$|f_1, m_{f_1}, f_2, m_{f_2}\rangle$ 是 $\hat{H}_{\text{hf}}$ 的本征态，其中 f_1、m_{f_1} 和 f_2、m_{f_2} 表示描述两个原子超精细自旋态的角动量量子数和磁量子数．当存在外磁场时，可以把 $\hat{H}_{\text{Z}} + \hat{H}_{\text{hf}}$ 的本征态表示为 $|f_1, m_{f_1}, f_2, m_{f_2}\rangle$ 态的线性叠加，叠加系数与磁场强度有关．通常，选取磁场方向为空间固定坐标系 Z 轴正方向，在散射过程中，体系总的磁量子数 $M_{\text{T}} = m_{f_1} + m_{f_2} + m_l$ 守恒（即 M_{T} 为好量子数）．

在短程区域，相互作用势 $\hat{V}$ 远大于塞曼耦合势和超精细耦合势．两个原子的电子自旋角动量 $\boldsymbol{s}_1$ 和 $\boldsymbol{s}_2$ 耦合为双原子分子的总电子自旋角动量 $\boldsymbol{S}$，核自旋角动量 $\boldsymbol{i}_1$ 和 $\boldsymbol{i}_2$ 耦合为总的核自旋角动量 $\boldsymbol{I}$．由 S、I、l 和相应的磁量子数 m_S、m_I、m_l 构造的分子基矢为 $|S, m_S; I, m_I; l, m_l\rangle$．在短程区域，使用分子基矢便于计算和分析结果．渐近通道基矢与短程分子基矢可以相互变换[5]，变换矩阵为 $\boldsymbol{U}$.

由基态碱金属原子缔合形成的双原子分子，总的电子自旋角动量量子数 S 有两个可能的取值：S=0，对应分子单重态；S=1，对应分子三重态．图 5.1.1 表示 $^6\text{Li}^{40}\text{K}$ 分子的单重态 $X^1\Sigma^+$ 和三重态 $a^3\Sigma^+$ 势能曲线．在短程区域，$X^1\Sigma^+$ 态和 $a^3\Sigma^+$ 态的势能曲线明显分开．但在长程区域两个电子态的势能曲线均趋近于范德瓦耳斯势 C_6/r^6．从图 5.1.1 可以看出，当 r>15a.u.时，$X^1\Sigma^+$ 态和 $a^3\Sigma^+$ 态的势能曲线重合．根据单重态和三重态势能曲线的这一特点，引入模型势 $V_m(r)$ [6,7]：当 r 大于某一核间距 r_0 时，$V_m(r) = -C_6/r^6$；当 r 小于等于 r_0 时，$V_m(r) \to \infty$．模型势 $V_m(r)$ 的 s 波散射长度与 r_0 有关，后面将给出其具体的表达式．与精确的势能曲线相比，模型势很好地描述了长程相互作用，但忽略了短程的势阱结构．不同的短程相互作用势引起不同的散射相移．散射长度与散射相移有关，在模型势中可以通过调节 r_0 的位置来描述短程势阱的影响．在下面的讨论中，采用满足下列两个条件的

模型势 $V_m(r)$ 来代替实际的单重态和三重态势能函数：①模型势的范德瓦耳斯色散系数 C_6 与真实势能函数的 C_6 相同；②模型势的散射长度与真实势能的散射长度相同.

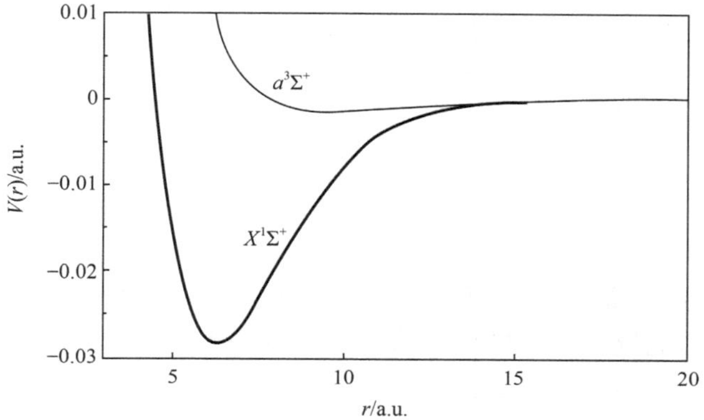

图 5.1.1　$^6Li^{40}K$ 分子的单重态和三重态势能曲线

为了清楚起见，下面先讨论单通道散射情况. 在模型势 $V_m(r)$ 中，折合质量为 μ 的双原子分子满足的薛定谔方程为

$$\left[-\frac{\hbar^2}{2\mu}\frac{\mathrm{d}^2}{\mathrm{d}r^2}+\frac{\hbar^2}{2\mu}\frac{l(l+1)}{r^2}-\frac{C_6}{r^6}-E\right]\Psi_l(r)=0 \tag{5.1.2}$$

式中，E 表示碰撞能. 为了消除方程（5.1.2）中 μ 和 C_6，引入长度和能量的约化单位为

$$\sigma=\left[\frac{2\mu C_6}{\hbar^2}\right]^{1/4},\quad \varepsilon=\frac{\hbar^2}{2\mu\sigma^2} \tag{5.1.3}$$

对核间距 r 和碰撞能 E 做如下变量代换：

$$r=\sigma x,\quad E=\varepsilon e=\varepsilon k^2 \tag{5.1.4}$$

得到与原子种类无关、普适的薛定谔方程为

$$\frac{\mathrm{d}^2\psi_l}{\mathrm{d}x^2}+\left[\frac{1}{x^6}-\frac{l(l+1)}{x^2}+k^2\right]\psi_l=0 \tag{5.1.5}$$

式中，变量 x、e 和 k 分别表示约化的核间距、碰撞能和动量.

使用米尔恩（Milne）相幅公式，给出方程（5.1.5）的一对线性无关的解 $f(x)$ 和 $g(x)$ 为

$$f(x)=\alpha(x)\sin\beta(x)=\alpha(x)\sin\left[\int_{x_0}^{x}\frac{1}{\alpha(x')^2}\mathrm{d}x'\right] \tag{5.1.6a}$$

$$g(x)=\alpha(x)\cos\beta(x)=\alpha(x)\cos\left[\int_{x_0}^{x}\frac{1}{\alpha(x')^2}\mathrm{d}x'\right] \tag{5.1.6b}$$

式中，$x_0=r_0/\sigma$. 米尔恩幅度函数 $\alpha(x)$ 和相函数 $\beta(x)$分别是方程

$$\frac{\mathrm{d}^2\alpha}{\mathrm{d}x^2}+\left[\frac{1}{x^6}-\frac{l(l+1)}{x^2}+k^2\right]\alpha=\frac{1}{\alpha^3} \tag{5.1.7}$$

和

$$\frac{\mathrm{d}\beta}{\mathrm{d}x}=\frac{1}{\alpha^2} \tag{5.1.8}$$

的解.

选取不同的边界条件求解方程（5.1.5），可以得到不同的解. 对于开通道（$E>0$），还可以定义一组能量归一化的解 $s(x)$和 $c(x)$. 这两个解的渐近形式为

$$s(x)\xrightarrow{x\to\infty}K^{-1/2}\sin(Kx-l\pi/2+\xi) \tag{5.1.9a}$$

$$c(x)\xrightarrow{x\to\infty}K^{-1/2}\cos(Kx-l\pi/2+\xi) \tag{5.1.9b}$$

式中，$K=\sqrt{k^2+1/x^6}$；ξ 表示散射相移. 对于闭通道（$E<0$），在渐近区域具有物理意义的解 $\phi(x)$按指数函数衰减，即

$$\phi(x)\xrightarrow{x\to\infty}\mathrm{e}^{-|K|x}\Big/\left(2\sqrt{|K|}\right) \tag{5.1.10}$$

方程（5.1.5）的两组解$f(x)$、$g(x)$和 $s(x)$、$c(x)$、$\phi(x)$用途不同. 在推导量子亏损矩阵表达式时将用到$f(x)$和 $g(x)$，当计算散射矩阵 $\boldsymbol{S}$ 时将用到 $s(x)$、$c(x)$和 $\phi(x)$. 两组解满足下列关系式：

$$s(x)=C^{-1}f(x),\quad k\geqslant 0 \tag{5.1.11a}$$

$$c(x)=C^{-1}\left[g(x)+f(x)\tan\lambda\right],\quad k\geqslant 0 \tag{5.1.11b}$$

$$\phi(x)=\mathcal{N}\left[f(x)\cos\nu-g(x)\sin\nu\right],\quad k<0 \tag{5.1.11c}$$

式中，C、$\tan\lambda$ 和 ν 表示量子亏损参数；$\mathcal{N}$ 为归一化系数. 从方程（5.1.11）可以看出，C 和 $\tan\lambda$ 由开通道函数 $s(x)$和 $c(x)$给出定义，ν 由闭通道函数 $\phi(x)$给出定义.

当 $E=0$ 时，方程（5.1.5）的解析解已经求出[8]. 在 $E=0$ 处，米尔恩幅度函数 $\alpha(x)$ 的表达式为

$$\alpha_l^{E=0}(x)=\frac{1}{2}\sqrt{\pi x}\sqrt{\left[\mathrm{J}_{\frac{2l+1}{4}}\left(\frac{1}{2x^2}\right)\right]^2+\left[\mathrm{Y}_{\frac{2l+1}{4}}\left(\frac{1}{2x^2}\right)\right]^2} \tag{5.1.12}$$

式中，$\mathrm{J}_{\frac{2l+1}{4}}$ 表示贝塞尔函数；$\mathrm{Y}_{\frac{2l+1}{4}}$ 表示诺依曼函数[9]. 根据 $E=0$ 时薛定谔方程

的解和散射长度的定义，可以得到 s 波散射长度 a 与位置 x_0 的关系式为

$$a=\bar{a}\left[1-\frac{\mathrm{Y}_{1/4}\left(\frac{1}{2x_0^2}\right)}{\mathrm{J}_{1/4}\left(\frac{1}{2x_0^2}\right)}\right] \tag{5.1.13}$$

式中，$\bar{a}=2\pi/\Gamma(1/4)^2$ 表示平均散射长度（mean scattering length）[8].

在量子亏损理论中需要为每个通道选取一个参考势 V_{ref}[10]. 参考势的长程表达式必须和原通道势能曲线的长程表达式相同，参考势的短程表达式可任意选取. 下面仍然选取模型势 $V_m(x)$作为参考势. 采用模型势 $V_m(x)$代替实际的单重态和三重态势能函数，模型势的 C_6 系数和无限高势垒的位置 $r_0(x_0)$都是确定的. 当使用模型势作为参考势时，要求 V_m 的 C_6 系数与原通道势函数的 C_6 系数相同，但无限高势垒的位置 $r_{\mathrm{ref}}(x_{\mathrm{ref}})$可以任意选取. 使用式（5.1.6）可以得到参考势 V_{ref}满足的薛定谔方程的一对线性无关的解 f_{ref} 和 g_{ref}. 在长程区域，使用 $f_{\mathrm{ref}}(x)$和 $g_{\mathrm{ref}}(x)$把原通道的解 $f(x)$和 $g(x)$表示为

$$\begin{aligned}
f(x)&=\alpha(x)\sin\left[\int_{x_0}^{x}\frac{1}{\alpha(x')^2}\mathrm{d}x'\right]\\
&=\alpha(x)\sin\left[\int_{x_0}^{x_{\mathrm{ref}}}\frac{1}{\alpha(x')^2}\mathrm{d}x'\right]\cos\left[\int_{x_{\mathrm{ref}}}^{x}\frac{1}{\alpha(x')^2}\mathrm{d}x'\right]\\
&\quad+\alpha(x)\cos\left[\int_{x_0}^{x_{\mathrm{ref}}}\frac{1}{\alpha(x')^2}\mathrm{d}x'\right]\sin\left[\int_{x_{\mathrm{ref}}}^{x}\frac{1}{\alpha(x')^2}\mathrm{d}x'\right]\\
&=\cos\left[\int_{x_0}^{x_{\mathrm{ref}}}\frac{1}{\alpha(x')^2}\mathrm{d}x'\right]f_{\mathrm{ref}}(x)+\sin\left[\int_{x_0}^{x_{\mathrm{ref}}}\frac{1}{\alpha(x')^2}\mathrm{d}x'\right]g_{\mathrm{ref}}(x)
\end{aligned} \tag{5.1.14a}$$

$$\begin{aligned}
g(x)&=\alpha(x)\cos\left[\int_{x_0}^{x}\frac{1}{\alpha(x')^2}\mathrm{d}x'\right]\\
&=\alpha(x)\cos\left[\int_{x_0}^{x_{\mathrm{ref}}}\frac{1}{\alpha(x')^2}\mathrm{d}x'\right]\cos\left[\int_{x_{\mathrm{ref}}}^{x}\frac{1}{\alpha(x')^2}\mathrm{d}x'\right]\\
&\quad-\alpha(x)\sin\left[\int_{x_0}^{x_{\mathrm{ref}}}\frac{1}{\alpha(x')^2}\mathrm{d}x'\right]\sin\left[\int_{x_{\mathrm{ref}}}^{x}\frac{1}{\alpha(x')^2}\mathrm{d}x'\right]\\
&=\cos\left[\int_{x_0}^{x_{\mathrm{ref}}}\frac{1}{\alpha(x')^2}\mathrm{d}x'\right]g_{\mathrm{ref}}(x)-\sin\left[\int_{x_0}^{x_{\mathrm{ref}}}\frac{1}{\alpha(x')^2}\mathrm{d}x'\right]f_{\mathrm{ref}}(x)
\end{aligned} \tag{5.1.14b}$$

使用式（5.1.14）可以得到解析的量子亏损矩阵.

下面讨论多通道散射情况．在长程区域，具有 N 个通道的径向薛定谔方程的解为[10]

$$\boldsymbol{F}(x)=[\boldsymbol{f}_{\rm ref}(x)+\boldsymbol{g}_{\rm ref}(x)\boldsymbol{Y}(E)]\boldsymbol{A} \tag{5.1.15}$$

式中，$\boldsymbol{f}_{\rm ref}(x)={\rm diag}\left[f_{\rm ref}^{i}(x)\right]$ 和 $\boldsymbol{g}_{\rm ref}(x)={\rm diag}\left[g_{\rm ref}^{i}(x)\right]$ 表示对角矩阵；$f_{\rm ref}^{i}(x)$ 和 $g_{\rm ref}^{i}(x)$ 表示第 i 个通道参考势的解；$\boldsymbol{A}$ 为归一化矩阵；$\boldsymbol{Y}(E)$表示量子亏损矩阵．与散射矩阵 $\boldsymbol{S}$ 相比，$\boldsymbol{Y}(E)$在 $E>0$ 和 $E<0$ 情况下都有定义，且在阈值附近几乎不随着能量发生变化，即 $\boldsymbol{Y}(E)\approx\boldsymbol{Y}(E=0)$．

在短程区域，塞曼耦合势 $\hat{H}_{\rm Z}$、超精细耦合势 $\hat{H}_{\rm hf}$ 都远小于相互作用势 $\hat{V}$．若忽略哈密顿算符（5.1.1）中的 $\hat{H}_{\rm Z}$ 和 $\hat{H}_{\rm hf}$，则在分子基矢表象中量子亏损矩阵可表示为一个对角矩阵 $\boldsymbol{Y}^{\rm mol}$．根据方程（5.1.14），当 $E=0$ 时 $\boldsymbol{Y}^{\rm mol}$ 的对角矩阵元为

$$Y_{\nu\nu}^{\rm mol}=\tan\left[\int_{x_{a_{S(\nu)}}}^{x_{\rm ref}}\frac{1}{\alpha(x)^2}{\rm d}x\right] \tag{5.1.16}$$

式中，$S(\nu)$表示处于通道 ν 中两个原子总的电子自旋角动量量子数．S 有两个可能的取值：S=0 和 1．$a_{S(\nu)}$表示通道的散射长度，$a_{S(\nu)}=a_0$ 和 a_1 分别表示单重态和三重态散射长度．令所有通道参考势的散射长度都相同（即所有通道参考势的 $x_{\rm ref}$ 相同），把阈值处米尔恩幅度函数的表达式（5.1.12）代入式（5.1.16）中，得到分子基矢表象中阈值量子亏损矩阵 $\boldsymbol{Y}^{\rm mol}$（$E=0$）．使用基矢变换矩阵 $\boldsymbol{U}$，渐近基矢表象中阈值量子亏损矩阵 $\boldsymbol{Y}$ 可以表示为 $\boldsymbol{Y}=\boldsymbol{U}\boldsymbol{Y}^{\rm mol}\boldsymbol{U}^{\dagger}$．这样我们不需要求解耦合薛定谔方程，就可以得到量子亏损矩阵 $\boldsymbol{Y}$．

从式（5.1.16）可以看出，量子亏损矩阵 $\boldsymbol{Y}$ 随着 $x_{\rm ref}$ 发生变化．由式（5.1.9）和式（5.1.11）定义的量子亏损参数 ξ、C、$\tan\lambda$ 和 ν 也随着 $x_{\rm ref}$ 发生变化，但由 $\boldsymbol{Y}$、ξ、C、$\tan\lambda$ 和 ν 计算的散射矩阵 $\boldsymbol{S}$ 不随着 $x_{\rm ref}$ 发生变化[10]，因此参考势的散射长度 $a_{\rm ref}$ 可以取任意值［相应的 $x_{\rm ref}$ 由式（5.1.13）计算］．在后面的数值计算中，选取 $a_{\rm ref}$ 的值为无穷大．在这种极限情况下量子亏损参数遵循的阈值法则与 $a_{\rm ref}$ 取有限值时的阈值法则完全不同．利用量子亏损参数和上面推导的解析量子亏损矩阵，可以研究超冷原子散射的基本性质，计算散射阈值之下的弱束缚态能级，并计算 Feshbach 共振的位置．

利用式（5.1.7）和式（5.1.8）求出模型势 $V_m(x)$对应的幅度函数 $\alpha(x)$和相函数 $\beta(x)$，然后根据式（5.1.6）求出函数 $f(x)$和 $g(x)$，最后再根据式（5.1.9）和式（5.1.11）求出量子亏损参数 ξ、C、$\tan\lambda$ 和 ν．当 a 取有限值时，$\tan\xi\xrightarrow{k\to0}-ka$，即当碰撞能 E 趋于 0 时，$\tan\xi$ 也趋于 0；当 $a\to\infty$时，在阈值附近 $|\tan\xi|$ 正比于 k^{-1}．当 a 取有限值时，$1/C^2$ 和 $\tan\lambda$ 遵循的阈值规则为

$$C^{-2}\xrightarrow{k\to0}\bar{a}k\left[1+(a/\bar{a}-1)^2\right] \tag{5.1.17}$$

$$\tan\lambda\xrightarrow{k\to0}1-a/\bar{a} \tag{5.1.18}$$

当 $a \to \infty$时，使用范德瓦耳斯理论[13]，得到

$$C^{-2} \xrightarrow{k\to 0} 1/(\bar{a}k) \tag{5.1.19}$$

$$\tan\lambda \xrightarrow{k\to 0} 1-1/(3\bar{a}^2) \tag{5.1.20}$$

$a \to \infty$意味着在阈值（$E=0$）处有一个 s 波束缚态[14]．相应地，在阈值处 $\tan\nu$ 的值为 0[10]．

5.2　量子亏损理论在超冷原子散射中的应用

在求出量子亏损参数之后，使用解析的量子亏损矩阵，可以研究超冷原子散射性质及其相关问题．本节以磁场调控超冷 ^{6}Li 与 ^{40}K 散射为例来说明量子亏损理论的应用．在实验上已经观测到超冷^{6}Li与^{40}K散射体系的Feshbach共振[15,16]．该体系的有关参数如下：单重态与三重态散射长度分别为 52.1a.u.和 63.5a.u.，折合质量为 9530.4a.u.，范德瓦耳斯色散系数 C_6 为 2332a.u.．根据式（5.1.3）给出 σ =81.56a.u.和 $\varepsilon = 7.886\times10^{-9}$a.u.（约等于 2490.28μK）．

在散射过程中，$M_{\rm T}$ 是一个好量子数，所有 $M_{\rm T}$ 相同的通道由 $\hat{H}$ 耦合在一起．表 5.2.1 列出了 $M_{\rm T}=-4$ 的所有耦合通道．表中采用无磁场情况下超冷原子的量子数 f_1、f_2、m_{f_1} 和 m_{f_2} 来标记量子态．在磁场中，^{6}Li 原子和 ^{40}K 原子的能级发生塞曼分裂，如图 5.2.1 和图 5.2.2 所示．使用字母 a、b、c、…依次标记能量由低到高的塞曼能级．表 5.2.1 中 α 表示两个原子各自的塞曼能级．图 5.2.3 表示 $M_{\rm T}=-4$ 所有通道的长程势能曲线．从图 5.2.3 中可以看出，在没有磁场情况下，某些通道是简并的（虚线）；加上磁场后，简并消除（实线）．

表 5.2.1　超冷 ^{6}Li 与 ^{40}K 散射体系 $M_{\rm T}=-4$ 的所有耦合通道

α	f_1	f_2	m_{f_1}	m_{f_2}
aa	1/2	9/2	+1/2	−9/2
bb	1/2	9/2	−1/2	−7/2
cc	3/2	9/2	−3/2	−5/2
db	3/2	9/2	−1/2	−7/2
ea	3/2	9/2	+1/2	−9/2
br	1/2	7/2	−1/2	−7/2
cq	3/2	7/2	−3/2	−5/2
dr	3/2	7/2	−1/2	−7/2

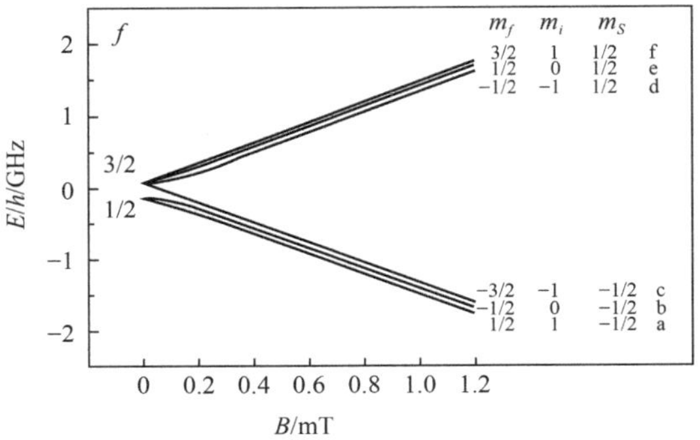

图 5.2.1　^{6}Li 原子的塞曼能级

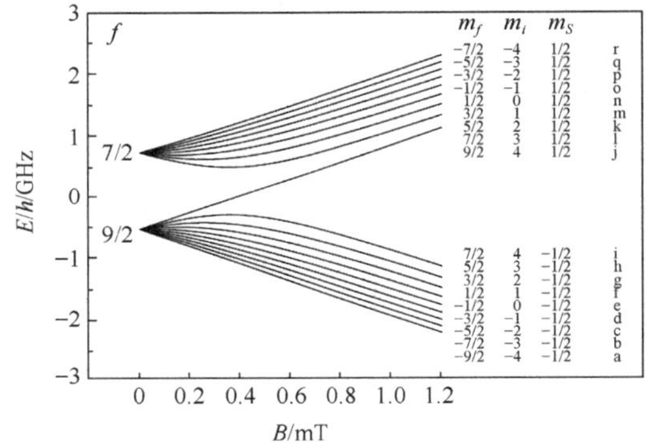

图 5.2.2　^{40}K 原子的塞曼能级

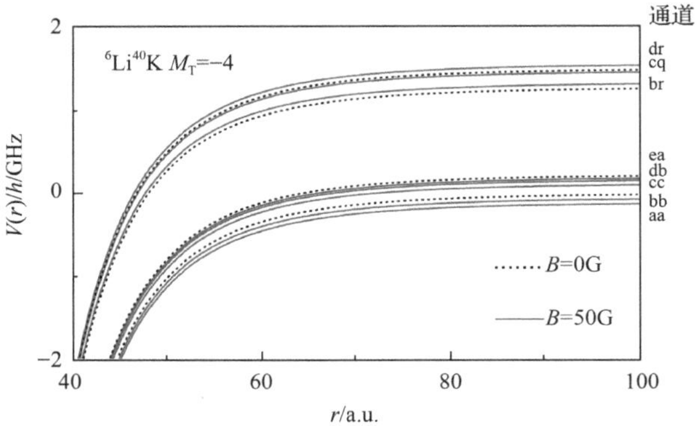

图 5.2.3　$M_T = -4$ 所有通道的长程势能曲线

图 5.2.4（a）表示使用解析的量子亏损矩阵计算的通道 aa 的 s 波散射长度随

着磁场强度 B 的变化曲线．在 $B = 16.10\text{mT}$ 和 17.11mT 处发生共振，散射长度趋近于无穷大．图 5.2.4（b）中实线表示束缚态能级．结合图 5.2.4（a）、（b）可以看出，在 Feshbach 共振位置，束缚态能级与阈值能量发生交叉．

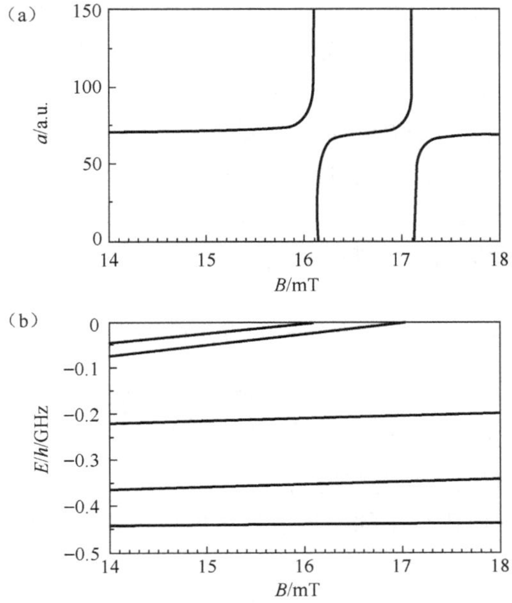

图 5.2.4　超冷 ^{6}Li 与 ^{40}K 散射体系 $M_T = -4$ 散射长度和束缚态能级随着磁场强度的变化曲线[17]

（a）通道 aa 的散射长度．（b）束缚态能级

5.3　量子亏损理论在超冷分子散射中的应用

本节介绍采用多通道量子亏损理论研究外场调控超冷极性分子 $^{40}\text{K}^{87}\text{Rb}$ 的碰撞反应：

$$^{40}\text{K}^{87}\text{Rb} + ^{40}\text{K}^{87}\text{Rb} \rightarrow ^{40}\text{K}_2 + ^{87}\text{Rb}_2 \qquad (5.3.1)$$

该反应是一个放热反应，释放大约 10cm^{-1} 的能量[18]．在分子碰撞过程中，体系总的波函数由两部分组成：一部分描述两个分子各自的状态，另一部分描述两个分子间的相对运动（分波态）．分子态由振动量子数、转动量子数、电子与核自旋量子数、总角动量量子数来确定．描述分子间相对运动的量子态由分波量子数确定．一般来说，分子散射过程涉及多个电子态和多个通道．在短程区域不同通道之间将发生耦合，在长程区域通道之间的耦合很弱．当两个分子相互接近到一定距离时，可能发生：①非弹性碰撞和化学反应，引起入射通道损失；

②弹性散射，散射后两个分子彼此分开，体系仍处于入射通道，但散射波函数的相位将发生变化．因此，可以将分子碰撞简化成一个单通道问题，其他通道的影响由一个短程损失参数来描述．

外电场可以耦合不同的分波态$\left|l, m_l\right\rangle$，其中 l 表示分子之间转动量子数，m_l为磁量子数．$^{40}K^{87}Rb$ 是费米子分子，根据全同性原理[19]，两个处于相同量子态的 $^{40}K^{87}Rb$ 分子发生碰撞，l 取奇数值，即 $l = 1, 3, 5, \cdots$，取电场方向为坐标系 Z 轴，m_l是一个好量子数．实验制备的 $^{40}K^{87}Rb$ 分子的温度约为几百纳开（nK）[20]．在无外电场情况下，p 波势垒高度约为 24μK，已经远大于分子的碰撞能．对于其他高阶分波态，势垒的高度更高，入射波很难穿过势垒进入短程区域并发生碰撞．因此，在计算中只需要考虑 p 波散射，可以忽略其他高阶分波散射的影响．

处于分波态$\left|l=1, m_l=0\right\rangle$的两个分子，其长程相互作用势为

$$V_l(r) = \frac{l(l+1)\hbar^2}{2\mu r^2} - \frac{C_6}{r^6} - \frac{C_3}{r^3} \tag{5.3.2}$$

式中，μ 表示折合质量；C_6 为范德瓦耳斯色散系数[21]；C_3 表示分子间偶极-偶极相互作用系数，其取值由分子的电场诱导电偶极矩 d 计算[22,23]，即

$$C_3 = \frac{d^2}{5\pi\varepsilon_0} \tag{5.3.3}$$

在计算分子通过长程区域到达反应区域的概率时，可以不考虑短程相互作用势的具体形式．选取一个截断位置 r_0，当 $r < r_0$ 时，相互作用势取无穷大；当 $r > r_0$ 时，相互作用势为 $V_l(r)$．在不存在外电场情况下，分子之间不存在偶极-偶极相互作用，式（5.3.2）中 $V_l(r)$只包括前两项，入射通道的散射长度 a 决定了截断位置 r_0 的取值．描述分子散射过程的薛定谔方程约化为

$$\left[-\frac{\hbar^2}{2\mu}\frac{\mathrm{d}^2}{\mathrm{d}r^2} + \frac{\hbar^2}{2\mu}\frac{l(l+1)}{r^2} - \frac{C_6}{r^6} - \frac{C_3}{r^3} - E\right]\psi_l(r) = 0 \tag{5.3.4}$$

式中，E 表示碰撞能．波函数 $\psi_l(r)$是一个随着 r 振荡的函数．势阱越深，振荡得越剧烈．这种振荡将影响数值计算的精度．为此，把求解薛定谔方程（5.3.4）替换为求解由它衍生出来的米尔恩方程[24]：

$$\left[\frac{\mathrm{d}^2}{\mathrm{d}r^2} - \frac{l(l+1)}{r^2} + \frac{\beta_6^4}{r^6} + \frac{\beta_3}{r^3} + k^2\right]\alpha(r) = \frac{1}{\alpha(r)^3} \tag{5.3.5a}$$

$$\frac{\mathrm{d}\beta(r)}{\mathrm{d}r} = \frac{1}{\alpha(r)^2} \tag{5.3.5b}$$

式中，$\beta_6=(2\mu C_6/\hbar^2)^{1/4}$；$\beta_3=2\mu C_3/\hbar^2$；$k^2=2\mu E/\hbar^2$；$\alpha(r)$ 和 $\beta(r)$ 分别为米尔恩幅度函数和相函数. 若已知函数 $\alpha(r)$ 和 $\beta(r)$，则可以根据下列关系式得到方程(5.3.4)的一对线性无关的解：

$$f(r)=\alpha(r)\cos\beta(r) \tag{5.3.6a}$$

$$g(r)=\alpha(r)\sin\beta(r) \tag{5.3.6b}$$

反之，若已知方程（5.3.4）的一对线性无关的解 $f(r)$和 $g(r)$，则可以根据下面的关系式计算米尔恩幅度函数 $\alpha(r)$ 和相函数 $\beta(r)$：

$$\alpha(r)=W^{-1/2}\sqrt{f(r)^2+g(r)^2} \tag{5.3.7a}$$

$$\beta(r)=\int\frac{1}{\alpha^2(r')}\mathrm{d}r' \tag{5.3.7b}$$

式中，W 表示函数 $f(r)$和 $g(r)$的朗斯基行列式. 下面将使用方程（5.3.7）给出用于计算米尔恩幅度函数和相函数的边界条件.

5.3.1 米尔恩方程的边界条件

在式(5.3.2)表示的模型势中，离心势 $l(l+1)\hbar^2/(2\mu r^2)$为排斥势，混合势$-C_6/r^6-C_3/r^3$ 为吸引势，二者相互竞争，产生一个势垒. 把势垒出现的分子间距标记为 r_b. 在正常情况下，米尔恩幅度函数 $\alpha(r)$ 是一个随 r 单调变化的函数. 但在势垒附近，$\alpha(r)$ 发生振荡[11]，这种振荡会影响计算的精度. Lee 等[25]指出，将整个分子间距空间以 r_b 为界分为左右两部分，两部分函数 $\alpha(r)$ 都不发生振荡. 下面推导 $\alpha(r)$ 在左右两部分所满足的边界条件.

当分子间距很小时，范德瓦耳斯势 C_6/r^6 远大于离心势、偶极-偶极相互作用势和碰撞能三者之和，即 $C_6/r^6>>l(l+1)\hbar^2/(2\mu r^2)-C_3/r^3-E$. 在这种情况下，薛定谔方程（5.3.4）简化为

$$\left(-\frac{\hbar^2}{2\mu}\frac{\mathrm{d}^2}{\mathrm{d}r^2}-\frac{C_6}{r^6}\right)\psi_l(r)=0 \tag{5.3.8}$$

当 $r\to 0$ 时，方程（5.3.8）的解为[26]

$$f_{c6}\xrightarrow{r\to 0}\beta_6^{-1}r^{3/2}\cos\left[\frac{1}{2}(r/\beta_6)^{-2}-\frac{\pi}{4}\right] \tag{5.3.9a}$$

$$g_{c6}\xrightarrow{r\to 0}-\beta_6^{-1}r^{3/2}\sin\left[\frac{1}{2}(r/\beta_6)^{-2}-\frac{\pi}{4}\right] \tag{5.3.9b}$$

可以验证，函数 f_{c6} 和 g_{c6} 的朗斯基行列式为 1．根据式（5.3.7a），幅度函数 $\alpha(r)$ 满足

$$\alpha(r) \xrightarrow{r\to 0} \beta_6^{-1} r^{3/2} \tag{5.3.10}$$

在 $r > r_b$ 的区域，定义一个长度尺度 r_{cent}．当 $r > r_{cent}$ 时，范德瓦耳斯势、偶极-偶极相互作用势之和 $C_6/r^6 + C_3/r^3$ 远小于离心势 $l(l+1)\hbar^2/(2\mu r^2)$. 在 $r > r_{cent}$ 区域，薛定谔方程（5.3.4）可近似地表示为

$$\left[-\frac{\hbar^2}{2\mu}\frac{\mathrm{d}^2}{\mathrm{d}r^2} + \frac{\hbar^2}{2\mu}\frac{l(l+1)}{r^2} - E\right]\psi_l(r) = 0 \tag{5.3.11}$$

方程（5.3.11）的解为[27]

$$f_{cent}(r) = kr\mathrm{j}_l(kr)/\sqrt{k} \tag{5.3.12a}$$

$$g_{cent}(r) = kr\mathrm{y}_l(kr)/\sqrt{k} \tag{5.3.12b}$$

式中，j_l 和 y_l 表示球贝塞尔函数. 同理，函数 $f_{cent}(r)$ 和 $g_{cent}(r)$ 的朗斯基行列式为 1. 根据式（5.3.7a），在 $r > r_{cent}$ 区域，函数 $\alpha(r)$ 为

$$\alpha(r) \xrightarrow{r > r_{cent}} \sqrt{f_{cent}^2(r) + g_{cent}^2(r)} \tag{5.3.13}$$

5.3.2　参数矩阵 $\boldsymbol{D}_{c3}$ 和 $\boldsymbol{D}_{cent}$

引入另一个长度尺度 r_{c3}：当 $r > r_{c3}$ 时，偶极-偶极相互作用势 C_3/r^3 远大于范德瓦耳斯势 C_6/r^6．在这种情况下，薛定谔方程（5.3.4）变为

$$\left[-\frac{\hbar^2}{2\mu}\frac{\mathrm{d}^2}{\mathrm{d}r^2} + \frac{\hbar^2}{2\mu}\frac{l(l+1)}{r^2} - \frac{C_3}{r^3} - E\right]\psi_l(r) = 0 \tag{5.3.14}$$

方程（5.3.14）的一对线性无关的解析解已经由 Gao[28]求出，下面将其标记为 f_{c3} 和 g_{c3}．在 $r > r_{c3}$ 区域，把薛定谔方程（5.3.4）的解 $f(r)$ 和 $g(r)$ 表示为 $f_{c3}(r)$ 和 $g_{c3}(r)$ 的线性叠加：

$$f(r) = D_{aa} f_{c3}(r) + D_{ab} g_{c3}(r) \tag{5.3.15a}$$

$$g(r) = D_{ba} f_{c3}(r) + D_{bb} g_{c3}(r) \tag{5.3.15b}$$

式中，系数 D_{aa}、D_{ab}、D_{ba} 和 D_{bb} 为矩阵 $\boldsymbol{D}_{c3}$ 的矩阵元：

$$\begin{bmatrix} D_{aa} & D_{ab} \\ D_{ba} & D_{bb} \end{bmatrix} \equiv \boldsymbol{D}_{c3} \tag{5.3.16}$$

这些系数有一个重要的性质：它们在阈值附近几乎不随着碰撞能变化.

在 $r > r_{\text{cent}}$ 情况下，使用前面引入的函数 f_{cent} 和 g_{cent}，把 $f(r)$ 和 $g(r)$ 表示为

$$f(r) = D_{mm} f_{\text{cent}}(r) + D_{mn} g_{\text{cent}}(r) \tag{5.3.17a}$$

$$g(r) = D_{nm} f_{\text{cent}}(r) + D_{nn} g_{\text{cent}}(r) \tag{5.3.17b}$$

式中，系数 D_{mm}、D_{mn}、D_{nm} 和 D_{nn} 为矩阵 $\boldsymbol{D}_{\text{cent}}$ 的矩阵元：

$$\begin{bmatrix} D_{mm} & D_{mn} \\ D_{nm} & D_{nn} \end{bmatrix} \equiv \boldsymbol{D}_{\text{cent}} \tag{5.3.18}$$

下面使用系数矩阵 $\boldsymbol{D}_{\text{c3}}$ 来计算入射波函数在长程相互作用区域的反射和透射幅度. 为了清楚起见，先来推导系数矩阵 $\boldsymbol{D}_{\text{cent}}$ 和 $\boldsymbol{D}_{\text{c3}}$ 之间的关系式.

根据球贝塞尔函数的渐近形式[9]，$f_{\text{cent}}(r)$ 和 $g_{\text{cent}}(r)$ 的渐近表达式为

$$f_{\text{cent}}(r) \xrightarrow{r \gg r_{\text{cent}}} \frac{1}{\sqrt{k}} \sin\left(kr - \frac{l\pi}{2}\right) \tag{5.3.19a}$$

$$g_{\text{cent}}(r) \xrightarrow{r \gg r_{\text{cent}}} -\frac{1}{\sqrt{k}} \cos\left(kr - \frac{l\pi}{2}\right) \tag{5.3.19b}$$

当 $r \to \infty$ 时，函数 $f_{\text{c3}}(r)$ 和 $g_{\text{c3}}(r)$ 的表达式为[28,29]

$$f_{\text{c3}}(r) \xrightarrow{r \to \infty} \frac{1}{\sqrt{k}} \left[Z_{ff} \sin\left(kr - \frac{l\pi}{2}\right) - Z_{fg} \cos\left(kr - \frac{l\pi}{2}\right) \right] \tag{5.3.20a}$$

$$g_{\text{c3}}(r) \xrightarrow{r \to \infty} \frac{1}{\sqrt{k}} \left[Z_{gf} \sin\left(kr - \frac{l\pi}{2}\right) - Z_{gg} \cos\left(kr - \frac{l\pi}{2}\right) \right] \tag{5.3.20b}$$

式中

$$Z_{ff} = \frac{1}{\sqrt{2}\cos(\pi\nu)} \left[\frac{\varsigma}{G(-\nu)} + \frac{1}{G(\nu)} \left(\varsigma \cos(\pi\nu) + \eta \sin(\pi\nu) \right) \right] \tag{5.3.21a}$$

$$Z_{fg} = \frac{1}{\sqrt{2}\cos(\pi\nu)} \left[\frac{\eta}{G(-\nu)} - \frac{1}{G(\nu)} \left(\varsigma \sin(\pi\nu) - \eta \cos(\pi\nu) \right) \right] \tag{5.3.21b}$$

$$Z_{gf} = \frac{1}{\sqrt{2}\sin(\pi\nu)} \left[\frac{\varsigma}{G(-\nu)} - \frac{1}{G(\nu)} \left(\varsigma \cos(\pi\nu) + \eta \sin(\pi\nu) \right) \right] \tag{5.3.21c}$$

$$Z_{gg} = \frac{1}{\sqrt{2}\sin(\pi\nu)} \left[\frac{\eta}{G(-\nu)} + \frac{1}{G(\nu)} \left(\varsigma \sin(\pi\nu) - \eta \cos(\pi\nu) \right) \right] \tag{5.3.21d}$$

式中，ν、ς、η 和 G 都是碰撞能 E 的函数[28,29]. 需要说明一点，为了与米尔恩幅度函数和相函数相区分，这里把文献[28]、[29]中的函数 α 和 β 标记为 ς 和 η. 使用式（5.3.15）、式（5.3.17）和渐近表达式（5.3.19）、式（5.3.20），得到系数矩阵 $\boldsymbol{D}_{\text{cent}}$ 和 $\boldsymbol{D}_{\text{c3}}$ 之间的关系式为

$$\boldsymbol{D}_{\text{cent}}=\boldsymbol{D}_{\text{c3}}\boldsymbol{Z} \tag{5.3.22}$$

式中

$$\begin{bmatrix} Z_{ff} & Z_{fg} \\ Z_{gf} & Z_{gg} \end{bmatrix} \equiv \boldsymbol{Z} \tag{5.3.23}$$

图 5.3.1 表示系数矩阵 $\boldsymbol{D}_{\text{cent}}$ 和 $\boldsymbol{D}_{\text{c3}}$ 的矩阵元 D_{mm}、D_{mn}、D_{nm}、D_{nn}、D_{aa}、D_{ab}、D_{ba}、D_{bb} 随着碰撞能 E 的变化曲线[30]．图中碰撞能以温度的量纲给出，单位为纳开（nK）．对于 $^{40}\text{K}^{87}\text{Rb}+^{40}\text{K}^{87}\text{Rb}$ 体系，折合质量为μ=115638a.u.，范德瓦耳斯色散系数为 C_6=16133a.u.．偶极-偶极相互作用系数 C_3 的取值与电场诱导电偶极矩的取值有关．在图 5.3.1 中，C_3 取为 1.5166×10^{-2}a.u.，相应的电场诱导电偶极矩为 0.35D．入射通道散射长度 a 的取值为β_6．图 5.3.1（a）表示由函数 $f(r)$定义的系数 D_{mm}、D_{mn}、D_{aa} 和 D_{ab} 随碰撞能的变化曲线；图 5.3.1（b）表示由函数 $g(r)$定义的系数 D_{nm}、D_{nn}、D_{ba} 和 D_{bb} 随碰撞能的变化曲线．图 5.3.1 中，属于 $\boldsymbol{D}_{\text{c3}}$ 的系数用灰色线表示，属于 $\boldsymbol{D}_{\text{cent}}$ 的系数用黑色线表示．在同一幅图中，用实线和虚线来区分属于同一系数矩阵的两个量．从图 5.3.1 中可以看出，系数 D_{mm}、D_{mn}、D_{nm} 和 D_{nn} 随着碰撞能发生变化．相比之下，系数 D_{aa}、D_{ab}、D_{ba} 和 D_{bb} 几乎不随着碰撞能变化，在阈值附近可以近似地视为常数．

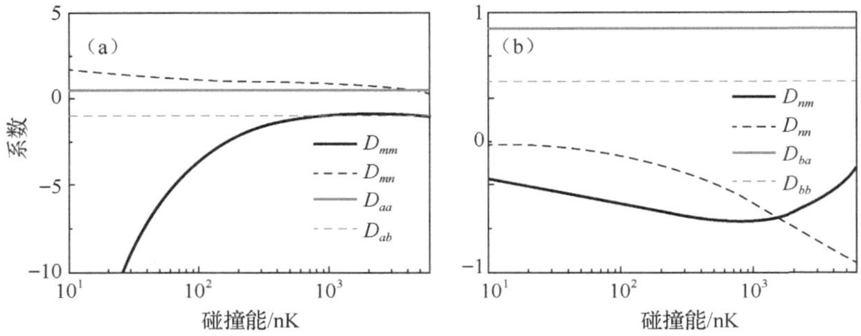

图 5.3.1　系数矩阵 $\boldsymbol{D}_{\text{cent}}$ 和 $\boldsymbol{D}_{\text{c3}}$ 的矩阵元随着碰撞能的变化曲线[30]

5.3.3　化学反应速率

计算化学反应速率的表达式为

$$K_{l,m_l}(T)=\left(\frac{8k_{\text{B}}T}{\pi\mu}\right)^{1/2}\frac{1}{\left(k_{\text{B}}T\right)^2}\int_0^\infty E\sigma_{l,m_l}(E)\exp\left[-E/(k_{\text{B}}T)\right]\text{d}E \tag{5.3.24}$$

式中，l 和 m_l 表示分波量子数；T 为系统的温度；k_{B} 为玻尔兹曼常数；σ 表示碰撞反应截面．对于两个处于分波态$|l, m_l\rangle$的全同费米子分子，其反应截面为

$$\sigma_{l,m_l}(E)=\frac{\hbar^2\pi}{\mu E}\left|T_{l,m_l}\right|^2 \tag{5.3.25}$$

式中，$T_{l,\,m_l}$ 表示分子由入射通道跃迁到产物通道的幅度．根据式（5.3.24）和式（5.3.25），计算化学反应速率需要给出 $T_{l,\,m_l}$ 的具体表达式．

考虑一种简单的情况：设所有到达短程区域的分子发生化学反应的概率 p_r 为 1，没有分子被反射回去．在这种情况下，可以把 $T_{l,\,m_l}$ 表示为[31]

$$T_{l,m_l}=t^{\text{oi}}_{l,m_l} \tag{5.3.26}$$

式中，t^{oi}_{l,m_l} 表示从无穷远处向短程区域运动的波包的透射幅度．根据前面给出的 $f(r)$ 和 $g(r)$ 的边界条件和系数矩阵 $\boldsymbol{D}_{\text{cent}}$ 的定义式，可以把 t^{oi}_{l,m_l} 表示为

$$t^{\text{oi}}_{l,m_l}=\frac{2\text{e}^{-\text{i}x_0}\text{e}^{-\text{i}(l\pi/2-\pi/4)}}{(D_{nm}-D_{mn})+\text{i}(D_{mm}+D_{nn})} \tag{5.3.27}$$

把式（5.3.25）和式（5.3.27）代入式（5.3.24）中，可以计算 $p_r=1$ 情况下的化学反应速率．式（5.3.27）中透射幅度系数由系数矩阵 $\boldsymbol{D}_{\text{cent}}$ 的矩阵元得到．$\boldsymbol{D}_{\text{cent}}$ 由式（5.3.22）计算得到，计算所需的矩阵 $\boldsymbol{D}_{\text{c3}}$ 在阈值附近可视为常数矩阵．为了得到每个电场强度下 $\boldsymbol{D}_{\text{c3}}$ 的值，只需数值求解一次米尔恩方程．

图 5.3.2 中实线和虚线分别表示采用量子亏损理论和精确数值计算得到的化学反应速率．在数值计算中，针对每个给定的碰撞能都要数值求解米尔恩方程，然后根据方程（5.3.17）提取系数 D_{mm}、D_{mn}、D_{nm} 和 D_{nn}．从图中可以看出，当 $d>0.05$D（1D=3.33564×10^{-30}C·m）时，采用量子亏损理论计算的化学反应速率与精确数值计算得到的结果完全相同；当 $d<0.05$D 时，使用两种方法计算的结果存在一定的偏差．下面讨论使用两种方法的计算量和产生偏差的原因．

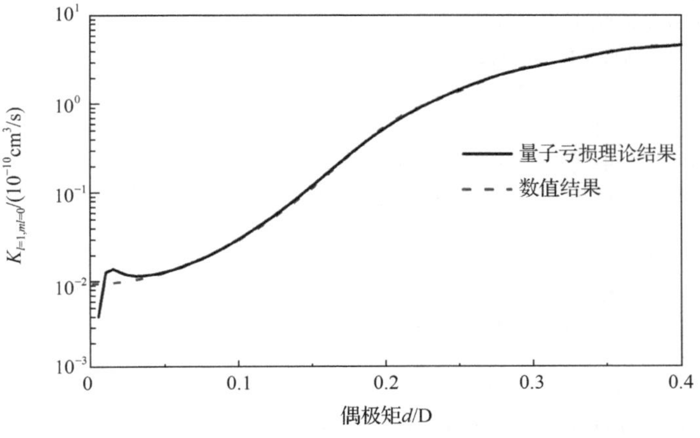

图 5.3.2　反应速率随电场诱导电偶极矩的变化曲线[30]

在精确的数值计算中，为了数值计算方程（5.3.24）中的积分，需要将连续的能量空间离散化，并求解所有离散化能量点的米尔恩方程．这导致数值计算量很大．但在量子亏损理论计算中，只需要数值求解任意一个能量点处的米尔恩方程．因此，在计算精度相同的前提下，使用量子亏损理论大大减少了计算量．

在量子亏损理论计算中，系数矩阵 $\boldsymbol{D}_{\text{cent}}$ 由式（5.3.22）计算，$\boldsymbol{D}_{\text{cent}}$ 随着能量的变化由长程势 $-C_3/r^3$ 决定．如果电场诱导电偶极矩 d 很小，则由式（5.3.3）计算的 C_3 也很小，相应的偶极-偶极相互作用势 $-C_3/r^3$ 在长程区间很弱．在这种情况下，虽然在 $r > r_{c3}$ 区域偶极-偶极相互作用势 $-C_3/r^3$ 远大于范德瓦耳斯势 $-C_6/r^6$，但 C_3/r^3 的值也非常小，接近于 0．只有分子间的碰撞能非常小，分子才能感受到偶极-偶极相互作用．当碰撞能 E 大到一定程度时，在长程区域始终有 $E > C_3/r^3$，分子感受到的相互作用只有范德瓦耳斯势．这时 $\boldsymbol{D}_{\text{cent}}$ 随能量的变化由 $-C_6/r^6$ 决定，量子亏损理论就不再适用了．

参考文献

[1] Seaton M J. Quantum defect theory. Reports on Progress in Physics, 1983, 46(2): 167-257.

[2] Watanabe S, Greene C H. Atomic polarizability in negative-ion photodetachment. Physical Review A, 1980, 22(1): 158-169.

[3] Mies F H, Julienne P S. A multichannel quantum defect analysis of two-state couplings in diatomic molecules. The Journal of Chemical Physics, 1984, 80(6): 2526-2536.

[4] Raoult M, Balint-Kurti G G. Application of generalized quantum-defect theory to photodissociation processes: Predissociation of Ar-H_2. Physical Review Letters, 1988, 61(22): 2538-2541.

[5] Gao B. Theory of slow-atom collisions. Physical Review A, 1996, 54(3): 2022-2039.

[6] Crubellier A, Luc-Koenig E. Threshold effects in the photoassociation of cold atoms: R^{-6} model in the Milne formalism. Journal of Physics B, 2006, 39(6): 1417-1446.

[7] Londoño B E, Mahecha J E, Luc-Koenig E, et al. Shape resonances in ground-state diatomic molecules: General trends and the example of RbCs. Physical Review A, 2010, 82(1): 012510.

[8] Gribakin G F, Flambaum V V. Calculation of the scattering length in atomic collisions using the semiclassical approximation. Physical Review A, 1993, 48(1): 546-553.

[9] Abramowitz M, Stegun I A. Handbook of mathematical functions. Washington, D.C.: National Bureau of Standards, 1964.

[10] Mies F H. A multichannel quantum defect analysis of diatomic predissociation and inelastic atomic scattering. The Journal of Chemical Physics, 1984, 80(6): 2514-2525.

[11] Mies F H, Raoult M. Analysis of threshold effects in ultracold atomic collisions. Physical Review A, 2000, 62(1): 012708.

[12] Sidky E Y, Ben-Itzhak I. Phase-amplitude method for calculating resonance energies and widths for one-dimensional potentials. Physical Review A, 1999, 60(5): 3586-3592.

[13] Gao B. Analytic description of atomic interaction at ultracold temperatures: The case of a single channel. Physical Review A, 2009, 80(1): 012702.

[14] Gao B. Zero-energy bound or quasibound states and their implications for diatomic systems with an asymptotic van der Waals interaction. Physical Review A, 2000, 62(5): 050702.

[15] Wille E, Spiegelhalder F M, Kerner G, et al. Exploring an ultracold Fermi-Fermi mixture: Interspecies Feshbach resonances and scattering properties of ^{6}Li and ^{40}K. Physical Review Letters, 2008, 100(5): 053201.

[16] Tiecke T G, Goosen M R, Ludewig A, et al. Broad Feshbach resonance in the ^{6}Li-^{40}K mixture. Physical Review Letters, 2010, 104(5): 053202.

[17] Wang G R, Xie T, Zhang W, et al. Prediction of Feshbach resonances using an analytical quantum-defect matrix. Physical Review A, 2012, 85(3): 032706.

[18] Ospelkaus S, Ni K, Wang D, et al. Quantum-state controlled chemical reactions of ultracold potassium-rubidium molecules. Science, 2010, 327(5967): 853-857.

[19] Burke J P, Jr. Theoretical investigation of cold alkali atom. Boulder: University of Colorado, 1999.

[20] Ni K, Ospelkaus S, Wang D, et al. Dipolar collisions of polar molecules in the quantum regime. Nature, 2010, 464(7293): 1324-1328.

[21] Julienne P S, Hanna T M, Idziaszek Z. Universal ultracold collision rates for polar molecules of two alkali-metal atoms. Physical Chemistry Chemical Physics, 2011, 13(42): 19114-19124.

[22] Quéméner G, Bohn J L. Strong dependence of ultracold chemical rates on electric dipole moments. Physical Review A, 2010, 81(2): 022702.

[23] Quéméner G, Bohn J L, Petrov A, et al. Universalities in ultracold reactions of alkali-metal polar molecules. Physical Review A, 2011, 84(6): 062703.

[24] Milne W E. The numerical determination of characteristic numbers. Physical Review, 1930, 35(7): 863-867.

[25] Lee S Y, Light J C. On the quantum momentum method for the exact solution of separale multiple well bound state and scattering problems. Chemical Physics Letters, 1974, 25(3): 435-438.

[26] Gao B. General form of the quantum-defect theory for $-1/r^{\alpha}$ type of potentials with α>2. Physical Review A, 2008, 78(1): 012702.

[27] Fano U, Rau A R P. Atomic collisions and spectra. Orlando: Academic Press, 1986.

[28] Gao B. Repulsive $1/r^3$ interaction. Physical Review A, 1999, 59(4): 2778-2786.

[29] Deb B, You L. Low-energy atomic collision with dipole interactions. Physical Review A, 2001, 64(2): 022717.

[30] Wang G R, Xie T, Huang Y, et al. Quantum defect theory for the van der Waals plus dipole-dipole interaction. Physical Review A, 2012, 86(6): 062704.

[31] Gao B. Universal model for exoergic bimolecular reactions and inelastic processes. Physical Review Letters, 2010, 105(26): 263203.

第 6 章　三体散射理论研究方法

本章介绍三体散射的基本理论和研究方法，主要内容包括：三体散射的类型、超冷三原子 Efimov 共振和超冷三原子散射的理论研究方法．在理论研究方法中，将重点介绍求解 Faddeev 方程的数值计算方法．

6.1　三体散射的类型

与两体散射相比，三体散射涵盖更多、更复杂的物理过程．本节概括介绍三体散射的类型．

本章讨论的三体散射问题将限定于三个中性原子（或原子离子）参与的碰撞和反应过程．为了讨论方便，对三个原子进行编号：1、2 和 3．在散射过程发生前后，原子（或原子离子）处于以下四种可能的状态．

C0: 1 + 2 + 3

C1: 1+23

C2: 2+13

C3: 3 +12

状态 C0 表示三个原子均为自由原子的状态；状态 C1 表示第 1 个原子为自由原子，第 2 个与第 3 个原子形成二聚物；状态 C2 表示第 2 个原子为自由原子，第 1 个与第 3 个原子形成二聚物；状态 C3 表示第 3 个原子为自由原子，第 1 个与第 2 个原子形成二聚物．在四种状态中，共有 16 种可能的散射过程．

通常根据反应物类型和散射过程前后状态是否改变把三体散射分为四大类型：三原子弹性散射、三原子非弹性散射、原子-二聚物弹性散射和原子-二聚物非弹性散射．

（1）三原子弹性散射：包含 C0→C0 散射过程．在 C0→C0 散射过程中三个原子的内能态（或量子态）不发生改变．

（2）三原子非弹性散射：包含 C0→C0、C0→C1、C0→C2 和 C0→C3 四种散射过程．在 C0→C0 散射过程中，要求至少有一个原子内能态（或量子态）发生改变．通常把 C0→C1、C0→C2 和 C0→C3 三种散射过程称为三体复合过程．

（3）原子-二聚物弹性散射：包含 C1→C1、C2→C2 和 C3→C3 三种散射过程．在这三种散射过程中，要求原子和二聚物的内能态（或量子态）不发生改变．

（4）原子-二聚物非弹性散射：包含 12 种散射过程，即 C1→C0、C1→C1、C1→C2、C1→C3、C2→C0、C2→C1、C2→C2、C2→C3、C3→C0、C3→C1、C3→C2 和 C3→C3．在 C1→C1、C2→C2 和 C3→C3 散射过程中，要求原子和/或二聚物的内能态（或量子态）发生改变．通常把 C1→C0、C2→C0 和 C3→C0 散射过程称为碰撞解离过程．

另外，在 C0、C1、C2 和 C3 四种状态中还可能发生化学反应．为了便于理论处理，本章不单独介绍化学反应过程，而是把它归类到非弹性散射过程中．

在本章介绍的理论方法中，不含产物渐近状态为 C0 的非弹性散射过程．也就是说，原子-二聚物非弹性散射过程中的碰撞解离过程不在本章的研究范围之内，针对三原子非弹性散射的讨论仅限定于三体复合过程．另外，本章不介绍三原子弹性散射理论，对三原子弹性散射理论感兴趣的读者可以阅读文献[1]～[3].

6.2　超冷三原子 Efimov 共振

1970 年，苏联物理学家 Efimov[4]在研究三体散射问题时发现一个奇特现象：当两体散射长度 $a \to \pm\infty$ 时（即共振散射），三粒子体系在三体阈值附近将出现无穷多个三体束缚态（Efimov 态），这些束缚态的能级结构遵循普适的几何分布，即

$$\frac{E^n}{E^{n-1}} = C \approx \frac{1}{515} \tag{6.2.1}$$

式中，E^n 表示第 n 个 Efimov 态的能级；C 表示与粒子全同性和统计分布有关的常数．对于处于相同自旋态的全同玻色子，C 的取值约为 1/515．

当系统偏离两体共振散射时，Efimov 能级随着两体散射长度 a 的变化而变化．在 $a<0$ 的情况下，Efimov 能级与三体散射阈值重合．相应的 a 被标记为 a_{-1}^n．相反，在 $a>0$ 的情况下，Efimov 能级与原子-二聚物散射阈值重合，相应的 a 被标记为 a_*^n．在这些三体束缚态能级与三体或者原子-二聚物散射阈值重合的位置将发生共振现象，被称为 Efimov 共振．a_{-1}^n 和 a_*^n 表示 Efimov 共振的位置，也被称为三体参数．不同的 Efimov 能级对应的共振位置遵循以下几何分布：

$$\frac{a_{-1}^n}{a_{-1}^{n-1}} = \frac{a_*^n}{a_*^{n-1}} = \frac{1}{\sqrt{C}} \tag{6.2.2}$$

通常把与 Efimov 态有关的能级分布和共振现象称为 Efimov 效应．

研究发现，三体散射的其他可观测量也展现了 Efimov 效应．例如，三体复合速率 K_3、原子-二聚物散射长度 a_{AD} 和原子-二聚物非弹性散射速率常数（又称为二聚物弛豫速率 β）等都展现了 Efimov 效应．由于 Efimov 能级的普适性和几何

分布的特殊性，这些三体散射可观测量随着两体散射长度 a 的变化都满足对数周期性的普适关系式．下面以全同玻色子三体复合速率为例加以说明．

当 $a<0$ 时，Efimov 能级与三体散射阈值重合，并引发 Efimov 共振，导致三体复合速率 K_3 增大，在共振位置 a_{-1}^{n} 处，K_3 达到最大值．在共振位置附近，K_3 随两体散射长度 a 的变化满足关系式[3,5]：

$$K_3=\frac{3\hbar^2a^4}{m}\frac{4950\sinh(2\eta_-)}{\sin^2\left[s_0\ln(a/a_{-1}^{n})\right]+\sinh^2(\eta_-)} \tag{6.2.3}$$

式中，m 表示玻色子原子的质量；s_0 满足关系式 $\mathrm{e}^{\pi/s_0}=1/\sqrt{C}$；$\eta_-$ 表示 Efimov 共振的宽度．当 $a>0$ 时，由于三体阈值附近存在一个能量较低的原子-二聚物阈值，故 Efimov 能级不能接近于三体阈值并引发共振．在这种情况下，三体散射态可经由两条不同反应路径到达原子-二聚物阈值对应的产物通道．这两条反应路径发生干涉的相位受 Efimov 能级的影响，导致 K_3 随着 a 呈现对数周期性的变化规律[3,5]，即

$$K_3=\frac{3\hbar^2a^4}{m}67.12\mathrm{e}^{-2\eta_+}\left[\sin^2(s_0\ln(a/a_+^{n}))+\sinh^2(\eta_+)\right]+16.84(1-\mathrm{e}^{-4\eta_+}) \tag{6.2.4}$$

在式（6.2.4）中，引入了两个新的三体参数 a_+^{n} 和 η_+，分别表示干涉极小值的位置和干涉宽度．从式（6.2.3）和式（6.2.4）可以看出，三体复合速率按照正比于 a^4 的规律随着两体散射长度 a 发生变化．

当 Efimov 能级与原子-二聚物能量阈值重合时，也将发生 Efimov 共振．原子-二聚物散射长度 a_{AD} 和二聚物弛豫速率 β 随着 a 的变化将出现极大值[3]，与三体复合速率 K_3 在 $a<0$ 的情况类似．

Efimov 效应只有在两体共振（$a\to\pm\infty$）附近（即两体散射长度远大于相互作用力程情况下）才明显发生，但这一条件在通常条件下很难得到满足．因此，在理论上预测 Efimov 共振之后很长时间没有在实验上观测到这种奇特的物理现象．直到 20 世纪末，人们发展了超冷原子的磁调控 Feshbach 共振技术才打破了这一僵局．使用磁调控 Feshbach 共振技术，Kraemer 等[5]于 2006 年首次在超冷 ^{133}Cs 原子气体中观测到 Efimov 共振．此后，研究者在更多的超冷原子气体中观测到 Efimov 效应．这些超冷原子气体包括 ^{133}Cs[5,6]、^{7}Li[7-10]和 ^{39}K[11]等全同玻色原子气体，^{6}Li[12-15]多组分自旋费米原子气体，^{41}K-^{87}Rb[16]和 ^{7}Li-^{87}Rb[17]等玻色-玻色混合原子气体以及 ^{40}K-^{87}Rb[18,19]和 ^{6}Li-^{133}Cs[20,21]等玻色-费米混合原子气体．在原子-二聚物散射体系中，研究者在 ^{133}Cs-^{133}Cs$_2$[22-24]和 ^{6}Li-^{6}Li$_2$[25,26]等混合原子气体中观测到 Eimfov 效应．目前，超冷原子气体已经成为研究 Efimov 效应的重要平台．

6.3　超冷三体散射理论研究方法概述

目前，研究超冷三体散射的理论方法主要有三种：在动量表象中求解 Faddeev 方程、在超球坐标表象中求解三体薛定谔方程和有效场理论方法．前两种方法使用了一次量子化理论，第三种方法使用了二次量子化理论．

三原子散射体系的哈密顿算符为

$$\hat{H}=\hat{T}+\hat{V}_{12}+\hat{V}_{13}+\hat{V}_{23}+\hat{V}_{123} \tag{6.3.1}$$

式中，$\hat{T}$ 表示三体动能算符；$\hat{V}_{12}$、$\hat{V}_{13}$ 和 $\hat{V}_{23}$ 分别表示原子对 1-2、1-3 和 2-3 的两体相互作用势；$\hat{V}_{123}$ 表示三体相互作用势．在超冷三原子散射中，占主导的是原子间的长程相互作用，短程的 $\hat{V}_{123}$ 对其影响很小，因此在下面的理论描述中，忽略了 $\hat{V}_{123}$ 的影响．

（1）在动量表象中求解 Faddeev 方程：为了解决三体散射李普曼-施温格方程的解的非唯一性问题，苏联物理学家 Faddeev 于 1960 年提出了 Faddeev 方程[27]．Faddeev 方程的推导及其与李普曼-施温格方程的关系将在下一节介绍．本节只给出用于处理超冷三原子散射的 Faddeev 方程的具体形式．定义从初始态“i”到末态“j”的三体跃迁算符为 $\hat{U}_{j\leftarrow i}$，下面简写为 $\hat{U}_{ji}$，其中 i 和 j =0、1、2 和 3，对应特定的三原子状态 C0、C1、C2 和 C3．为了处理三体复合问题，需要求解三体跃迁算符 $\hat{U}_{10}$、$\hat{U}_{20}$ 和 $\hat{U}_{30}$ 满足的矩阵方程[27,28]：

$$\begin{bmatrix}\hat{U}_{10}\\ \hat{U}_{20}\\ \hat{U}_{30}\end{bmatrix}=\begin{bmatrix}\hat{G}_0^{-1}\\ \hat{G}_0^{-1}\\ \hat{G}_0^{-1}\end{bmatrix}+\begin{bmatrix}0 & \hat{t}_2 & \hat{t}_3\\ \hat{t}_1 & 0 & \hat{t}_3\\ \hat{t}_1 & \hat{t}_2 & 0\end{bmatrix}\hat{G}_0\begin{bmatrix}\hat{U}_{10}\\ \hat{U}_{20}\\ \hat{U}_{30}\end{bmatrix} \tag{6.3.2}$$

式中，$\hat{G}_0=\left(E-\hat{T}\right)^{-1}$ 为三体格林函数；$\hat{t}_1$、$\hat{t}_2$ 和 $\hat{t}_3$ 分别表示原子对 2-3、1-3 和 1-2 的广义两体跃迁算符，其具体表达式将在下一节给出．类似地，为了描述原子-二聚物散射问题，需要求解相应的 $\hat{U}_{ji}$ 所满足的方程．例如，设 C1 为初始态，三体跃迁算符满足的矩阵方程为[27,28]

$$\begin{bmatrix}\hat{U}_{11}\\ \hat{U}_{21}\\ \hat{U}_{31}\end{bmatrix}=\begin{bmatrix}0\\ \hat{G}_0^{-1}\\ \hat{G}_0^{-1}\end{bmatrix}+\begin{bmatrix}0 & \hat{t}_2 & \hat{t}_3\\ \hat{t}_1 & 0 & \hat{t}_3\\ \hat{t}_1 & \hat{t}_2 & 0\end{bmatrix}\hat{G}_0\begin{bmatrix}\hat{U}_{11}\\ \hat{U}_{21}\\ \hat{U}_{31}\end{bmatrix} \tag{6.3.3}$$

方程（6.3.3）和方程（6.3.2）的积分核是相同的．两个方程的区别仅在于非齐次项．实际上，不同算符和态矢量所满足的 Faddeev 方程的积分核都是相同的．在动量表象中，求解 Faddeev 方程比较方便，格林函数可以写成简单的代数表达式．求解 Faddeev 方程涉及对两个动量的积分，使用离散化方法可以将其转换为线性代数方程进行求解．

（2）在超球坐标表象中求解三体薛定谔方程：在超球坐标表象中，使用超球径向坐标 R 和五个超球角向坐标（Ω 及其集合）来描述三个原子的六维相对运动．哈密顿算符满足的定态薛定谔方程为[29]

$$\left(-\frac{1}{\mu}\frac{\partial^2}{\partial R^2}+\frac{\Lambda^2+15/4}{2\mu R^2}+\hat{V}_{12}+\hat{V}_{13}+\hat{V}_{23}\right)\Psi(R,\Omega)=E\Psi(R,\Omega) \tag{6.3.4}$$

式中，$\Psi(R,\Omega)$ 为三体约化波函数；Λ 为三体广义角动量算符；μ 表示三体约化质量．求解方程（6.3.4）的过程分为两步：首先在一系列超球径向坐标点 R 处，设 R 为参数，求解角向方程：

$$\left(\frac{\Lambda^2+15/4}{2\mu R^2}+\hat{V}_{12}+\hat{V}_{13}+\hat{V}_{23}\right)\Phi_\nu(R,\Omega)=U_\nu\Phi_\nu(R,\Omega) \tag{6.3.5}$$

然后再以角向方程的本征矢为基矢来展开三体波函数和哈密顿算符，把方程（6.3.4）改写为以 R 为变量的耦合方程组进行求解．在超球坐标表象中求解三体薛定谔方程的细节将在第 8 章介绍．

（3）有效场理论（STM 方程）：有效场理论的出发点是使用二次量子化形式的三体拉格朗日算符．使用拉格朗日算符得到原子-二聚物散射振幅所满足的斯科尔尼亚科夫-特尔·马尔季罗相（Skorniakov-Ter-Martirosian）方程，简称 STM 方程[30]．以全同玻色子为例，三体散射的拉格朗日算符为[3]

$$L=\phi^\dagger\left(\mathrm{i}\frac{\partial}{\partial t}+\frac{1}{2m}\nabla^2\right)\phi-\frac{\beta_2}{4m}\left(\phi^\dagger\phi\right)^2-\frac{\beta_3}{36m}\left(\phi^\dagger\phi\right)^3 \tag{6.3.6}$$

式中，$\phi^\dagger$ 和 ϕ 分别为玻色子场产生和湮灭算符；β_2 和 β_3 分别表示两体和三体耦合系数；m 为玻色子的质量．两体耦合系数和两体 s 波散射长度 a 之间的关系为 $\beta_2=8\pi a$．为了获得描述原子-二聚物碰撞的 STM 方程，Bedaque、Hammer 和 van Kolck 把拉格朗日算符改写为[3,31]

$$L_{\mathrm{BHvK}}=\phi^\dagger\left(\mathrm{i}\frac{\partial}{\partial t}+\frac{1}{2m}\nabla^2\right)\phi+\frac{\beta_2}{4m}d^\dagger d-\frac{\beta_2}{4m}\left(d^\dagger\phi^2+\phi^{\dagger 2}d\right)-\frac{\beta_3}{36m}d^\dagger d\phi^\dagger\phi \tag{6.3.7}$$

式中，$d=\phi^\dagger\phi$．可以证明，式（6.3.7）和式 6.3.6）表示的拉格朗日算符对于描述三体散射问题是等价的[3,31]．使用式（6.3.7），给出原子-二聚物散射振幅 $A(p,k,E)$ 的表达式为

$$
\begin{aligned}
A(p,k,E)=&\frac{\beta_2}{4}\left(\frac{1}{mE-p^2-k^2+\boldsymbol{p}\cdot\boldsymbol{k}+\mathrm{i}\varepsilon}+\frac{\beta_3}{9\beta_2^2}\right)\\
&-8\pi\int\frac{\mathrm{d}^3q^2}{(2\pi)^3}\left(\frac{1}{mE-p^2-k^2+\boldsymbol{p}\cdot\boldsymbol{k}+\mathrm{i}\varepsilon}+\frac{\beta_3}{9\beta_2^2}\right)\frac{A(p,k,E)}{1/a-\sqrt{mE-3q^2/4}-\mathrm{i}\varepsilon}
\end{aligned}
\tag{6.3.8}
$$

在式（6.3.6）～式（6.3.8）中，动量变量是指原子相对于二聚物运动的动量．在方程（6.3.8）中，若忽略β_3，则得到 STM 方程．STM 方程必须引入额外的参数才能求出唯一的解，而β_3就是那个额外的参数．

6.4　李普曼-施温格方程与 Faddeev 方程

对于三体散射，李普曼-施温格方程的解是非唯一的．从李普曼-施温格方程出发可以推导 Faddeev 方程．以原子-二聚物散射为例，三原子状态 C1、C2 和 C3（见 6.1 节定义）对应三种雅可比构型．下面为了表示方便，把两体相互作用势简写为$\hat{V}_1=\hat{V}_{23}$、$\hat{V}_2=\hat{V}_{13}$和$\hat{V}_3=\hat{V}_{12}$．定义雅可比构型 i 中原子-二聚物通道哈密顿算符为

$$
\hat{h}_i=\hat{T}+\hat{V}_i,\ i=1, 2, 3 \tag{6.4.1}
$$

状态 C1、C2 和 C3 分别由$\hat{h}_1$、$\hat{h}_2$和$\hat{h}_3$的本征态来描述．当系统的初始态为$\hat{h}_1$的某个本征态$\left|\varPsi_1^{\mathrm{ad}}\right\rangle$时，三体散射态$\left|\varPsi_1\right\rangle$在雅可比构型 1 下满足的李普曼-施温格方程为

$$
\left|\varPsi_1\right\rangle=\left|\varPsi_1^{\mathrm{ad}}\right\rangle+\hat{g}_1(E+\mathrm{i}\varepsilon)(\hat{V}_2+\hat{V}_3)\left|\varPsi_1\right\rangle \tag{6.4.2}
$$

式中，$\hat{g}_i=(E-\hat{h}_i)^{-1}$表示与$\hat{h}_i$对应的格林函数．方程（6.4.2）是三体李普曼-施温格方程的非齐次形式．该方程的解是非唯一的，其解释如下．

当初始态取哈密顿算符$\hat{h}_2$的某个本征态$\left|\varPsi_2^{\mathrm{ad}}\right\rangle$时，在雅可比构型 1 下，三体散射态$\left|\varPsi_2\right\rangle$满足

$$
\left|\varPsi_2\right\rangle=\hat{g}_1(E+\mathrm{i}\varepsilon)(\hat{V}_2+\hat{V}_3)\left|\varPsi_2\right\rangle \tag{6.4.3}
$$

方程（6.4.3）的证明非常简单，将$\hat{g}_1^{-1}(E+\mathrm{i}\varepsilon)$左乘以方程（6.4.3），整理后可得到$\left|\varPsi_2\right\rangle$满足的三体定态薛定谔方程．方程（6.4.3）与方程（6.4.2）具有相同的积分核，它们是同一个齐次方程．根据弗雷德霍姆（Fredholm）二选一定理，关于同一个积分核对应的齐次和非齐次方程存在合理解的两种情况：①非齐次方程有唯

一的解，而齐次方程无合理的解；②齐次方程至少有一个合理的解，而非齐次方程不可解或者有非唯一的解．很明显，积分核 $\hat{g}_1(E+\mathrm{i}\varepsilon)(\hat{V}_2+\hat{V}_3)$ 对应的齐次方程至少有一个合理的解，即 $|\Psi_2\rangle$．因此非齐次方程（6.4.2）的解是非唯一的．若要获得三体散射态 $|\Psi_1\rangle$，则要求对方程（6.4.2）增加额外的限制条件．

Glöckle[32]把方程（6.4.2）与两个齐次方程结合起来，给出下列方程组：

$$|\Psi_1\rangle=|\Psi_1^{\mathrm{ad}}\rangle+\hat{g}_1(E+\mathrm{i}\varepsilon)(\hat{V}_2+\hat{V}_3)|\Psi_1\rangle \tag{6.4.4a}$$

$$|\Psi_1\rangle=\hat{g}_2(E+\mathrm{i}\varepsilon)(\hat{V}_1+\hat{V}_3)|\Psi_1\rangle \tag{6.4.4b}$$

$$|\Psi_1\rangle=\hat{g}_3(E+\mathrm{i}\varepsilon)(\hat{V}_1+\hat{V}_2)|\Psi_1\rangle \tag{6.4.4c}$$

该方程组具有唯一的解，但其积分核是不紧凑的，不便于求解．为了得到具有紧凑积分核的三体散射方程组，Faddeev[27]从李普曼-施温格方程出发，定义三体散射方程为

$$\hat{\Gamma}_i=\hat{V}_i+\hat{V}_i\hat{G}_0\hat{\Gamma}_i,\quad i=1,2,3 \tag{6.4.5}$$

方程（6.4.5）的矩阵形式为

$$\begin{bmatrix}\hat{\Gamma}_1\\ \hat{\Gamma}_2\\ \hat{\Gamma}_3\end{bmatrix}=\begin{bmatrix}\hat{V}_1\\ \hat{V}_2\\ \hat{V}_3\end{bmatrix}+\begin{bmatrix}\hat{V}_1 & \hat{V}_1 & \hat{V}_1\\ \hat{V}_2 & \hat{V}_2 & \hat{V}_2\\ \hat{V}_3 & \hat{V}_3 & \hat{V}_3\end{bmatrix}\hat{G}_0\begin{bmatrix}\hat{\Gamma}_1\\ \hat{\Gamma}_2\\ \hat{\Gamma}_3\end{bmatrix} \tag{6.4.6}$$

方程（6.4.6）的积分核仍然是不紧凑的．为了得到具有紧凑积分核的方程，定义

$$\hat{t}_i=\hat{V}_i+\hat{V}_i\hat{G}_0\hat{V}_i+\hat{V}_i\hat{G}_0\hat{V}_i\hat{G}_0\hat{V}_i+\cdots,\quad i=1,2,3 \tag{6.4.7}$$

把方程（6.4.6）改写为

$$\begin{bmatrix}\hat{\Gamma}_1\\ \hat{\Gamma}_2\\ \hat{\Gamma}_3\end{bmatrix}=\begin{bmatrix}\hat{t}_1\\ \hat{t}_2\\ \hat{t}_3\end{bmatrix}+\begin{bmatrix}0 & \hat{t}_2 & \hat{t}_3\\ \hat{t}_1 & 0 & \hat{t}_3\\ \hat{t}_1 & \hat{t}_2 & 0\end{bmatrix}\hat{G}_0\begin{bmatrix}\hat{\Gamma}_1\\ \hat{\Gamma}_2\\ \hat{\Gamma}_3\end{bmatrix} \tag{6.4.8}$$

方程（6.4.8）即为 Faddeev 方程的矩阵表达式．它具有唯一的解，且积分核是紧凑的．应当注意，Faddeev 方程有多种表达形式．例如，6.3 节介绍的三体跃迁算符 $\hat{U}$ 满足的 Faddeev 方程，其推导方法与上面介绍的方法类似．另外，方程（6.4.7）可以表示为更简单的形式：

$$\hat{t}_i=\hat{V}_i+\hat{V}_i\hat{G}_0\hat{t}_i \tag{6.4.9}$$

方程（6.4.9）与两体 $\hat{t}$ 算符满足的李普曼-施温格方程十分相似，区别在于把李普曼-施温格方程中的两体格林函数换成三体格林函数.

第 7 章将介绍使用 Faddeev 方程研究超冷三原子散射过程.

参 考 文 献

[1] Mestrom P M A, Colussi V E, Secker T, et al. Scattering hypervolume for ultracold bosons from weak to strong interactions. Physical Review A, 2019, 100(5): 050702.

[2] Tan S. Three-boson problem at low energy and implications for dilute Bose-Einstein condensates. Physical Review A, 2008, 78(1): 013636.

[3] Braaten E, Hammer H W. Universality in few-body systems with large scattering length. Physics Reports, 2006, 428(5-6): 259-390.

[4] Efimov V. Energy levels arising from resonant two-body forces in a three-body system. Physics Letters B, 1970, 33(8): 563-564.

[5] Kraemer T, Mark M, Waldburger P, et al. Evidence for Efimov quantum states in an ultracold gas of caesium atoms. Nature, 2006, 440(7082): 315-318.

[6] Huang B, Sidorenkov L A, Grimm R, et al. Observation of the second triatomic resonance in Efimov's scenario. Physical Review Letters, 2014, 112(19): 190401.

[7] Pollack S E, Dries D, Hulet R G. Universality in three- and four-body bound states of ultracold atoms. Science, 2009, 326(5960): 1683-1686.

[8] Gross N, Shotan Z, Kokkelmans S, et al. Observation of universality in ultracold ^{7}Li three-body recombination. Physical Review Letters, 2009, 103(16): 163202.

[9] Gross N, Shotan Z, Kokkelmans S, et al. Nuclear-spin-independent short-range three-body physics in ultracold atoms. Physical Review Letters, 2010, 105(10): 103203.

[10] Rem B S, Grier A T, Ferrier-Barbut I, et al. Lifetime of the Bose gas with resonant interactions. Physical Review Letters, 2013, 110(16): 163202.

[11] Zaccanti M, Deissler B, D'Errico C, et al. Observation of an Efimov spectrum in an atomic system. Nature Physics, 2009, 5(8): 586-591.

[12] Ottenstein T B, Lompe T, Kohnen M, et al. Collisional stability of a three-component degenerate Fermi gas. Physical Review Letters, 2008, 101(20): 203202.

[13] Huckans J H, Williams J R, Hazlett E L, et al. Three-body recombination in a three-state Fermi gas with widely tunable interactions. Physical Review Letters, 2009, 102(16): 165302.

[14] Williams J R, Hazlett E L, Huckans J H, et al. Evidence for an excited-state Efimov trimer in a three component Fermi gas. Physical Review Letters, 2009, 103(13): 130404.

[15] Li J M, Liu J, Luo L, et al. Three-body recombination near a narrow Feshbach resonance in ^{6}Li. Physical Review Letters, 2018, 120(19): 193402.

[16] Barontini G, Weber C, Rabatti F, et al. Observation of heteronuclear atomic Efimov resonances. Physical Review Letters, 2009, 103(4): 043201.

[17] Maier R A W, Eisele M, Tiemann E, et al. Efimov resonance and three-body rarameter in a lithium-rubidium mixture. Physical Review Letters, 2015, 115(4): 043201.

[18] Bloom R S, Hu M G, Cumby T D, et al. Tests of universal three-body physics in an ultracold Bose-Fermi mixture. Physical Review Letters, 2013, 111(10): 105301.

[19] Hu M G, Bloom R S, Jin D S, et al. Avalanche-mechanism loss at an atom-molecule Efimov resonance. Physical Review A, 2014, 90(1): 013619.

[20] Pires R, Ulmanis J, Hafner S, et al. Observation of Efimov resonances in a mixture with extreme mass imbalance. Physical Review Letters, 2014, 112(25): 250404.

[21] Tung S K, Jimenez-Garcıa K, Johansen J, et al. Geometric scaling of Efimov states in a ^{6}Li-^{133}Cs mixture. Physical Review Letters, 2014, 113(24): 240402.

[22] Knoop S, Ferlaino F, Mark M, et al. Observation of an Efimov-like trimer resonance in ultracold atom-dimer scattering. Nature Physics, 2009, 5(3): 227-230.

[23] Knoop S, Ferlaino F, Berninger M, et al. Magnetically controlled exchange process in an ultracold atom dimer mixture. Physical Review Letters, 2010, 104(5): 053201.

[24] Zenesini A, Huang B, Berninger M, et al. Resonant atom-dimer collisions in cesium: Testing universality at positive scattering lengths. Physical Review A, 2014, 90(2): 022704.

[25] Nakajima S, Horikoshi M, Mukaiyama T, et al. Nonuniversal Efimov atom-dimer resonances in a threecomponent mixture of ^{6}Li. Physical Review Letters, 2010, 105(2): 023201.

[26] Lompe T, Ottenstein T B, Serwane F, et al. Atom-dimer scattering in a three-component Fermi gas. Physical Review Letters, 2010, 105(10): 103201.

[27] Faddeev L D. Scattering theory for a 3-particle system. Soviet Physics, JETP, 1961, 12(5): 1014-1019.

[28] Alt E, Grassberger P, Sandhas W. Reduction of the three-particle collision problem to multi-channel two-particle Lippmann-Schwinger equations. Nuclear Physics B, 1967, 2(2): 167-180.

[29] Suno H, Esry B D, Greene C H, et al. Three-body recombination of cold helium atoms. Physical Review A, 2002, 65(4): 042725.

[30] Skorniakov G V, Ter-Martirosian K A. Three body problem for short range forces I. Scattering of low energy neutrons by deuterons. Soviet Physics, JETP, 1957, 4(5): 648-661.

[31] Bedaque P F, Hammer H W, van Kolck U. Renormalization of the three-body system with short-range interactions. Physical Review Letters, 1999, 82(3): 463-467.

[32] Glöckle W. A new approach to the three-body problem. Nuclear Physics A, 1970, 141(3): 620-630.

第 7 章　可分离势理论及其应用

为了数值求解三体 Faddeev 方程，需要采用可分离势方法把 Faddeev 方程转化为数值可解的方程．本章介绍可分离势方法，用于求解超冷三原子散射满足的三体 Faddeev 方程．

7.1　可分离势理论概述

可分离势是指把真实的原子之间相互作用势表示为两个势函数的乘积形式，即

$$\hat{V} = \lambda|g\rangle\langle g| \tag{7.1.1}$$

式中，$|g\rangle$ 表示形式因子；系数 λ 表示相互作用强度．在坐标表象中，可分离势为

$$V(r,r') = \lambda g^*(r)g(r') \tag{7.1.2}$$

可分离势具有非局域性和可分离性两个特点．在量子力学中，非局域的相互作用势会给理论研究造成很大麻烦，例如其无法保证电磁场的规范不变性．尽管如此，可分离势方法在核物理和超冷原子物理研究领域仍有着重要的应用，这得益于它的可分离性．在动量表象中，可分离势为

$$V(p,p') = \lambda g^*(p)g(p') \tag{7.1.3}$$

相互作用势的可分离性使得求解某些复杂的积分方程变得十分简单．下面以采用可分离势方法求解李普曼-施温格方程为例加以说明：

$$|\psi\rangle = \hat{G}_0(E_b)\hat{V}|\psi\rangle \tag{7.1.4}$$

式中，$|\psi\rangle$ 表示两体散射的束缚本征态；$\hat{G}_0$ 为两体格林函数；E_b 为待求的束缚态能量．将可分离势表达式（7.1.1）代入方程（7.1.4）中，并左乘以 $\langle g|$，得到：

$$\langle g|\psi\rangle = \lambda\langle g|\hat{G}_0(E_b)|g\rangle\langle g|\psi\rangle \tag{7.1.5}$$

式中，$\langle g|\psi\rangle$ 为一个标量值，可以从方程（7.1.5）两端消除．设形式因子为 $|g\rangle$，$\langle g|\hat{G}_0(E_b)|g\rangle$ 表示随着 E_b 变化的标量函数，记作 $\bar{N}(E_b)$，方程（7.1.5）变为

$$\bar{N}(E_b) = \frac{1}{\lambda} \tag{7.1.6}$$

可以看出，采用可分离势方法可以把求解两体束缚态问题简化为求解一个简单的代数久期方程.

使用可分离势方法可以把两体跃迁算符 $\hat{t}$ 表示为可分离的形式. 考虑 $\hat{t}$ 算符满足的李普曼-施温格方程：

$$\hat{t} = \hat{V} + \hat{V}\hat{G}_0(E)\hat{t} \tag{7.1.7}$$

把可分离势表达式（7.1.1）代入方程（7.1.7）中，得到：

$$\hat{t} = |g\rangle\lambda\langle g| + |g\rangle\lambda\langle g|\hat{G}_0(E)\hat{t} \tag{7.1.8}$$

在方程（7.1.8）两边左乘以 $\langle g|\hat{G}_0(E)$，得到：

$$\langle g|\hat{G}_0(E)\hat{t} = \langle g|\hat{G}_0(E)|g\rangle\lambda\langle g| + \langle g|\hat{G}_0(E)|g\rangle\lambda\langle g|\hat{G}_0(E)\hat{t} \tag{7.1.9}$$

使用方程（7.1.9）求解 $\langle g|\hat{G}_0(E)\hat{t}$，得到：

$$\langle g|\hat{G}_0(E)\hat{t} = \left[1/\lambda - \langle g|\hat{G}_0(E)|g\rangle\right]^{-1}\langle g|\hat{G}_0(E)|g\rangle\langle g| \tag{7.1.10}$$

把方程（7.1.10）代入式（7.1.8）中，得到可分离形式的 $\hat{t}$ 算符为

$$\hat{t} = |g\rangle\tau(E)\langle g| = |g\rangle\left[\frac{1}{1/\lambda - \bar{N}(E)}\right]\langle g| \tag{7.1.11}$$

式中，$\bar{N}(E) = \langle g|G_0(E)|g\rangle$. 在三体 Faddeev 方程中包含了广义的两体 $\hat{t}$ 算符，使用 $\hat{t}$ 算符的可分离表达式（7.1.11），可以极大地简化三体散射 Faddeev 方程的数值求解.

7.2　构造可分离势的方法

在超冷三原子散射的理论计算中，涉及构造可分离势和可分离的两体 $\hat{t}$ 算符问题. 本节首先介绍构造可分离势的方法，包括恩斯特-沙金-泰勒（Ernst-Shakin-Thaler，EST）[1]方法和温伯格（Weinberg）展开[2-4]方法，然后介绍一种直接构造可分离的两体 $\hat{t}$ 算符的方法[4-6]. 使用这些方法可以简化两体和三体散射的理论计算.

设可分离势的阶数为 N，在一般情况下，可以把原子之间相互作用势表示为 N 阶可分离势的求和形式，即

$$\hat{V} = \sum_{i,j=1}^{N}\lambda_{ij}|g_i\rangle\langle g_j| \tag{7.2.1}$$

一阶可分离势包含一个两体束缚态，而 N 阶可分离势最多可以包含 N 个两体束缚态.

7.2.1 EST 方法

EST 方法是由 Ernst、Shakin 和 Thaler 于 1973 年提出的构造可分离势的一种理论方法[1]. EST 方法使用真实的两体相互作用势及其本征态来构造可分离势，被称为 EST 可分离势. 选择束缚或者散射本征态的能量点为可分离势的能量支撑点，构造的可分离势的本征态与真实相互作用势的本征态相同. 下面介绍构造可分离势的方法.

设真实的相互作用势为 $\hat{V}$，在能量 E_i 处的本征态为 $|\psi_i\rangle$，可分离势可以表示为

$$\hat{V}_{\mathrm{EST}}=\sum_{i,j=1}^{N}\lambda_{ij}\hat{V}|\psi_i\rangle\langle\psi_j|\hat{V} \tag{7.2.2}$$

式中，系数 λ 满足关系式：

$$\delta_{ik}=\sum_{j}\langle\psi_i|\hat{V}|\psi_j\rangle\lambda_{jk} \tag{7.2.3}$$

式中，δ_{ik} 为克罗内克 δ（Kronecker delta）函数；$\hat{V}|\psi_i\rangle$ 为形式因子. 下面证明 $\hat{V}_{\mathrm{EST}}$ 在 E_i 处的本征态与 $|\psi_i\rangle$ 相同. 把式（7.2.2）对应的哈密顿算符作用在 $|\psi_i\rangle$ 上，得到：

$$(\hat{T}+\hat{V}_{\mathrm{EST}})|\psi_i\rangle=\hat{T}|\psi_i\rangle+\sum_{k,j=1}^{N}\lambda_{kj}\hat{V}|\psi_k\rangle\langle\psi_j|\hat{V}|\psi_i\rangle \tag{7.2.4}$$

使用式（7.2.3）把式（7.2.4）化简为

$$(\hat{T}+\hat{V}_{\mathrm{EST}})|\psi_i\rangle=\hat{T}|\psi_i\rangle+\sum_{k=1}^{N}\hat{V}|\psi_k\rangle\delta_{ik}=(\hat{T}+\hat{V})|\psi_i\rangle \tag{7.2.5}$$

从方程（7.2.5）可以看出，可分离势 $\hat{V}_{\mathrm{EST}}$ 的本征态与真实相互作用势的本征态相同.

在原则上，可以通过增加能量支撑点的数目，使可分离势在整个希尔伯特（Hilbert）空间越来越接近于真实的相互作用势. 但在实际应用中，能量支撑点的数目并不是越多越好，需要对其进行仔细优选. EST 可分离势的另一个特点是 $\lambda_{i\neq j}\neq 0$，即它允许存在交叉项 $|\psi_i\rangle\langle\psi_j|$. 在可分离的两体 $\hat{t}$ 算符中也存在交叉项的特点. 由于 EST 方法可将相互作用势表示为有限阶的可分离化形式，因此使用它可以同时简化两体散射和三体散射的理论计算.

7.2.2 Weinberg 展开方法

Weinberg 展开方法选取算符 $\hat{V}\hat{G}_0$ 的本征态和本征值作为可分离势的形式因子

和强度系数[2,3]．由于两体格林算符 $\hat{G}_0(E)$ 取决于系统的能量 E，因此需要在特定的能量 E 处求解 $\hat{V}\hat{G}_0(E)$ 的本征值方程：

$$\hat{V}\hat{G}_0(E)\left|g_i(E)\right\rangle=\lambda_i(E)\left|g_i(E)\right\rangle \tag{7.2.6}$$

可以证明，在 $E<0$ 的情况下，$\hat{G}_0(E)\left|g_i(E)\right\rangle$ 为相互作用势 $\hat{V}/\lambda_i(E)$ 满足的定态薛定谔方程的本征态．由于 $\hat{V}\hat{G}_0(E)$ 不是厄米算符，它的本征矢 $\left|g_i(E)\right\rangle$ 不满足正交归一化条件．为了满足正交归一化条件，需要将方程（7.2.6）转换为厄米算符的本征值方程．把方程（7.2.6）改写为

$$\hat{G}_0^{1/2}(E)\hat{V}\hat{G}_0^{1/2}(E)\hat{G}_0^{1/2}(E)\left|g_i(E)\right\rangle=\lambda_i(E)\hat{G}_0^{1/2}(E)\left|g_i(E)\right\rangle \tag{7.2.7}$$

方程（7.2.7）为厄米算符 $\hat{G}_0^{1/2}(E)\hat{V}\hat{G}_0^{1/2}(E)$ 的本征值方程，其本征矢 $\hat{G}_0^{1/2}(E)\left|g_i(E)\right\rangle$ 满足正交归一化条件．由此得到 $\left|g_i(E)\right\rangle$ 满足的正交归一化条件为

$$\left\langle g_i(E)\right|\hat{G}_0(E)\left|g_j(E)\right\rangle=\delta_{ij} \tag{7.2.8}$$

相应地，把相互作用势表示为

$$\hat{V}=\sum_{i=1}^{\infty}\left|g_i(E)\right\rangle\lambda_i(E)\left\langle g_j(E)\right| \tag{7.2.9}$$

式（7.2.9）为相互作用势的 Weinberg 展开式．在实际应用中，可以对展开式（7.2.9）进行截断处理，略去对计算结果贡献很小的高阶项．

使用 Weinberg 展开式得到的可分离势与 EST 可分离势的明显区别是 Weinberg 展开式的形式因子和强度系数都与体系的能量 E 有关．这增加了数值计算量，不利于简化处理两体散射问题．但 Weinberg 展开方法可以通过增加展开式的项数来提高可分离势的计算精度，不像 EST 可分离势那样依赖能量支撑点的选择来提高计算精度．另外，Weinberg 展开式不存在交叉项．

7.2.3　$\hat{t}$ 算符展开方法

式（7.1.11）给出了两体 $\hat{t}$ 算符的一阶可分离表达式．在求解三体散射 Faddeev 方程中，使用两体 $\hat{t}$ 算符的可分离表达式能够简化数值计算．在一般情况下，可以把两体 $\hat{t}$ 算符展开为

$$\hat{t}(E)=\sum_{i=1}^{\infty}\left|g_i(E)\right\rangle\tau_i(E)\left\langle g_j(E)\right| \tag{7.2.10}$$

式中，$\tau_i(E)$ 和 $\left|g_i(E)\right\rangle$ 分别表示 $\hat{t}$ 算符的本征值和本征矢．在三体散射的数值计算中，与 Weinberg 展开式（7.2.9）相比，$\hat{t}$ 算符的展开式（7.2.10）有更快速的收敛性[4]．但应当注意，使用 $\hat{t}$ 算符展开方法要求事先求出 $\hat{t}$ 算符在某种基矢表象中

的矩阵形式．以动量表象为例，两体 $\hat{t}$ 矩阵的矩阵元为[5]

$$t(p,p';E)=\langle p|\hat{t}(E)|p'\rangle=V(p,p')+\sum_{i=1}^{N}\frac{\phi_i^*(p)\phi_i(p')}{E-E_i} \tag{7.2.11}$$

式中

$$\phi_i(p)\equiv\langle p|\hat{V}|\psi_i\rangle \tag{7.2.12}$$

$|\psi_i\rangle$ 和 E_i 分别表示两体哈密顿算符 $\hat{H}$ 的本征矢和本征值；N 表示基矢的数目．三体散射的数值计算过程中需要计算大量的两体 $\hat{t}$ 矩阵．在式（7.2.11）的计算中，对角化一次两体哈密顿算符可以求得任意能量 E 处的两体 $\hat{t}$ 矩阵．这非常有利于三体散射的理论计算．

7.2.4　构造可分离势的其他方法

除了上述介绍的构造可分离化方法之外，还有许多构造模型化可分离势的简单方法．尽管使用这些模型化的可分离势不能得到精确的数值计算结果，但由于其简单性，可以用于定性分析三体散射过程．这些模型化可分离势主要用于研究原子核散射问题．下面介绍几种动量表象中模型化可分离势．

（1）常数型可分离势．它的形式因子为一个不随动量变化的常数，即

$$g(p)=C \tag{7.2.13}$$

为了简化计算，通常取 $C=1$．常数型可分离势是一种最简单的可分离势．在坐标表象中，常数型可分离势为 δ 函数势（又称为接触势）．使用常数型可分离势描述原子核散射过程，可能会出现紫外发散问题，需要对其进行重整化处理．

（2）高斯型可分离势．它的形式因子为一个高斯型函数：

$$g(p)=\mathrm{e}^{-p^2/\alpha^2} \tag{7.2.14}$$

式中，α 为有效作用范围参数．由于高斯型函数的积分是已知的，故使用高斯型可分离势便于求解积分方程．使用高斯型可分离势研究散射过程不存在紫外发散问题．

（3）Yamaguchi 型可分离势．它的形式因子为

$$g(p)=\frac{1}{p^2+\beta^2} \tag{7.2.15}$$

式中，β 表示有效程参数．Yamaguchi 型可分离势主要用于研究原子核散射问题．

7.3　可分离势理论的应用

本节介绍可分离势理论在超冷两原子和三原子散射过程中的应用．使用可分离势理论分别把两体多通道耦合方程和三体单通道 Faddeev 方程转化为容易数值求解的方程．

7.3.1　可分离势在两原子散射中的应用

研究外场调控超冷两原子共振散射过程与 Feshbach 共振，需要数值求解多通道耦合薛定谔方程．当通道数目增多时，数值计算变得非常困难．采用可分离势方法可以简化数值计算，得出比较精确的计算结果．

在磁场中，超冷两原子散射体系的哈密顿算符为

$$\hat{H}=\hat{T}+\hat{H}_{\text{int}}+\hat{V}=\hat{H}_0+\hat{V} \tag{7.3.1}$$

式中，$\hat{T}$ 表示动能算符；$\hat{H}_{\text{int}}$ 表示超精细和塞曼相互作用算符；$\hat{V}$ 表示原子之间相互作用势能算符．设 $\hat{H}_{\text{int}}$ 的本征态和本征能量分别为 $|c\rangle$ 和 E_c，则可以把 $\hat{H}_{\text{int}}$ 表示为

$$\hat{H}_{\text{int}}=\sum_c |c\rangle E_c \langle c| \tag{7.3.2}$$

基矢 $|c\rangle$ 描述了两原子散射通道，称为通道基矢．但使用通道基矢不便于描述相互作用势 $\hat{V}$．为此，需要定义分子基矢 $|b\rangle \equiv |SM_S IM_I\rangle$，其中 S 和 I 分别为两原子散射体系的总电子自旋和总核自旋，M_S 和 M_I 为其磁量子数．在分子基矢表象中，相互作用势 $\hat{V}$ 是对角化的，即

$$\hat{V}=\sum_b |b\rangle V^{(S)} \langle b| \tag{7.3.3}$$

对于碱金属原子，$S=0$ 和 1 对应单重态和三重态．

采用 EST 方法，把单重态和三重态相互作用势 $V^{(S)}$ 表示为可分离势的形式：

$$V_{\text{sep}}^{(S)}=\sum_{i,j=1}^{N^{(S)}} \left|g_i^{(S)}\right\rangle \lambda_{i,j}^{(S)} \left\langle g_j^{(S)}\right| \tag{7.3.4}$$

式中，$N^{(0)}$ 和 $N^{(1)}$ 分别表示单重态和三重态可分离势的阶数．为了方便，把式 (7.3.4) 改写为

$$V_{\text{sep}}^{(S)}=\sum_{i,j=1}^{N} |g_i\rangle \lambda_{i,j}(S) \langle g_j| \tag{7.3.5}$$

式中，$N=N^{(0)}+N^{(1)}$；当 $i \leqslant N^{(0)}$ 时，$|g_i\rangle=\left|g_i^{(0)}\right\rangle$；当 $i>N^{(0)}$ 时，$|g_i\rangle=\left|g_{i-N^{(0)}}^{(1)}\right\rangle$；

当 $i,j \leqslant N^{(0)}$ 时，$\lambda_{i,j}(0)=\lambda_{i,j}^{(0)}$；当 $i,j>N^{(0)}$ 时，$\lambda_{i,j}(1)=\lambda_{i-N^{(0)},j-N^{(0)}}^{(1)}$；其余情况 $\lambda_{ij}=0$．把单重态和三重态相互作用势的表达式（7.3.5）代入式（7.3.3）中，并使用从分子基矢到通道基矢的变换矩阵 $U_{bc}=\langle b|c\rangle$，得到相互作用势在通道基矢表象中的表达式为

$$V_{\text{sep}}=\sum_{c,c'=1}^{N_c}\sum_{i,j=1}^{N}|c\rangle|g_i\rangle\lambda_{cc'ij}^{\text{ch}}\langle g_j|\langle c'| \tag{7.3.6}$$

式中，N_c 表示耦合通道的数目．

$$\lambda_{cc'ij}^{\text{ch}}=\sum_b U_{bc}\lambda_{i,j}(S(b))U_{bc} \tag{7.3.7}$$

为了书写方便，定义 $\eta\equiv(c,i)$ 及 $|\eta\rangle\equiv|c\rangle|g_i\rangle$，在通道基矢表象中写出两体散射态满足的李普曼-施温格方程为

$$|\psi\rangle=|\boldsymbol{k}\rangle|c_{\text{in}}\rangle+\sum_{\eta,\eta'=1}^{N\times N_c}\hat{G}_0(E)|\eta\rangle\lambda_{\eta\eta'}^{\text{ch}}\langle\eta'|\psi\rangle \tag{7.3.8}$$

式中，$\boldsymbol{k}$ 为入射动量；$|c_{\text{in}}\rangle$ 为入射通道；$\hat{G}_0(E)=\left(E-\hat{H}_0\right)^{-1}$ 为多通道散射情况下两体格林算符．用 $|\eta''\rangle$ 左乘以方程（7.3.8），得到线性代数方程：

$$B_{\eta''}=B_{\eta''}^{(0)}+\sum_{\eta,\eta'=1}^{N\times N_c}X_{\eta''\eta}(E)\lambda_{\eta\eta'}^{\text{ch}}B_{\eta'} \tag{7.3.9}$$

式中，$B_\eta\equiv\langle\eta|\psi\rangle$；$B_\eta^{(0)}\equiv\langle\eta|\boldsymbol{k}\rangle|c_{\text{in}}\rangle$；$X_{\eta\eta'}=\langle\eta|\hat{G}_0(E)|\eta'\rangle$．求解方程（7.3.9）获得 B_η，再把 B_η 代入方程（7.3.8）中，得到两体散射态波函数的数值解，然后计算两体散射的实验观测量．

方程（7.3.9）是一个线性代数方程．在实际计算中，可以使用低阶可分离势来代替单重态势 $V^{(0)}$ 和三重态势 $V^{(1)}$，其数值计算十分简单．与精确的多通道耦合方法比较，使用可分离势大大减少了数值计算量，并提高了数值计算精度．下面介绍使用可分离势方法研究超冷原子散射的例子．

1. 超冷 ^{6}Li 与 ^{40}K 散射体系的 s 波 Feshbach 共振位置和宽度

对于超冷 ^{6}Li 与 ^{40}K 散射体系，在不同的两体总磁量子数 $M_{\text{tot}}=M_S+M_I$ 情况下，使用可分离势方法计算了 s 波散射 Feshbach 共振的位置和宽度．在计算中，选取 $E=0$ 为单重态势和三重态势的第一个能量支撑点，选取它们的最后一个束缚态

的本征能量为各自的第二个能量支撑点. 把这种可分离势称为 SP2 模型[7]. 表 7.3.1 表示使用 SP2 模型和密耦（close-coupled，CC）方法计算的结果以及实验观测的结果.

从表 7.3.1 可以看出，采用 SP2 模型计算的共振位置和宽度与精确的密耦方法计算的结果十分吻合，使用两种方法计算的共振位置均与实验观测值一致.

表 7.3.1　采用 SP2 模型和密耦方法计算的超冷 ^{6}Li 与 ^{40}K 散射体系 s 波 Feshbach 共振位置和宽度[7]

M_{tot}	SP2		密耦		观测值	
	位置/G	宽度/G	位置/G	宽度/G	位置/G	参考文献
−5	215.6	0.27	215.5	0.27	215.60	[8]
−4	157.6	0.14	157.5	0.14	157.53	[9]
−4	168.1	0.13	168.1	0.13	168.20	[8]
−3	149.2	0.24	149.1	0.23	149.20	[8]
−3	159.6	0.51	159.5	0.52	159.50	[8]
−3	165.9	0.0003	165.8	0.0003	165.90	[8]
−2	141.5	0.25	141.4	0.25	141.70	[8]
−2	154.7	0.87	154.7	0.87	154.71	[10]
−2	162.9	0.09	162.8	0.09	162.70	[8]
5	114.8	1.82	114.8	1.82	114.47	[11]

注：共振位置的实验观测结果[8-11]也列在表中.

2. 超冷 $^6Li_2$ 体系在外磁场中 s 波散射长度和束缚态能量

在 SP3 模型中，我们选取 $E = 0$ 和 $E = E_{vdW}$ 为单重态势和三重态势各自的第一个和第二个能量支撑点（E_{vdW} 表示两体范德瓦耳斯特征能量），选取它们的最后一个束缚态能量为各自的第三个能量支撑点[7]. 图 7.3.1 表示采用 SP3 模型和密耦方法计算的两个超冷 ^{6}Li 原子散射体系的束缚态能量和 s 波散射长度随着磁场强度的变化曲线[7]. 在计算中取 $M_{tot} = 0, -1, -2$. 从图 7.3.1 可以看出，使用 SP3 模型和精确的密耦方法计算的结果一致，描述两种理论方法计算结果的曲线完全重合.

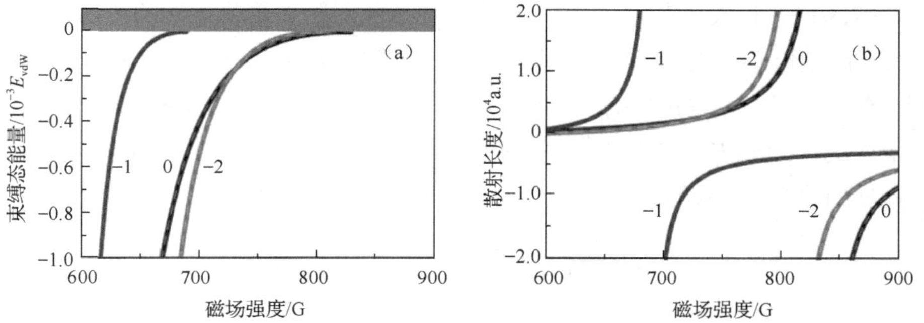

图 7.3.1　采用 SP3 模型和密耦方法计算的两个超冷 ^{6}Li 原子散射体系的束缚态能量和 s 波散射长度随着磁场强度的变化曲线[7]

（a）束缚态能量随着磁场强度的变化曲线（阴影区表示非束缚态能量区域）；（b）散射长度随着磁场强度的变化曲线实线和虚线分别表示使用密耦方法和 SP3 模型计算的结果．注意：实线和虚线重合

7.3.2　可分离势在三原子散射中的应用

考虑三个无自旋的全同玻色子原子的单通道散射问题．设描述原子-二聚物散射的跃迁算符为 $\hat{U}$，跃迁算符 $\hat{U}$ 满足的 Faddeev 方程为[12,13]

$$\hat{U}=(P_{+}+P_{-})\hat{G}_0^{-1}+(P_{+}+P_{-})\hat{t}\hat{G}_0\hat{U} \tag{7.3.10}$$

式中，$\hat{G}_0$ 和 $\hat{t}$ 分别表示三体格林算符和广义的两体跃迁算符；P_+和 P_-分别表示三个原子的顺时针和逆时针循环置换算符．在动量表象中，方程（7.3.10）表示两个动量（分别为二聚物内部相对动量和原子相对二聚物质心的动量）满足的积分方程，总的空间维度为六维．使用可分离势方法可以把方程（7.3.10）简化为原子相对于二聚物运动的一维积分方程，从而大大减少了计算量．下面介绍把方程（7.3.10）简化为一维积分方程的过程．定义一个新的算符 $T\equiv\hat{G}_0\hat{U}\hat{G}_0$，把方程（7.3.10）改写为

$$T=\hat{G}_0(P_{+}+P_{-})+\hat{G}_0(P_{+}+P_{-})\hat{t}T \tag{7.3.11}$$

使用一阶可分离势方法，采用两体 $\hat{t}$ 算符的可分离式（7.1.11），对方程（7.3.11）两边分别左乘以 $\langle g|\langle \boldsymbol{p}|$ 和右乘以 $|\boldsymbol{k}\rangle|g\rangle$（其中 $\boldsymbol{k}$ 和 $\boldsymbol{p}$ 分别表示入射和出射的原子-二聚物动量），然后使用分波展开方法，把方程（7.3.11）改写为一维积分方程[12,13]：

$$T_L(p,k;E)=2Z_L(p,k;E)+\frac{1}{\pi^2}\int \mathrm{d}q q^2 Z_L(p,q;E)\tau(E-\frac{3q^2}{4m})T_L(q,k;E) \tag{7.3.12}$$

式中

$$Z_L(p,k;E)=\frac{1}{2}\int \mathrm{d}y \mathrm{P}_L(y)\frac{g\left(\sqrt{p^2/4+k^2+pky}\right)g^*\left(\sqrt{p^2+k^2/4+pky}\right)}{E+\mathrm{i}\varepsilon-(p^2+k^2+pky)/m} \tag{7.3.13}$$

在式（7.3.12）和式（7.3.13）中，L 表示原子相对于二聚物运动的角动量；m 为单个原子的质量；y 表示动量 $\boldsymbol{k}$ 和 $\boldsymbol{p}$ 之间的夹角；ε 为一个无穷小量；P_L 为 L 阶勒让德多项式．$T_L(p,k;E)$ 为矩阵元 $\langle g|\langle \boldsymbol{p}|T|\boldsymbol{k}\rangle|g\rangle$ 的 L 分波分量．在满足 $p=k=p_E=\left[4m\left(E-E_B^D\right)/3\right]^{1/2}$ 的条件下，原子-二聚物散射振幅 f_{AD}^L 与矩阵元 $T_L(p,k;E)$ 之间的关系式为[13]

$$f_{\mathrm{AD}}^L(E)=-\frac{m}{3\pi}h(E_B^D)T_L(p_E,p_E;E) \tag{7.3.14}$$

式中，E_B^D 为二聚物的束缚能．$h\left(E_B^D\right)$ 由下式计算：

$$h(E_B^D)=-\left.\frac{\mathrm{d}\bar{N}(E)}{\mathrm{d}E}\right|_{E=E_B^D} \tag{7.3.15}$$

求解方程（7.3.12）并使用式（7.3.14）可以求出 f_{AD}^L，然后计算与原子-二聚物散射相关的实验观测量．由于一阶可分离势最多包含一个两体束缚态，故它不涉及非弹性散射问题．在这种情况下，原子-二聚物散射振幅的虚部表示三体复合的时间反演过程．根据细致平衡原理，利用原子-二聚物散射振幅的虚部可以计算三体复合速率．方程（7.3.12）存在一个齐次的本征值方程，求解齐次的本征值方程可以计算三体束缚能．

一阶可分离势方法不仅简单，而且可以用于描述三体散射中的一些普适性规律．下面介绍使用一阶范德瓦耳斯型 EST 方法研究三体 Efimov 效应．在数值计算中，使用的两体范德瓦耳斯相互作用势为

$$V(r)=\begin{cases}\infty, & r<r_0\\ -\dfrac{C_6}{r^6}, & r>r_0\end{cases} \tag{7.3.16}$$

式中，r_0 表示势垒位置；C_6 为范德瓦耳斯色散系数．通过调节 r_0 来调控散射体系的 s 波散射长度 a 和势阱的深度．选取 $E=0$ 为能量支撑点构造 EST 可分离势．把可分离势的表达式代入方程（7.3.12）及其齐次本征值方程中，计算三体束缚态能量和三体复合速率．计算结果将随着 s 波两体散射长度 a 和 s 波束缚态数目 n 而改变．当 n 足够大时，计算结果仅随着两体散射长度 a 变化，展现了不受短程相互作用势细节影响的三体散射普适性规律．

图 7.3.2 表示在 $n\to\infty$ 的情况下，采用一阶可分离势方法计算的三体束缚能随着两体散射长度 a 的变化曲线．可以看出，采用一阶可分离势方法能够很好地描述基态和第一激发电子态两个 Efimov 能级．在 Efimov 共振位置处，两个三体束

缚能的比值约为 538，接近于 Efimov 普适理论预测的值 515．计算的基态 Efimov 能级与三体阈值交叉的位置（即基态 Efimov 共振的位置）为 $a_-^0=-10.85r_{\rm vdW}$，这也与三体普适性理论预测的结果一致．图 7.3.3 表示采用一阶可分离势方法计算的三体复合长度[13]与实验观测结果[14]．三体复合长度的表达式为

$$\rho_3=\left(\frac{m}{\sqrt{3}}K_3\right)^{1/4}\tag{7.3.17}$$

从图 7.3.3 可以看出，理论计算结果与实验观测结果基本一致．

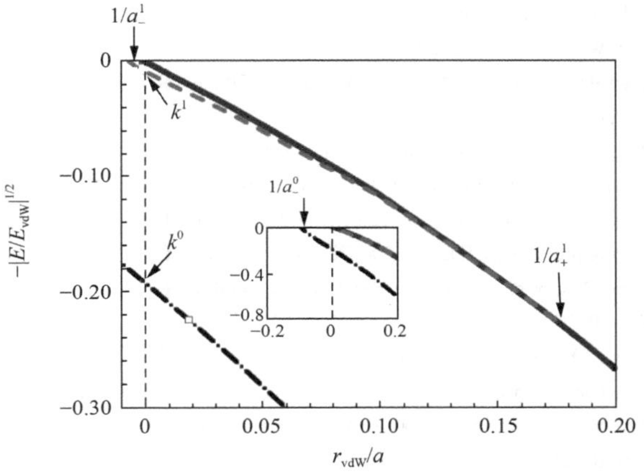

图 7.3.2　采用一阶可分离势方法计算的三体基态束缚能（点画线）和三体第一激发电子态束缚能（虚线）[13]

实线表示两体束缚能．图中用箭头标出三体参数

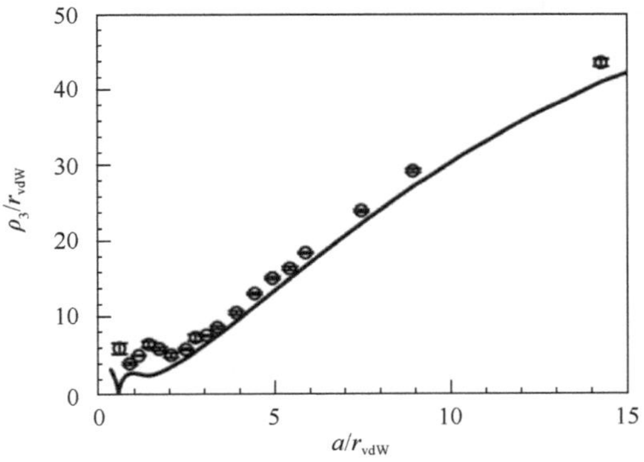

图 7.3.3　采用一阶可分离势方法计算的三体复合长度[13]和实验观测值[14]

参考文献

[1] Ernst D J, Shakin C M, Thaler R M. Separable representations of two-body interactions. Physical Review C, 1973, 8(1): 46-52.

[2] Weinberg S. Quasiparticles and the Born series. Physical Review, 1963, 131(1): 440-460.

[3] Kharchenko V F, Petrov N M. Treatment of the three-nucleon problem based on the separable expansion of the two-particle *t*-matrix. Nuclear Physics A, 1969, 137(2): 417-436.

[4] Mestrom P M A, Secker T, Kroeze R M, et al. Finite-range effects in Efimov physics beyond the separable approximation. Physical Review A, 2019, 99(1): 012702.

[5] Secker T, Li J L, Mestrom P M A, et al. Three-body recombination calculations with a two-body mapped grid method. Physical Review A, 2021, 103(3): 032817.

[6] Secker T, Li J L, Mestrom P M A, et al. Multichannel nature of three-body recombination for ultracold ^{39}K. Physical Review A, 2021, 103(2): 022825.

[7] Li J L, Cong S L. Accurate calculations of weakly bound state energy and scattering length near magnetically tuned Feshbach resonance using separable potential method. The Journal of Chemical Physics, 2018, 149(15): 154105.

[8] Wille E, Spiegelhalder F M, Kerner G, et al. Exploring an ultracold Fermi-Fermi mixture: Interspecies Feshbach resonances and scattering properties of ^{6}Li and ^{40}K. Physical Review Letters, 2008, 100(5): 053201.

[9] Jag M, Cetina M, Lous R S, et al. Lifetime of Feshbach dimers in a Fermi-Fermi mixture of ^{6}Li and ^{40}K. Physical Review A, 2016, 94(6): 062706.

[10] Naik D, Trenkwalder A, Kohstall C, et al. Feshbach resonances in the ^{6}Li-^{40}K Fermi-Fermi mixture: Elastic versus inelastic interactions. The European Physical Journal D, 2011, 65(1-2): 55-65.

[11] Tiecke T G, Goosen M R, Ludewig A, et al. Broad Feshbach resonance in the ^{6}Li^{40}K mixture. Physical Review Letters, 2010, 104(5): 053202.

[12] Shepard J R. Calculations of recombination rates for cold ^{4}He atoms from atom-dimer phase shifts and determination of universal scaling functions. Physical Review A, 2007, 75(6): 062713.

[13] Li J L, Hu X J, Han Y C, et al. Simple model for analyzing Efimov energy and three-body recombination of three identical bosons with van der Waals interactions. Physical Review A, 2016, 94(3): 032705.

[14] Kraemer T, Mark M, Waldburger P, et al. Evidence for Efimov quantum states in an ultracold gas of caesium atoms. Nature, 2006, 440(7082): 315-318.

第 8 章　三体散射的超球坐标理论及其应用

在冷和超冷气相原子气体实验中，三体复合或重组（three-body recombination）过程是研究者较为关注的现象之一．在生成原子和二聚物分子的反应中，通常会释放大量的热量．这个特点使得三体复合在很多化学反应中扮演着重要的角色，例如，三体复合过程严重影响了 Bose-Einstein 凝聚体的寿命和外场调控超冷原子散射机理．另外，利用三体复合可以制备弱束缚的超冷分子．最近几年，研究者发展了多种理论方法，用于研究三体复合过程．其中，三体散射绝热超球坐标表象是研究超冷三原子散射的有效方法．

本章介绍超球坐标理论及其在三体复合过程中的应用．

8.1　Mass-scaled 雅可比坐标系及超球坐标表象

通过简单的坐标变换[1]，可以将系统的质心运动分离出来，得到描述系统中原子相对运动的质心坐标系．对于质量为 $m_k(k = 1,2,3)$的三原子系统，设 $\boldsymbol{x}_k\,(k = 1,2,3)$表示原子相对于实验室坐标系原点的位置矢量，描述原子相对运动的雅可比坐标可以表示为

$$\boldsymbol{\rho}_{ij} = \boldsymbol{x}_i - \boldsymbol{x}_j \tag{8.1.1}$$

$$\boldsymbol{\rho}_{ij,k} = \boldsymbol{x}_k - \frac{m_i \boldsymbol{x}_i + m_j \boldsymbol{x}_j}{m_i + m_j} \tag{8.1.2}$$

式中，(i, j, k)表示原子序数(1, 2, 3)的一个循环置换，相应的 mass-scaled 雅可比坐标为[2-4]

$$\boldsymbol{s}_k = \boldsymbol{\rho}_{ij} / d_k \tag{8.1.3}$$

$$\boldsymbol{S}_k = \boldsymbol{\rho}_{ij,k} d_k \tag{8.1.4}$$

式中，d_k为约化因子，其表达式为

$$d_k = \left[\frac{m_k}{\mu}\left(1 - \frac{m_k}{M}\right)\right]^{1/2} \tag{8.1.5}$$

μ 和 M 分别表示三原子系统的约化质量和总质量，即

$$\mu = \left(\frac{m_1 m_2 m_3}{M}\right)^{1/2} \tag{8.1.6}$$

$$M = m_1 + m_2 + m_3 \tag{8.1.7}$$

当处理量子散射问题（特别是反应散射问题）时，mass-scaled 雅可比坐标比传统的雅可比坐标使用更方便[4]. 这主要是由于：①在 mass-scaled 雅可比坐标系中，系统动能算符的表达式非常简单，仅包含三原子系统的折合质量与核间距. ②描述系统的不同 mass-scaled 雅可比坐标之间仅差一个简单的转动因子. 图 8.1.1 表示三个原子 A、B、C 相对运动的 mass-scaled 雅可比坐标系，其中每一个坐标系都可以描述三原子系统的散射问题. 但在数值计算中，每一个 mass-scaled 雅可比坐标仅适合于计算某一种原子与双原子分子的散射问题. 例如，图 8.1.1（a）所示的三体 mass-scaled 雅可比坐标仅适合于描述 C + AB 散射问题. 如果用它来描述原子 C 和 A 或原子 C 和 B 结合成分子的散射问题，将使计算涉及很多分波，且数值计算的收敛性较差. 为了解决这个问题，引用体坐标系来描述三原子系统的散射过程，改用三个欧拉角 α、β、γ 来描述三原子系统的转动[5-7].

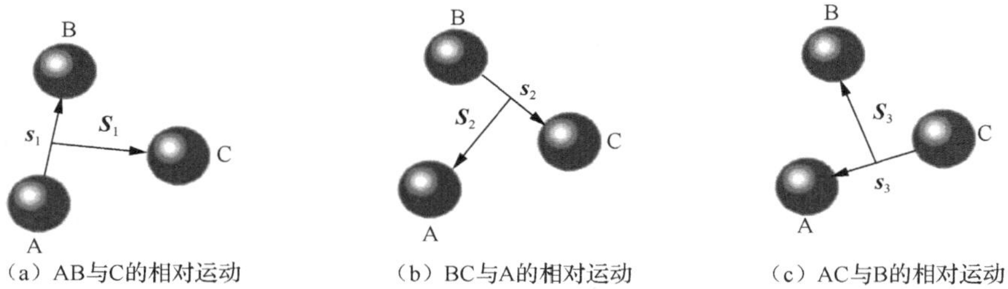

图 8.1.1　三体 mass-scaled 雅可比坐标矢量的定义方式

对于四原子体系，mass-scaled 雅可比坐标共有 18 种定义[8]. 这 18 种 mass-scaled 雅可比坐标又可以归为两大类. 一类是所谓的“K-type”型，其定义方法类似于三体 mass-scaled 雅可比坐标，第三个 mass-scaled 雅可比坐标是由前三个原子子系统的质心指向第四个原子. 另一类是所谓的“H-type”型，其定义方法是将四个原子先分成两组. 每组均可定义一个 mass-scaled 雅可比坐标. 第三个 mass-scaled 雅可比矢量将这两组原子的质心连接起来. 按照这种定义方法，原则上可以将其推广到 N 原子体系. 相应的 N 体折合质量 μ_N 的定义要求满足表象变换下雅可比行列式不包含质量因子[9]，即

$$\mu_N^{-(N-1)/2}\left(\prod_{i=2}^{N}\frac{m_i\sum_{k=1}^{i-1}m_k}{\sum_{j=1}^{i}m_j}\right)^{1/2}=1 \tag{8.1.8}$$

这种对 N 体折合质量的定义不依赖对 mass-scaled 雅可比坐标的选择，即对于不同 mass-scaled 雅可比坐标，N 体折合质量均可以表示为

$$\mu_N = \left(\frac{\prod_{i=1}^{N} m_i}{\sum_{j=1}^{N} m_j} \right)^{1/(N-1)} \tag{8.1.9}$$

在三体复合过程中，当系统的波函数包含连续态波函数时，需要使用超球坐标表象理论进行处理．在超球坐标表象中，超球半径 R 的平方定义为所有 mass-scaled 雅可比矢量的模平方和．对于三原子体系有

$$R^2 = |\boldsymbol{s}_k|^2 + |\boldsymbol{S}_k|^2 \tag{8.1.10}$$

通过简单的推导，可以证明图 8.1.1 中三个 mass-scaled 雅可比坐标所对应的超球半径 R 是相同的，且转动不影响超球半径 R 的数值．这样，可以选择比较方便的表象来处理超球角向自由度，超球坐标表象这一特点极大地提高了数值计算的灵活性．如果使用 Ω 来表征系统的所有角向变量，则 N 体系统所满足的薛定谔方程可以表示为[10]

$$\left[-\frac{1}{2\mu_N}\left(\frac{\partial^2}{\partial R^2} + \frac{(N-1)D-1}{R}\frac{\partial}{\partial R} \right) + \frac{\Lambda^2(\Omega)}{2\mu_N R^2} + V(R,\Omega) \right]\Psi = E\Psi \tag{8.1.11}$$

式中，D 表示系统的空间维度；E 为系统的总散射能．在式（8.1.11）中，超球径向的一阶导数可以通过如下代换来消除：

$$\Psi = R^{-\frac{(N-1)D-1}{2}}\psi \tag{8.1.12}$$

将式（8.1.12）代入方程（8.1.11）中，得到：

$$\left\{ -\frac{1}{2\mu_N}\frac{\partial^2}{\partial R^2} + \frac{\Lambda^2(\Omega)}{2\mu_N R^2} + \frac{[(N-1)D-1][(N-1)D-3]}{8\mu_N R^2} + V(R,\Omega) \right\}\psi = E\psi \tag{8.1.13}$$

在方程（8.1.11）和方程（8.1.13）中，广义角动量的平方 Λ^2 描述了系统在 $(N-1)\times D$ 维球面上的转动，V 表示系统中原子之间的相互作用势．由于超球角向变量有不同的定义，故目前存在多种超球坐标表象．对于本章关注的三原子体系，常用的超球坐标表象有 Delves 超球坐标表象[9, 11]和 Smith-Whitten 超球坐标表象[2, 12]．这两种超球坐标表象都可以通过简单的变换（即从实验室坐标系到体坐标系的变换）来处理冷原子的复合问题．然而，对于全同性原子散射体系，不同的超球坐标表象有不同的优势．Delves 超球坐标表象适用于描述体系包含两个全同原子的散射问题；而 Smith-Whitten 超球坐标表象则不仅适用于描述体系中包含

两个全同原子的散射问题，而且还适用于处理体系中包含三个全同原子的散射问题．下面将重点介绍 Smith-Whitten 超球坐标表象理论．

8.2　改进的 Smith-Whitten 超球坐标表象

在质心坐标系中，Smith 和 Whitten[2, 12]定义了三个外部角度，即欧拉角（α, β, γ），用来描述体坐标系相对于实验室坐标系的取向；使用三个内部变量(R,Θ,Φ)来描述原子的相对运动．这里 R 为超球半径，是描述三体整体尺度的唯一长度变量．超球角(Θ,Φ)可以通过 mass-scaled 雅可比坐标在体坐标系 $O\text{-}xyz$ 上的投影得到：

$$(\boldsymbol{s}_k)_x = \rho\cos\Theta\cos\Phi_k \tag{8.2.1a}$$

$$(\boldsymbol{s}_k)_y = -\rho\sin\Theta\sin\Phi_k \tag{8.2.1b}$$

$$(\boldsymbol{s}_k)_z = 0 \tag{8.2.1c}$$

$$(\boldsymbol{S}_k)_x = \rho\cos\Theta\sin\Phi_k \tag{8.2.1d}$$

$$(\boldsymbol{S}_k)_y = \rho\sin\Theta\cos\Phi_k \tag{8.2.1e}$$

$$(\boldsymbol{S}_k)_z = 0 \tag{8.2.1f}$$

从式（8.2.1）可知：体坐标系的 z 轴平行于 $\boldsymbol{s}\times\boldsymbol{S}$ 平面，即垂直于三个原子所构成的平面．通过简单的计算可知系统的惯量积为零，即体坐标系和体系的惯量主轴是一致的．三个主轴惯量为

$$I_x = \mu R^2\sin^2\Theta \tag{8.2.2a}$$

$$I_y = \mu R^2\cos^2\Theta \tag{8.2.2b}$$

$$I_z = \mu R^2 \tag{8.2.2c}$$

此外，还规定 x 轴指向体系最小的主轴惯量．经过简单的推导，给出 $\Theta\in[0,\pi/4]$，$\Phi_k\in[0,2\pi)$[13]．在该超球坐标表象中，两个原子之间的距离为

$$\left|\boldsymbol{x}_i-\boldsymbol{x}_j\right| = \frac{Rd_k}{\sqrt{2}}\left[1+\cos(2\Theta)\cos(2\Phi_k)\right]^{1/2} \tag{8.2.3}$$

Smith-Whitten 超球坐标表象的一个典型特点是超球坐标表象和位形空间为 2 对 1 的关系．在 Φ_k 从 0 逐渐增加到 2π 的过程中，三个原子在体坐标 $O\text{-}xyz$ 的 $x\text{-}y$ 平面划过的轨迹为一个椭圆．当 $\Phi_k=\pi$ 时，三个原子组成的三角形和初始时刻三个原子组成的三角形的形状相同，但相对于初始位置，体系绕体坐标系的 z 轴转过 π 角度．当且仅当 $\Phi_k=2\pi$ 时，三个原子所构成的三角形的形状和取向才与初始时刻一致．

为了便于数值计算，研究者改进了 Smith-Whitten 超球坐标表象的角向变量，提出了改进的 Smith-Whitten 超球坐标表象．Johnson[13]将 Smith-Whitten 超球坐标表象的两个角向变量 (Θ,Φ) 定义为

$$\theta=\pi/2-2\Theta,\ \varphi_k=\pi/2-2\Phi_k \tag{8.2.4}$$

这种改写可将粒子间的相互作用更为形象地展现出来．(θ,φ) 可以简单地视为球极坐标系的极角和方位角．随后，Kendrick 等[14]和 Suno 等[15, 16]在 Johnson 对角向定义的基础上做了进一步的改进．下面介绍 Suno 等[15, 16]提出的两种改进的 Smith-Whitten 超球坐标表象．在这些改进的 Smith-Whitten 超球坐标表象中，系统的广义角动量平方算符为[14, 17-19]

$$\Lambda^2=\hat{T}_\theta+\hat{T}_\varphi+\hat{T}_r \tag{8.2.5}$$

式中

$$\hat{T}_\theta=-\frac{4}{\sin 2\theta}\frac{\partial}{\partial\theta}\sin 2\theta\frac{\partial}{\partial\theta} \tag{8.2.6}$$

$$\hat{T}_\varphi=\frac{4}{\sin^2 2\theta}\left(\mathrm{i}\frac{\partial}{\partial\phi}-\frac{\cos\theta J_z}{2}\right)^2 \tag{8.2.7}$$

$$\hat{T}_r=\frac{2J_x^2}{1-\sin\theta}+\frac{2J_y^2}{1+\sin\theta}+J_z^2 \tag{8.2.8}$$

式中，J_x、J_y 和 J_z 表示系统的总角动量在体坐标系三个坐标轴的分量．Λ^2 的本征函数为超球谐波（hyperspherical harmonic），相应的本征值为 $\lambda(\lambda+4)$，其中 λ 为超球谐波量子数，为非负整数，其取值受到系统的对称性限制[15]．当 $\theta=0$ 和 $\pi/2$ 时，方程（8.2.6）～方程（8.2.8）存在奇点，这些奇点统称为埃卡特（Eckart）奇点[14]．

除了以上对 Smith-Whitten 超球坐标角向变量的微小改进之外，Pack 等[20]建立了绝热校对的超球坐标表象（adiabatically adjusting principle axis hyperspherical coordinates），该坐标表象本质上与 Smith-Whitten 超球坐标表象相同，它与改进的 Smith-Whitten 超球坐标表象的主要区别在于对体坐标的定义．在超球坐标表象中，体坐标系的 z 轴平行于系统的最小主轴惯量，y 轴垂直于三原子体系构成的平面．这种对体坐标的定义有利于降低线性几何结构($I_z=0, I_x=I_y\neq 0$)的转动耦合．如果体系的波函数含有较多的线性几何结构组分，则采用超球坐标表象有利于对角向基矢做截断处理，可以使用较少的基矢得到比较准确的结果[14, 20]．当然，当要求对系统散射过程进行精确计算时，超球坐标系与改进的 Smith-Whitten 超球坐标表象是等价的．

8.3　绝热超球坐标表象

在改进的 Smith-Whitten 超球坐标表象中，描述三体碰撞过程的薛定谔方程为

$$\left[-\frac{1}{2\mu R^5}\frac{\partial}{\partial R}R^5\frac{\partial}{\partial R}+\frac{\Lambda^2}{2\mu R^2}+V(R,\theta,\varphi)\right]\Psi(R,\Omega)=E\Psi(R,\Omega) \tag{8.3.1}$$

式中，$\Omega=\{\alpha,\beta,\gamma,\theta,\varphi\}$ 为角向变量；μ 为三体的折合质量；Λ 为广义角动量算符，其表达式由式（8.2.5）～式（8.2.8）给出；$V(R,\theta,\varphi)$ 表示原子之间相互作用势；E 为系统的散射能．

为了消除式（8.3.1）中对径向 R 的一阶导数项，对系统总的波函数做代换：

$$\psi(R,\Omega)=R^{5/2}\Psi(R,\Omega) \tag{8.3.2}$$

式中，ψ 为系统的约化波函数．将式（8.3.2）代入方程（8.3.1）中，得到

$$\left[-\frac{1}{2\mu}\frac{\partial^2}{\partial R^2}+\frac{\Lambda^2}{2\mu R^2}+\frac{15}{8\mu R^2}+V(R,\theta,\varphi)\right]\psi(R,\Omega)=E\psi(R,\Omega) \tag{8.3.3}$$

方程（8.3.3）涉及三个外部变量（α,β,γ）和三个内部变量（R,θ,φ），是一个六维微分方程．数值求解方程（8.3.3）的计算量非常大．为此，需要对方程（8.3.3）进行减维处理．由于在所有对称性算符作用下超球半径 R 不变，超球角向波函数的变化与系统的对称性有关．可以把径向变量（R）和角向变量分开处理，这样极大地减少了计算量．Macek[21]提出了绝热超球坐标表象：认为超球半径和超球角向变量可以近似地分开处理，这类似于玻恩-奥本海默近似（把原子核和电子运动分开处理）．采用绝热超球坐标表象求解方程（8.3.3）能够得到较精确的结果．

将超球半径 R 视为一个绝热参量，首先求解一个关于角向的绝热方程：

$$H_{\mathrm{ad}}(\Omega;R)\phi_\nu(\Omega;R)=U_\nu(R)\phi_\nu(\Omega;R) \tag{8.3.4}$$

式中

$$H_{\mathrm{ad}}(\Omega;R)=\frac{\Lambda^2}{2\mu R^2}+\frac{15}{8\mu R^2}+V(R,\theta,\varphi) \tag{8.3.5}$$

得到一组以 R 为参量的角向基矢$\{\phi_\nu\}$，通常称 ϕ_ν为通道函数(channel functions)．方程（8.3.4）中，$U_\nu(R)$为三体绝热势函数．由于基矢$\{\phi_\nu\}$是正交完备的，故可以将系统的约化波函数 $\psi(R,\Omega)$用该基矢展开为

$$\psi(R,\Omega)=\sum_{\nu=0}^{\infty}F_\nu(R)\phi_\nu(\Omega;R) \tag{8.3.6}$$

式中，$F_\nu(R)$表示径向展开系数，也称为径向波函数．将式（8.3.6）和式（8.3.4）代入方程（8.3.3）中，得到一个关于径向坐标 R 的一维耦合方程：

$$\left[-\frac{1}{2\mu}\frac{\mathrm{d}^2}{\mathrm{d}R^2}+U_\nu(R)\right]F_\nu(R)-\frac{1}{2\mu}\sum_{\nu'}\left[2P_{\nu,\nu'}(R)\frac{\mathrm{d}}{\mathrm{d}R}+Q_{\nu,\nu'}(R)\right]F_{\nu'}(R)=EF_\nu(R) \quad (8.3.7)$$

式中，ν表征不同的通道；$P_{\nu,\nu'}(R)$和 $Q_{\nu,\nu'}(R)$表示不同通道之间的非绝热耦合，支配着系统在不同通道之间的非弹性跃迁．非绝热耦合定义为

$$P_{\nu,\nu'}(R)=\left\langle\phi_\nu(\varOmega;R)\middle|\frac{\mathrm{d}}{\mathrm{d}R}\phi_{\nu'}(\varOmega;R)\right\rangle_\varOmega \quad (8.3.8)$$

$$Q_{\nu,\nu'}(R)=\left\langle\phi_\nu(\varOmega;R)\middle|\frac{\mathrm{d}^2}{\mathrm{d}R^2}\phi_{\nu'}(\varOmega;R)\right\rangle_\varOmega \quad (8.3.9)$$

式中，下角标 $\varOmega$ 特指仅对角向变量进行积分．由于非绝热耦合 $Q_{\nu,\nu'}(R)$中含有对通道函数 $\phi_{\nu'}(\varOmega; R)$的二阶导数项，目前已有的数值计算方法很难精确地对其进行计算．为此，对式（8.3.9）进行简化处理．经过简单的分部积分，得到：

$$Q_{\nu,\nu'}(R)=\frac{\mathrm{d}P_{\nu,\nu'}(R)}{\mathrm{d}R}+(P^2)_{\nu,\nu'}(R) \quad (8.3.10)$$

式中

$$(P^2)_{\nu,\nu'}(R)=-\left\langle\frac{\mathrm{d}\phi_\nu(R;\varOmega)}{\mathrm{d}R}\middle|\frac{\mathrm{d}\phi_{\nu'}(R;\varOmega)}{\mathrm{d}R}\right\rangle_\varOmega \quad (8.3.11)$$

类似于处理分子中电子和核运动的绝热近似和玻恩-奥本海默近似，在超球坐标表象中也存在超球绝热近似和超球玻恩-奥本海默近似．超球绝热近似在计算中忽略了式（8.3.7）中不同通道之间的非绝热耦合项（$\nu'\neq\nu$），方程（8.3.7）约化为

$$\left[-\frac{1}{2\mu}\frac{\mathrm{d}^2}{\mathrm{d}R^2}+W_\nu(R)\right]F_\nu(R)=EF_\nu(R) \quad (8.3.12)$$

式中

$$W_\nu(R)=U_\nu(R)-\frac{Q_{\nu,\nu}(R)}{2\mu} \quad (8.3.13)$$

$W_\nu(R)$被称为三体有效势（effective potential）．在 $R\to\infty$的渐近处，两体复合通道（two-body recombination channel）对应于二聚物分子和原子散射通道，其渐近形式为

$$W_\nu(R)\to E_{\nu l}+\frac{l'(l'+1)}{2\mu R^2} \quad (8.3.14)$$

三体入射通道（three-body entrance channel）对应于三个自由原子的散射通道，其渐近形式为

$$W_\nu(R) \to \frac{\lambda(\lambda+4)+15/4}{2\mu R^2} \tag{8.3.15}$$

式（8.3.14）中，E_{vl} 为二聚物分子的振-转能级（ν 为振动量子数，l 为转动量子数），l' 是第三个原子与二聚物分子之间的轨道角动量量子数. 为了清楚起见，可以将上述绝热超球坐标表象、超球绝热近似和超球玻恩-奥本海默近似的处理方式与玻恩-奥本海默近似进行类比. 在处理分子波函数时，考虑电子运动速度远大于原子核运动速度，可以将这两种运动分开处理. 使用绝热电子本征态波函数来展开分子波函数和分子哈密顿算符，从而得到分子核运动波函数的耦合方程组（由电子态之间的非绝热耦合相互关联）. 在绝热近似下，忽略了电子态之间的非绝热耦合以及电子态自身的耦合项，近似地认为分子处在某一个电子态上做绝热的核振动和转动. 在绝热超球坐标表象中，把三体波函数的超球半径和超球角向变量分开处理，使用通道函数 $\phi_\nu(\Omega;R)$来展开三体波函数，得到径向波函数 $F_\nu(R)$的耦合方程组（由通道函数之间的非绝热耦合相互关联）. 在超球绝热近似下，忽略了通道之间的非绝热耦合以及通道自身的耦合，即忽略了式（8.3.13）中 $Q_{\nu,\nu}(R)/(2\mu)$项，得到了超球玻恩-奥本海默近似下的理论公式. 利用上述近似求解方程（8.3.7），可以得到系统本征能量的上限和下限[22].

绝热超球坐标表象要求表征系统整体尺度的超球半径 R 相对于表征系统空间构型变化的超球角向变量 Ω 是一个缓慢变化的参数. 在超球半径较大的情况下，R 相对于 Ω 是一个缓慢变化的参数. 但当超球半径比较小时，R 通常不是一个缓慢变化的参数. 此时，使用绝热超球坐标表象来描述三体散射问题时，可能涉及较强的非绝热耦合. 如果已知非绝热耦合的精确值，则仍然可以使用绝热超球坐标表象理论来描述三体散射过程. 另外，在绝热超球坐标表象中，尽管把超球半径 R 视为参数处理，但方程（8.3.4）仍然含有多个角向自由度. 因此，数值求解角向绝热方程（8.3.4）是求解三体散射过程中最耗时的工作. 在无外电磁场条件下，系统的总角动量守恒. 因此，表征体坐标系取向的三个欧拉角可以从系统的内部运动中分离出来，把系统的约化波函数 $\psi(R,\Omega)$用维格纳（Wigner）转动函数 $D^J{}_{KM}(\alpha,\beta,\gamma)$来展开[5-7]. 利用维格纳转动函数的性质可以减小求解角向绝热方程（8.3.4）的数值计算量.

目前，研究三体复合过程的超球坐标方法主要有如下三种. ①传统的超球坐标方法[15]. 该方法基于绝热超球坐标表象理论，系统总的波函数用角向绝热通道函数进行展开，并求解不同通道之间的非绝热耦合. ②基于缓慢变量离散化（slow variable discretization, SVD）技术的超球坐标方法[23]. 该方法采用 Tolstikhin 等[24]

提出的 SVD 技术，避免直接求解小核间距随超球半径变化比较剧烈的非绝热耦合，而是将动能算符中对 R 的求导变为对已知数学函数的求导．SVD 方法的基本思想是对径向变量 R 进行缓慢离散化．但使用 SVD 方法将增加计算量且占用更多的计算机内存．为了减少计算量，在非绝热耦合变化较小的长程区域，采用传统的超球坐标方法进行计算．③分区间绝热的超球坐标方法[14, 25]．该方法将超球半径分成多个小区间，在每个区间内仅用一组固定在区间中心的绝热超球角向基矢来展开系统的波函数．由于不同区间使用的基矢有所差异，故要求波函数在每个区间的边界都连续和可求导．本节主要论述了采用第一种方法研究三体复合过程．

8.4　计算非绝热耦合的数值方法

使用传统的超球坐标理论处理散射问题的关键是如何精确求解系统不同通道之间的非绝热耦合，即式（8.3.8）和式（8.3.9）．目前，研究者提出了许多种数值求解非绝热耦合的方法，这些方法可以分为三大类：①简单的数值差分方法，如中点公式（三点公式）[15, 26]、五点公式[27]等，其中三点公式的数值计算效率较高，应用较广；②使用赫尔曼-费恩曼（Hellmann-Feynman）定理[5]进行计算；③使用 Wang 等[28]提出的基于赫尔曼-费恩曼定理和线性代数软件库直接数值求解的改进方法（下文简称为改进方法）计算系统的非绝热耦合．

中点公式方法的数值计算简单，非绝热耦合 $P_{\nu,\nu'}(R)$和 $P^2{}_{\nu,\nu'}(R)$中涉及的通道函数 $\phi_\nu(\Omega; R)$的一阶导数项由下式计算：

$$\frac{\partial\phi_\nu(\Omega;R)}{\partial R}\approx\frac{\phi_\nu(\Omega;R+\Delta R)-\phi_\nu(\Omega;R-\Delta R)}{2\Delta R} \tag{8.4.1}$$

使用中点公式计算非绝热耦合的精度依赖于 $\phi_\nu(\Omega;\ R)$在区间$[R-\Delta R,\ R+\Delta R]$的变化及 ΔR 的取值．当 R 较大时，由于通道函数随着 R 缓慢变化，可以选择较大的 ΔR，即使用较少的径向格点就可以计算较精确的 $P_{\nu,\nu'}(R)$和 $P^2{}_{\nu,\nu'}(R)$值．但当 R 较小时，$\phi_\nu(\Omega;\ R)$随着 R 发生剧烈变化，使用中点公式计算不同通道之间的非绝热耦合要求选择合适的ΔR，这种选取往往是比较困难的．所以，能够使用中点公式计算非绝热耦合的体系仅限于较简单的系统，如 He 原子及其同位素组成的三原子体系等．五点公式的数值差分方法与中点公式方法类似，这里不再赘述．

若知道角向绝热哈密顿算符对径向变量 R 的一阶导数，即$\partial H_{\rm ad}(\Omega;R)/(\partial R)$，则可以使用赫尔曼-费恩曼定理给出计算非绝热耦合势的解析表达式．将方程（8.3.4）两边对超球半径 R 求导，经过简单的推导后得到：

$$\left[H_{\text{ad}}(\Omega;R)-U_{\nu'}(R)\right]\frac{\partial}{\partial R}\phi_{\nu'}(\Omega;R)=-\left[\frac{\partial}{\partial R}H_{\text{ad}}(\Omega;R)-\frac{\partial}{\partial R}U_{\nu'}(R)\right]\phi_{\nu'}(\Omega;R) \tag{8.4.2}$$

对式（8.4.2）两边乘以 $\phi_\nu(\Omega;R)$，并对角向变量 Ω 进行积分，得到：

$$\begin{aligned}P_{\nu,\nu'}(R)&=\int \mathrm{d}\Omega\phi_\nu^*(\Omega;R)\frac{\partial}{\partial R}\phi_{\nu'}(\Omega;R)\\&=-\frac{\int \mathrm{d}\Omega\phi_\nu^*(\Omega;R)\left[\frac{\partial}{\partial R}H_{\text{ad}}(\Omega;R)\right]\phi_{\nu'}(\Omega;R)}{U_\nu(R)-U_{\nu'}(R)},\ \nu'\neq\nu\end{aligned} \tag{8.4.3}$$

$$\frac{\partial}{\partial R}U_\nu(R)=\int \mathrm{d}\Omega\phi_\nu^*(\Omega;R)\left[\frac{\partial}{\partial R}H_{\text{ad}}(\Omega;R)\right]\phi_{\nu'}(\Omega;R),\ \nu'=\nu \tag{8.4.4}$$

应当注意，当 $\nu'=\nu$ 时，$P_{\nu,\nu'}(R)=0$．非绝热耦合 $P^2{}_{\nu,\nu'}(R)$ 通过式（8.4.5）计算：

$$P^2{}_{\nu,\nu'}(R)=\sum_{\tau=1}^{N_{\text{c}}}P_{\nu,\tau}(R)P_{\tau,\nu'}(R) \tag{8.4.5}$$

式中，N_{c} 表示通道数．在原则上，使用赫尔曼-费恩曼定理可以精确计算系统不同通道之间的非绝热耦合势．但计算表明，随着 N_{c} 的增加，$P^2{}_{\nu,\nu'}(R)$ 的收敛速度变慢，即使采用很多的通道基矢也很难得到收敛的非绝热耦合 $P^2{}_{\nu,\nu'}(R)$ 的结果．这降低了使用赫尔曼-费恩曼定理计算非绝热耦合势的效率和精度．

下面介绍由 Wang 等[28]提出的改进方法．方程（8.4.2）预示着可以从式（8.4.6）直接得到通道函数 $\phi_\nu(\Omega;R)$ 的径向一阶导数，即

$$\frac{\partial}{\partial R}\phi_\nu(\Omega;R)=-\left[H_{\text{ad}}(\Omega;R)-U_\nu(R)\right]^{-1}\left[\frac{\partial}{\partial R}H_{\text{ad}}(\Omega;R)-\frac{\partial}{\partial R}U_\nu(R)\right]\phi_\nu(\Omega;R) \tag{8.4.6}$$

由于 $|H_{\text{ad}}(\Omega;R)-U_\nu(R)|=0$，上述方程的解是奇异的，即算符 $[H_{\text{ad}}(\Omega;R)-U_\nu(R)]$ 是不可逆的．这种奇异性也可以视为以下方程没有唯一的解：

$$\left[H_{\text{ad}}(\Omega;R)-U_\nu(R)\right]\chi_\nu(\Omega;R)=-\left[\frac{\partial}{\partial R}H_{\text{ad}}(\Omega;R)-\frac{\partial}{\partial R}U_\nu(R)\right]\phi_\nu(\Omega;R) \tag{8.4.7}$$

实际上，任意具有下列形式的函数均是上述方程的解：

$$\chi_\nu(\Omega;R)=\frac{\partial}{\partial R}\phi_\nu(\Omega;R)+c\phi_\nu(\Omega;R) \tag{8.4.8}$$

式中，c 是任意复常数．Nelson[29]指出算符 $[H_{\text{ad}}(\Omega;R)-U_\nu(R)]$ 的奇异性可以通过下列条件进行消除：

$$\int \mathrm{d}\Omega\phi_\nu^*(\Omega;R)\frac{\partial}{\partial R}\phi_\nu(\Omega;R)=0 \tag{8.4.9}$$

后来，Wang 等[28]指出，利用线性代数软件库（Linear Algebra Package，LAPACK）[30, 31]

等数值计算软件直接求解方程（8.4.7），也可以得到形如式（8.4.8）的精确解 $\chi_v(R;\Omega)$. 再由式（8.4.8）计算常数 c，即

$$c=\int \mathrm{d}\Omega \phi_v^*(R;\Omega)\chi_v(R;\Omega) \tag{8.4.10}$$

最后，由式（8.4.8）计算通道函数的径向一阶导数：

$$\frac{\partial}{\partial R}\phi_v(\Omega;R)=\chi_v(\Omega;R)-c\phi_v(\Omega;R) \tag{8.4.11}$$

把式（8.4.11）代入式（8.3.8）和式（8.3.11）中，得到系统不同通道之间的非绝热耦合势. 使用 Wang 等提出的方法计算的非绝热耦合势的精确性与使用 Hellmann-Feynman 定理计算的非绝热耦合势的精确性基本一致. 因此，Wang 等提出的方法是精确求解系统非绝热耦合势的一种比较实用的方法.

8.5　有限元 *R* 矩阵方法及 *R* 矩阵箱匹配方法

在给出精确的非绝热耦合和三体绝热势能面[即 $P_{\nu,\nu'}(R)$、$P^2{}_{\nu,\nu'}(R)$ 和 $U_\nu(R)$]之后，剩下的问题是如何求解一维耦合方程（8.3.7），进而提取冷原子复合的相关信息. 本征 ***R*** 矩阵方法是求解耦合方程（8.3.7）的一种有效方法，特别是将该方法与有限元技术及 ***R*** 矩阵箱匹配方法结合起来，更具有实用性. 使用这种方法求解方程（8.3.7）比使用 Numerov 方法[32]和 LOGD 演化方法[33]更加有效. 本征 ***R*** 矩阵方法的关键步骤是在反应体积 ϖ 内求解耦合方程（8.3.7），得到反应体积外表面 Σ 外法线的对数导数（logarithmic derivative），即

$$b=\frac{\partial \ln\psi(R,\Omega)}{\partial R} \tag{8.5.1}$$

反应体积元为 $\mathrm{d}\varpi=\mathrm{d}R\mathrm{d}\Omega$. 使用里茨变分表达式（Ritz variational expression），在散射能为 E 情况下，系统的波函数满足关系式：

$$E=\frac{\int \psi^*(R,\Omega)\hat{H}\psi(R,\Omega)\mathrm{d}\varpi}{\int \psi^*(R,\Omega)\psi(R,\Omega)\mathrm{d}\varpi} \tag{8.5.2}$$

式中，$\hat{H}$ 为系统的哈密顿算符，其表达式由式（8.3.3）给出. 使用格林定理（Green's theorem）与式（8.5.1），得到：

$$b=\frac{\int 2\mu\psi^*(R,\Omega)\left(E-\hat{H}\right)\psi(R,\Omega)\mathrm{d}\varpi-\int_\Sigma \psi^*(R,\Omega)\dfrac{\partial\psi(R,\Omega)}{\partial R}\mathrm{d}\Omega}{\int_\Sigma \psi^*(R,\Omega)\psi(R,\Omega)\mathrm{d}\Omega} \tag{8.5.3}$$

求解方程（8.5.3）的常用方法是先将系统的波函数 $\psi(R,\Omega)$用一组完备性基矢展开，

然后再求解展开后的本征值方程．下面采用有限元方法[34, 35]，将径向 R 分成 $n_{\max}$ 个区间或者元，即 $R_0, R_1, R_2, \cdots, R_n, \cdots, R_{n_{\max}}$，并在每个区间内定义一组局域基矢．使用六阶埃尔米特插值多项式$\{B_i(x_n)\}$作为局域基矢．R 与 x_n 之间满足关系式：

$$R = a_n x_n + d_n \tag{8.5.4}$$

式中

$$a_n = \frac{R_{n+1} - R_n}{2}, \quad d_n = \frac{R_{n+1} + R_n}{2} \tag{8.5.5}$$

对于 $x \in [-1, 1]$，埃尔米特插值多项式的具体表达式为[34, 36]

$$B_1(x) = x^2 - 1.25x^3 - 0.5x^4 + 0.75x^5 \tag{8.5.6a}$$

$$B_2(x) = 0.25(x^2 - x^3 - x^4 + x^5) \tag{8.5.6b}$$

$$B_3(x) = 1.0 - 2.0x^2 + x^4 \tag{8.5.6c}$$

$$B_4(x) = x - 2.0x^3 + x^5 \tag{8.5.6d}$$

$$B_5(x) = x^2 + 1.25x^3 - 0.5x^4 - 0.75x^5 \tag{8.5.6e}$$

$$B_6(x) = 0.25(-x^2 - x^3 + x^4 + x^5) \tag{8.5.6f}$$

把径向波函数 $F_\nu(R)$ 用埃尔米特插值多项式展开为

$$F_\nu(R) = \sum_{i=\nu,k,n} c_i B_i(x_n) \tag{8.5.7}$$

式中，k 表示埃尔米特插值多项式基矢指标；n 代表径向小区间指标．使用式（8.3.3）、式（8.3.4）、式（8.5.3）和式（8.5.7），得到一个广义的本征值矩阵方程：

$$\boldsymbol{\Gamma c} = b\boldsymbol{Oc} \tag{8.5.8}$$

式中，$\boldsymbol{\Gamma}$ 和 $\boldsymbol{O}$ 为方矩阵，其矩阵元的表达式为

$$\begin{aligned}\Gamma_{ij} &= \int_{-1}^{1} B_k(x_n)\left\{\frac{\partial^2}{\partial(a_n x_n)^2} + \left(P^2\right)_{\nu,\nu'}(R) + 2\mu\left[E - U_\nu(R)\right]\delta_{\nu,\nu'}\right\}B_{k'}(x_n)\,a_n \mathrm{d}x_n \\ &\quad + \int_{-1}^{1} P_{\nu,\nu'}(R)\left[B_k(x_n)\frac{\partial B_{k'}(x_n)}{\partial x_n} - \frac{\partial B_k(x_n)}{\partial x_n}B_{k'}(x_n)\right]\mathrm{d}x_n - \frac{\delta_{\nu,\nu'}\delta_{n,n_{\max}}\delta_{k,5}\delta_{k',6}}{a_n}\end{aligned} \tag{8.5.9}$$

$$O_{ij} = \delta_{\nu,\nu'}\delta_{n,n_{\max}}\delta_{k,5}\delta_{k',5} \tag{8.5.10}$$

式中，$i \equiv \{\nu, k, n\}$及$j \equiv \{\nu', k', n'\}$．可以看出在有限元表象中，矩阵 $\boldsymbol{O}$ 为简单的对角矩阵．但在具体的计算中，矩阵 $\boldsymbol{\Gamma}$ 和 $\boldsymbol{O}$ 的维度非常大，直接使用 LAPACK 等数值计算软件[30]对其对角化将非常耗时．为了提高数值计算效率，常根据有限

元基矢在反应体积外表面 Σ 上的特点（即基矢是否为零），对方程（8.5.8）进行分块化处理：

$$\begin{bmatrix} \boldsymbol{\Gamma}^{\mathrm{cc}} & \boldsymbol{\Gamma}^{\mathrm{co}} \\ \boldsymbol{\Gamma}^{\mathrm{oc}} & \boldsymbol{\Gamma}^{\mathrm{oo}} \end{bmatrix} \begin{bmatrix} \boldsymbol{c}^{\mathrm{c}} \\ \boldsymbol{c}^{\mathrm{o}} \end{bmatrix} = b \begin{bmatrix} 0 & 0 \\ 0 & \boldsymbol{O}^{\mathrm{oo}} \end{bmatrix} \begin{bmatrix} \boldsymbol{c}^{\mathrm{c}} \\ \boldsymbol{c}^{\mathrm{o}} \end{bmatrix} \tag{8.5.11}$$

上述矩阵中，上角标 o 代表有限元基矢在反应体积的表面不为零（open）的情况下，对应于开通道的组分，即在渐近处（$R \to \infty$）三体势能小于散射能对应的通道组分；上标 c 代表有限元基矢在反应区间的表面为零（close）的情况下，对应于闭通道的组分，即在渐近处三体势能大于散射能对应的通道组分. 利用式（8.5.11）可以将本征值方程（8.5.8）转化为一个小型的本征值矩阵方程：

$$\boldsymbol{\Xi}^{\mathrm{oo}} \boldsymbol{c}^{\mathrm{o}} = b \boldsymbol{O}^{\mathrm{oo}} \boldsymbol{c}^{\mathrm{o}} \tag{8.5.12}$$

式中

$$\boldsymbol{\Xi}^{\mathrm{oo}} = \boldsymbol{\Gamma}^{\mathrm{oo}} - \boldsymbol{\Gamma}^{\mathrm{oc}} (\boldsymbol{\Gamma}^{\mathrm{cc}})^{-1} \boldsymbol{\Gamma}^{\mathrm{co}} \tag{8.5.13}$$

这样，主要的数值计算量转变为计算一个矩阵方程：

$$\boldsymbol{\Gamma}^{\mathrm{cc}} \boldsymbol{X}^{\mathrm{co}} = \boldsymbol{\Gamma}^{\mathrm{co}} \tag{8.5.14}$$

使用方程（8.5.14）可以求出方程（8.5.12）的本征值 b 和本征矢量 $\boldsymbol{c}^{\mathrm{o}}$. 求出的解是方程（8.3.3）在反应体积表面处线性无关解的一个集合. 通常用 $\boldsymbol{R}$ 矩阵表示为

$$R_{\nu\nu'} = \sum_i Z_{\nu i} b_i^{-1} Z_{\nu' i} \tag{8.5.15}$$

式中，矩阵 $\boldsymbol{Z}$ 的列表示本征矢 $\boldsymbol{c}^{\mathrm{o}}$；$\nu$ 和 ν' 代表计算中包含的开通道组分.

上述本征 $\boldsymbol{R}$ 矩阵方法仅需对方程（8.5.12）和方程（8.5.14）求解一次即可获得足够大超球半径处的 $\boldsymbol{R}$ 矩阵，再利用渐近处的边界条件就可以提取系统的散射信息. 对于本章关注的冷原子三体复合问题，由于某些通道之间的非绝热耦合 $P_{\nu,\nu'}(R)$ 随着超球半径 R 的增加按 $1/R$ 的方式衰减，需要考虑的反应体积往往很大（R=10^6～10^7a.u.）. 直接使用本征 $\boldsymbol{R}$ 矩阵方法来求解系统满足的薛定谔方程往往耗费大量的内存空间. 为了克服这个困难，需要将整个反应体积分成多个较大的反应体积（10^3～10^4a.u.），然后在每个较大的体积内求解矩阵方程（8.5.12）和方程（8.5.14）. 最后，再将这些解关联起来. 使用这种方法求出的数值解等价于直接在整个反应体积求解一次 $\boldsymbol{R}$ 矩阵方程［即方程（8.5.12）和方程（8.5.14）］，因此，这种方法常被称为 $\boldsymbol{R}$ 矩阵箱匹配（matching ***R***-matrix boxes）方法或者 $\boldsymbol{R}$ 矩阵演化子方法（***R***-matrix propagator method）[36]. $\boldsymbol{R}$ 矩阵箱匹配方法的要点是如何将不同反应体积内求得的 $\boldsymbol{R}$ 矩阵的本征值和本征矢关联起来，进而得到最终的解.

为了便于描述，现将整个反应体积分成两个较大反应体积，即$[R_0, R_1]$和$[R_1, R_2]$．在第一个较大体积内求解本征 $\boldsymbol{R}$ 矩阵方程时，需要在 R_0 处施加边界条件，以保证波函数在此处消失．注意，R_0 为非常小的超球半径．在 R_1 处，无须施加边界条件．在第二个较大反应体积的两端，即在 R_1 和 R_2 处均不需要施加边界条件，除非存在强耦合的闭合通道．对于强耦合的闭合通道，可以施加边界条件使波函数在反应体积表面上消失，以提高数值计算的效率．求解第一个反应体积的本征 $\boldsymbol{R}$ 矩阵方程得到的 $\boldsymbol{Z}^A$ 矩阵的维度为$\nu_{\max}\times\nu_{\max}$（$\nu_{\max}$ 表示总的通道数）；第二个反应体积的 $\boldsymbol{Z}^B$ 矩阵的维度为$(\nu_{\max}+\nu_p)\times(\nu_{\max}+\nu_p)$，其中$\nu_p$ 表示在 R_2 处系统的开通道和弱闭合通道的总数．

首先，要求方程（8.5.12）的线性无关解的线性叠加应在两个反应体积的交界 R_1 处连续可导，即

$$\sum_{i=1}^{\nu_{\max}} Z_{\nu i}^A M_i^A = \sum_{i=1}^{\nu_{\max}+\nu_p} Z_{\nu i}^B M_i^B \tag{8.5.16}$$

$$\sum_{i=1}^{\nu_{\max}} Z_{\nu i}^A b_i^A M_i^A = -\sum_{i=1}^{\nu_{\max}-\nu_p} Z_{\nu i}^B b_i^B M_i^B \tag{8.5.17}$$

式中，M 是待定系数，满足

$$\sum_{i=1}^{\nu_{\max}+\nu_p} Z_{\nu' i}^B b_i^B M_i^B = b_f \sum_{i=1}^{\nu_{\max}+\nu_p} Z_{\nu' i}^A M_i^A \tag{8.5.18}$$

要求在 R_2 处系统波函数的对数导数为常数；ν'的取值是从$\nu_{\max}+1$ 到$\nu_{\max}+\nu_p$．联立求解方程（8.5.16）～方程（8.5.18），得到一个广义的本征方程组，其本征矢可以用来构造最终需要的 $\boldsymbol{Z}^f$ 矩阵：

$$Z_{\nu' i}^f = N_f \sum_{j=1}^{\nu_{\max}+\nu_p} Z_{\nu' j}^B M_{ji}^B \tag{8.5.19}$$

式中，N_f 是归一化系数．为了便于计算，需要把反应体积分成很多个小的反应体积，其中 $\boldsymbol{R}$ 矩阵箱匹配的方法和上述方法类似．可以将任意大的反应体积分成很多个较小的反应体积，然后利用上述的 $\boldsymbol{R}$ 矩阵箱匹配方法完成整个反应体积表面 $\boldsymbol{R}$ 矩阵的构建．

有了足够远处［超球半径 R 足够大，以至于继续增大 R 对方程（8.3.7）中的非绝热耦合计算结果没有影响］$\boldsymbol{R}$ 矩阵，可以提取系统薛定谔方程的物理解，即 $\boldsymbol{S}$ 矩阵．由方程（8.3.7）可知：系统的散射能为 E 时，在渐近处（$R\to\infty$）线性无关解为

$$\boldsymbol{F} \xrightarrow{R\to\infty} \boldsymbol{f} - \boldsymbol{g}\boldsymbol{K} \tag{8.5.20}$$

式中，$\boldsymbol{f}$ 和 $\boldsymbol{g}$ 为对角矩阵，其矩阵元分别为能量归一的球贝塞尔函数和球诺依曼函数；$\boldsymbol{K}$ 矩阵是实数型反应矩阵（real-valued constant reaction matrix）. $\boldsymbol{f}$ 和 $\boldsymbol{g}$ 的对角矩阵元为

$$f_\nu(R) = \sqrt{\frac{2\mu k_\nu}{\pi}} R\mathrm{j}_{l_\nu}(k_\nu R),\ g_\nu(R) = \sqrt{\frac{2\mu k_\nu}{\pi}} R\mathrm{n}_{l_\nu}(k_\nu R) \tag{8.5.21}$$

对于复合通道 $k_\nu = \sqrt{2\mu(E - E_{\nu,l})}$，$l_\nu = l'$；对于入射通道 $k_\nu = \sqrt{2\mu E}$，$l_\nu = \lambda + 3/2$.

矩阵 $\boldsymbol{K}$、矩阵 $\boldsymbol{R}$ 和散射矩阵 $\boldsymbol{S}$ 存在如下对应关系[37]：

$$\boldsymbol{K} = (\boldsymbol{f} - \boldsymbol{f}'\boldsymbol{R})(\boldsymbol{g} - \boldsymbol{g}'\boldsymbol{R})^{-1} \tag{8.5.22}$$

$$\boldsymbol{S} = (\boldsymbol{I} + \mathrm{i}\boldsymbol{K})(\boldsymbol{I} - \mathrm{i}\boldsymbol{K})^{-1} \tag{8.5.23}$$

式中，$\boldsymbol{I}$ 为单位矩阵. 联立求解方程（8.5.22）和方程（8.5.23）即可求得系统的散射矩阵.

8.6　绝热超球坐标表象在三体复合中的应用

最近几年，超球坐标理论方法已经成功地被用于精确计算 $^4He_3$、$^4He_2H^-$、$^4He_2Li^-$、$^3He_2H^-$ 等体系三体的复合过程[38-42]. 由于这些体系两体相互作用较弱，体系所包含的两体束缚态（复合通道）数目较少，因此，可以使用绝热超球坐标表象对其进行全维量子力学精确数值计算，深入理解通道之间非绝热耦合对三体复合速率的影响.

在超球坐标表象下，小核间距非绝热交叉对应突变的非绝热耦合，需要很多径向格点才能很好地进行描述. 在耦合通道计算中，这些非绝热交叉起着类似“通道”的作用，并将不同的通道波函数连接起来，这使得入射通道可以“隧穿”过排斥的有效势，进而导致入射通道和复合通道具有相似的径向取值范围.

在对 $^4He_3$ 体系的计算中发现，对于 $J = 0$ 分波，由于复合通道在小核间距存在一个吸引的势阱，复合通道和入射通道相应的径向波函数在小核间距都存在幅值. 因此，小核间距的非绝热交叉在使用耦合通道方法计算三体复合速率中起着重要的作用，特别是对于超低温情况[38]. 此外，小核间距的非绝热交叉对耦合通道计算斯塔克伯格（Stückelberg）干涉也很重要. 图 8.6.1 表示当忽略超球半径 $R < R_0$ 范围内的非绝热交叉时计算的三体复合速率 K_3 在不同参考点 R_0 和不同碰撞能 E 下的取值. 可以看出，图 8.6.1（a）中 K_3 在零温极限的绝对大小强烈地依赖 R_0 的取值. 图 8.6.1（b）中，K_3 与 R_0 的依赖关系在低温条件下尤为明显. 图 8.6.1（c）

中，Stückelberg 干涉，即图 8.6.1（a）中出现局域极小值的碰撞能位置，也会随着 R_0 的取值发生变化．因此，忽略小核间距的非绝热交叉无法得到精确的三体复合速率．

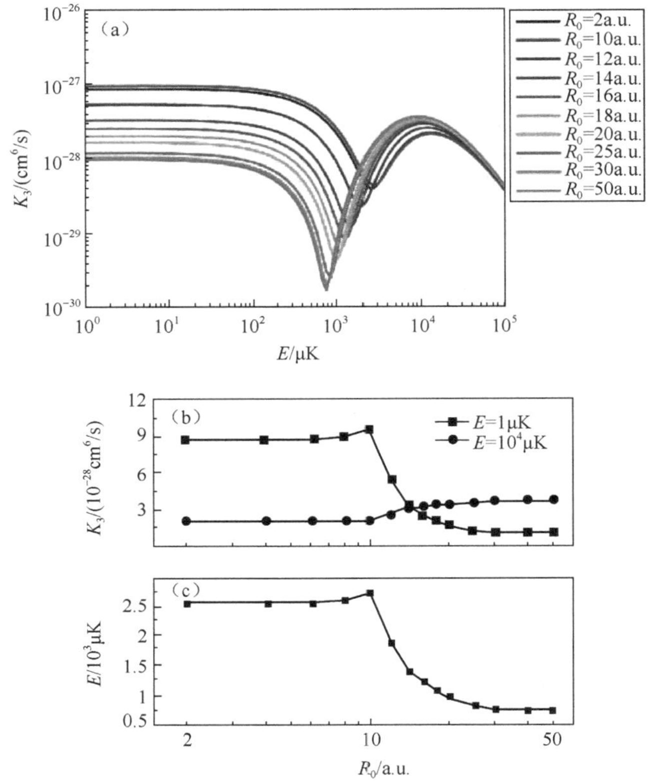

图 8.6.1　在 $^4He_3$ 体系中（$J=0$），三体复合速率随着 E 和 R_0 的变化

（a）耦合通道计算得到的三体复合速率 K_3 随参考点 R_0 的变化．

（b）系统的散射能分别为 1μK 和 10^4μK 时，K_3 随试探点 R_0 的变化．

（c）Stückelberg 干涉相应的能量点随 R_0 的变化[39]

比较 $^4He_2H^-$ 和 $^4He_2D^-$ 体系不同产物通道复合速率随碰撞能的变化，如图 8.6.2 所示，$^4He_2H^-$ 体系三体复合后生成的 $HeH^-(l=0)$分子离子（对应三体复合速率为 5.90×10^{-28}）与复合生成的 $HeH^-(l=1)$分子离子（对应三体复合速率为 5.08×10^{-28}）相当．而总的 HeH^- 分子离子产物（对应总的三体复合速率为 1.10×10^{-27}）要比中性 He_2 分子产物（对应三体复合速率为 1.44×10^{-29}）大了近两个数量级．相反，对于 He_2D^- 体系，三体复合后 He_2 中性分子产物（对应三体复合速率为 2.18×10^{-26}）是 HeD^- 分子离子产物（对应三体复合速率为 1.56×10^{-26}）的 1.4 倍．复合生成的 $HeD^-(l=0)$分子离子（对应三体复合速率为 1.32×10^{-26}）比

生成的 HeD^-(l=1)分子离子（对应三体复合速率为 2.37×10^{-27}）大近一个数量级，这主要是由于两个体系通道之间非绝热耦合存在较大差异.

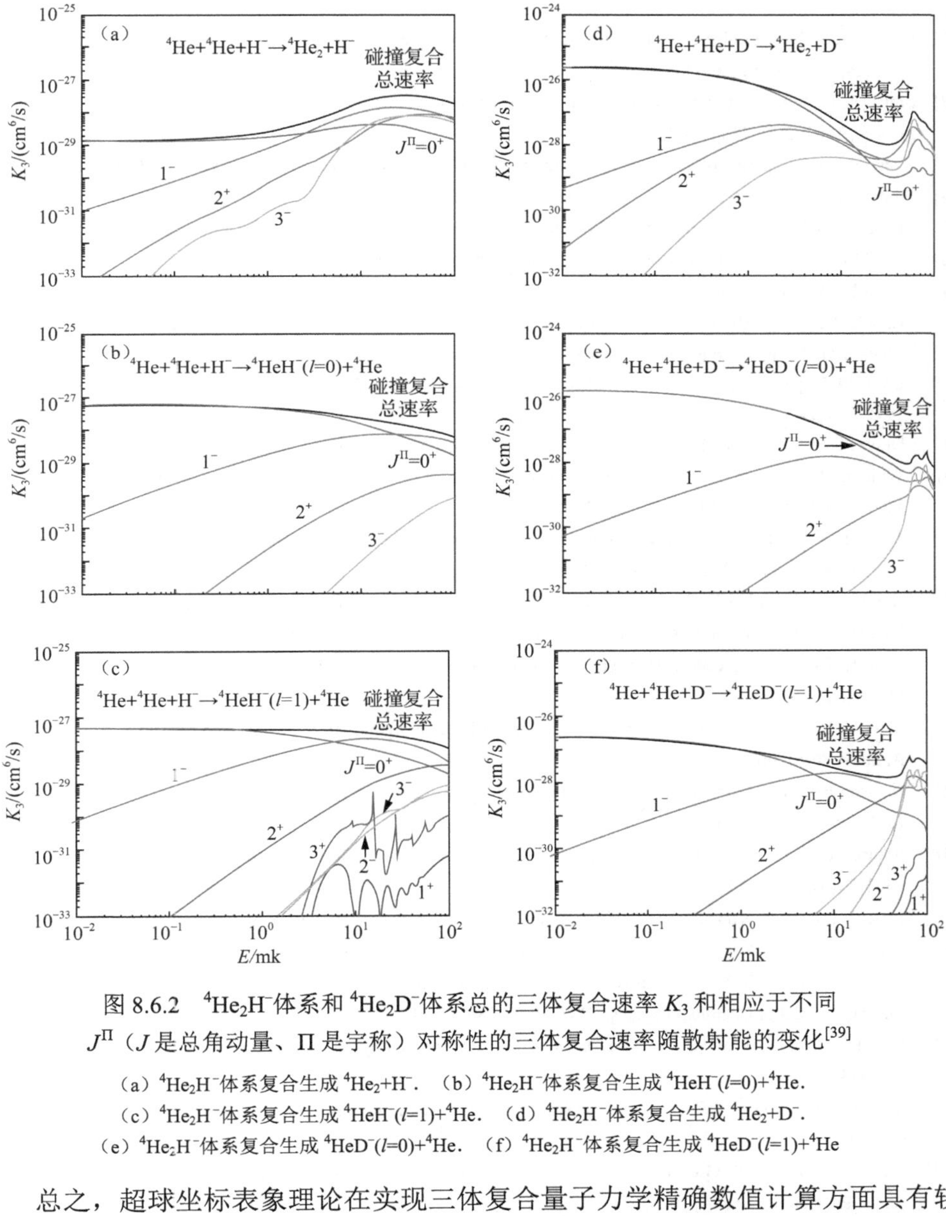

图 8.6.2　$^4He_2H^-$体系和 $^4He_2D^-$体系总的三体复合速率 K_3 和相应于不同 J^{Π}（J 是总角动量、Π 是宇称）对称性的三体复合速率随散射能的变化[39]

（a）$^4He_2H^-$体系复合生成 $^4He_2+H^-$.（b）$^4He_2H^-$体系复合生成 $^4HeH^-$(l=0)+^4He.（c）$^4He_2H^-$体系复合生成 $^4HeH^-$(l=1)+^4He.（d）$^4He_2H^-$体系复合生成 $^4He_2+D^-$.（e）$^4He_2H^-$体系复合生成 $^4HeD^-$(l=0)+^4He.（f）$^4He_2H^-$体系复合生成 $^4HeD^-$(l=1)+^4He

总之，超球坐标表象理论在实现三体复合量子力学精确数值计算方面具有较大优势. 如何发展该方法，使其用于描述包含大量复合通道的复杂三体系统及外电磁场对三体散射的精密操控是目前相关研究人员所面临的主要挑战.

参 考 文 献

[1] Hirschfelder J O, Dahler J S. The kinetic energy of relative motion. Proceedings of the National Academy of Sciences, 1956, 42(6): 363-365.

[2] Smith F T. A symmetric representation for three-body problems. I. Motion in a plane. Journal of Mathematical Physics, 1962, 3(4): 735-748.

[3] Smith F T. Participation of vibration in exchange reactions. Journal of Chemical Physics, 1959, 31(5): 1352-1359.

[4] Smith F T. Generalized angular momentum in many-body collisions. Physical Review, 1960, 120(3): 1058-1069.

[5] Zhang J Z H. Theory and application of quantum molecular dynamics. Singapore: World Scientific, 1999.

[6] Rose M E. Elementary theory of angular momentum. New York: Wiley, 1957.

[7] Zare R N. Angular momentum. New York: Wiley, 1988.

[8] Wang Y. Universal Efimov physics in three- and four-body collisions. Manhattan: Kansas State University, 2010.

[9] Delves L M. Tertiary and general-order collisions (II). Nuclear Physics, 1960, 20: 275-308.

[10] Lin C D. Hyperspherical coordinate approach to atomic and other Coulombic three-body systems. Physics Reports, 1995, 257(1): 1-83.

[11] Delves L M. Tertiary and general-order collisions. Nuclear Physics, 1958, 9: 391-399.

[12] Whitten R C, Smith F T. Symmetric representation for three-body problems. II. Motion in space. Journal of Mathematical Physics, 1968, 9(7): 1103-1113.

[13] Johnson B R. On hyperspherical coordinates and mapping the internal configurations of a three body system. Journal of Chemical Physics, 1980, 73(10): 5051-5058.

[14] Kendrick B K, Pack R T, Walker R B, et al. Hyperspherical surface functions for nonzero total angular momentum. I. Eckart singularities. Journal of Chemical Physics, 1999, 110(14): 6673-6693.

[15] Suno H, Esry B D, Greene C H, et al. Three-body recombination of cold helium atoms. Physical Review A, 2002, 65(4): 042725.

[16] Suno H, Esry B D. Three-body recombination in cold helium helium alkali metal atom collisions. Physical Review A, 2009, 80(6): 062702.

[17] Johnson B R. The classical dynamics of three particles in hyperspherical coordinates. Journal of Chemical Physics, 1983, 79(4): 1906-1915.

[18] Johnson B R. The quantum dynamics of three particles in hyperspherical coordinates. Journal of Chemical Physics, 1983, 79(4): 1916-1925.

[19] Lepetit B, Peng Z, Kuppermann A. Calculation of bound rovibrational states on the first electronically excited state of the H_3 system. Chemical Physics Letters, 1990, 166(5-6): 572-580.

[20] Pack R T, Parker G A. Quantum reactive scattering in three dimensions using hyperspherical (APH) coordinates. Theory. Journal of Chemical Physics, 1987, 87(7): 3888-3921.

[21] Macek J. Properties of autoionizing states of He. Journal of Physics B-Atomic Molecular Physics, 1968, 1(5): 831-843.

[22] Suno H, Esry B D. Adiabatic hyperspherical study of triatomic helium systems. Physical Review A, 2008, 78(6): 062701.

[23] Wang J, D'Incao J P, Greene C H. Numerical study of three-body recombination for systems with many bound states. Physical Review A, 2011, 84(5): 052721.

[24] Tolstikhin O I, Watanabe S, Matsuzawa M. 'Slow' variable discretization: A novel approach for Hamiltonians allowing adiabatic separation of variables. Journal of Physics B-Atomic Molecular and Optical Physics, 1996, 29(11): L389-L395.

[25] Parker G A, Walker R B, Kendrick B K, et al. Accurate quantum calculations on three-body collisions in recombination and collision-induced dissociation. I. Converged probabilities for the $H+Ne_2$ system. Journal of Chemical Physics, 2002, 117(13): 6083-6102.

[26] Suno H. Adiabatic hyperspherical study of weakly bound He_2H^-, He_2H, and HeH_2 systems. Journal of Chemical Physics, 2010, 132(22): 224311.

[27] D'Incao J P. Hyperspherical angular adiabatic separation for three-electron atomic systems. Physical Review A, 2003, 67(2): 024501.

[28] Wang J, D'Incao J P, Wang Y, et al. Universal three-body recombination via resonant d-wave interactions. Physical Review A, 2012, 86(6): 062511.

[29] Nelson R B. Simplified calculation of eigenvector derivatives. AIAA Journal, 1976, 14(9): 1201-1205.

[30] Anderson E, Bai Z, Bischof C, et al. LAPACK users guide. Philadelphia: SIAM, 1992.

[31] Naumann U, Schenk O. Combinatorial scientific computing. Sevastopol: O'Reilly, 2012.

[32] Johnson B R. The renormalized Numerov method applied to calculating bound states of the coupled-channel Schrödinger equation. Journal of Chemical Physics, 1978, 69(10): 4678-4688.

[33] Johnson B R. The multichannel log-derivative method for scattering calculations. Journal of Computational Physics, 1973, 13(3): 445-449.

[34] Ram-Mohan L R, Saigal S, Dossa D, et al. The finite-element method for energy eigenvalues of quantum mechanical systems. Computers in Physics, 1990, 4(1): 50-59.

[35] Bathe K J, Wilson E. Numerical methods in finite element analysis. Berlin: Springer, 1976.

[36] Burke, J P. Theoretical investigation of cold alkali atom collisions. Boulder: University of Colorado, 1999.

[37] Aymar M, Greene C H, Luc-Koenig E. Multichannel Rydberg spectroscopy of complex atoms. Reviews of Modern Physics, 1996, 68(4): 1015-1123.

[38] Wang B B, Han Y C, Cong S L. Role of sharp avoided crossings in short hyper-radial range in recombination of the cold $^4He_3$ system. Journal of Chemical Physics, 2016, 145(20): 204304.

[39] Wang B B, Han Y C, Gao W, et al. Cold atom-atom-ion three-body recombination of ^4He-^4He-X^- (X= H or D). Physical Chemistry Chemical Physics, 2017, 19(34): 22926-22933.

[40] Wang B B, Jing S H, Zeng T X. Cold atom-atom-anion three-body recombination of $^4He^4He^xLi^-$ (x=6 or 7) systems. Journal of Chemical Physics, 2019, 150(9): 094301.

[41] Wang B B. Scattering length scaling rules for atom-atom-anion three-body recombination of zero-energy $^4He^4He^6Li^-$ system. Physical Chemistry Chemical Physics, 2021, 23(27):14617-14627.

[42] Zhao M M, Wang B B, Han Y C. Full-dimensional quantum mechanical study of $^3He+^3He+X^- \rightarrow {}^3He+^3HeX^-$ (X= H or D). Physical Review Research, 2022, 4(1): 013030.

第 9 章 低维空间的波导理论及其应用

目前在实验上可以构造不同结构的势阱，用于囚禁冷原子[1]．光势阱沿着 x、y 和 z 轴三个方向都有势阱．在 z 轴方向势阱非常浅，可以忽略．原子在 z 轴方向可以自由地运动．在 x、y 轴方向势阱比较深，原子在 x-y 平面上的运动被限制．囚禁势阱结构如同波导（waveguide）管，把原子囚禁在准一维空间中．

把超冷原子囚禁在准一维空间中是一项有趣的研究题目，已经发现了许多新的物理现象．将超冷原子置于准一维空间，其共振位置会发生偏移[2]．偏移的程度与囚禁势阱的囚禁强度[3]及各向异性程度[4]有关．在准一维空间，囚禁势阱可以将两体质心运动和相对运动耦合起来，产生在三维空间不存在的新的共振[5]．利用这些新共振，可以在准一维空间中将超冷原子缔合成超冷分子[6]．准一维超冷气体被用来研究可控超冷化学反应．实验发现，通过调节囚禁光阱的深度，可以改变准一维空间中超冷铷分子的损失速率[7]．囚禁光阱对束缚态影响也很大．处于准一维空间的分子束缚态能量范围大于处于三维空间的束缚态能量范围[8]．囚禁势阱还会改变束缚态波函数的空间分布．理论计算表明[9]，在准一维 p 波共振附近，囚禁势阱可以有效地增大原子间的平均距离，降低原子在短程区域发生非弹性散射的概率，延长超冷原子气体的寿命．使用准一维超冷原子气体可以模拟一维强关联量子多体物理[10]．研究者已经利用囚禁在准一维空间的超冷原子来研究一维强排斥作用[11]和强吸引作用[12]玻色气体．

9.1 局域坐标变换方法

考虑在准一维空间中两个超冷原子的散射过程．设原子在 z 轴方向（纵向）可以自由运动，在 x、y 轴方向（横向）被囚禁．设 x、y 轴方向的囚禁势相同，都为谐振子势．在这种情况下，两个原子的质心运动和相对运动可以分开处理．在柱坐标系下，描述原子相对运动的哈密顿算符为

$$\hat{H} = -\frac{\hbar^2}{2\mu}\nabla^2 + \frac{1}{2}\mu\omega_{\perp}^2\rho^2 + V_{\text{int}}(r) \tag{9.1.1}$$

式中，μ为约化质量；$r=\sqrt{z^2+\rho^2}$ 表示原子相对位置矢量 $\boldsymbol{r}$ 的模，z 和ρ为 $\boldsymbol{r}$ 在柱

坐标系中的分量；$\omega_{\perp}$ 表示囚禁频率；$V_{\mathrm{int}}(r)$表示原子间相互作用势．在我们考虑的体系中，投影量子数 m 是守恒的．在下面的讨论中，为了简化理论计算，设磁量子数 m=0．

式（9.1.1）中，囚禁势和原子相互作用势分别决定了特征长度 $a_{\perp}=\sqrt{\mu/(\hbar\omega_{\perp})}$ 和 r_0．囚禁势越强（$\omega_{\perp}$ 越大），特征长度 $a_{\perp}$ 就越小．当 r 小于 $a_{\perp}$ 时，囚禁势较弱；当 r 大于 $a_{\perp}$ 时，囚禁势较强．特征长度 r_0 由原子相互作用势 $V_{\mathrm{int}}(r)$决定．当 $r\leqslant r_0$ 时，$V_{\mathrm{int}}(r)$对原子的散射过程有明显的影响；当 $r>r_0$ 时，$V_{\mathrm{int}}(r)$接近于 0，可以忽略它的影响．在实验中，r_0 远小于 $a_{\perp}$．在理论研究中，可以把核间距分成三个区域．在短程区域（$r<r_0$），原子间相互作用势 $V_{\mathrm{int}}(r)$起主导作用，可以忽略囚禁势的影响．这相当于两个原子在自由空间碰撞，体系的哈密顿算符简化为

$$\hat{H}=-\frac{\hbar^2}{2\mu}\nabla^2+V_{\mathrm{int}}(r) \tag{9.1.2}$$

在的短程区域（$r<r_0$），描述原子散射过程的波函数为

$$\Psi_{l'}(r)=\sum_{l}F_l(r,\theta)\delta_{ll'}-G_l(r,\theta)K_{ll'}^{\mathrm{3D}} \tag{9.1.3}$$

式中，l 和 l' 是分波量子数；$F_l(r,\theta)=\mathrm{j}_l(r)\mathrm{P}_l(\theta)$；$G_l(r,\theta)=\mathrm{n}_l(r)\mathrm{P}_l(\theta)$．这里 $\mathrm{j}_l(r)$和 $\mathrm{n}_l(r)$分别表示球贝塞尔函数和球诺依曼函数，$\mathrm{P}_l(\theta)$为勒让德函数，θ 表示矢量 $\boldsymbol{r}$ 与 z 轴之间的夹角．$K_{ll'}^{\mathrm{3D}}$ 是自由空间反应矩阵 $\boldsymbol{K}^{\mathrm{3D}}$ 的矩阵元，包含了所有与原子间相互作用势 $V_{\mathrm{int}}(r)$有关的散射信息．在短程区域，体系具有球对称性，不同分波之间不存在耦合，故 $\boldsymbol{K}^{\mathrm{3D}}$ 为对角矩阵，其对角矩阵元由 l 阶分波相移 δ_l 表示为 $K_{ll}^{\mathrm{3D}}=\tan\delta_l$．

在长程区域（$r>a_{\perp}$），囚禁势起主导作用，可以忽略原子间相互作用势的影响，体系的哈密顿算符约化为

$$\hat{H}=-\frac{\hbar^2}{2\mu}\nabla^2+\frac{1}{2}\mu\omega_{\perp}^2\rho^2 \tag{9.1.4}$$

体系总的能量 E 等于横向能量 $\hbar\omega_{\perp}(2n+1)$ 和纵向能量 $\hbar^2q_n^2/(2\mu)$ 之和，即 $E=\hbar\omega_{\perp}(2n+1)+\hbar^2q_n^2/(2\mu)$，式中 n 为标记囚禁势本征态的量子数，q_n 为纵向动量．在 $r>a_{\perp}$ 的长程区域，波函数为

$$\Psi_{n'}(r)=\sum_{n}f_n(z,\rho)\delta_{nn'}-g_n(z,\rho)K_{nn'}^{\mathrm{1D}} \tag{9.1.5}$$

式中，$f_n(z,\rho)$和 $g_n(z,\rho)$表示哈密顿算符（9.1.4）满足的薛定谔方程的一组线性独

立的解．对于玻色子原子体系，$f_n(z,\rho)$和 $g_n(z,\rho)$的表达式为

$$f_n(z,\rho)=\Phi_n(\rho)\cos q_n|z| \tag{9.1.6}$$

$$g_n(z,\rho)=\Phi_n(\rho)\sin q_n|z| \tag{9.1.7}$$

对于费米子原子体系，$f_n(z,\rho)$和 $g_n(z,\rho)$的表达式为

$$f_n(z,\rho)=\Phi_n(\rho)\mathrm{sgn}(z)\sin q_n|z| \tag{9.1.8}$$

$$g_n(z,\rho)=\Phi_n(\rho)\mathrm{sgn}(-z)\cos q_n|z| \tag{9.1.9}$$

式中，$\Phi_n(\rho)$表示横向谐振子势的本征态波函数；sgn 为符号函数．$K_{nn'}^{1\mathrm{D}}$ 是准一维反应矩阵 $\boldsymbol{K}^{1\mathrm{D}}$ 的矩阵元．准一维空间两体散射和束缚态信息都包含在矩阵 $\boldsymbol{K}^{1\mathrm{D}}$ 中．

在中程区域（$r_0<r\leqslant a_\perp$），原子间相互作用势和因禁势都较弱．短程解 $F_l(r,\theta)$、$G_l(r,\theta)$和长程解 $f_n(z,\rho)$、$g_n(z,\rho)$都可以近似地视为薛定谔方程的解，这两组解可以通过局域坐标变换矩阵 $\boldsymbol{U}$ 联系起来，即

$$F_l(\boldsymbol{r})=\sum_n U_{ln}f_n(\boldsymbol{r}),\quad G_l(\boldsymbol{r})=\sum_n f_n(\boldsymbol{r})U_{nl} \tag{9.1.10}$$

式中，U_{ln} 为变换矩阵 $\boldsymbol{U}$ 的共轭阵的矩阵元；U_{nl} 为变换矩阵 $\boldsymbol{U}$ 的矩阵元，其具体表达式为[13]

$$U_{nl}=\frac{\sqrt{2}(-1)^{d_0}}{a_\perp}\sqrt{\frac{2l+1}{kq_n}}\mathrm{P}_l\left(\frac{q_n}{k}\right) \tag{9.1.11}$$

对于偶数分波，$d_0=l/2$，对于奇数分波，$d_0=(l-1)/2$；$k=\sqrt{2\mu E}/\hbar$ 表示动量的取值．根据式（9.1.3）、式（9.1.5）和式（9.1.10），得到准一维空间 $\boldsymbol{K}^{1\mathrm{D}}$ 矩阵与自由空间 $\boldsymbol{K}^{3\mathrm{D}}$ 矩阵之间的关系式为

$$\boldsymbol{K}^{1\mathrm{D}}=\boldsymbol{U}\boldsymbol{K}^{3\mathrm{D}}\boldsymbol{U}^{\mathrm{T}} \tag{9.1.12}$$

若求出自由空间 $\boldsymbol{K}^{3\mathrm{D}}$ 矩阵，则可以使用式（9.1.12）计算准一维空间 $\boldsymbol{K}^{1\mathrm{D}}$ 矩阵．

下面说明如何使用 $\boldsymbol{K}^{1\mathrm{D}}$ 矩阵计算准一维空间束缚态能级和散射长度．把无穷远处原子间相互作用势 V_{int} 的值取为能量零点．准一维空间的散射阈值能量由横向因禁势基态能量 $\hbar\omega_\perp$ 确定．当束缚态能量小于 $\hbar\omega_\perp$ 时，束缚能级由式（9.1.13）计算：

$$\det(\boldsymbol{I}-\mathrm{i}\boldsymbol{K}^{1\mathrm{D}})=0 \tag{9.1.13}$$

式中，det 表示行列式．

当系统能量大于横向因禁势基态（n=0）能量 $\hbar\omega_\perp$ 并小于横向因禁势第一激发态（n=1，此处的激发态是指光学因禁势阱的激发态）能量 $3\hbar\omega_\perp$ 时，碰撞原子对

处于囚禁势的基态，$\boldsymbol{K}^{1\mathrm{D}}$ 是一个维度为 1 的矩阵．使用 $\boldsymbol{K}^{1\mathrm{D}}$ 和 $\boldsymbol{U}$，得到 n=0 通道的矩阵 $\boldsymbol{K}^{1\mathrm{D,\,phys}}$ 为

$$\boldsymbol{K}^{1\mathrm{D,phys}}=\frac{\boldsymbol{K}^{3\mathrm{D}}U_{l,n=0}^{2}}{1-\mathrm{i}\boldsymbol{K}^{3\mathrm{D}}\mathcal{U}_{l}} \tag{9.1.14}$$

式中，$\mathcal{U}_{l}=\sum_{n=1}^{\infty}U_{i,n}^{2}$．应当注意，散射态的能量大于 $\hbar\omega_{\perp}$．

在准一维空间，原子之间的碰撞可以视为一维碰撞问题．对于全同玻色子原子，等效的一维散射长度 $a^{1\mathrm{D,s}}$ 由式（9.1.15）计算：

$$a^{1\mathrm{D,s}}=\lim_{q_0\to 0}1\Big/\left(q_0\boldsymbol{K}^{1\mathrm{D,phys}}\right) \tag{9.1.15}$$

等效的一维相互作用强度 $g^{1\mathrm{D,s}}$ 为

$$g^{1\mathrm{D,s}}=-\hbar^{2}\Big/\left(\mu a^{1\mathrm{D,s}}\right) \tag{9.1.16}$$

对于全同费米子原子，等效的一维散射长度为

$$a^{1\mathrm{D,p}}=-\lim_{q_0\to 0}\boldsymbol{K}^{1\mathrm{D,phys}}\Big/q_0 \tag{9.1.17}$$

等效的一维相互作用强度可以表示为

$$g^{1\mathrm{D,p}}=-\hbar^{2}a^{1\mathrm{D,p}}\Big/\mu \tag{9.1.18}$$

9.2　低维空间超冷原子散射

已知自由空间 $\boldsymbol{K}^{3\mathrm{D}}$ 矩阵或者散射相移，可以使用局域坐标变换方法计算准一维空间 $\boldsymbol{K}^{1\mathrm{D}}$，获得准一维空间束缚态和散射态的信息．本节使用局域坐标变换方法研究两个超冷原子在准一维空间的散射过程和束缚态性质，重点关注囚禁势阱对自由空间 Feshbach 共振和弱束缚态的影响．

在自由空间中，在超冷原子 s 波 Feshbach 共振附近，散射相移随着碰撞能和磁场变化的关系式为[14]

$$-\frac{\tan\delta_{\mathrm{s}}\left(E,B\right)}{k}=a_{\mathrm{bg}}\left[1+\frac{\varDelta}{E/\delta\mu-\left(B-B_{0}\right)}\right] \tag{9.2.1}$$

式中，δ_{s} 为 s 波散射相移；B 为磁场强度；a_{bg} 表示背景散射长度；B_0 和 $\varDelta$ 分别表示 Feshbach 共振的位置和宽度；$\delta\mu$ 表示入射散射态与共振束缚态之间的磁偶极矩差．

把自由空间散射相移的表达式（9.2.1）代入式（9.1.12）中，得到 $\boldsymbol{K}^{1\mathrm{D}}$ 的表达式. 然后把 $\boldsymbol{K}^{1\mathrm{D}}$ 代入束缚态方程（9.1.13）中，经过简化处理，得到：

$$\frac{a_{\perp}}{a_{\mathrm{eff}}(E,B)}=-\zeta(1/2,-\chi) \tag{9.2.2}$$

式中，$a_{\mathrm{eff}}(E,B)=-\tan\delta_{\mathrm{s}}(E,B)/k$ 表示随着能量变化的散射长度；$-\chi=(\hbar\omega_{\perp}-E_{\mathrm{b}})/(2\hbar\omega_{\perp})$ 表示束缚态的约化结合能；E_{b} 为束缚态能量；$\zeta(s,p)$ 表示赫尔维茨 ζ（Hurwitz zeta）函数[15].

使用式（9.1.14）和式（9.1.15），把一维散射长度表示为

$$a^{1\mathrm{D,s}}(B)=-\frac{a_{\perp}}{2}\left[\frac{a_{\perp}}{a_{\mathrm{eff}}(E=\hbar\omega_{\perp},B)}+\zeta(1/2)\right] \tag{9.2.3}$$

式中，$\zeta(1/2)$ 表示单变量黎曼 ζ（Riemann zeta）函数.

对于弱束缚态，χ 趋近于 0，可以把方程（9.2.2）中 Hurwitz zeta 函数表示为

$$\zeta(1/2,-\chi)\xrightarrow{c\to 0}\frac{1}{\sqrt{-c}}+\zeta(1/2) \tag{9.2.4}$$

将式（9.2.4）代入式（9.2.2）中，使用一维散射长度 $a^{1\mathrm{D,s}}$ 把弱束缚态的结合能表示为

$$-\chi(B)=\frac{a_{\perp}^{2}}{4a^{1\mathrm{D,s}}(B)^{2}} \tag{9.2.5}$$

把 a_{eff} 的表达式（9.2.2）代入式（9.2.3）中，将一维散射长度改写为

$$a^{1\mathrm{D,s}}(B)=a_{\mathrm{bg}}^{1\mathrm{D}}\left(1-\frac{\varDelta^{1\mathrm{D}}}{B-B_{0}^{1\mathrm{D}}}\right) \tag{9.2.6}$$

式中

$$a_{\mathrm{bg}}^{1\mathrm{D}}=-\frac{a_{\perp}^{2}}{2a_{\mathrm{bg}}}\left(1+\frac{a_{\mathrm{bg}}}{a_{\perp}}\zeta(1/2)\right) \tag{9.2.7}$$

$$B_{0}^{1\mathrm{D}}=B_{0}+\varDelta+\hbar\omega_{\perp}/(\delta\mu) \tag{9.2.8}$$

$$\varDelta^{1\mathrm{D}}=-\varDelta\left(1+\frac{a_{\mathrm{bg}}}{a_{\perp}}\zeta\left(\frac{1}{2}\right)\right)^{-1} \tag{9.2.9}$$

图 9.2.1 表示使用局域坐标变换方法计算的准一维空间两个 ^{6}Li 原子在 s 波 Feshbach 共振附近的束缚态结合能和散射长度[16]. 在计算中使用的 s 波 Feshbach 共振参数为 B_0=832G，Δ=−262G，$\delta\mu=1.87\mu_B$，a_{bg}=−1593a.u., C_6=1393.39a.u.和 β_6=63a.u.. 囚禁势阱的参数为 $\omega_\perp=2\pi\times14$kHz 和 $a_\perp$=9259a.u..

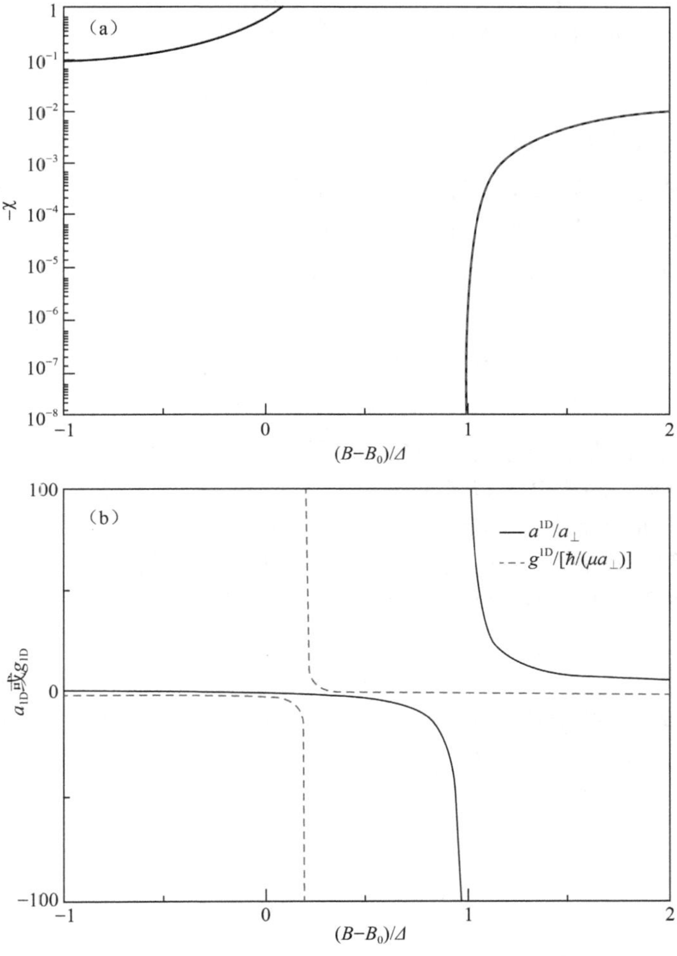

图 9.2.1　准一维空间 ^{6}Li 原子在 s 波 Feshbach 共振附近两体束缚态结合能和散射长度随着磁场的变化曲线[16]

（a）约化结合能，实线表示使用式（9.2.2）计算的结果，点线表示使用式（9.2.5）计算的结果.
（b）一维散射长度 $a^{1D,s}$（实线）和一维相互作用强度 $g^{1D,s}$（虚线）

9.3　低维空间超冷偶极子散射

本节介绍使用局域坐标变换方法计算囚禁在准一维空间中的两个偶极子形成的束缚态．这里偶极子是指具有磁偶极矩的原子或者具有电偶极矩的分子．设偶极子的偶极矩为 d，两个偶极子之间的偶极-偶极相互作用势为

$$V_d(\boldsymbol{r})=\frac{d^2}{r^3}\left(1-3\cos^2\theta\right) \tag{9.3.1}$$

相应的特征长度为 $l_d=\mu d^2/\hbar^2$．偶极-偶极相互作用具有各向异性的特点，能够耦合不同的分波态．具体来说，偶极-偶极相互作用可以将 l=0 和 1 分波耦合到 $l'=l+2$ 分波，可以将 l >2 分波耦合到 $l'=l\pm 2$ 分波．在计算中，分波数取决于偶极矩的大小．下面以三个分波耦合为例进行讨论．自由空间 $\boldsymbol{K}^{3\mathrm{D}}$ 矩阵为

$$\boldsymbol{K}^{3\mathrm{D}}=\begin{pmatrix} K_{l_1,l_1} & K_{l_1,l_2} & 0 \\ K_{l_2,l_1} & K_{l_2,l_2} & K_{l_2,l_3} \\ 0 & K_{l_3,l_2} & K_{l_3,l_3} \end{pmatrix} \tag{9.3.2}$$

式中，l_1、l_2 和 l_3 为三个分波量子数．对于全同玻色子原子（或分子），三个分波为 s、d、g 分波．对于全同费米子原子（或分子），三个分波为 p、f、h 分波．$\boldsymbol{K}^{3\mathrm{D}}$ 矩阵的非对角元表示不同分波之间的耦合．设偶极矩较小，只需考虑偶极-偶极相互作用引起的一阶耦合，即 l 相差为 2 的分波之间的耦合，忽略了高阶耦合（即忽略 l 相差大于 2 的分波之间的耦合）．使用 $\boldsymbol{K}^{3\mathrm{D}}$ 矩阵的矩阵元，定义广义散射长度为

$$a_{l,l'}=-K_{l,l'}/k \tag{9.3.3}$$

把自由空间 $\boldsymbol{K}^{3\mathrm{D}}$ 矩阵表达式（9.3.2）代入式（9.1.12）中，得到准一维空间 $\boldsymbol{K}^{1\mathrm{D}}$ 矩阵，再代入式（9.1.13）中，经过化简处理，得到准一维空间偶极子的束缚态方程为[17]

$$a_{l_1,l_1}=\frac{\mathrm{i}}{k}\frac{\varDelta_N}{\varDelta_D} \tag{9.3.4}$$

式中

$$\begin{aligned}
\varDelta_N=&-1+2\mathrm{i}M_{l_3,l_2}K_{l_3,l_2}+M_{l_3,l_2}^2K_{l_3,l_2}^2+\mathrm{i}M_{l_3,l_3}K_{l_3,l_3}-M_{l_3,l_2}^2K_{l_2,l_2}K_{l_3,l_3}\\
&-2M_{l_3,l_2}M_{l_3,l_1}K_{l_2,l_1}K_{l_3,l_3}-\mathrm{i}M_{l_3,l_2}^2M_{l_1,l_1}K_{l_2,l_1}^2K_{l_3,l_3}+M_{l_2,l_1}^2K_{l_2,l_1}^2\left(1-\mathrm{i}M_{l_3,l_3}K_{l_3,l_3}\right)\\
&+M_{l_2,l_2}\left(-2M_{l_3,l_1}K_{l_2,l_1}K_{l_3,l_2}-M_{l_3,l_3}K_{l_3,l_2}^2-\mathrm{i}M_{l_3,l_1}^2K_{l_2,l_1}^2K_{l_3,l_3}\right.\\
&\left.+M_{l_1,l_1}K_{l_2,l_1}^2\left(-1+\mathrm{i}M_{l_3,l_3}K_{l_3,l_3}\right)+K_{l_2,l_2}\left(\mathrm{i}+M_{l_3,l_3}K_{l_3,l_3}\right)\right)\\
&+2M_{l_2,l_1}K_{l_2,l_1}\left(\mathrm{i}+M_{l_3,l_3}K_{l_3,l_3}+M_{l_3,l_2}\left(K_{l_3,l_2}+\mathrm{i}M_{l_3,l_1}K_{l_2,l_1}K_{l_3,l_3}\right)\right)
\end{aligned} \tag{9.3.5}$$

$$
\begin{aligned}
\Delta_D = & -2M_{l_2,l_1}M_{l_3,l_1}\left(\mathrm{i}K_{l_3,l_2}+M_{l_3,l_2}K_{l_3,l_2}^2-M_{l_3,l_2}K_{l_2,l_2}K_{l_3,l_3}\right) \\
& +M_{l_2,l_1}^2\left(M_{l_3,l_3}K_{l_3,l_2}^2-K_{l_2,l_2}\left(\mathrm{i}+M_{l_3,l_3}K_{l_3,l_3}\right)\right) \\
& +M_{l_3,l_1}^2\left(-\mathrm{i}K_{l_3,l_3}+M_{l_2,l_2}\left(K_{l_3,l_2}^2-K_{l_2,l_2}K_{l_3,l_3}\right)\right) \\
& +M_{l_1,l_1}\left(-1+2\mathrm{i}M_{l_3,l_2}K_{l_3,l_2}+\mathrm{i}M_{l_3,l_3}K_{l_3,l_3}+M_{l_3,l_2}^2\left(K_{l_3,l_2}^2-K_{l_2,l_2}K_{l_3,l_3}\right)\right. \\
& \left.+M_{l_2,l_2}\left(-M_{l_3,l_3}K_{l_3,l_2}^2+K_{l_2,l_2}\left(\mathrm{i}+M_{l_3,l_3}K_{l_3,l_3}\right)\right)\right)
\end{aligned}
\tag{9.3.6}
$$

对于全同玻色子原子（或分子），式（9.3.5）和式（9.3.6）中 $M_{l,l'}$ 的表达式为

$$
M_{00}=-\frac{\mathrm{i}\zeta(1/2,-\varepsilon)}{2\sqrt{1/2+\varepsilon}} \tag{9.3.7}
$$

$$
M_{20}=-\sqrt{5}\left(\frac{\mathrm{i}\zeta(-1/2,-\varepsilon)}{4(1/2+\varepsilon)^{3/2}}+\frac{\mathrm{i}\zeta(1/2,-\varepsilon)}{4(1/2+\varepsilon)^{1/2}}\right) \tag{9.3.8}
$$

$$
M_{22}=5\left(-\frac{9\mathrm{i}\zeta(-3/2,-\varepsilon)}{8(1/2+\varepsilon)^{5/2}}-\frac{3\mathrm{i}\zeta(-1/2,-\varepsilon)}{4(1/2+\varepsilon)^{3/2}}-\frac{\mathrm{i}\zeta(1/2,-\varepsilon)}{8(1/2+\varepsilon)^{1/2}}\right) \tag{9.3.9}
$$

$$
M_{40}=3\left(-\frac{35\mathrm{i}\zeta(-3/2,-\varepsilon)}{16(1/2+\varepsilon)^{5/2}}-\frac{15\mathrm{i}\zeta(-1/2,-\varepsilon)}{8(1/2+\varepsilon)^{3/2}}-\frac{3\mathrm{i}\zeta(1/2,-\varepsilon)}{16(1/2+\varepsilon)^{1/2}}\right) \tag{9.3.10}
$$

$$
\begin{aligned}
M_{42}=-3\sqrt{5}\Bigg(&\frac{105\mathrm{i}\zeta(-5/2,-\varepsilon)}{32(1/2+\varepsilon)^{7/2}}+\frac{125\mathrm{i}\zeta(-3/2,-\varepsilon)}{32(1/2+\varepsilon)^{5/2}} \\
&+\frac{39\mathrm{i}\zeta(-1/2,-\varepsilon)}{32(1/2+\varepsilon)^{3/2}}+\frac{3\mathrm{i}\zeta(1/2,-\varepsilon)}{32(1/2+\varepsilon)^{1/2}}\Bigg)
\end{aligned}
\tag{9.3.11}
$$

$$
\begin{aligned}
M_{44}=9\Bigg(&-\frac{1225\mathrm{i}\zeta(-7/2,-\varepsilon)}{128(1/2+\varepsilon)^{9/2}}-\frac{525\mathrm{i}\zeta(-5/2,-\varepsilon)}{32(1/2+\varepsilon)^{7/2}}-\frac{555\mathrm{i}\zeta(-3/2,-\varepsilon)}{64(1/2+\varepsilon)^{5/2}} \\
&-\frac{45\mathrm{i}\zeta(-1/2,-\varepsilon)}{32(1/2+\varepsilon)^{3/2}}-\frac{9\mathrm{i}\zeta(1/2,-\varepsilon)}{128(1/2+\varepsilon)^{1/2}}\Bigg)
\end{aligned}
\tag{9.3.12}
$$

式中，$\varepsilon=\left(E-\hbar\omega_{\perp}\right)/\left(2\hbar\omega_{\perp}\right)$.

对于全同费米子（或分子），$M_{l,l'}$ 表达式为

$$
M_{11}=-\frac{3\mathrm{i}\zeta(-1/2,-\varepsilon)}{2\left(1/2+\varepsilon\right)^{3/2}} \tag{9.3.13}
$$

$$
M_{31}=-\sqrt{21}\left(-\frac{5\mathrm{i}\zeta(-3/2,-\varepsilon)}{4(1/2+\varepsilon)^{5/2}}-\frac{3\mathrm{i}\zeta(-1/2,-\varepsilon)}{4(1/2+\varepsilon)^{3/2}}\right) \tag{9.3.14}
$$

$$M_{33}=7\left(\frac{25\mathrm{i}\zeta\left(-5/2,-\varepsilon\right)}{8(1/2+\varepsilon)^{7/2}}+\frac{15\mathrm{i}\zeta\left(-3/2,-\varepsilon\right)}{4(1/2+\varepsilon)^{5/2}}+\frac{9\mathrm{i}\zeta\left(-1/2,-\varepsilon\right)}{8(1/2+\varepsilon)^{3/2}}\right)\tag{9.3.15}$$

$$M_{51}=\sqrt{33}\left(\frac{63\mathrm{i}\zeta\left(-5/2,-\varepsilon\right)}{16(1/2+\varepsilon)^{7/2}}+\frac{35\mathrm{i}\zeta\left(-3/2,-\varepsilon\right)}{8(1/2+\varepsilon)^{5/2}}+\frac{15\mathrm{i}\zeta\left(-1/2,-\varepsilon\right)}{16(1/2+\varepsilon)^{3/2}}\right)\tag{9.3.16}$$

$$\begin{aligned}M_{53}=-\sqrt{77}\Bigg(&-\frac{315\mathrm{i}\zeta\left(-7/2,-\varepsilon\right)}{32(1/2+\varepsilon)^{9/2}}-\frac{539\mathrm{i}\zeta\left(-5/2,-\varepsilon\right)}{32(1/2+\varepsilon)^{7/2}}\\&-\frac{285\mathrm{i}\zeta\left(-3/2,-\varepsilon\right)}{32(1/2+\varepsilon)^{5/2}}-\frac{45\mathrm{i}\zeta\left(-1/2,-\varepsilon\right)}{32(1/2+\varepsilon)^{3/2}}\Bigg)\end{aligned}\tag{9.3.17}$$

$$\begin{aligned}M_{55}=9\Bigg(&\frac{3969\mathrm{i}\zeta\left(-9/2,-\varepsilon\right)}{128(1/2+\varepsilon)^{11/2}}+\frac{2205\mathrm{i}\zeta\left(-7/2,-\varepsilon\right)}{32(1/2+\varepsilon)^{9/2}}+\frac{3395\mathrm{i}\zeta\left(-5/2,-\varepsilon\right)}{64(1/2+\varepsilon)^{7/2}}\\&+\frac{525\mathrm{i}\zeta\left(-3/2,-\varepsilon\right)}{32(1/2+\varepsilon)^{5/2}}+\frac{225\mathrm{i}\zeta\left(-1/2,-\varepsilon\right)}{128(1/2+\varepsilon)^{3/2}}\Bigg)\end{aligned}\tag{9.3.18}$$

图 9.3.1 表示在一维波导中两个偶极子的囚禁诱导束缚态能量随 $l_d/a_\perp$ 的变化曲线．图中展示的束缚态能量在自由空间散射阈值之上，在横向囚禁势基态能量之下．没有横向囚禁势阱（自由空间）时，这一能量区间不存在束缚态．因此，将图 9.3.1 中的束缚态称为囚禁诱导束缚态．图中圆圈表示使用局域坐标变换方法利用式（9.3.4）计算得到的结果，实线表示采用数值求解定态薛定谔方程计算的结果．从图 9.3.1 中可以看出，使用局域坐标变换方法可以得到精确的囚禁诱导束缚态能量．

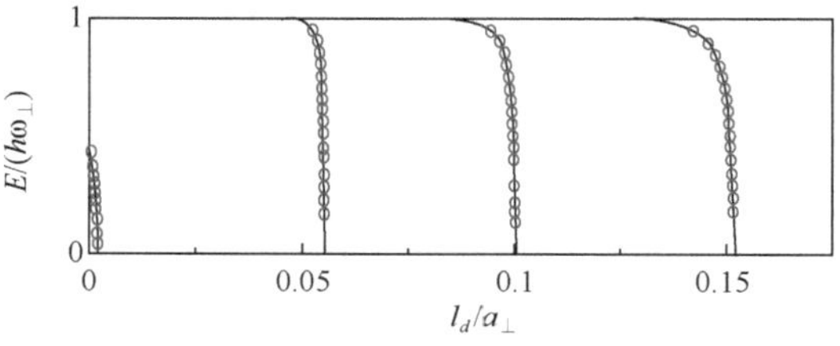

图 9.3.1　囚禁诱导束缚态能量随特征长度比值 $l_d/a_\perp$ 的变化曲线[17]

可以从两个方面来理解图 9.3.1．一方面是假设实验中囚禁势阱强度固定，对应的特征长度 $a_\perp$ 固定．在实验上利用外场改变偶极矩的大小．偶极矩增大，l_d 增大，进而 $l_d/a_\perp$ 增大．从图 9.3.1 可以看出，随着偶极矩的增大，会有新的囚禁诱导束缚态出现．另一方面是假设实验中偶极矩不变，相应的特征长度 l_d 不变．在实验上可以调节囚禁势阱的强度．囚禁势阱的强度增大，$a_\perp$ 变小，进而 $l_d/a_\perp$ 增大．从图 9.3.1 可以看出，随着囚禁势阱强度增大，也会有新的囚禁诱导束缚态出现．

参 考 文 献

[1] Windpassinger P, Sengstock K. Engineering novel optical lattices. Reports on Progress in Physics, 2013, 76(8): 086401.

[2] Haller E, Mark J M, Hart R, et al. Confinement-induced resonances in low-dimensional quantum systems. Physical Review Letters, 2010, 104(15): 153203.

[3] Saeidian S, Melezhik V S, Schmelcher P. Shifts and widths of Feshbach resonances in atomic waveguides. Physical Review A, 2012, 86(6): 062713.

[4] Zhang W, Zhang P. Confinement-induced resonances in quasi-one-dimensional traps with transverse anisotropy. Physical Review A, 2011, 83(5): 053615.

[5] Peng S G, Hu H, Liu X J, et al. Confinement-induced resonances in anharmonic waveguides. Physical Review A, 2011, 84(4): 043619.

[6] Sala S, Zürn G, Lompe T, et al. Coherent molecule formation in anharmonic potentials near confinement-induced resonances. Physical Review Letters, 2013, 110(20): 203202.

[7] Drews B, Dei M, Jachymski K, et al. Inelastic collisions of ultracold triplet Rb_2 molecules in the rovibrational ground state. Nature Communications, 2017, 8: 14854.

[8] Moritz H, Stöeferle T, Günter K, et al. Confinement induced molecules in a 1D Fermi gas. Physical Review Letters, 2015, 94(21): 210401.

[9] Zhou L H, Cui X L. Stretching p-wave molecules by transverse confinements. Physical Review A, 2017, 96(3): 030701.

[10] Olshanii M. Atomic scattering in the presence of an external confinement and a gas of impenetrable bosons. Physical Review Letters, 1998, 81(5): 938-941.

[11] Kinoshita T, Wenger T, Weiss D S. Observation of a one-dimensional Tonks-Girardeau gas. Science, 2004, 305(5687): 1125.

[12] Haller E, Gustavsson M, Mark M J, et al. Realization of an excited, strongly correlated quantum gas phase. Science, 2009, 325(5945): 1224.

[13] Giannakeas P, Diakonos F K, Schmelcher P. Coupled l-wave confinement-induced resonances in cylindrically symmetric waveguides. Physical Review A, 2012, 86(4): 042703.

[14] Ho T L, Cui X L, Li W R. Alternative route to strong interaction: Narrow Feshbach resonance. Physical Review Letters, 2012, 108(25): 250401.

[15] Abramowitz M, Stegun I A. Handbook of mathematical functions with formulas, graphs, and mathematical tables. New York: Dover, 1972.

[16] Wang G R, Giannakeas P, Schmelcher P. Bound and scattering states in harmonic waveguides in the vicinity of free space Feshbach resonances. Journal of Physics B, 2016, 49(16): 165302.

[17] Wang G R, Giannakeas P, Schmelcher P. Dipolar confinement-induced molecular states in harmonic waveguides. Journal of Physics B, 2018, 51(3): 035205.

第 10 章　超冷分子散射理论及其应用

最近十几年，超冷分子在精密测量、时间定标、量子态调控、量子制冷、超冷化学反应、量子信息、量子计算、超精细光谱技术等现代科学技术领域有着重要的应用．超冷分子散射已经成为当前物理学领域的热点研究课题[1-10]．本章介绍超冷分子散射理论及其应用，包括超冷分子量子散射的研究背景与基本理论、超冷玻色子分子 s 波散射理论及其应用、超冷玻色子分子高阶分波散射理论及其应用，以及超冷费米子分子散射理论及其应用．

10.1　超冷分子散射的研究背景

分子具有多核结构和振动、转动自由度．对于处于亚稳态或激发电子态的分子，除了弹性碰撞外，还存在非弹性碰撞和反应碰撞．非弹性碰撞和反应碰撞会释放能量．为了降低非弹性碰撞及其产生的影响，需要深入研究超冷分子弹性碰撞、非弹性碰撞和反应碰撞的机理，并对碰撞过程实施量子调控．

极性分子具有电偶极矩，分子之间存在长程偶极-偶极相互作用．最近二十几年，研究者已经观测到许多新的超冷极性分子量子散射现象[11,12]．超冷分子光谱的分辨率极高，可以用于测定物理学基本常数和检验物理学基本定律[13]．在超低温度下，分子的德布罗意波长很长，波动效应明显．超冷分子的非弹性散射速率和化学反应速率均很大[14-16]．超冷分子气体的量子统计效应能够提高或抑制反应速率[17,18]．碰撞能及分子间相互作用势对超冷分子散射过程有很大影响．由外场引起的分子结构的细微变化可能会明显地改变化学反应的结果[14-18]．

在超冷原子气体或分子气体的研究中，通常使用散射长度来描述原子或分子之间相互作用．散射长度反映了复杂的原子间或分子间相互作用的细节[19]．当散射长度大于零时，相互作用表现为排斥作用，反之为吸引作用．如果存在非弹性碰撞，则散射长度为复变量，其实部表示弹性碰撞的散射长度，虚部反映了非弹性碰撞引起的损耗[20]．

2019 年，研究者观测了超冷玻色子分子 $^{40}K^{87}Rb$ 的放热反应[21]，证实了超冷化学反应存在阈值效应．虽然反应过程发生在短程区域，但分子间的长程相互作用对化学反应产生很大的影响．超冷玻色子分子之间的长程相互作用可以通过改变碰撞能、初始量子态和散射长度等加以控制，这为控制超冷分子反应提供了一种可行的路径．Idziaszek 等将分子间相互作用势的短程和长程部分分开处理．他们采用多通道量子亏损理论[22,23]建立一种普适的阈值碰撞模型[24-26]．使用一个无量纲的短程损耗参数 y 来描述分子间的非弹性碰撞和反应碰撞，y 的取值范围为 0～1．短程损耗参数 y 表示从入射通道进入短程区域的入射波因短程相互作用而产生的损耗．分子间长程相互作用决定了入射波进入短程区域的概率．当 y=1 时，分子碰撞的损失速率 K 仅取决于长程相互作用，且等于一个普适值（universal value），表明进入短程区域的入射波不会被反射回到入射通道．当 y<1 时，损失速率 K 与短程相互作用的细节有关，不再是一个普适值．损失速率 K 将随着散射长度 a 发生变化．Idziaszek 等计算的普适值与实验数据吻合[24-26]，得到超冷 $^{40}K^{87}Rb$ 分子的短程损耗参数为 $y = 0.4$．研究者还提出了放热反应的朗之万（Langevin）模型[27,28]、量子阈值模型[29]、俘获速率模型[30-32]等．Gao[27,33]推导了含有范德瓦耳斯势的薛定谔方程的解析解．另外，在超低温下，分子之间的碰撞能很小，量子反射和量子干涉效应非常明显[34-37]．分子间化学反应不利于长寿命超冷分子的制备，对超冷分子气体的性质也将产生很大的影响．

对于简并费米分子气体，由费米-狄拉克统计引起的反聚束效应（anti-bunching effect）能够在一定程度上抑制化学反应[38]．当气体温度高于费米温度时，费米面（Fermi surface）以下的能级未被占满，有更多的分子处于较高能量的量子态上．这导致费米气体发生明显的密度涨落，分子之间更容易发生散射（碰撞）．当温度低于费米温度时，分子优先占据费米面以下的能级，气体达到简并状态．费米简并分子之间的反聚束行为使气体的密度变得均匀，分子之间的碰撞概率减小，从而抑制了碰撞引起的分子损失．研究者在 ^{40}K 原子气体中观测到费米量子简并现象[39]．2019 年，de Marco 等[40]制备了处于基态的简并费米 $^{40}K^{87}Rb$ 分子气体．当气体温度低于 0.6 倍费米温度时，$^{40}K^{87}Rb$ 分子的反应速率受到明显抑制，偏离了现有的理论预测[40]．He 等[41]考虑多体效应拟合了实验数据，但他们建立的理论模型出现了一些非物理解．

量子反射和量子干涉在超冷分子散射中扮演了重要角色．量子干涉是由反射路径之间的相位差引起的．量子干涉对超冷分子散射的损失速率有较大的影响．量子干涉与散射长度及短程损耗参数有关．对于超冷玻色子分子散射，研究人员在实验中发现了许多有趣的现象．例如，发现超冷 $^{23}Na^{87}Rb$ 分子的吸热反应速率大于放热反应速率的反常现象．超冷玻色子分子高阶分波散射存在转动势垒，将发生形共振现象．形共振对超冷分子散射过程有较大的影响．对于超冷费米子分子散射，如何解释实验观察的超冷简并费米子分子气体中存在反应抑制现象是理论研究者需要解决的科学问题．

10.2　超冷分子量子散射的基本理论

当具有一定动量的入射分子射向另一个分子（靶分子）时，在很小线度的区域内两分子将发生相互作用并交换能量和动量，之后各自分开，通常称这样的过程为散射或碰撞．散射实验是研究微观粒子运动规律的一种重要手段．例如，卢瑟福通过α粒子散射实验证实了原子的核式结构模型．

分子散射分为三种类型：①弹性散射，散射前后两个分子的内部状态不发生变化；②非弹性散射，散射后分子的内部结构没有变化但内能发生了变化（例如，激发电子态产生与衰减）；③反应散射，两个分子散射后发生了化学反应．

研究分子散射问题时，通常把物理量从实验室坐标系转换到质心坐标系中进行计算．散射问题变为入射分子在固定的靶分子（散射中心）作用下发生动量和能量变化的问题．本节介绍分子散射的基本理论．

10.2.1　散射振幅与微分散射截面

在散射实验中，设分子沿 z 轴方向入射，探测器与靶分子（散射中心）的位移为 $\boldsymbol{r}$，$\boldsymbol{r}$ 与 z 轴的夹角为 θ．在单位时间内穿过垂直于 z 轴单位面积的分子数称为入射流密度 J_{in}，单位时间内穿过面积元 $\mathrm{d}S$ 上单位面积的散射分子数称为出射流密度 J_{sc}．面积元 $\mathrm{d}S$ 与立体角 $\mathrm{d}\Omega$ 的关系为

$$\mathrm{d}S = r^2\sin\theta\mathrm{d}\theta\mathrm{d}\phi = r^2\mathrm{d}\Omega \tag{10.2.1}$$

单位时间内散射到面积元 $\mathrm{d}S$ 的分子数为

$$\mathrm{d}N = J_{\text{sc}}\mathrm{d}S = r^2 J_{\text{sc}}\mathrm{d}\Omega \tag{10.2.2}$$

设微分散射截面为 $\mathrm{d}\sigma$，散射分子数 $\mathrm{d}N$ 与入射流密度 J_{in} 的关系为

$$\mathrm{d}N = J_{\text{in}}\mathrm{d}\sigma = J_{\text{sc}}\mathrm{d}S = r^2 J_{\text{sc}}\mathrm{d}\Omega \tag{10.2.3}$$

积分散射截面为

$$\sigma = \int \mathrm{d}\sigma = \int \frac{\partial\sigma}{\partial\Omega}\mathrm{d}\Omega \tag{10.2.4}$$

设入射分子的动量为 $\hbar\boldsymbol{k}$，使用平面波描述它的状态，即

$$\psi_{\text{in}} = A\mathrm{e}^{\mathrm{i}kz} \tag{10.2.5}$$

式中，A 为归一化因子；k 为波矢量 $\boldsymbol{k}$ 的模．在一般情况下，散射波是各向异性的．散射波函数为

$$\psi_{\text{sc}} = Af(k,\theta,\phi)\frac{\mathrm{e}^{\mathrm{i}kr}}{r} \tag{10.2.6}$$

式中，$f(k,\theta,\phi)$称为散射振幅．在上面我们已经假设入射分子彼此无相互作用．

描述两个相对运动分子体系的定态薛定谔方程为

$$\hat{H}\psi = (\hat{T}+\hat{V})\psi = E\psi \tag{10.2.7}$$

式中，$\hat{T}$ 和 $\hat{V}$ 分别表示动能算符和势能算符；ψ 和 E 分别表示体系的本征波函数和本征能量．在球坐标系中，动能算符 $\hat{T}$ 为

$$\hat{T} = -\frac{\hbar^2}{2\mu}\frac{1}{r^2}\frac{\partial}{\partial r}r^2\frac{\partial}{\partial r} + \frac{\hat{l}^2(\theta,\phi)}{2\mu r^2} \tag{10.2.8}$$

式中，μ 为两个分子的约化质量．转动角动量平方算符 $\hat{l}^2(\theta,\phi)$ 为

$$\hat{l}^2(\theta,\phi) = -\hbar^2\left[\frac{1}{\sin\theta}\frac{\partial}{\partial\theta}\left(\sin\theta\frac{\partial}{\partial\theta}\right) + \frac{1}{\sin^2\theta}\frac{\partial^2}{\partial\phi^2}\right] \tag{10.2.9}$$

把式（10.2.8）和式（10.2.9）代入方程（10.2.7）中，得到定态薛定谔方程为

$$\left[-\frac{\hbar^2}{2\mu}\frac{1}{r^2}\frac{\partial}{\partial r}r^2\frac{\partial}{\partial r} + \frac{\hat{l}^2(\theta,\phi)}{2\mu r^2} + \hat{V}\right]\psi(r,\theta,\phi) = E\psi(r,\theta,\phi) \tag{10.2.10}$$

或者

$$\left[\frac{1}{r^2}\frac{\partial}{\partial r}r^2\frac{\partial}{\partial r} - \frac{\hat{l}^2(\theta,\phi)}{\hbar^2 r^2} - \frac{2\mu}{\hbar^2}\hat{V} + k^2\right]\psi(r,\theta,\phi) = 0 \tag{10.2.11}$$

式中，$k^2 = 2\mu E/\hbar^2$．

当 $r\to\infty$时，如果势能算符 $\hat{V}$ 比 $1/r^2$ 更快地趋近于 0，则在长程处可以忽略 $\hat{V}$，方程（10.2.11）约化为自由分子满足的薛定谔方程：

$$\left[\frac{1}{r^2}\frac{\partial}{\partial r}r^2\frac{\partial}{\partial r} - \frac{\hat{l}^2(\theta,\phi)}{\hbar^2 r^2} + k^2\right]\psi(r,\theta,\phi) = 0 \tag{10.2.12}$$

求解方程（10.2.12），得到渐近散射区域总的波函数 $\psi(r,\theta,\phi)$．当 $r\to\infty$时，总的波函数可以表示为入射波函数和散射波函数的叠加，即

$$\psi(r,\theta,\phi) = \psi_{\text{in}}(r,\theta,\phi) + \psi_{\text{sc}}(r,\theta,\phi) = A\left[\mathrm{e}^{\mathrm{i}kz} + f(k,\theta,\phi)\frac{\mathrm{e}^{\mathrm{i}kr}}{r}\right] \tag{10.2.13}$$

式中，A 为归一化因子．求出方程（10.2.12）的解，然后利用式（10.2.13），可以计算散射振幅 $f(k,\theta,\phi)$．

定义分子流密度 $\boldsymbol{J}(\boldsymbol{r})$为

$$\boldsymbol{J}(\boldsymbol{r}) = \frac{\mathrm{i}\hbar}{2\mu}\left[\psi(\nabla\psi)^* - \psi^*\nabla\psi\right] = \frac{\hbar}{\mu}\mathrm{Im}(\psi^*\nabla\psi) \tag{10.2.14}$$

式中，ψ 表示入射波函数 $\psi_{\text{in}}(r,\theta,\phi)$ 或散射波函数 $\psi_{\text{sc}}(r,\theta,\phi)$，对应入射分子流密度 $\boldsymbol{J}_{\text{in}}(\boldsymbol{r})$或散射分子流密度 $\boldsymbol{J}_{\text{sc}}(\boldsymbol{r})$．在球坐标系中矢量微分算符 ∇ 为

$$\nabla = \frac{\partial}{\partial r}\hat{r}^0 + \frac{1}{r}\frac{\partial}{\partial \theta}\hat{\theta}^0 + \frac{1}{r\sin\theta}\frac{\partial}{\partial \phi}\hat{\phi}^0 \tag{10.2.15}$$

式中，$\hat{\boldsymbol{r}}^0$ 表示径向方向的单位矢量；$\hat{\boldsymbol{\theta}}^0$ 和 $\hat{\boldsymbol{\phi}}^0$ 表示角向方向的单位矢量．当 $r\to\infty$ 时，近似有

$$\nabla \approx \frac{\partial}{\partial r}\hat{r}^0 \tag{10.2.16}$$

式（10.2.16）说明在渐近区域分子流沿着径向方向运动．将入射波函数（10.2.5）和微分算符表达式（10.2.16）代入式（10.2.14）中，得到入射分子流密度为

$$J_{\text{in}} = |A|^2\frac{\hbar k}{\mu} = |A|^2\,\tilde{v} \tag{10.2.17}$$

式中，$\tilde{v} = \hbar k/\mu$ 表示入射分子流的速度．把散射波函数表达式（10.2.6）代入式（10.2.14）中，得到散射分子流密度为

$$J_{\text{sc}} = |A|^2\frac{\hbar k}{\mu r^2}|f(k,\theta,\phi)|^2 \tag{10.2.18}$$

利用式（10.2.3）、式（10.2.17）和式（10.2.18），给出微分散射截面和散射振幅之间的关系式为

$$\frac{\mathrm{d}\sigma}{\mathrm{d}\Omega} = |f(k,\theta,\phi)|^2 \tag{10.2.19}$$

10.2.2　自由分子的解与散射波函数

设分子的轨道角动量量子数和磁量子数分别为 l 和 m_l，轨道角动量平方算符 $\hat{l}^2$ 的本征函数为球谐函数 $\mathrm{Y}_{lm_l}(\theta,\phi)$，满足本征值方程：

$$\hat{l}^2\mathrm{Y}_{lm_l}(\theta,\phi) = l(l+1)\hbar^2\mathrm{Y}_{lm_l}(\theta,\phi) \tag{10.2.20}$$

把自由分子满足的薛定谔方程（10.2.12）的解表示为径向函数与球谐函数的乘积形式，即

$$\psi_{lm_l}(r,\theta,\phi) = F_{lm_l}(k,r)\mathrm{Y}_{lm_l}(\theta,\phi) \tag{10.2.21}$$

把总的波函数 $\psi(r,\theta,\phi)$按 $\psi_{lm_l}(r,\theta,\phi)$ 展开为

$$\psi(r,\theta,\phi) = \sum_l\sum_{m_l}\psi_{lm_l}(r,\theta,\phi) = \sum_l\sum_{m_l}F_{lm_l}(k,r)\mathrm{Y}_{lm_l}(\theta,\phi) \tag{10.2.22}$$

当散射波函数关于 z 轴具有转动对称性时，散射波函数和散射振幅与方位角 ϕ 无

关．在这种情况下，散射波函数 $\psi(r,\theta)$ 可以用勒让德函数 $\mathrm{P}_l(\cos\theta)$ 展开为

$$\psi(r,\theta)=\sum_l F_l(k,r)\mathrm{P}_l(\cos\theta) \tag{10.2.23}$$

在展开项中，不同的轨道角动量量子数对应不同的分波，l=0, 1, 2, 3, 4, 5, … 对应 $s, p, d, f, g, h,$ … 分波．

把式（10.2.23）代入方程（10.2.12）中，得到径向微分方程为

$$\left[\frac{\mathrm{d}^2}{\mathrm{d}r^2}+\frac{2}{r}\frac{\mathrm{d}}{\mathrm{d}r}-\frac{l(l+1)}{r^2}+k^2\right]F_l(k,r)=0 \tag{10.2.24}$$

令 $R=kr$，把方程（10.2.24）转变为球贝塞尔方程

$$\left[\frac{\mathrm{d}^2}{\mathrm{d}R^2}+\frac{2}{R}\frac{\mathrm{d}}{\mathrm{d}R}-\frac{l(l+1)}{R^2}+1\right]F_l(R)=0 \tag{10.2.25}$$

方程（10.2.25）的解为

$$F_l(R)=F_l(k,r)=B_l\mathrm{j}_l(kr)+C_l\mathrm{y}_l(kr) \tag{10.2.26}$$

式中，B_l 和 C_l 表示系数；$\mathrm{j}_l(kr)=\mathrm{j}_l(R)$ 和 $\mathrm{y}_l(kr)=\mathrm{y}_l(R)$ 分别为球贝塞尔函数和球诺依曼函数．在 $r\to\infty$ 的渐近区域，径向波函数为

$$F_l(k,r)\overset{r\to\infty}{=}\frac{1}{kr}\left[B_l\sin\left(kr-\frac{l\pi}{2}\right)-C_l\cos\left(kr-\frac{l\pi}{2}\right)\right] \tag{10.2.27}$$

由于方程（10.2.24）的算符为线性实算符，故总能找到一组实数解，并保证 C_l/B_l 为实数．引入分波参数 A_l 和分波散射相移 δ_l，满足下列关系：

$$B_l=A_l\cos\delta_l,\quad C_l=-A_l\sin\delta_l \tag{10.2.28}$$

第 l 个分波的散射相移 δ_l 为

$$\delta_l=\arctan\left(-\frac{C_l}{B_l}\right) \tag{10.2.29}$$

使用参数 A_l 和分波散射相移 δ_l，可以把径向波函数改写为

$$F_l(k,r)\overset{r\to\infty}{=}A_l\frac{1}{kr}\left[\sin\left(kr-\frac{l\pi}{2}\right)\cos\delta_l+\cos\left(kr-\frac{l\pi}{2}\right)\sin\delta_l\right] \tag{10.2.30a}$$

$$\overset{r\to\infty}{=}A_l\frac{1}{kr}\sin\left(kr-\frac{l\pi}{2}+\delta_l\right) \tag{10.2.30b}$$

对于弹性散射，式（10.2.13）中归一化因子 A 将在计算中抵消掉．当 $r\to\infty$ 且散射振幅与方位角 ϕ 无关时，可以把表达式（10.2.13）改写为

$$\psi(r,\theta)=\mathrm{e}^{\mathrm{i}kz}+f(k,\theta)\frac{\mathrm{e}^{\mathrm{i}kr}}{r} \tag{10.2.31}$$

把入射平面波 e^{ikz} 和散射振幅 $f(k,\theta)$ 用勒让德函数展开为

$$e^{ikz}=\sum_{l=0}^{\infty}(2l+1)\,i^l\,j_l(kr)P_l(\cos\theta) \tag{10.2.32}$$

$$f(k,\theta)=\sum_{l=0}^{\infty}f_l(k)P_l(\cos\theta) \tag{10.2.33}$$

在渐近处（$r\to\infty$），式（10.2.32）变为

$$e^{ikz}\overset{r\to\infty}{=}\sum_{l=0}^{\infty}(2l+1)\,i^l\,j_l(kr)\frac{1}{kr}\sin\left(kr-\frac{l\pi}{2}\right)P_l(\cos\theta) \tag{10.2.34}$$

把式（10.2.33）和式（10.2.34）代入式（10.2.31）中，然后与式（10.2.30a）比较，得到第 l 个分波径向波函数的表达式为

$$F_l(k,r)\overset{r\to\infty}{=}\frac{1}{kr}(2l+1)i^l\left[\sin\left(kr-\frac{l\pi}{2}\right)+\frac{kf_l(k)}{2l+1}\exp i\left(kr-\frac{l\pi}{2}\right)\right] \tag{10.2.35}$$

再与式（10.2.30b）比较，得到：

$$i^l(2l+1)\left[1+i\frac{kf_l(k)}{2l+1}\right]=A_l\cos\delta_l \tag{10.2.36}$$

$$i^l(2l+1)\frac{kf_l(k)}{2l+1}=A_l\sin\delta_l \tag{10.2.37}$$

由方程（10.2.36）和方程（10.2.37）求出系数 A_l、f_l 和散射振幅的表达式为

$$A_l=i^l(2l+1)e^{i\delta_l} \tag{10.2.38}$$

$$f_l(k)=\frac{2l+1}{k}e^{i\delta_l}\sin\delta_l=\frac{2l+1}{i2k}(e^{i2\delta_l}-1) \tag{10.2.39}$$

$$f(k,\theta)=\frac{1}{k}\sum_{l=0}^{\infty}(2l+1)e^{i\delta_l}\sin\delta_l\,P_l(\cos\theta) \tag{10.2.40}$$

把 A_l 代入式（10.2.30b）中，得到在渐近区域径向波函数的表达式为

$$F_l(k,r)=i^l(2l+1)\,e^{i\delta_l}\,\frac{1}{kr}\sin\left(kr-\frac{l\pi}{2}+\delta_l\right) \tag{10.2.41}$$

散射波函数的渐近表达式为

$$\psi(r,\theta)=\sum_{l=0}^{\infty}i^l(2l+1)\,e^{i\delta_l}\,\frac{1}{kr}\sin\left(kr-\frac{l\pi}{2}+\delta_l\right)P_l(\cos\theta) \tag{10.2.42}$$

与平面波展开的表达式比较，弹性散射仅改变了各个分波波函数的相位，波函数的振幅保持不变.

利用式（10.2.19）、式（10.2.33）和式（10.2.40），给出微分散射截面的表达式为

$$\begin{aligned}\frac{\mathrm{d}\sigma}{\mathrm{d}\Omega} &= \sum_{l=0}^{\infty}\sum_{l'=0}^{\infty} f_l^*(k)\mathrm{P}_l(\cos\theta)f_{l'}(k)\mathrm{P}_{l'}(\cos\theta) \\ &= \frac{1}{k^2}\sum_{l=0}^{\infty}\sum_{l'=0}^{\infty}(2l+1)(2l'+1)\mathrm{e}^{\mathrm{i}(\delta_l-\delta_{l'})}\sin\delta_l\sin\delta_{l'}\mathrm{P}_l(\cos\theta)\mathrm{P}_{l'}(\cos\theta)\end{aligned} \tag{10.2.43}$$

利用勒让德函数的正交关系式：

$$\int_0^{\pi}\mathrm{d}\theta\sin\theta\mathrm{P}_l(\cos\theta)\mathrm{P}_{l'}(\cos\theta) = \frac{2}{2l+1}\delta_{ll'} \tag{10.2.44}$$

得到积分散射截面为

$$\sigma = \int_0^{2\pi}\mathrm{d}\phi\int_0^{\pi}\mathrm{d}\theta\sin\theta\left|f(k,\theta)\right|^2 = \frac{4\pi}{k^2}\sum_{l=0}^{\infty}(2l+1)\sin^2\delta_l \tag{10.2.45}$$

对于单通道散射问题，**K** 矩阵、**T** 矩阵和 **S** 矩阵与散射相移 δ_l 之间的关系为

$$K_l = \tan\delta_l \tag{10.2.46}$$

$$T_l = \mathrm{e}^{\mathrm{i}\delta_l}\sin\delta_l \tag{10.2.47}$$

$$S_l = \mathrm{e}^{\mathrm{i}2\delta_l} \tag{10.2.48}$$

S 矩阵与 **T** 矩阵及 **K** 矩阵之间的关系为

$$S_l = 1 + \mathrm{i}2T_l \tag{10.2.49}$$

$$S_l = \frac{1+\mathrm{i}K_l}{1-\mathrm{i}K_l} \tag{10.2.50}$$

使用 **S** 矩阵与 **T** 矩阵，可以把散射振幅 $f(k,\theta)$ 和积分散射截面 σ 表示为

$$f(k,\theta) = \frac{1}{k}\sum_{l=0}^{\infty}(2l+1)T_l\mathrm{P}_l(\cos\theta) = \frac{1}{\mathrm{i}2k}\sum_{l=0}^{\infty}(2l+1)(S_l-1)\mathrm{P}_l(\cos\theta) \tag{10.2.51}$$

$$\sigma = \frac{4\pi}{k^2}\sum_{l=0}^{\infty}(2l+1)\left|T_l\right|^2 = \frac{\pi}{k^2}\sum_{l=0}^{\infty}(2l+1)\left|S_l-1\right|^2 \tag{10.2.52}$$

10.2.3　WKB 近似

WKB 近似是由温策尔（Wentzel）、克拉默斯（Kramers）和布里渊因（Brillouin）提出的求解量子力学问题的一种准经典近似方法[42]，后来发展为求解线性微分方程的近似计算方法.

在一维空间中，质量为 μ 的分子在势场 $V(r)$中运动满足的薛定谔方程为

$$\left[\frac{\hbar^2}{2\mu}\frac{\mathrm{d}^2}{\mathrm{d}r^2}-V(r)+E\right]\psi(r)=0 \tag{10.2.53}$$

经典动量为

$$p(r)=\sqrt{2\mu[E-V(r)]} \tag{10.2.54}$$

定义参量 S_c 为

$$S_\mathrm{c}=\int \mathrm{d}r\,p(r)=\int \mathrm{d}r\sqrt{2\mu[E-V(r)]} \tag{10.2.55}$$

当 $S_\mathrm{c}\gg\hbar$ 时，称该散射情况为准经典极限；当 $S_\mathrm{c}\ll\hbar$ 时，称该散射情况为量子极限或非经典极限.

当 $V(r)=0$ 或者等于常数时，经典动量 $p(r)$ 等于一个常数，薛定谔方程的解为平面波：

$$\psi(r)=\tilde{C}\exp\left(\pm\frac{\mathrm{i}}{\hbar}pr\right) \tag{10.2.56}$$

式中，$\tilde{C}$ 为归一化系数. 当 $V(r)\neq$ 常数时，式（10.2.56）变为

$$\psi(r)=\tilde{C}\exp\left[\pm\frac{\mathrm{i}}{\hbar}S(r)\right] \tag{10.2.57}$$

把式（10.2.57）代入方程（10.2.53）中，得到关于 $S(r)$的微分方程为

$$-\mathrm{i}\hbar\frac{\mathrm{d}^2}{\mathrm{d}r^2}S(r)+\left[\frac{\mathrm{d}}{\mathrm{d}r}S(r)\right]^2=p^2(r) \tag{10.2.58}$$

求出 $S(r)$的近似解后，可以得到 $\psi(r)$的近似解. 把 $S(r)$按参量 $\hbar$ 展开为

$$S(r)=S_0(r)+\frac{\hbar}{\mathrm{i}}S_1(r)+\left(\frac{\hbar}{\mathrm{i}}\right)^2S_2(r)+\cdots \tag{10.2.59}$$

把 $S(r)$的展开式代入方程（10.2.58）中，得到

$$\left(\frac{\mathrm{d}S_0}{\mathrm{d}r}\right)^2-\mathrm{i}\hbar\left(\frac{\mathrm{d}^2S_0}{\mathrm{d}r^2}+2\frac{\mathrm{d}S_0}{\mathrm{d}r}\frac{\mathrm{d}S_1}{\mathrm{d}r}\right)-\hbar^2\left[\frac{\mathrm{d}^2S_1}{\mathrm{d}r^2}+2\frac{\mathrm{d}S_0}{\mathrm{d}r}\frac{\mathrm{d}S_2}{\mathrm{d}r}+\left(\frac{\mathrm{d}S_1}{\mathrm{d}r}\right)^2\right]+\cdots=p^2(r) \tag{10.2.60}$$

令方程（10.2.60）两边含有 $\hbar$ 的相同幂次方项相等，给出

$$\frac{\mathrm{d}S_0}{\mathrm{d}r}=\pm p(r),\quad S_0=\pm\int p(r)\,\mathrm{d}r \tag{10.2.61}$$

在 $E > V(r)$的经典区域，动量 $p(r)$为实数，由式（10.2.54）计算．当不计正负号时，$S_0=S_c$．对于 S_1，它满足方程

$$\frac{\mathrm{d}S_1}{\mathrm{d}r} = -\frac{1}{2p(r)}\frac{\mathrm{d}p(r)}{\mathrm{d}r} \tag{10.2.62}$$

积分后得

$$S_1(r) = -\frac{1}{2}\ln p(r) \tag{10.2.63}$$

将式（10.2.63）代入式（10.2.57）中，得到一阶 WKB 波函数的表达式为

$$\psi_{\mathrm{WKB}}(r) = \frac{\tilde{C}_1}{\sqrt{p(r)}}\exp\left[\frac{\mathrm{i}}{\hbar}\int_{r_0}^{r} p(r')\mathrm{d}r'\right] + \frac{\tilde{C}_2}{\sqrt{p(r)}}\exp\left[-\frac{\mathrm{i}}{\hbar}\int_{r_0}^{r} p(r')\mathrm{d}r'\right] \tag{10.2.64}$$

式中，$\tilde{C}_1$ 和 $\tilde{C}_2$ 为复系数．式（10.2.64）右边第一项和第二项分别表示向外和向内传播的波函数，一阶 WKB 波函数为二者的叠加．积分下限 r_0 表示参考点，它决定了波函数的相位．可以把一阶 WKB 波函数改写为余弦函数的形式，即

$$\psi_{\mathrm{WKB}}(r) = \frac{\tilde{C}_0}{\sqrt{p(r)}}\cos\left[\frac{1}{\hbar}\left|\int_{r_0}^{r} p(r')\mathrm{d}r'\right| - \frac{\phi}{2}\right] \tag{10.2.65}$$

式中，$\tilde{C}_0$ 为系数；ϕ 表示波函数的相位．若取两个不同的相位 ϕ（相位差不等于 2π 的整数倍），则得到两个线性独立的 WKB 波函数．在 $E < V(r)$的经典禁止区域，动量为一个纯虚数，但 WKB 波函数仍然是薛定谔方程的一个近似解．

对于方程（10.2.59）和方程（10.2.60）中的高阶项，通过引入函数 $\eta_n(r)$ 进行计算[42,43]，即

$$\frac{\mathrm{d}S_n(r)}{\mathrm{d}r} = \eta_{n-1}(r) \tag{10.2.66a}$$

$$S_n(r) = \int_{r_0}^{r} \eta_{n-1}(r')\,\mathrm{d}r',\ n = -1, 0, 1, 2, 3, \cdots \tag{10.2.66b}$$

$\eta_{-1}(r)$ 和 $\eta_0(r)$ 满足

$$\eta_{-1}(r) = \frac{\mathrm{d}S_0(r)}{\mathrm{d}r} = \pm p(r) \tag{10.2.67a}$$

$$\eta_0(r) = \frac{\mathrm{d}S_1(r)}{\mathrm{d}r} = -\frac{1}{2p(r)}\frac{\mathrm{d}p(r)}{\mathrm{d}r} \tag{10.2.67b}$$

$\eta_n(r)$ 满足递推关系：

$$\eta_{n+1}(r) = -\frac{1}{2\eta_{-1}(r)}\left[\frac{\mathrm{d}\eta_n(r)}{\mathrm{d}r} + \sum_{j=0}^{n}\eta_j(r)\eta_{n-j}(r)\right],\quad n \geqslant 0 \tag{10.2.68}$$

令 n=0，得到

$$\eta_1(r)=\frac{\mathrm{d}S_2(r)}{\mathrm{d}r}=-\frac{1}{2\eta_{-1}(r)}\left[\frac{\mathrm{d}\eta_0(r)}{\mathrm{d}r}+\eta_0^2(r)\right]$$

$$=\pm\left[\frac{1}{4p^2(r)}\frac{\mathrm{d}^2p(r)}{\mathrm{d}r^2}-\frac{3}{8p^3(r)}\left(\frac{\mathrm{d}p(r)}{\mathrm{d}r}\right)^2\right] \tag{10.2.69}$$

值得注意的是，式（10.2.68）中的级数是发散的．通常只取前两项就能够给出函数 $S(r)$较好的近似结果．Friedrich 等[42]详细讨论了 WKB 波函数的计算精度问题．

10.2.4　量子亏损参数

在球对称势 $V(r)$中，分子的径向波函数 $F(r)$满足定态薛定谔方程：

$$\left[\frac{\mathrm{d}^2}{\mathrm{d}r^2}+\frac{2}{r}\frac{\mathrm{d}}{\mathrm{d}r}-\frac{l(l+1)}{r^2}+k^2-\frac{2\mu V(r)}{\hbar^2}\right]F(r)=0 \tag{10.2.70}$$

式中，l 为转动量子数；μ 为约化质量；k 表示波矢量的模．令 $F(r)=\phi(r)/r$，得到

$$\left[\frac{\mathrm{d}^2}{\mathrm{d}r^2}+K^2(r)\right]\phi(r)=0 \tag{10.2.71}$$

式中

$$K^2(r)=k^2-\frac{l(l+1)}{r^2}-\frac{2\mu V(r)}{\hbar^2} \tag{10.2.72}$$

方程（10.2.71）的两个线性无关的解为[23,44,45]

$$f(r)=\alpha(r)\sin\left(\int_{r_{\min}}^{r}\frac{1}{\alpha^2(r')}\mathrm{d}r'\right) \tag{10.2.73}$$

$$g(r)=\alpha(r)\cos\left(\int_{r_{\min}}^{r}\frac{1}{\alpha^2(r')}\mathrm{d}r'\right) \tag{10.2.74}$$

式中，$r_{\min}$ 为起点坐标；$\alpha(r)$ 为米林（Mline）振幅，它满足 Mline 方程[23]：

$$\left[\frac{\mathrm{d}^2}{\mathrm{d}r^2}+K^2(r)\right]\alpha(r)=\frac{1}{\alpha^3(r)} \tag{10.2.75}$$

在长程区域，方程（10.2.71）的两个线性无关的解为

$$s(r)\overset{r\to\infty}{=}k^{-1/2}\sin\left(kr+\xi-l\pi/2\right) \tag{10.2.76}$$

$$c(r) \overset{r\to\infty}{=} k^{-1/2}\cos(kr+\xi-l\pi/2) \tag{10.2.77}$$

当 $r\to\infty$ 时，上述两组解之间的关系为

$$s(r)=C^{-1}f(r) \tag{10.2.78}$$

$$c(r)=C[g(r)+\tan\varpi f(r)] \tag{10.2.79}$$

定义 ξ、C 和 $\tan\varpi$ 为三个量子亏损参数，其中参数 ξ 表示散射相移．下面介绍计算这三个参数的方法．

先通过求解方程（10.2.75）得到 $\alpha(r)$，然后再使用式（10.2.73）和式（10.2.74）计算 $f(r)$ 和 $g(r)$．在势阱的最低点 r_e 处，$\alpha(r)$ 满足边界条件：

$$\alpha(r_\mathrm{e})\approx\frac{1}{\sqrt{K(r_\mathrm{e})}} \tag{10.2.80}$$

$$\left.\frac{\mathrm{d}\alpha(r)}{\mathrm{d}r}\right|_{r=r_\mathrm{e}}\approx 0 \tag{10.2.81}$$

在计算 $\alpha(r)$ 时，分别让 r 从 r_min 到 r_e 和从 r_e 到 r_max 变化，给出在$[r_\mathrm{min}, r_\mathrm{max}]$区间内 $\alpha(r)$ 的取值．当存在离心势垒时，取 r_e 为势垒最高点的位置 r_top．当 $r>r_\mathrm{top}$ 时，给出一组参考函数，即

$$f_\infty(r)=\alpha_\infty(r)\sin\left(\int_{r_\mathrm{top}}^{r}\frac{1}{\alpha_\infty^2(r')}\mathrm{d}r'\right) \tag{10.2.82}$$

$$g_\infty(r)=\alpha_\infty(r)\cos\left(\int_{r_\mathrm{top}}^{r}\frac{1}{\alpha_\infty^2(r')}\mathrm{d}r'\right) \tag{10.2.83}$$

式中，$\alpha_\infty(r)$ 也是 Mline 方程（10.2.75）的一个解，它满足边界条件

$$\alpha_\infty(r_\mathrm{max})=\frac{1}{\sqrt{K(r_\mathrm{max})}} \tag{10.2.84}$$

在 $r\to\infty$ 的长程区域，参考函数 $f_\infty(r)$ 和 $g_\infty(r)$ 与贝塞尔函数 $\mathrm{J}(r)$ 和诺依曼函数 $\mathrm{Y}(r)$ 之间的关系为

$$f_\infty(r)=\mathrm{J}(r)\cos\delta_\infty+\mathrm{Y}(r)\sin\delta_\infty \tag{10.2.85}$$

$$g_\infty(r)=-\mathrm{J}(r)\sin\delta_\infty+\mathrm{Y}(r)\cos\delta_\infty \tag{10.2.86}$$

利用参考函数 $f_\infty(r)$ 和 $g_\infty(r)$ 的表达式及其在 $r=r_\mathrm{top}$ 处导数连续性条件，得到

$$f(r)=af_\infty(r)+bg_\infty(r),\ r>r_\mathrm{top} \tag{10.2.87}$$

$$g(r)=cf_\infty(r)+dg_\infty(r),\ r>r_\mathrm{top} \tag{10.2.88}$$

分别把式（10.2.87）、式（10.2.88）分别与式（10.2.76）、式（10.2.77）匹配，与式（10.2.78）、式（10.2.79）匹配，得到三个量子亏损参数的表达式为

$$\xi = \arctan\left(\frac{a\sin\delta_\infty + b\cos\delta_\infty}{a\cos\delta_\infty - b\sin\delta_\infty}\right) \tag{10.2.89}$$

$$C = \left(a^2 + b^2\right)^{1/2} \tag{10.2.90}$$

$$\tan\bar{\omega} = \frac{aC^{-2} - d}{b} \tag{10.2.91}$$

10.2.5　$-1/r^6$ 势中薛定谔方程的解、量子反射系数与量子透射系数

设势能为 $V(r) = -C_\lambda / r^\lambda$，分子满足的定态薛定谔方程为

$$\left[\frac{\mathrm{d}^2}{\mathrm{d}r^2} - \frac{l(l+1)}{r^2} + \frac{\beta_\lambda^{\gamma-2}}{r^\lambda} + \bar{\varepsilon}\right]u_l(r) = 0 \tag{10.2.92}$$

式中

$$\beta_\lambda = \left(\frac{2\mu C_\lambda}{\hbar^2}\right)^{1/(\lambda-2)} \tag{10.2.93}$$

$$\bar{\varepsilon} = \frac{2\mu\varepsilon}{\hbar^2} \tag{10.2.94}$$

式中，μ 为约化质量；C_λ 为范德瓦耳斯色散系数；ε 为能量本征值．当 $\lambda< 2$ 时，$r=0$ 是方程（10.2.92）的正则奇点，$r=\infty$是非正则奇点；当 $\lambda>2$ 且 $\varepsilon=0$ 时，$r=\infty$是方程（10.2.92）的正则奇点，而 $r=0$ 是非正则奇点．对于只有一个非正则奇点的情况，可以求出方程（10.2.92）在正则奇点邻近区域的级数解．当 $\lambda>2$ 且 $\varepsilon\neq0$ 时，$r=0$ 和 $r=\infty$都是方程（10.2.92）的非正则奇点．在这种情况下，求解方程（10.2.92）是比较困难的．对于 $\lambda=4$，方程（10.2.92）的解可以用马蒂厄（Mathieu）函数来表示[46, 47]．下面求出当 $\lambda=6$ 时方程（10.2.92）的解[48]．

当 $\lambda=6$ 时，方程（10.2.92）存在一对与能量无关的解[33]，即

$$f^{(0)}(r) = \frac{\gamma\bar{f}(r) - \vartheta\bar{g}(r)}{\gamma^2 + \vartheta^2} \tag{10.2.95}$$

$$g^{(0)}(r) = \frac{\vartheta\bar{f}(r) + \gamma\bar{g}(r)}{\gamma^2 + \vartheta^2} \tag{10.2.96}$$

式中，$\bar{f}(r)$ 和 $\bar{g}(r)$ 是方程（10.2.92）的另一对线性无关的解：

$$\bar{f}(r)=\sum_{n=-\infty}^{\infty} b_n r^{1/2}\mathrm{J}_{\nu+n}(x) \tag{10.2.97}$$

$$\bar{g}(r)=\sum_{n=-\infty}^{\infty} b_n r^{1/2}\mathrm{Y}_{\nu+n}(x) \tag{10.2.98}$$

其中，$\mathrm{J}_{\nu+n}(x)$ 和 $\mathrm{Y}_{\nu+n}(x)$ 分别为贝塞尔函数和诺依曼函数；x 的表达式为

$$x=\frac{\beta_6^2}{2r^2} \tag{10.2.99}$$

在式（10.2.95）～式（10.2.98）中，其他参数为[33]

$$\gamma=\cos\left[\pi(\nu-\nu_0)/2\right]X-\sin\left[\pi(\nu-\nu_0)/2\right]Y \tag{10.2.100}$$

$$\vartheta=\sin\left[\pi(\nu-\nu_0)/2\right]X+\cos\left[\pi(\nu-\nu_0)/2\right]Y \tag{10.2.101}$$

式中

$$X=\sum_{m=-\infty}^{\infty}(-1)^m b_{2m} \tag{10.2.102}$$

$$Y=\sum_{m=-\infty}^{\infty}(-1)^m b_{2m+1} \tag{10.2.103}$$

$$b_j=(-\varDelta)^j\frac{\Gamma(\nu)\Gamma(\nu-\nu_0+1)\Gamma(\nu+\nu_0+1)}{\Gamma(\nu+j)\Gamma(\nu-\nu_0+j+1)\Gamma(\nu+\nu_0+j+1)}c_j(\nu) \tag{10.2.104}$$

$$b_{-j}=(-\varDelta)^j\frac{\Gamma(\nu-j+1)\Gamma(\nu-\nu_0-j)\Gamma(\nu+\nu_0-j)}{\Gamma(\nu+1)\Gamma(\nu-\nu_0)\Gamma(\nu+\nu_0)}c_j(-\nu) \tag{10.2.105}$$

其中，j 取正整数；$\nu_0=(2l+1)/(\gamma-2)$；$\varDelta=\bar{\varepsilon}\beta_6^2/16$ 为约化能量．函数 $c_j(\nu)$ 的表达式为

$$c_j(\nu)=b_0 Q(\nu)Q(\nu+1)\cdots Q(\nu+j-1) \tag{10.2.106}$$

式中，b_0 为归一化常数；$Q(\nu)$ 的表达式为

$$Q(\nu)=\frac{1}{1-\varDelta^2\Theta(\nu)Q(\nu+1)} \tag{10.2.107}$$

其中

$$\Theta(\nu)=\frac{1}{(\nu+1)(\nu+2)[(\nu+1)^2-\nu_0^2][(\nu+2)^2-\nu_0^2]} \tag{10.2.108}$$

ν 为特征函数

$$\Lambda_l(\nu,\Delta)=(\nu^2-\nu_0^2)-\frac{\Delta^2}{\nu}\left[\bar{Q}(\nu)-\bar{Q}(-\nu)\right] \tag{10.2.109}$$

的复数根[33]，其中

$$\bar{Q}(\nu)=\frac{Q(\nu)}{(\nu+1)[(\nu+1)^2-\nu_0^2]} \tag{10.2.110}$$

在 $r\to 0$ 的短程区域，$f^{(0)}(r)$ 和 $g^{(0)}(r)$ 的渐近形式为

$$f^{(0)}(r)\xrightarrow{r\to 0}\frac{2}{\pi^{1/2}\beta_6}r^{3/2}\cos\left(\frac{\beta_6^2}{2r^2}-\frac{\nu_0\pi}{2}-\frac{\pi}{4}\right) \tag{10.2.111}$$

$$g^{(0)}(r)\xrightarrow{r\to 0}\frac{2}{\pi^{1/2}\beta_6}r^{3/2}\sin\left(\frac{\beta_6^2}{2r^2}-\frac{\nu_0\pi}{2}-\frac{\pi}{4}\right) \tag{10.2.112}$$

对于 $\varepsilon>0$，在 $r\to\infty$ 的长程区域，$f^{(0)}(r)$ 和 $g^{(0)}(r)$ 的渐近形式为

$$f^{(0)}(r)\xrightarrow{r\to \infty}\left(\frac{2}{\pi k}\right)^{1/2}\left[Z_{ff}\sin\left(kr-\frac{l\pi}{2}\right)-Z_{fg}\sin\left(kr-\frac{l\pi}{2}\right)\right] \tag{10.2.113}$$

$$g^{(0)}(r)\xrightarrow{r\to \infty}\left(\frac{2}{\pi k}\right)^{1/2}\left[Z_{gf}\sin\left(kr-\frac{l\pi}{2}\right)-Z_{gg}\sin\left(kr-\frac{l\pi}{2}\right)\right] \tag{10.2.114}$$

式中，$k=(2\mu\varepsilon/\hbar^2)^{1/2}$；四个系数为

$$Z_{ff}=\frac{-(-1)^l(\gamma\sin\nu\pi-\vartheta\cos\nu\pi)G(-\nu)\sin\eta+\vartheta G(\nu)\cos\eta}{\left(X^2+Y^2\right)\sin\nu\pi} \tag{10.2.115}$$

$$Z_{fg}=\frac{-(-1)^l(\gamma\sin\nu\pi-\vartheta\cos\nu\pi)G(-\nu)\cos\eta+\vartheta G(\nu)\sin\eta}{\left(X^2+Y^2\right)\sin\nu\pi} \tag{10.2.116}$$

$$Z_{gf}=\frac{-(-1)^l(\vartheta\sin\nu\pi+\gamma\cos\nu\pi)G(-\nu)\sin\eta-\gamma G(\nu)\cos\eta}{\left(X^2+Y^2\right)\sin\nu\pi} \tag{10.2.117}$$

$$Z_{gg}=\frac{-(-1)^l(\vartheta\sin\nu\pi+\gamma\cos\nu\pi)G(-\nu)\cos\eta-\gamma G(\nu)\sin\eta}{\left(X^2+Y^2\right)\sin\nu\pi} \tag{10.2.118}$$

其中

$$\eta=\left(\nu-\frac{l}{2}-\frac{1}{4}\right)\pi \tag{10.2.119}$$

$$G(\nu)=\left|\Delta\right|^{-\nu}\frac{\Gamma(1+\nu_0+\nu)\Gamma(1-\nu_0+\nu)}{\Gamma(1-\nu)}C(\nu) \tag{10.2.120}$$

$\Gamma(x)$ 表示伽马函数，$C(v)$ 由下式计算：

$$C(v) = \lim_{j \to \infty} c_j(v) \tag{10.2.121}$$

在短程区域和长程区域，可以分别定义两组出射和入射波函数. 在 $r \to 0$ 的短程区域，出射和入射波函数为

$$f^{(\mathrm{i}+)}(r) \overset{r\to 0}{=} \left(\frac{2}{\pi}\right)^{1/2} \frac{r^{3/2}}{\beta_6} \exp\left[\mathrm{i}\left(\frac{\beta_6^2}{2r^2} - \frac{v_0 \pi}{2}\right)\right] \tag{10.2.122}$$

$$f^{(\mathrm{i}-)}(r) \overset{r\to 0}{=} \left(\frac{2}{\pi}\right)^{1/2} \frac{r^{3/2}}{\beta_6} \exp\left[-\mathrm{i}\left(\frac{\beta_6^2}{2r^2} - \frac{v_0 \pi}{2} - \frac{\pi}{2}\right)\right] \tag{10.2.123}$$

$f^{(\mathrm{i}+)}(r)$、$f^{(\mathrm{i}-)}(r)$ 与 $f^{(0)}(r)$ 、$g^{(0)}(r)$ 之间的变换关系为

$$\begin{bmatrix} f^{(\mathrm{i}+)}(r) \\ f^{(\mathrm{i}-)}(r) \end{bmatrix} = \frac{1}{\sqrt{2}} \exp(\mathrm{i}\pi/4) \begin{bmatrix} 1 & \mathrm{i} \\ 1 & -\mathrm{i} \end{bmatrix} \begin{bmatrix} f^{(0)}(r) \\ g^{(0)}(r) \end{bmatrix} \tag{10.2.124}$$

对于 $\varepsilon > 0$，在 $r \to \infty$ 的长程区域，出射和入射波函数为

$$f^{(\mathrm{o}+)}(r) \overset{r\to\infty}{=} \frac{1}{\sqrt{\pi k}} \exp \mathrm{i}\left(kr - \frac{\pi}{4}\right) \tag{10.2.125}$$

$$f^{(\mathrm{o}-)}(r) \overset{r\to\infty}{=} \frac{1}{\sqrt{\pi k}} \exp \mathrm{i}\left(-kr + \frac{\pi}{4}\right) \tag{10.2.126}$$

$f^{(\mathrm{o}+)}(r)$、$f^{(\mathrm{o}-)}(r)$ 与 $f^{(0)}(r)$ 、$g^{(0)}(r)$ 之间的变换关系为

$$\begin{bmatrix} f^{(\mathrm{o}+)} \\ f^{(\mathrm{o}-)} \end{bmatrix} = \frac{\exp[\mathrm{i}\pi(l/2 - 1/4)]}{\sqrt{2}} \begin{bmatrix} -Z_{gg} + \mathrm{i}Z_{gf} & Z_{fg} - \mathrm{i}Z_{ff} \\ (-1)^l (Z_{gg} + \mathrm{i}Z_{gf}) & -(-1)^l (Z_{fg} + \mathrm{i}Z_{ff}) \end{bmatrix} \begin{bmatrix} f^{(0)} \\ g^{(0)} \end{bmatrix} \tag{10.2.127}$$

$f^{(\mathrm{o}\pm)}(r)$ 和 $f^{(\mathrm{i}\pm)}(r)$ 之间的变换关系为

$$\begin{bmatrix} f^{(\mathrm{o}+)}(r) \\ f^{(\mathrm{o}-)}(r) \end{bmatrix} = \begin{bmatrix} U_{++}^{\mathrm{oi}} & U_{+-}^{\mathrm{oi}} \\ U_{-+}^{\mathrm{oi}} & U_{--}^{\mathrm{oi}} \end{bmatrix} \begin{bmatrix} f^{(\mathrm{i}+)}(r) \\ g^{(\mathrm{i}-)}(r) \end{bmatrix} \tag{10.2.128}$$

式中

$$U_{++}^{\mathrm{oi}} = -\mathrm{e}^{\mathrm{i}l\pi/2}[Z_{fg} - Z_{gf} - \mathrm{i}(Z_{ff} + Z_{gg})]/2 \tag{10.2.129}$$

$$U_{+-}^{\mathrm{oi}} = \mathrm{e}^{\mathrm{i}l\pi/2}[Z_{fg} + Z_{gf} - \mathrm{i}(Z_{ff} - Z_{gg})]/2 \tag{10.2.130}$$

$$U_{-+}^{\mathrm{oi}} = \left(U_{+-}^{\mathrm{oi}}\right)^* \tag{10.2.131}$$

$$U_{--}^{\mathrm{oi}} = \left(U_{++}^{\mathrm{oi}}\right)^* \tag{10.2.132}$$

方程（10.2.128）的逆变换为

$$\begin{bmatrix} f^{(\mathrm{i}+)}(r) \\ g^{(\mathrm{i}-)}(r) \end{bmatrix} = \begin{bmatrix} \left(U_{++}^{\mathrm{oi}}\right)^* & -U_{+-}^{\mathrm{oi}} \\ -\left(U_{+-}^{\mathrm{oi}}\right)^* & U_{++}^{\mathrm{oi}} \end{bmatrix} \begin{bmatrix} f^{(\mathrm{o}+)}(r) \\ f^{(\mathrm{o}-)}(r) \end{bmatrix} \tag{10.2.133}$$

考虑$V(r)=-1/r^6$势的情况（取 λ=6）. 对于由内向外传播的行波，设反射系数和透射系数分别为r^{io}和t^{io}，方程（10.2.92）的解u^{io}满足边界条件：

$$u^{\mathrm{io}} = \begin{cases} f^{(\mathrm{i}+)}(r) + r^{\mathrm{io}} f^{(\mathrm{i}-)}(r), & r \ll \beta_6 \\ t^{\mathrm{io}} f^{(\mathrm{o}+)}(r), & r \gg \beta_6 \end{cases} \tag{10.2.134}$$

可以看出，$f^{(\mathrm{o}+)}(r)$与$f^{(\mathrm{i}\pm)}(r)$之间满足以下关系：

$$f^{(\mathrm{o}+)}(r) = \frac{1}{t^{\mathrm{io}}} f^{(\mathrm{i}+)}(r) + \frac{r^{\mathrm{io}}}{t^{\mathrm{io}}} f^{(\mathrm{i}-)}(r) \tag{10.2.135}$$

利用方程（10.2.128），得到反射系数r^{io}和透射系数t^{io}的表达式为

$$r^{\mathrm{io}} = \frac{U_{+-}^{\mathrm{oi}}}{U_{++}^{\mathrm{oi}}} = -\frac{Z_{fg} + Z_{gf} - \mathrm{i}(Z_{ff} - Z_{gg})}{Z_{fg} - Z_{gf} - \mathrm{i}(Z_{ff} + Z_{gg})} \tag{10.2.136}$$

$$t^{\mathrm{io}} = \frac{1}{U_{++}^{\mathrm{oi}}} = -\frac{2\exp(-\mathrm{i}l\pi/2)}{Z_{fg} - Z_{gf} - \mathrm{i}(Z_{ff} + Z_{gg})} \tag{10.2.137}$$

对于由外向内传播的行波，反射系数和透射系数分别为r^{oi}和t^{oi}，方程（10.2.92）的解u^{oi}满足边界条件：

$$u^{\mathrm{oi}} = \begin{cases} f^{(\mathrm{o}-)}(r) + r^{\mathrm{oi}} f^{(\mathrm{o}+)}(r), & r \gg \beta_6 \\ t^{\mathrm{oi}} f^{(\mathrm{i}-)}(r), & r \ll \beta_6 \end{cases} \tag{10.2.138}$$

$f^{(\mathrm{i}-)}(r)$与$f^{(\mathrm{o}\pm)}(r)$之间满足以下关系：

$$f^{(\mathrm{i}-)}(r) = \frac{1}{t^{\mathrm{oi}}} f^{(\mathrm{o}-)}(r) + \frac{r^{\mathrm{oi}}}{t^{\mathrm{oi}}} f^{(\mathrm{o}+)}(r) \tag{10.2.139}$$

利用方程（10.2.133），得到反射系数r^{oi}和透射系数t^{oi}的表达式为

$$r^{\mathrm{oi}} = -\frac{\left(U_{+-}^{\mathrm{oi}}\right)^*}{U_{++}^{\mathrm{oi}}} = (-1)^l \frac{Z_{fg} + Z_{gf} + \mathrm{i}(Z_{ff} - Z_{gg})}{Z_{fg} - Z_{gf} - \mathrm{i}(Z_{ff} + Z_{gg})} \tag{10.2.140}$$

$$t^{\mathrm{oi}} = \frac{1}{U_{++}^{\mathrm{oi}}} = t^{\mathrm{io}} \tag{10.2.141}$$

由反射系数r^{io}与r^{oi}和透射系数t^{io}与t^{oi}，可以得到两体散射 $\boldsymbol{S}$ 矩阵[33]，从而计算两个超冷分子散射的实验观测量.

10.2.6　量子统计关联

设体积为 $\tilde{V}$ 的理想气体有 N 个全同分子，其中单个分子的波函数为自由分子的波函数，即

$$u_k(\boldsymbol{r}) = \frac{1}{\sqrt{\tilde{V}}}\exp\left(\mathrm{i}\boldsymbol{k}\cdot\boldsymbol{r}\right) \tag{10.2.142}$$

波矢量 $\boldsymbol{k}$ 满足周期性边界条件：

$$\boldsymbol{k} = \frac{2\pi}{\tilde{V}^{1/3}}\boldsymbol{n} \tag{10.2.143}$$

式中，$\boldsymbol{n}=(n_x, n_y, n_z)$，这里 n_x、n_y 和 n_z 表示三个整数．系统总的能量为

$$E = \frac{\hbar^2}{2m}(\boldsymbol{k}_1^2 + \boldsymbol{k}_2^2 + \cdots + \boldsymbol{k}_N^2) = \frac{\hbar^2\boldsymbol{k}^2}{2m} \tag{10.2.144}$$

系统的波函数为

$$\psi_K(\boldsymbol{r}_1,\boldsymbol{r}_2,\cdots,\boldsymbol{r}_N) = \frac{1}{\sqrt{N!}}\sum_P \delta_P P[u_{k_1}(r_1)u_{k_2}(r_2)\cdots u_{k_N}(r_N)] \tag{10.2.145}$$

式中，P 表示置换算符．对于由全同玻色子组成的系统，$\delta_P = 1$；对于由全同费米子组成的系统，δ_P 取值如下：

$$P = \begin{cases} 1, & P\text{为偶宇称算符} \\ -1, & P\text{为奇宇称算符} \end{cases} \tag{10.2.146}$$

置换算符 P 既可以对坐标 $(\boldsymbol{r}_1,\boldsymbol{r}_2,\cdots,\boldsymbol{r}_N)$ 进行置换，也可以对波矢量 $(\boldsymbol{k}_1,\boldsymbol{k}_2,\cdots,\boldsymbol{k}_N)$ 进行置换，所得结果是相同的，即

$$\begin{aligned}\psi_K(\boldsymbol{r}_1,\boldsymbol{r}_2,\cdots,\boldsymbol{r}_N) &= \frac{1}{\sqrt{N!}}\sum_P \delta_P [u_{k_1}(P\boldsymbol{r}_1)u_{k_2}(P\boldsymbol{r}_2)\cdots u_{k_N}(P\boldsymbol{r}_N)] \\ &= \frac{1}{\sqrt{N!}}\sum_P \delta_P [u_{Pk_1}(\boldsymbol{r}_1)u_{Pk_2}(\boldsymbol{r}_2)\cdots u_{Pk_N}(\boldsymbol{r}_N)]\end{aligned} \tag{10.2.147}$$

设系统的哈密顿算符为 $\hat{H}$，其本征值为系统的总能量 E，本征函数为系统的波函数．在坐标表象中，正则系综密度算符 $\hat{\rho}$ 的矩阵元为

$$\left\langle \boldsymbol{r}_1,\boldsymbol{r}_2,\cdots,\boldsymbol{r}_N \middle| \hat{\rho} \middle| \boldsymbol{r}_1',\boldsymbol{r}_2',\cdots,\boldsymbol{r}_N' \right\rangle = \frac{1}{Z_N(\beta_\mathrm{B})}\left\langle \boldsymbol{r}_1,\boldsymbol{r}_2,\cdots,\boldsymbol{r}_N \middle| \mathrm{e}^{-\beta_\mathrm{B}\hat{H}} \middle| \boldsymbol{r}_1',\boldsymbol{r}_2',\cdots,\boldsymbol{r}_N' \right\rangle \tag{10.2.148}$$

式中

$$\beta_\mathrm{B} = \frac{1}{k_\mathrm{B}T} \tag{10.2.149}$$

其中，T 表示系统的温度，k_{B} 为玻尔兹曼常数．系统的配分函数 $Z_N(\beta_{\mathrm{B}})$ 为

$$Z_N(\beta_{\mathrm{B}}) = \mathrm{Tr}(\mathrm{e}^{-\beta_{\mathrm{B}}\hat{H}}) = \int \mathrm{d}^{3N} r \left\langle \boldsymbol{r}_1, \boldsymbol{r}_2, \cdots, \boldsymbol{r}_N \right| \mathrm{e}^{-\beta_{\mathrm{B}}\hat{H}} \left| \boldsymbol{r}_1, \boldsymbol{r}_2, \cdots, \boldsymbol{r}_N \right\rangle \tag{10.2.150}$$

利用式（10.2.147）计算矩阵元 $\left\langle \boldsymbol{r}_1, \boldsymbol{r}_2, \cdots, \boldsymbol{r}_N \right| \mathrm{e}^{-\beta_{\mathrm{B}}\hat{H}} \left| \boldsymbol{r}_1', \boldsymbol{r}_2', \cdots, \boldsymbol{r}_N' \right\rangle$，给出

$$\begin{aligned}
&\left\langle \boldsymbol{r}_1, \boldsymbol{r}_2, \cdots, \boldsymbol{r}_N \right| \mathrm{e}^{-\beta_{\mathrm{B}}\hat{H}} \left| \boldsymbol{r}_1', \boldsymbol{r}_2', \cdots, \boldsymbol{r}_N' \right\rangle \\
&= \sum_E \mathrm{e}^{-\beta_{\mathrm{B}}E} \psi_K(\boldsymbol{r}_1, \boldsymbol{r}_2, \cdots, \boldsymbol{r}_N) \psi_K^*(\boldsymbol{r}_1', \boldsymbol{r}_2', \cdots, \boldsymbol{r}_N') \\
&= \frac{1}{N!} \sum_{k_1, \cdots, k_N} \exp\left(-\frac{\beta_{\mathrm{B}}\hbar^2 \boldsymbol{k}^2}{2m}\right) \left\{ \sum_P \delta_P [u_{k_1}(P\boldsymbol{r}_1) u_{k_1}^*(\boldsymbol{r}_1')] \cdots [u_{k_N}(P\boldsymbol{r}_N) u_{k_N}^*(\boldsymbol{r}_N')] \right\}
\end{aligned} \tag{10.2.151}$$

式中，$\boldsymbol{k}^2 = \boldsymbol{k}_1^2 + \boldsymbol{k}_2^2 + \cdots + \boldsymbol{k}_N^2$．当体积 $\tilde{V} \to \infty$ 时，把对波矢量 $\boldsymbol{k}$ 求和改为积分

$$\sum_k \to \frac{\tilde{V}}{(2\pi)^3} \int \mathrm{d}^3 k \tag{10.2.152}$$

将单个分子波函数的表达式（10.2.142）代入式（10.2.151）中，并利用式（10.2.152），得到

$$\begin{aligned}
&\left\langle \boldsymbol{r}_1, \boldsymbol{r}_2, \cdots, \boldsymbol{r}_N \right| \mathrm{e}^{-\beta_{\mathrm{B}}\hat{H}} \left| \boldsymbol{r}_1', \boldsymbol{r}_2', \cdots, \boldsymbol{r}_N' \right\rangle \\
&= \frac{1}{N!(2\pi)^{3N}} \sum_P \delta_P \left[\int \mathrm{d}^3 k_1 \exp\left(-\frac{\beta_3 \hbar^2 k_1^2}{2m} + \mathrm{i}\boldsymbol{k}_1 \cdot (P\boldsymbol{r}_1 - \boldsymbol{r}_1') \right) \cdots \right. \\
&\quad \left. \times \int \mathrm{d}^3 k_N \exp\left(-\frac{\beta_{\mathrm{B}} \hbar^2 k_N^2}{2m} + \mathrm{i}\boldsymbol{k}_N \cdot (P\boldsymbol{r}_N - \boldsymbol{r}_N') \right) \right] \\
&= \frac{1}{N!\bar{\lambda}^{3N}} \sum_P \delta_P [f(P\boldsymbol{r}_1 - \boldsymbol{r}_1') f(P\boldsymbol{r}_2 - \boldsymbol{r}_2') \cdots f(P\boldsymbol{r}_N - \boldsymbol{r}_N')]
\end{aligned} \tag{10.2.153}$$

式中，m 表示分子的质量；$\bar{\lambda}$ 为平均热波长，其表达式为

$$\bar{\lambda} = \sqrt{\frac{2\pi\hbar^2}{mk_{\mathrm{B}}T}} \tag{10.2.154}$$

$f(r)$的表达式为

$$f(r) = \exp\left(-\frac{\pi r^2}{\bar{\lambda}^2}\right) \tag{10.2.155}$$

把式（10.2.153）代入式（10.2.150）中，得到系统的配分函数为

$$Z_N(\beta_{\mathrm{B}}) = \frac{1}{N!\bar{\lambda}^{3N}} \int \mathrm{d}^{3N} r \sum_P \delta_P [f(P\boldsymbol{r}_1 - \boldsymbol{r}_1) f(P\boldsymbol{r}_2 - \boldsymbol{r}_2) \cdots f(P\boldsymbol{r}_N - \boldsymbol{r}_N)] \tag{10.2.156}$$

把式（10.2.156）求和项展开为

$$\sum_P \delta_P\left[f(P\boldsymbol{r}_1-\boldsymbol{r}_1)f(P\boldsymbol{r}_2-\boldsymbol{r}_2)\cdots f(P\boldsymbol{r}_N-\boldsymbol{r}_N)\right]$$
$$=1\pm\sum_{i<j}f_{ij}^2+\sum_{i,j,k}f_{ij}f_{jk}f_{ki}\pm\cdots \tag{10.2.157}$$

式中，右边“+”号对应于全同玻色子；“−”号对应于全同费米子.

在经典极限 $N\bar{\lambda}^3/\tilde{V}\ll 1$ 条件下，函数 f_{ij} 将趋近于 0，式（10.2.157）的求和项只需保留第一项即可. 配分函数的表达式（10.2.156）变为

$$Z_N(\beta_{\mathrm{B}})\approx\frac{1}{N!\bar{\lambda}^{3N}}\int \mathrm{d}^{3N}r=\frac{1}{N!\bar{\lambda}^{3N}}\left(\frac{\tilde{V}}{\bar{\lambda}^3}\right)^N$$
$$=\frac{1}{N!(2\pi)^{3N}}\int \mathrm{d}^{3N}k\,\mathrm{d}^{3N}r\exp\left(-\frac{\beta_{\mathrm{B}}\hbar^2\boldsymbol{K}^2}{2m}\right) \tag{10.2.158}$$

式（10.2.158）表示经典理想气体的配分函数. 当温度较高时，量子统计的配分函数将过渡到经典极限.

最后来讨论分子间的空间关联问题. 考虑经典理想气体配分函数的一级量子修正，即保留式（10.2.157）右边的前两项：

$$1\pm\sum_{i<j}f_{ij}^2\approx\prod_{i<j}(1\pm f_{ij}^2)=\exp\left(-\beta_{\mathrm{B}}\sum_{i<j}\tilde{v}_{ij}\right) \tag{10.2.159}$$

式中

$$\tilde{v}_{ij}=-k_{\mathrm{B}}T\ln(1\pm f_{ij}^2)=-k_{\mathrm{B}}T\ln\left[1\pm\exp\left(-\frac{2\pi\left|\boldsymbol{r}_i-\boldsymbol{r}_j\right|^2}{\bar{\lambda}^2}\right)\right] \tag{10.2.160}$$

修正后的配分函数为

$$Z_N(\beta_{\mathrm{B}})\approx\frac{1}{N!(2\pi)^{3N}}\int \mathrm{d}^{3N}k\,\mathrm{d}^{3N}r\exp\left[-\beta_{\mathrm{B}}\left(\frac{\hbar^2\boldsymbol{K}^2}{2m}+\sum_{i<j}\tilde{v}_{ij}\right)\right] \tag{10.2.161}$$

比较式（10.2.161）与式（10.2.158）可以看出，对经典理想气体配分函数的一级量子修正等价于在理想气体中引入一种分子间相互作用势 $\tilde{v}(r)$ [49]. 我们称这种相互作用势为统计势. 对于玻色子系统，统计势 $\tilde{v}(r)$ 为吸引势；而对于费米子系统，统计势 $\tilde{v}(r)$ 为排斥势. 统计势 $\tilde{v}(r)$ 是由全同分子波函数的对称性引起的.

10.2.7　量子集团展开方法

对于真实的量子气体，原子或分子之间存在相互作用[50]．Mayer 等[51]、Pathria[52]发展了集团展开（cluster expansions）方法，用以研究非理想气体的基本性质．Kahn 等[53]和李政道、杨振宁[54]推广了集团展开方法，用于研究量子非理想气体．

设体积为 $\tilde{V}$ 的量子气体含有 N 个分子，系统的哈密顿算符为

$$\hat{H}=-\frac{\hbar^2}{2m}\sum_{i=1}^{N}\nabla_i^2+\sum_{i<j}v(r_{ij}) \tag{10.2.162}$$

式中，m 为分子的质量；∇_i^2 为第 i 个分子的拉普拉斯算符；$v(r_{ij})$ 为势能算符．正则系综的配分函数为

$$Z_N(\tilde{V},\beta_{\mathrm{B}})=\mathrm{Tr}(\mathrm{e}^{-\beta_{\mathrm{B}}\hat{H}})=\int\mathrm{d}^{3N}r\sum_{\alpha=1}^{N}\psi_\alpha^*(1,2,\cdots,N)\,\mathrm{e}^{-\beta_{\mathrm{B}}\hat{H}}\psi_\alpha(1,2,\cdots,N) \tag{10.2.163}$$

式中，$(1,2,\cdots,N)=(\boldsymbol{r}_1,\boldsymbol{r}_2,\cdots,\boldsymbol{r}_N)$ 表示 N 个分子的坐标；$\{\psi_\alpha(1,2,\cdots,N)\}$ 表示系统波函数的正交归一化完备集（已经对波函数进行了对称化处理）．定义一个新的物理量为

$$W_N(1,2,\cdots,N)=N!\bar{\lambda}^{3N}\sum_{\alpha=1}^{N}\psi_\alpha^*(1,2,\cdots,N)\,\mathrm{e}^{-\beta_{\mathrm{B}}\hat{H}}\psi_\alpha(1,2,\cdots,N) \tag{10.2.164}$$

配分函数可以改写为

$$Z_N(\tilde{V},\beta_{\mathrm{B}})=\frac{1}{N!\bar{\lambda}^{3N}}\mathrm{Tr}(W_N)=\frac{1}{N!\bar{\lambda}^{3N}}\int\mathrm{d}^{3N}r\,W_N(1,2,\cdots,N) \tag{10.2.165}$$

$W_N(1,2,\cdots,N)$ 具有下列性质：

（1）$W_1(1)=1$．

（2）$W_N(1,2,\cdots,N)$ 为其宗量 $(1,2,\cdots,N)=(\boldsymbol{r}_1,\boldsymbol{r}_2,\cdots,\boldsymbol{r}_N)$ 的对称函数．

（3）$W_N(1,2,\cdots,N)$ 在波函数 $\psi_\alpha(1,2,\cdots,N)$ 的幺正变换下保持不变．

把系统分为 A 和 B 两个集团，分属于 A 集团的分子坐标 $\boldsymbol{r}_i$ 和分属于 B 集团的分子坐标 $\boldsymbol{r}_j$ 满足下列条件：

$$\left|\boldsymbol{r}_i-\boldsymbol{r}_j\right|\gg r_0 \tag{10.2.166a}$$

$$\left|\boldsymbol{r}_i-\boldsymbol{r}_j\right|\gg \bar{\lambda} \tag{10.2.166b}$$

式中，r_0 表示两体相互作用势的有效范围；$\bar{\lambda}$ 为平均热波长，由式（10.2.154）计算．

把 $W_N(1,2,\cdots,N)$ 近似地表示为

$$W_N(1,2,\cdots,N)\approx W_A(\boldsymbol{r}_A)W_B(\boldsymbol{r}_B) \tag{10.2.167}$$

式中，$\boldsymbol{r}_A$ 表示集团 A 中所有分子的坐标集合；$\boldsymbol{r}_B$ 表示集团 B 中所有分子的坐标集合.

考虑 $N=2$ 的简单情况. 当 $\left|\boldsymbol{r}_i-\boldsymbol{r}_j\right|\to\infty$ 时，有

$$W_2(1,2)\approx W_1(\boldsymbol{r}_1)W_2(\boldsymbol{r}_2)=W_1(1)W_2(2) \tag{10.2.168}$$

定义一个集团函数 $U_2(1,2)$，满足

$$W_2(1,2)=W_1(1)W_2(2)+U_2(1,2) \tag{10.2.169}$$

当 $\left|\boldsymbol{r}_i-\boldsymbol{r}_j\right|\to\infty$ 时，有 $U_2(1,2)\to 0$. 集团函数满足下列方程：

$$W_1(1)=U_1(1)=1 \tag{10.2.170}$$

$$W_2(1,2)=U_1(1)U_1(2)+U_2(1,2) \tag{10.2.171}$$

$$\begin{aligned}W_2(1,2,3)=&U_1(1)U_1(2)U_1(3)+U_1(1)U_2(2,3)\\&+U_1(2)U_2(1,1)+U_1(3)U_2(1,2)+U_3(1,2,3)\end{aligned} \tag{10.2.172}$$

写成一般的表达式，给出对应集团函数 $U_l(1,2,\cdots,l)$ 的第 l 个方程为

$$W_N(1,2,\cdots,N)=\sum_{\{m_l\}}\sum_P\underbrace{[U_1()\cdots U_1()]}_{m_1\text{个因子}}\underbrace{[U_2(,)\cdots U_2(,)]}_{m_2\text{个因子}}\cdots\underbrace{[U_N(,\cdots,)]}_{m_N\text{个因子}} \tag{10.2.173}$$

式中，$m_l=0,1,2,\cdots$；集合 $\{m_l\}$ 满足以下条件：

$$\sum_{l=1}^{N} lm_l=N \tag{10.2.174}$$

式（10.2.173）中，集团函数 $U_1()$ 的宗量用空白来代替，共有 N 个空白；$U_2(,)$ 表示在括号中填充两个坐标；$U_3(,\cdots,)$ 表示在括号中填充三个坐标，依此类推. 最终，所有空白将被 N 个分子的坐标 $(\boldsymbol{r}_1,\boldsymbol{r}_2,\cdots,\boldsymbol{r}_N)$ 以不同的顺序填充，然后对所有不同的置换 P 求和. 对 $\{m_l\}$ 求和要求满足方程（10.2.174）.

使用方程（10.2.170）～方程（10.2.172），可以依次求出集团函数为

$$U_1(1)=W_1(1)=1 \tag{10.2.175}$$

$$U_2(1,2)=W_2(1,2)-W_1(1)W_1(2) \tag{10.2.176}$$

$$\begin{aligned}U_3(1,2,3)=&W_2(1,2,3)+2W_1(1)W_1(2)W_1(3)-W_2(1,2)W_1(3)\\&-W_2(2,3)W_1(1)-W_2(3,1)W_1(2)\end{aligned} \tag{10.2.177}$$

可以看出，集团函数 $U_l(1,2,\cdots,l)$ 是其宗量的对称函数，它由所有的 $W_{N'}(N'\leqslant l)$ 确定.

定义 l-集团积分 $b_l(\tilde{V},\beta_{\mathrm{B}})$ 为

$$b_l(\tilde{V},\beta_{\mathrm{B}})=\frac{1}{l!\tilde{V}\bar{\lambda}^{3l-3}}\int \mathrm{d}^3r_1\cdots\mathrm{d}^3r_lU_l(1,2,\cdots,l) \tag{10.2.178}$$

$b_l(\tilde{V},\beta_{\mathrm{B}})$ 是一个无量纲的量. 在通常情况下，当 $\tilde{V}\to\infty$ 时，$b_l(\tilde{V},\beta_{\mathrm{B}})$ 取一个极限值[55]. 可以把配分函数的表达式（10.2.165）用集团积分 $b_l(\tilde{V},\beta_{\mathrm{B}})$ 表示为

$$Z_N(\tilde{V},\beta_{\mathrm{B}})=\sum_{\{m_l\}}\prod_{l=1}^{N}\frac{1}{m_l!}\left[\frac{\tilde{V}}{\bar{\lambda}^3}b_l(\tilde{V},\beta_{\mathrm{B}})\right]^{m_l} \tag{10.2.179}$$

10.3　超冷玻色子分子 s 波散射理论及其应用

在超冷分子散射过程中，分子的损失速率来自非弹性散射和反应散射. 在 T<1μK 的超低温度下，分子之间弹性散射、非弹性散射和反应散射展现了明显的量子特性[56-59].

本节介绍超冷玻色子分子 s 波散射的基本理论及其应用，讨论超冷玻色子分子散射过程中的量子反射、量子透射和量子干涉及其对分子损失速率的影响[60-63].

10.3.1　反射系数与透射系数

描述两个玻色子分子 s 波散射的径向薛定谔方程为

$$\left(-\frac{\hbar^2}{2m}\frac{\mathrm{d}^2}{\mathrm{d}R^2}+V(R)-E\right)\psi(R)=0 \tag{10.3.1}$$

式中，R 表示分子间的距离；m 为约化质量；E 为碰撞能. 势能函数为

$$V(R)=-\frac{C_\alpha}{R^\alpha}=-\frac{\hbar^2}{2m}\frac{\beta_\alpha^{\alpha-2}}{R^\alpha} \tag{10.3.2}$$

式中，α 为正整数，且 $\alpha>2$；C_α 表示范德瓦耳斯色散系数，它与参量 β_α（即长度单位）的关系为

$$\beta_\alpha=\left(\frac{2mC_\alpha}{\hbar^2}\right)^{\frac{1}{\alpha-2}} \tag{10.3.3}$$

在 $R\ll\beta_\alpha$ 的短程区域，方程（10.3.1）满足 WKB 近似条件. 方程（10.3.1）的两个渐近解 $f^{\mathrm{i}\pm}(R)$ 为

$$f^{\mathrm{i}\pm}(R)\overset{R\ll\beta_\alpha}{=}\frac{\exp(\mathrm{i}\pi/4)}{\sqrt{\pi}}\left(\frac{R}{\beta_\alpha}\right)^{\alpha/4}\exp\left(\pm\frac{\mathrm{i}}{\hbar}\int_{R_m}^{R}p(R')\mathrm{d}R'\right) \tag{10.3.4}$$

式中，R_m 表示坐标参考点，它影响 $f^{\mathrm{i}\pm}(R)$ 的相位；$p(R)$ 表示局域动量，其表达式为

$$p(R)=\sqrt{2m[E-V(R)]} \tag{10.3.5}$$

式中，$f^{\mathrm{i}+}(R)$ 和 $f^{\mathrm{i}-}(R)$ 分别表示在短程区域的出射波和入射波的波函数．当碰撞能趋近于 0 时（或者当 $k=\sqrt{2mE}/\hbar\to 0$ 时），$f^{\mathrm{i}\pm}(R)$ 简化为

$$f^{\mathrm{i}\pm}(R)\overset{R\ll\beta_\alpha}{=}\frac{\exp(\mathrm{i}\pi/4)}{\sqrt{\pi}}\left(\frac{R}{\beta_\alpha}\right)^{\alpha/4}\exp[\pm\mathrm{i}(z_m-z)] \tag{10.3.6}$$

式中

$$z=\frac{2}{\alpha-2}\left(\frac{\beta_\alpha}{R}\right)^{\alpha/2-1} \tag{10.3.7}$$

$$z_m=\frac{2}{\alpha-2}\left(\frac{\beta_\alpha}{R_m}\right)^{\alpha/2-1} \tag{10.3.8}$$

在 $R\gg\beta_\alpha$ 的长程区域，势能 $V(R)$ 远小于碰撞能 E，可以略去 $V(R)$．出射波和入射波的波函数变为

$$f^{\mathrm{o}\pm}(R)\overset{R\gg\beta_\alpha}{=}\frac{1}{\sqrt{\pi\beta_\alpha k}}\exp[\mathrm{i}(\pm kR+\pi/4)] \tag{10.3.9}$$

本节只讨论 s 波散射．当 $E=0$ 时，方程（10.3.1）的两个线性无关的解可以用贝塞尔函数 $\mathrm{J}_u(z)$ 表示为[63]

$$\psi_1(R)=\sqrt{R}\mathrm{J}_u(z)\,,\quad \psi_2(R)=\sqrt{R}\mathrm{J}_{-u}(z) \tag{10.3.10}$$

式中

$$u=\frac{1}{\alpha-2} \tag{10.3.11}$$

在 $R\gg\beta_\alpha$ 的长程区域，波函数 $\psi_1(R)$ 和 $\psi_2(R)$ 变为

$$\psi_1(R)\approx c_1+O(R^{2-\alpha}) \tag{10.3.12}$$

$$\psi_2(R)\approx c_2R+O(R^{3-\alpha}) \tag{10.3.13}$$

式中，$O(R^{2-\alpha})$ 和 $O(R^{3-\alpha})$ 分别表示波函数 $\psi_1(R)$ 和 $\psi_2(R)$ 的无穷小量．系数 c_1 和 c_2 的表达式为

$$c_1=\sqrt{\beta_\alpha}\frac{u^u}{\Gamma(1+u)} \tag{10.3.14}$$

$$c_2 = \frac{1}{u^u \sqrt{\beta_\alpha}} \frac{1}{\Gamma(1-u)} \tag{10.3.15}$$

在 $R \ll \beta_\alpha$ 的短程区域，波函数 $\psi_1(R)$ 和 $\psi_2(R)$ 变为

$$\psi_1(R) \approx \left(\frac{2R}{\pi z}\right)^{1/2} \cos(z - \pi/4 - u\pi/2) \tag{10.3.16}$$

$$\psi_2(R) \approx \left(\frac{2R}{\pi z}\right)^{1/2} \cos(z - \pi/4 + u\pi/2) \tag{10.3.17}$$

利用短程区域（$R \ll \beta_\alpha$）和长程区域（$R \gg \beta_\alpha$）波函数的表达式，引入由内向外传播的行波反射系数 r^{io} 和透射系数 t^{io}，即

$$\psi^{\text{io}} \overset{R \ll \beta_\alpha}{=} f^{\text{i}+} + r^{\text{io}} f^{\text{i}-} \triangle ABC \tag{10.3.18}$$

$$\psi^{\text{io}} \overset{R \gg \beta_\alpha}{=} t^{\text{io}} f^{\text{o}+} \tag{10.3.19}$$

对于由外向内传播的行波，其透射系数 t^{oi} 和反射系数 r^{oi} 由式（10.3.20）、式（10.3.21）确定：

$$\psi^{\text{oi}} \overset{R \ll \beta_\alpha}{=} t^{\text{oi}} f^{\text{i}-} \tag{10.3.20}$$

$$\psi^{\text{oi}} \overset{R \gg \beta_\alpha}{=} f^{\text{o}-} + r^{\text{oi}} f^{\text{o}+} \tag{10.3.21}$$

在阈值附近，反射系数和透射系数为

$$r^{\text{oi}} = \frac{-\cos u\pi + \text{i}(kB - \sin u\pi)}{\cos u\pi + \text{i}(kB + \sin u\pi)} \tag{10.3.22}$$

$$t^{\text{oi}} = t^{\text{io}} = \frac{2c_1\sqrt{uk\pi}}{\exp[-\text{i}(z_m - \pi/4 - u\pi/2)] + \text{i}kB\exp[-\text{i}(z_m - \pi/4 + u\pi/2)]} \tag{10.3.23}$$

$$r^{\text{io}} = \frac{\exp[\text{i}(z_m - \pi/4 - u\pi/2)] + \text{i}kB\exp[\text{i}(z_m - \pi/4 + u\pi/2)]}{\exp[-\text{i}(z_m - \pi/4 - u\pi/2)] + \text{i}kB\exp[-\text{i}(z_m - \pi/4 + u\pi/2)]} \tag{10.3.24}$$

式中，$B = c_1/c_2$.

10.3.2 *T* 矩阵、量子干涉与分子损失速率

对于 $V(R) = -C_\alpha/R^\alpha$ 势，在 $R \ll \beta_\alpha$ 的短程区域，方程（10.3.1）的 WKB 解为

$$\psi(R) \overset{R \ll \beta_\alpha}{\propto} \sin\left(\frac{1}{\hbar}\int_{R_0}^{R} p(R')\,\text{d}R'\right) \tag{10.3.25}$$

式中，R_0 表示排斥势垒的位置．R_0 与散射长度 a 之间满足下列关系：

$$\frac{a}{\bar{a}}=1-\frac{\mathrm{Y}_u(\xi)}{\mathrm{J}_u(\xi)}\tan(u\pi) \tag{10.3.26}$$

式中，$\bar{a}$ 表示平均散射长度，可以用伽马函数表示为

$$\bar{a}=\frac{\Gamma\left(\dfrac{\alpha-3}{\alpha-2}\right)}{\Gamma\left(\dfrac{\alpha-1}{\alpha-2}\right)}\beta_\alpha u^{2u}\cos(u\pi) \tag{10.3.27}$$

$\mathrm{Y}_u(\xi)$ 和 $\mathrm{J}_u(\xi)$ 分别表示诺依曼函数和贝塞尔函数，其中 ξ 为

$$\xi=2u\left(\frac{R_0}{\beta_\alpha}\right)^{-\frac{1}{2u}} \tag{10.3.28}$$

把式（10.3.25）重新表示为

$$\psi(R)\overset{R\ll\beta_\alpha}{\propto}\frac{1}{2}[\sin(\gamma)+\mathrm{i}\cos(\gamma)]f^{\mathrm{i}-}+\frac{1}{2}[\sin(\gamma)-\mathrm{i}\cos(\gamma)]f^{\mathrm{i}+} \tag{10.3.29}$$

式中

$$\gamma=\frac{1}{\hbar}\int_{R_0}^{R_m}p(R')\mathrm{d}R' \tag{10.3.30}$$

利用式（10.3.4），把方程（10.3.25）改写为

$$\psi(R)\overset{R\ll\beta_\alpha}{=}\tilde{C}_{\mathrm{c}}[f^{\mathrm{i}-}(R)+\boldsymbol{S}^{\mathrm{c}}f^{\mathrm{i}+}(R)] \tag{10.3.31}$$

式中，$\tilde{C}_{\mathrm{c}}$ 为常数；$\boldsymbol{S}^{\mathrm{c}}$ 表示短程 $\boldsymbol{S}$ 矩阵，其表达式为

$$\boldsymbol{S}^{\mathrm{c}}=\frac{\sin(\gamma)-\mathrm{i}\cos(\gamma)}{\sin(\gamma)+\mathrm{i}\cos(\gamma)}=-\exp(\mathrm{i}2\gamma) \tag{10.3.32}$$

利用短程损耗参数 y[24]、反射系数 r^{io}、透射系数 t^{oi} 与短程 $\boldsymbol{S}$ 矩阵，把 $\boldsymbol{T}$ 矩阵[33,62,64]表示为

$$\begin{aligned}\boldsymbol{T}&=\sqrt{y}t^{\mathrm{oi}}+\sqrt{y}t^{\mathrm{oi}}\sqrt{1-y}\boldsymbol{S}^{\mathrm{c}}r^{\mathrm{io}}+\cdots+\sqrt{y}t^{\mathrm{oi}}\left(\sqrt{1-y}\boldsymbol{S}^{\mathrm{c}}r^{\mathrm{io}}\right)^2+\cdots+\sqrt{y}t^{\mathrm{oi}}\left(\sqrt{1-y}\boldsymbol{S}^{\mathrm{c}}r^{\mathrm{io}}\right)^n+\cdots\\&=\sqrt{y}\,t^{\mathrm{oi}}(1+\lambda)\end{aligned} \tag{10.3.33}$$

式中，λ 表示对所有的可能路径（通道）求和，即

$$\lambda=\sum_{n=1}^{\infty}\left(\sqrt{1-y}\,\boldsymbol{S}^{\mathrm{c}}r^{\mathrm{io}}\right)^n \tag{10.3.34}$$

$\boldsymbol{S}^{\mathrm{c}}$ 描述了短程相互作用对分子波函数的影响．方程（10.3.33）表示的物理意义：右边第一项表示当分子以透射系数 t^{oi} 穿过长程势进入短程区域时，有少量分子在短程区域以非弹性散射及反应散射的方式损失掉，损失的概率为 y；右边第二项表示当分子进入短程区域后，以概率 $1-y$ 返回入射通道，然后被长程势反射回到短程区域（反射系数为 r^{io}），最后在短程区域因非弹性散射及反应散射而以概率 y 产生损失；通项 $\sqrt{y}t^{\mathrm{oi}}\left(\sqrt{1-y}\boldsymbol{S}^{\mathrm{c}}r^{\mathrm{io}}\right)^n$ 表示 n 次反射过程，在进入短程区域后，分子在入射通道和短程区域之间往返 n 次，然后在短程区域因非弹性散射及反应散射而产生损失．$\boldsymbol{T}$ 矩阵是上述所有可能路径（通道）的相干叠加．λ 对分子的损失速率有很大的影响．

当 $y=1$ 时，$\boldsymbol{T}$ 矩阵约化为

$$\boldsymbol{T}=t^{\mathrm{oi}} \tag{10.3.35}$$

对于 s 波散射，分子的非弹性散射与反应散射损失速率为[62]

$$K=g\frac{\pi\hbar}{mk}|\boldsymbol{T}|^2 \tag{10.3.36}$$

对于全同分子，$g=2$；对于非全同分子，$g=1$．分子的弹性散射速率为[24]

$$K^{\mathrm{el}}=g\frac{\pi\hbar}{mk}|\boldsymbol{1}-\boldsymbol{S}|^2 \tag{10.3.37}$$

式中，$\boldsymbol{S}$ 矩阵的表达式为

$$\boldsymbol{S}=-r^{\mathrm{oi}}-t^{\mathrm{io}}\sqrt{1-y}\,\boldsymbol{S}^{\mathrm{c}}\left[\sum_{n=0}^{\infty}\left(r^{\mathrm{io}}\sqrt{1-y}\,\boldsymbol{S}^{\mathrm{c}}\right)^n\right]t^{\mathrm{oi}}=-r^{\mathrm{oi}}-\frac{t^{\mathrm{io}}\sqrt{1-y}\,\boldsymbol{S}^{\mathrm{c}}t^{\mathrm{oi}}}{1-\sqrt{1-y}\,\boldsymbol{S}^{\mathrm{c}}r^{\mathrm{io}}} \tag{10.3.38}$$

我们采用量子亏损理论或者多通道耦合理论数值求解方程（10.3.1），研究超冷玻色子分子 s 波散射问题[60]．下面介绍上述理论在超冷玻色子分子 $^{23}\mathrm{Na}^{87}\mathrm{Rb}$ 散射体系中的应用，并模拟超冷玻色子分子 $^{23}\mathrm{Na}^{87}\mathrm{Rb}$ 散射的实验结果．

10.3.3　超冷玻色子分子 $^{23}\mathrm{Na}^{87}\mathrm{Rb}$ 的 s 波散射

我们以 $^{23}\mathrm{Na}^{87}\mathrm{Rb}+{}^{23}\mathrm{Na}^{87}\mathrm{Rb}$ 为例来讨论 s 波散射过程．图 10.3.1 表示分别使用解析表达式（10.3.22）～式（10.3.24）（图中用 Analytic 表示）和量子亏损理论（QDT）[62]计算的反射系数（r^{io} 和 r^{oi}）与透射系数（t^{io} 和 t^{oi}）在阈值附近随着碰撞能的变化．碰撞能 E 以范德瓦耳斯能量 $E_{\mathrm{vdW}}=\hbar^2/(2m\beta_6^2)$ 为单位．图 10.3.1（a）、（b）分别表示反射系数与透射系数的模值和相位（幅角）随着碰撞能 E 的变化，

图中$\left|r^{\mathrm{io}}\right|=\left|r^{\mathrm{oi}}\right|$，$\left|t^{\mathrm{io}}\right|=\left|t^{\mathrm{oi}}\right|$及$\arg(t^{\mathrm{io}})=\arg(t^{\mathrm{oi}})$．当$E\to 0$时，两个反射系数的模$\left|r^{\mathrm{io}}\right|$和$\left|r^{\mathrm{oi}}\right|$均趋近于 1，它们的相位分别趋近于$-\pi/4$和$\pi$；两个透射系数的模$\left|t^{\mathrm{io}}\right|$和$\left|t^{\mathrm{oi}}\right|$均趋近于 0，它们的相位均趋于$-\pi/8$．可以看出，使用量子亏损理论计算的结果和使用解析表达式计算的结果一致．

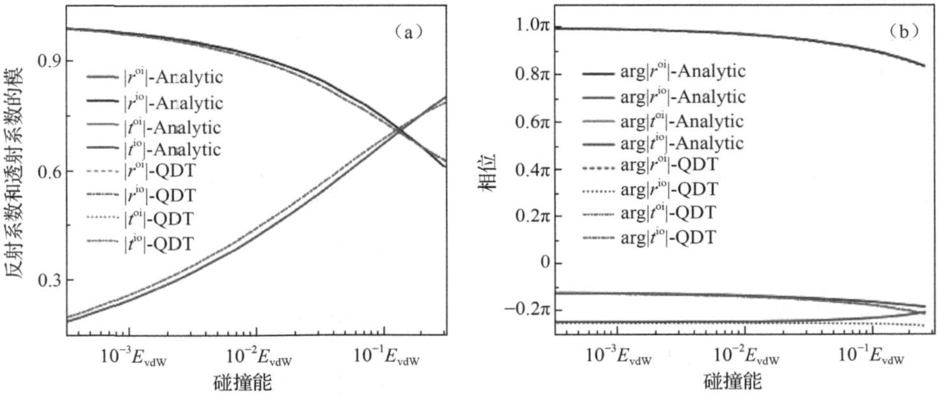

图 10.3.1　反射系数和透射系数随着碰撞能 E 的变化[60]

（a）反射系数和透射系数的模值随着 E 的变化．（b）反射系数和透射系数的相位随着 E 的变化

（扫封底二维码查看彩图）

图 10.3.2（a）表示在不同的约化散射长度$s=a/\bar{a}$情况下，两个超冷 $^{23}\mathrm{Na}^{87}\mathrm{Rb}$ 分子碰撞损失速率 K 随着短程损耗参数 y 的变化曲线．分子损失速率 K 以$K_{\mathrm{vdW}}=\pi\hbar\beta_6/m$为单位，碰撞能为$3\times10^{-4}E_{\mathrm{vdW}}$．在$s=0$（紫色点画线）和$s=2$（红色点线）情况下，分子的损失速率是相同的；在$s=-2$（绿色双点画线）和$s=4$（黑色虚线）情况下，分子的损失速率也是相同的．当碰撞能足够小时，$K(y,s)=K(y,2-s)$．图 10.3.2（b）表示最大的短程损耗参数$y_{\max}$随着约化散射长度s的变化曲线，$y_{\max}$由$\partial K(y,s)/\partial y=0$计算．当$s>2$或者$s<0$时，$y_{\max}$随着$|s|$的增大而减小．图 10.3.2（c）表示当短程损耗参数 y=0、0.5 和 1 时，K 随着 s 的变化曲线．当 y=0 时，K=0，表明短程区域无分子损失．当 y=1 时，在短程区域分子完全发生损失，没有分子被反射到长程区域．在这种情况下，分子损失速率 K 与散射长度无关，称为普适损失速率 K_0．普适损失速率 K_0 只与透射系数 t^{oi} 有关，其表达式为

$$K_0=g\frac{\pi\hbar}{mk}\left|t^{\mathrm{oi}}\right|^2 \tag{10.3.39}$$

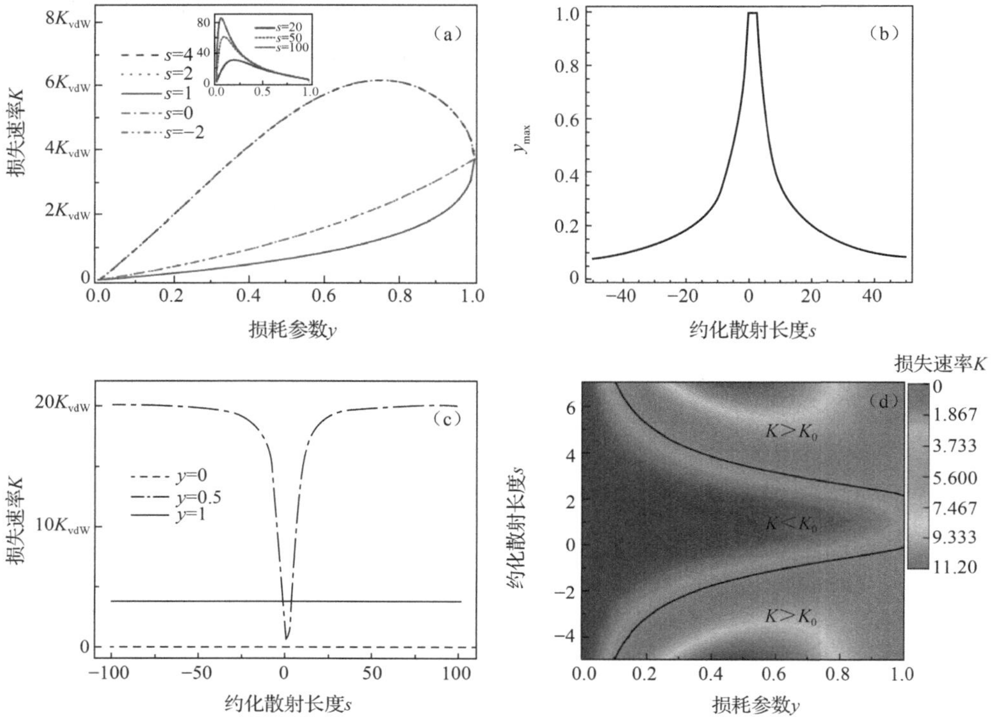

图 10.3.2　分子损失速率 K 和短程损耗参数 y 的变化[60]

（a）s 取不同值时，K 随 y 的变化．插图表示当 $s = 20$、50 和 100 时分子的损失速率．

（b）$y_{\max}$ 随 s 的变化．当 $s > 2$ 或 $s < 0$ 时，$y_{\max}$ 是$|s|$的单调递减函数．

（c）当 y 取不同值时，K 随 s 的变化．（d）K 随 y 和 s 的变化图像

（扫封底二维码查看彩图）

在 $s = 1$ 和 $s = \pm\infty$处，K 分别达到最小值和最大值．图 10.3.2（d）表示 K 随着 s 和 y 变化的三维图像．图中黑色实线将图划分为三个区域：两个 $K > K_0$ 区域和一个 $K < K_0$ 区域．在 $K > K_0$ 区域，相位差 $\Delta\theta$ 满足

$$\cos\Delta\theta > \frac{[1+g^2(k)](1-y)^{1/2}}{2g(k)} \tag{10.3.40}$$

在 $K < K_0$ 区域，相位差 $\Delta\theta$ 满足

$$\cos\Delta\theta < \frac{[1+g^2(k)](1-y)^{1/2}}{2g(k)} \tag{10.3.41}$$

在图 10.3.2（d）的两个 $K > K_0$ 区域，由于干涉效应，损失速率 K 均大于普适值 K_{rm0}．

如方程（10.3.33）所示，短程损耗参数 y 和散射长度 s 对损失速率 K 的影响可以看作是不同路径（通道）之间量子干涉的结果．在 λ 的表达式（10.3.34）中，相邻两项之间的相位差 $\Delta\theta$ 为

$$\Delta\theta = \arg(\boldsymbol{S}^{\mathrm{c}} r^{\mathrm{io}}) \tag{10.3.42}$$

$\Delta\theta$ 的取值范围为 $-\pi < \theta \leqslant \pi$．图 10.3.3（a）表示 $\Delta\theta$ 随着约化散射长度的变化曲线．图中使用阈值公式

$$r^{\mathrm{io}} = g(k)\exp(-\mathrm{i}\pi/4) \tag{10.3.43}$$

计算了反射系数 r^{io}．式（10.3.43）中，$g(k) = 1-\sqrt{2}Bk$，$B = c_1/c_2$．当 $s=1$ 时，$S^{\mathrm{c}} = -\exp(\mathrm{i}\pi/4)$ 及 $\theta = \pi$，分子损失速率为

$$K(s=1) = K_0 y\left[1-(1-y)^{1/2}g(k)+(1-y)g^2(k)-(1-y)^{3/2}g^3(k)+\cdots\right] \tag{10.3.44}$$

当 $s = 1$ 和 $y = 0.5$（黑色方块）时，分子损失速率 K_n 随着反射次数 n 的变化曲线如图 10.3.3（b）所示．分子损失速率 K_n 的表达式为

$$K_n = g\frac{\pi\hbar}{mk}\left|\sqrt{y}\,t^{\mathrm{oi}}\sum_{j=0}^{n}\left(\sqrt{1-y}\,\boldsymbol{S}^{\mathrm{c}} r^{\mathrm{io}}\right)^j\right|^2 \tag{10.3.45}$$

对于给定的 y 值，反射路径之间的相消干涉使损失速率取最小值．当 $s\to\infty$ 时，$S^{\mathrm{c}} = \exp(\mathrm{i}\pi/4)$ 及 $\theta = 0$，分子的损失速率为

$$K(s\to\infty) = K_0 y[1+(1-y)^{1/2}g(k)+(1-y)g^2(k)+(1-y)^{3/2}g^3(k)+\cdots] \tag{10.3.46}$$

当 $s = 100$ 及 $y = 0.5$（蓝色三角形）时，分子损失速率 K_n 随着反射次数 n 的变化曲线如图 10.3.3（b）所示．可以清楚地看出，反射路径之间发生了干涉增强效应．

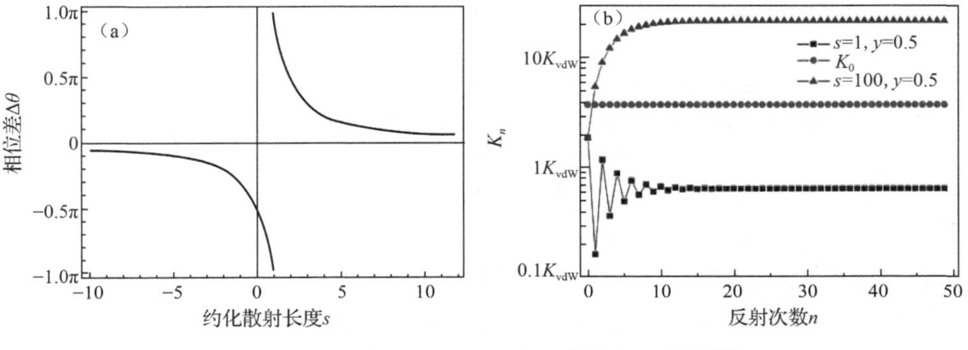

图 10.3.3　相位差和分子损失速率的变化曲线[60]

（a）相位差 $\Delta\theta$ 随着 s 的变化曲线．（b）分子损失速率 K_n 随着反射次数 n 的变化曲线

（扫封底二维码查看彩图）

图 10.3.4（a）表示分子弹性散射速率 $K^{\text{el}}(y,s)$ 随着短程损耗参数 y 与约化散射长度 s 的变化曲线．当 $y=0$ 时，$K^{\text{el}}(y,s)$ 关于 $s=0$ 呈对称分布，即 $K^{\text{el}}(y=0,s)=K^{\text{el}}(y=0,-s)$，且 $K^{\text{el}}(y=0,s=0)$ 取极小值．当 $y=1$ 时，$K^{\text{el}}(y=1,s)$ 等于普适值 K_0^{el}，并取决于反射系数 r^{oi}，但与散射长度 s 无关，即

$$K^{\text{el}}(y=1,s)=K_0^{\text{el}}=\frac{g\pi\hbar}{mk}\left|1+r^{\text{oi}}\right|^2 \tag{10.3.47}$$

图 10.3.4（a）中存在两个临界值（见短点线 $|s|=s_1$）：

$$s_1=\frac{1}{2k\bar{a}}\left|1+r^{\text{oi}}\right| \tag{10.3.48}$$

$$s_2=-s_1=-\frac{1}{2k\bar{a}}\left|1+r^{\text{oi}}\right| \tag{10.3.49}$$

当 $|s|>s_1$ 时，$K^{\text{el}}(y,s)$ 随着 y 的增加单调地减小，且 $K^{\text{el}}(y,s)>K_0^{\text{el}}$；当 $|s|<s_1$ 时，$K^{\text{el}}(y,s)$ 随着 y 的增加单调地增加，且 $K^{\text{el}}(y,s)<K_0^{\text{el}}$．图 10.3.4（b）表示 $K^{\text{el}}(y,s)$ 随着 y 和 s 变化的等高线，其中黑色实线表示 $K^{\text{el}}(y,s)=K_0^{\text{el}}$．

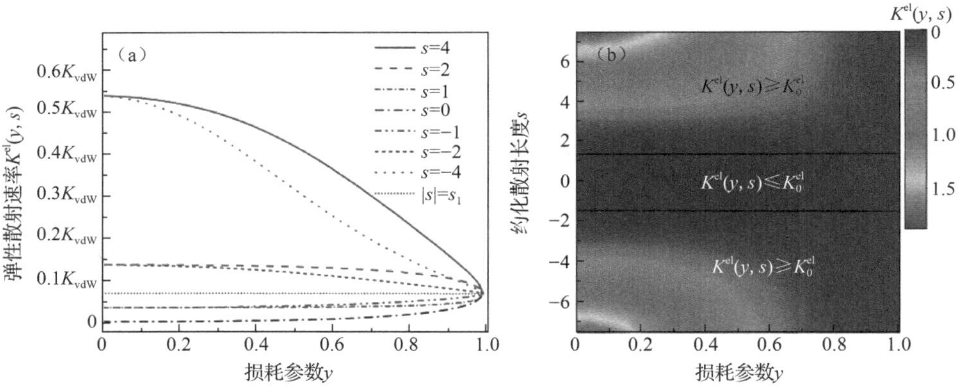

图 10.3.4　弹性散射速率随着损耗参数 y 的变化曲线[60]

（a）当 s 取不同值时，弹性散射速率随着 y 的变化．碰撞能取为 $3\times10^{-4}\,E_{\text{vdW}}$．

（b）弹性散射速率随着 y 和 s 变化的三维图

（扫封底二维码查看彩图）

在超冷 $^{23}\text{Na}^{87}\text{Rb}$ 分子散射实验中[65]，制备的 $^{23}\text{Na}^{87}\text{Rb}$ 分子处于基电子态的振-转态 $|\nu=0,J=0\rangle$ 和 $|\nu=1,J=0\rangle$，其中 ν 和 J 分别表示振动和转动量子数．当两个处于 $\nu=1$ 振动态的 $^{23}\text{Na}^{87}\text{Rb}$ 分子碰撞时，产生 $^{23}\text{Na}_2$ 分子和 $^{87}\text{Rb}_2$ 分子，这是一个放热反应．因此处于 $\nu=1$ 振动态的 $^{23}\text{Na}^{87}\text{Rb}$ 分子的短程损失主要是由化学反应引起的．两个处于 $\nu=0$ 振动态的 $^{23}\text{Na}^{87}\text{Rb}$ 分子反应在能量上是被禁止的．分子短程损失的主要原因是在散射过程中产生了长寿命复合物[66]．图 10.3.5 表示

超冷 $^{23}Na^{87}Rb$ 分子损失速率随着温度变化的实验观测[65]和理论计算[60]结果. 理论计算考虑了热力学统计平均效应. 分子热平均损失速率 $K(T)$是各种损失速率 $K(E)$的统计平均结果[62,64]，即

$$K(T)=\frac{2}{(\pi)^{1/2}(k_{\mathrm{B}}T)^{3/2}}\int_0^{\infty}E^{1/2}K(E)\exp\left(-\frac{E}{k_{\mathrm{B}}T}\right)\mathrm{d}E=\frac{2}{(\pi)^{1/2}(k_{\mathrm{B}}T)^{3/2}}\int_0^{\infty}I_{\mathrm{int}}\,\mathrm{d}E \tag{10.3.50}$$

式中，k_{B} 为玻尔兹曼常数；I_{int} 表示被积函数. 图 10.3.5 中，实验测量数据（绿色圆点表示 $\nu=0$，紫色方块表示 $\nu=1$）和使用耦合通道方法（CC）计算的结果均取自文献[65]. 红色实线表示在普适情况下（$y=1$）使用式（10.3.50）计算的结果；绿色虚线（$s=5, y=0.5$）表示在 $\nu=0$ 情况下的计算结果；紫色双点画线（$s=2, y=0.93$）表示在 $\nu=1$ 情况下的计算结果. 图 10.3.5 中插图表示当 $s=0.6$ 及 $y=0.5$ 时被积函数 I_{int} 随着碰撞能 E 的变化曲线.

从图 10.3.5 可以看出，在温度 $T<1\mu\mathrm{K}$ 范围内，采用本节理论计算的结果与实验数据基本吻合. 这说明不同路径之间的量子干涉对超冷分子损失速率有一定的影响.

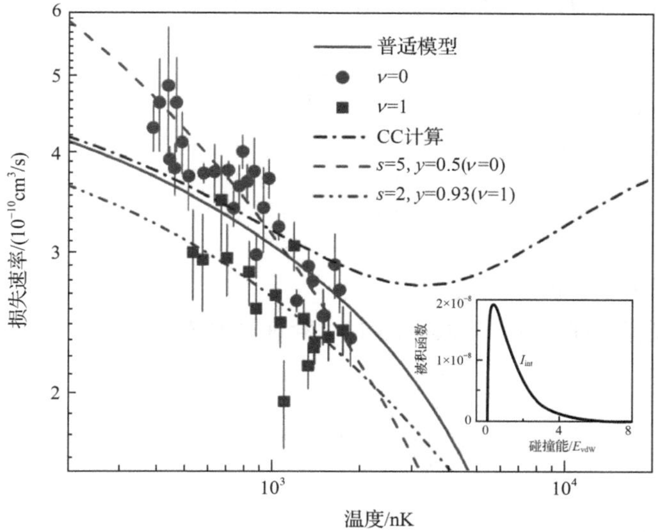

图 10.3.5　超冷 $^{23}Na^{87}Rb$ 分子损失速率随着温度变化的实验观测[65]和理论计算[60]结果

（扫封底二维码查看彩图）

在本节描述的理论模型中，只考虑了 s 波散射，推导的解析表达式在 $T\leqslant 1\mu\mathrm{K}$ 的温度范围是有效的. 当温度 $T\geqslant 1\mu\mathrm{K}$ 时，不能忽略高阶分波对超冷分子散射过程的影响. 下一节将介绍超冷玻色子分子高阶分波散射的理论及其应用.

10.4　超冷玻色子分子高阶分波散射理论及其应用

高阶分波分子存在离心势，在超低温度下将发生形共振现象. 形共振与短程作用势有关，它能在一定程度上改变分子反应的速率[67-70]. 在 10.3 节，我们介绍了不发生形共振的 s 波散射理论. 本节介绍在阈值附近超冷玻色子分子任意阶分波散射的基本理论[61,65,71]，推导了任意阶分波散射的反射系数和透射系数的表达式.

10.4.1　任意阶分波散射的理论公式

在存在离心势的情况下，描述两个分子任意阶分波散射的径向薛定谔方程为

$$\left(-\frac{\mathrm{d}^2}{\mathrm{d}R_\mathrm{s}^2}+\frac{L(L+1)\hbar^2}{2mR_\mathrm{s}^2}+V(R_\mathrm{s})-E_\mathrm{s}\right)\psi(R_\mathrm{s})=0 \tag{10.4.1}$$

式中，L 表示两个分子相对运动的轨道角动量量子数，L 取零和正整数. 为了推导方便，在上述方程中已经使用约化长度 $R_\mathrm{s}=R/\beta_\alpha$ 和约化能量 $E_\mathrm{s}=E/s_E$ 分别表示长度和能量. 长度单位 β_α 由式（10.3.3）给出. 能量单位定义为

$$s_E=\frac{\hbar^2}{2m\beta_\alpha^2} \tag{10.4.2}$$

使用约化长度 R_s，可以把势能表示为

$$V(R_\mathrm{s})=-\frac{1}{R_\mathrm{s}^\alpha} \tag{10.4.3}$$

式中，α 表示大于 2 的正整数.

在非零碰撞能条件下，方程（10.4.1）存在两个渐近解. 在 $R_\mathrm{s}\gg 1$ 的长程区域，两个渐近解为

$$f^{\mathrm{o}\pm}=\frac{1}{\sqrt{\pi k_\mathrm{s}}}\exp[\mathrm{i}(\pm k_\mathrm{s}R_\mathrm{s}+\pi/4)] \tag{10.4.4}$$

式中

$$k_\mathrm{s}=k_\mathrm{s}(R_\mathrm{s})=[E_\mathrm{s}-V(R_\mathrm{s})-L(L+1)/R_\mathrm{s}]^{1/2} \tag{10.4.5}$$

表示局域波矢量的模. 在 $R_\mathrm{s}\ll 1$ 的短程区域，两个渐近解为

$$f^{\mathrm{i}\pm}=\frac{\exp(\mathrm{i}\pi/4)}{\sqrt{\pi k_\mathrm{s}(R_\mathrm{s})}}\exp\left[\pm\mathrm{i}\int_{R_m}^{R_\mathrm{s}}k_\mathrm{s}(R_\mathrm{s}')\mathrm{d}R_\mathrm{s}'\right] \tag{10.4.6}$$

式中，R_m 表示参考坐标点，它决定了 $f^{i\pm}$ 的相位[33,36,60,62]．在 $R_s \gg 1$ 的长程区域，定义由内向外传播的行波 ψ^{io} 和由外向内传播的行波 ψ^{oi} 为

$$\begin{pmatrix}\psi^{io}\\ \psi^{oi}\end{pmatrix}=\begin{pmatrix}t^{io} & 0\\ r^{oi} & 1\end{pmatrix}\begin{pmatrix}f^{o+}\\ f^{o-}\end{pmatrix},\quad \forall R_s \gg 1 \tag{10.4.7}$$

在 $R_s \ll 1$ 的短程区域，有

$$\begin{pmatrix}\psi^{io}\\ \psi^{oi}\end{pmatrix}=\begin{pmatrix}1 & r^{io}\\ 0 & t^{oi}\end{pmatrix}\begin{pmatrix}f^{i+}\\ f^{i-}\end{pmatrix},\quad \forall R_s \ll 1 \tag{10.4.8}$$

式中，r^{io} 和 r^{oi} 分别表示由内向外传播和由外向内传播的反射系数；t^{io} 和 t^{oi} 分别表示由内向外传播和由外向内传播的透射系数．

在零碰撞能情况下，方程（10.4.1）的两个线性无关解可以用贝塞尔函数表示为

$$\psi_1(R_s)=\sqrt{R_s}\,\mathrm{J}_\nu(z),\quad \psi_2(R_s)=\sqrt{R_s}\,\mathrm{J}_{-\nu}(z) \tag{10.4.9}$$

式中

$$\nu=\frac{2L+1}{\alpha-2} \tag{10.4.10}$$

$$z=\frac{2}{\alpha-2}R_s^{(2-\alpha)/2} \tag{10.4.11}$$

当 $E_s \to 0$ 时，可以把 ψ^{io} 和 ψ^{oi} 改写为

$$\begin{pmatrix}\psi^{io}\\ \psi^{oi}\end{pmatrix}=\boldsymbol{C}\begin{pmatrix}\psi_1\\ \psi_2\end{pmatrix}=\begin{pmatrix}c_{11} & c_{12}\\ c_{21} & c_{22}\end{pmatrix}\begin{pmatrix}\psi_1\\ \psi_2\end{pmatrix} \tag{10.4.12}$$

式中，$\boldsymbol{C}$ 表示变换矩阵，其四个矩阵元将在 10.4.2 节给出．

对于 L 阶分波散射，利用式（10.4.7）～式（10.4.12），可以得到在低碰撞能条件下透射系数和反射系数的表达式（推导过程在 10.4.2 节给出）：

$$t^{oi}=t^{io}=\frac{2\pi^{1/2}(\alpha-2)^{-\nu-1/2}}{(2\mathrm{L}+1)!!\Gamma(1+\nu)}\times\frac{k_s^{L+1/2}\exp(-\mathrm{i}L\pi/2)}{f(k_s)\exp[-\mathrm{i}(z_m-\pi/4+\nu\pi/2)]+\exp[-\mathrm{i}(z_m-\pi/4-\nu\pi/2)]} \tag{10.4.13}$$

$$r^{io}=\frac{f(k_s)\exp[\mathrm{i}(z_m-\pi/4+\nu\pi/2)]+\exp[\mathrm{i}(z_m-\pi/4-\nu\pi/2)]}{f(k_s)\exp[-\mathrm{i}(z_m-\pi/4+\nu\pi/2)]+\exp[-\mathrm{i}(z_m-\pi/4-\nu\pi/2)]} \tag{10.4.14}$$

$$r^{\mathrm{oi}}=\frac{f(k_{\mathrm{s}})-\exp(\mathrm{i}\nu\pi)}{f(k_{\mathrm{s}})+\exp(\mathrm{i}\nu\pi)}\exp(-\mathrm{i}L\pi) \tag{10.4.15}$$

式中

$$f(k_{\mathrm{s}})=\frac{c_{11}}{c_{12}}=\frac{\mathrm{i}\Gamma(1-\nu)k_{\mathrm{s}}^{2L+1}}{\Gamma(1+\nu)(\alpha-2)^{2\nu}(2L+1)!!(2L-1)!!} \tag{10.4.16}$$

式中，$\Gamma(x)$ 表示伽马函数．在方程（10.4.13）～方程（10.4.15）中，z_m 表示在 R_m 点处 z 的取值，可以取为任意值，对最终结果没有影响．为了方便，在下面取 $z_m=\pi/4$．

短程 $\boldsymbol{S}$ 矩阵 $\boldsymbol{S}^{\mathrm{c}}$ 为

$$\boldsymbol{S}^{\mathrm{c}}=\exp[\mathrm{i}2(\delta_{\mathrm{s}}-z_m+\pi/4)] \tag{10.4.17}$$

式中，δ_{s} 表示短程相移．散射长度为

$$\frac{a}{\bar{a}}=\frac{1}{\cos(\nu_0\pi)}\frac{\tan\delta_{\mathrm{s}}+\tan(\nu_0\pi/2)}{\tan\delta_{\mathrm{s}}-\tan(\nu_0\pi/2)} \tag{10.4.18}$$

式中，$\bar{a}$ 表示平均散射长度[72]；ν_0 定义为

$$\nu_0=\frac{1}{\alpha-2} \tag{10.4.19}$$

对于 L 阶分波散射，$\boldsymbol{S}$ 矩阵为[33,67]

$$\boldsymbol{S}=(-1)^{L+1}\left[r^{\mathrm{oi}}+\frac{t^{\mathrm{oi}}\zeta\boldsymbol{S}^{\mathrm{c}}t^{\mathrm{io}}}{1-r^{\mathrm{io}}\zeta\boldsymbol{S}^{\mathrm{c}}}\right] \tag{10.4.20}$$

式中

$$\zeta=\frac{1-y}{1+y} \tag{10.4.21}$$

其中，y 表示超冷分子的短程损耗参数．定义分子损失速率的单位为

$$s_K=\frac{\pi\hbar\beta_\alpha}{m} \tag{10.4.22}$$

式中，m 表示分子的约化质量．

对于 L 阶分波散射，分子的非弹性散射与反应散射损失速率为

$$K_L=s_K K_{L\mathrm{s}}=\frac{s_K g}{k_{\mathrm{s}}}(2L+1)(1-|S|^2) \tag{10.4.23}$$

式中，$K_{Ls}=g(2L+1)(1-|S|^2)/k_s$表示无量纲损失速率．对于全同分子，$g=2$；对于非全同分子，$g=1$．分子的弹性散射速率为

$$K_L^{\rm el}=s_K K_{Ls}^{\rm el}=\frac{s_K g}{k_s}(2L+1)|1-S|^2 \tag{10.4.24}$$

式中，$K_{Ls}^{\rm el}=g(2L+1)|1-S|^2/k_s$表示无量纲弹性散射速率．分子的热平均损失速率为

$$K(T_s)=s_K K_s(T_s)=\frac{2s_K}{\pi^{1/2}T_s^{3/2}}\int_0^\infty E_s^{1/2}K_s\exp(-E_s/T_s)\,{\rm d}E_s \tag{10.4.25}$$

式中，$K_s(T_s)$表示无量纲热平均损失速率．$T_s=T/s_T$表示约化温度，$s_T=s_E/k_B$为约化温度的单位，k_B为玻尔兹曼常数．

分子总的损失速率为

$$K=\sum_L s_K K_{Ls}=\sum_L \frac{s_K g}{k_s}(2L+1)(1-|S|^2) \tag{10.4.26}$$

分子总的弹性散射速率为

$$K^{\rm el}=\sum_L s_K K_{Ls}^{\rm el}=\sum_L \frac{s_K g}{k_s}(2L+1)|1-S|^2 \tag{10.4.27}$$

10.4.2　任意阶分波反射系数和透射系数公式的推导

在$R_s\gg 1$的长程区域，方程（10.4.1）的两个零能解为[61]

$$\psi_1(R_s\gg 1)=\frac{(\alpha-2)^\nu}{\Gamma(1-\nu)}R_s^{L+1} \tag{10.4.28}$$

$$\psi_2(R_s\gg 1)=\frac{(\alpha-2)^{-\nu}}{\Gamma(1+\nu)}R_s^{-L} \tag{10.4.29}$$

使用球贝塞尔函数j_L和n_L，把方程（10.4.4）改写为[61]

$$f^{o+}(R_s\gg 1)=\frac{\exp({\rm i}\pi/4)}{\sqrt{\pi k_s}}[{\rm i}k_sR_s{\rm j}_L(k_sR_s)-k_sR_s{\rm n}_L(k_sR_s)]\exp({\rm i}L\pi/2) \tag{10.4.30}$$

$$f^{o-}(R_s\gg 1)=\frac{\exp({\rm i}\pi/4)}{\sqrt{\pi k_s}}[-{\rm i}k_sR_s{\rm j}_L(k_sR_s)-k_sR_s{\rm n}_L(k_sR_s)]\exp(-{\rm i}L\pi/2) \tag{10.4.31}$$

当 $k_s R_s \ll 1$ 时，可以把 $f^{o\pm}$ 用球贝塞尔函数的小参数展开表示为[73,74]

$$f^{o+}(R_s \gg 1) = \frac{\exp(i\pi/4)}{\sqrt{\pi k_s}}\left[i\frac{(k_s R_s)^{L+1}}{(2L+1)!!} + \frac{(2L-1)!!}{(k_s R_s)^L}\right]\exp(iL\pi/2) \qquad (10.4.32)$$

$$f^{o-}(R_s \gg 1) = \frac{\exp(i\pi/4)}{\sqrt{\pi k_s}}\left[-i\frac{(k_s R_s)^{L+1}}{(2L+1)!!} + \frac{(2L-1)!!}{(k_s R_s)^L}\right]\exp(-iL\pi/2) \qquad (10.4.33)$$

把式（10.4.28）、式（10.4.29）、式（10.4.32）和式（10.4.33）代入式（10.4.7）和式（10.4.12）中，在 $R_s \gg 1$ 和 $k_s \to 0$ 条件下得到：

$$c_{11}\frac{(\alpha-2)^{\nu}}{\Gamma(1-\nu)}R_s^{L+1} + c_{12}\frac{(\alpha-2)^{-\nu}}{\Gamma(1+\nu)}R_s^{-L} = \frac{\exp[i(\pi/4+L\pi/2)]}{\sqrt{\pi k_s}}\left[i\frac{k_s^{L+1}}{(2L+1)!!}R_s^{L+1}t^{io} + \frac{(2L-1)!!}{k_s^L}R_s^{-L}t^{io}\right] \qquad (10.4.34)$$

$$c_{21}\frac{(\alpha-2)^{\nu}}{\Gamma(1-\nu)}R_s^{L+1} + c_{22}\frac{(\alpha-2)^{-\nu}}{\Gamma(1+\nu)}R_s^{-L} = \frac{\exp(i\pi/4)}{\sqrt{\pi k_s}}\left\{i\frac{k_s^{L+1}[\exp(iL\pi/2)r^{oi} - \exp(-iL\pi/2)]}{(2L+1)!!}R_s^{L+1} + \frac{(2L-1)!![\exp(iL\pi/2)r^{oi} + \exp(-iL\pi/2)]}{k_s^L}R_s^{-L}\right\} \qquad (10.4.35)$$

比较方程（10.4.34）和方程（10.4.35）两边含有相同 R_s^{L+1} 及 R_s^{-L} 的项，得到：

$$c_{11}\frac{(\alpha-2)^{\nu}}{\Gamma(1-\nu)} = i\frac{\exp[i(\pi/4+L\pi/2)]}{\sqrt{\pi k_s}}\frac{k_s^{L+1}}{(2L+1)!!}t^{io} \qquad (10.4.36)$$

$$c_{12}\frac{(\alpha-2)^{-\nu}}{\Gamma(1-\nu)} = \frac{\exp[i(\pi/4+L\pi/2)]}{\sqrt{\pi k_s}}\frac{(2L-1)!!}{k_s^L}t^{io} \qquad (10.4.37)$$

$$c_{21}\frac{(\alpha-2)^{\nu}}{\Gamma(1-\nu)} = i\frac{\exp(i\pi/4)}{\sqrt{\pi k_s}}\frac{k_s^{L+1}[\exp(iL\pi/2)r^{oi} - \exp(-iL\pi/2)]}{(2L+1)!!} \qquad (10.4.38)$$

$$c_{22}\frac{(\alpha-2)^{-\nu}}{\Gamma(1+\nu)} = \frac{\exp(i\pi/4)}{\sqrt{\pi k_s}}\frac{(2L-1)!![\exp(iL\pi/2)r^{oi} + \exp(-iL\pi/2)]}{k_s^L} \qquad (10.4.39)$$

使用方程（10.4.36）和方程（10.4.37），得到 $f(k_s)$ 的表达式（10.4.16）.

在 $R_s \ll 1$ 的短程区域，零能解的渐近形式为

$$\psi_1(R_s \ll 1) = \left(\frac{2R_s}{\pi z}\right)^{1/2}\cos\left(z - \frac{\pi}{4} + \frac{\nu\pi}{2}\right) \qquad (10.4.40)$$

$$\psi_2(R_s \ll 1) = \left(\frac{2R_s}{\pi z}\right)^{1/2} \cos\left(z - \frac{\pi}{4} - \frac{\nu\pi}{2}\right) \tag{10.4.41}$$

由于在短程区域势能函数存在深的势阱，故可以忽略碰撞能 E 的影响，并把 $f^{i\pm}$ 的表达式（10.4.6）简化为

$$f^{i\pm} = \frac{\exp(i\pi/4)}{(\pi)^{1/2}} R_s^{\alpha/4} \exp[\pm i(z_m - z)] \tag{10.4.42}$$

把式（10.4.40）～式（10.4.42）代入式（10.4.8）和式（10.4.12）中，在 $R_s \ll 1$ 的条件下，得到

$$\left(\frac{\alpha-2}{\pi}\right)^{1/2} R_s^{\alpha/4}\left[c_{11}\cos\left(z-\frac{\pi}{4}+\frac{\nu\pi}{2}\right)+c_{12}\cos\left(z-\frac{\pi}{4}-\frac{\nu\pi}{2}\right)\right]$$
$$= \frac{\exp(i\pi/4)}{(\pi)^{1/2}} R_s^{\alpha/4}\left[\exp[i(z_m - z) + r^{io}\exp[-i(z_m - z)\right] \tag{10.4.43}$$

$$\left\{c_{21}\exp\left[i\left(z_m-\frac{\pi}{4}+\frac{\nu\pi}{2}\right)\right]+c_{22}\exp\left[i\left(z_m-\frac{\pi}{4}-\frac{\nu\pi}{2}\right)\right]\right\}\exp\left[i\left(z-z_m\right)\right]$$
$$+\left\{c_{21}\exp\left[-i\left(z_m-\frac{\pi}{4}+\frac{\nu\pi}{2}\right)\right]+c_{22}\exp\left[-i\left(z_m-\frac{\pi}{4}-\frac{\nu\pi}{2}\right)\right]\right\}\exp\left[-i\left(z-z_m\right)\right]$$
$$= \frac{2t^{oi}\exp(i\pi/4)}{(\alpha-2)^{1/2}}\exp[i(z-z_m)] \tag{10.4.44}$$

比较方程（10.4.43）和方程（10.4.44）两边含有 $\exp[i(z-z_m)]$ 和 $\exp[-i(z-z_m)]$ 的项，得到式（10.4.13）～式（10.4.15）给出的透射系数和反射系数的表达式；同时又得到方程（10.4.12）中变换矩阵 $\boldsymbol{C}$ 的四个矩阵元：

$$c_{11} = \frac{2\exp(i\pi/4)}{(\alpha-2)^{1/2}} \frac{f(k_s)}{f(k_s)\exp[-i(z_m-\pi/4+\nu\pi/2)]+\exp[-i(z_m-\pi/4-\nu\pi/2)]} \tag{10.4.45}$$

$$c_{12} = \frac{2\exp(i\pi/4)}{(\alpha-2)^{1/2}} \frac{1}{f(k_s)\exp[-i(z_m-\pi/4+\nu\pi/2)]+\exp[-i(z_m-\pi/4-\nu\pi/2)]} \tag{10.4.46}$$

$$c_{21} = -i\frac{2\exp(i\pi/4)}{(\pi k_s)^{1/2}} \frac{\Gamma(1-\nu)k_s^{L+1}}{(\alpha-2)^{\nu}(2L+1)!!} \frac{\exp[i(\nu\pi - L\pi/2)]}{f(k_s)+\exp(i\nu\pi)} \tag{10.4.47}$$

$$c_{22} = i\frac{2\exp(i\pi/4)}{(\pi k_s)^{1/2}} \frac{\Gamma(1-\nu)k_s^{L+1}}{(\alpha-2)^{\nu}(2L+1)!!} \frac{\exp(-iL\pi/2)}{f(k_s)+\exp(i\nu\pi)} \tag{10.4.48}$$

上面描述了超冷分子任意阶分波散射的基本理论，推导了相关的理论计算公式[61]. 下面介绍上述理论对超冷 $^{87}Rb^{133}Cs$ 分子散射体系的应用.

10.4.3　超冷玻色子分子 $^{87}Rb^{133}Cs$ 的高阶分波散射

使用解析表达式（10.4.13）～式（10.4.15）计算了 $L=1,2,3,4$ 分波（即 p 波、d 波、f 波、g 波）散射的反射系数和透射系数[61]. 图 10.4.1（a）～（c）表示反射系数和透射系数的模和相位随着碰撞能的变化曲线. 由于 r^{io}（t^{io}）和 r^{oi}（t^{oi}）的模是相等的，因此我们使用 $|r^{io}|$ 和 $|t^{io}|$ 来表示它们的模. 在阈值附近，$L=1,2,3,4$ 分波散射反射系数 r^{oi} 的相位均为π；对于 $L=1$ 和 3 分波散射，反射系数 r^{io} 的相位为π/4，而对于 $L=2$ 和 4 分波散射，反射系数 r^{io} 的相位为−π/4；对于 $L=1$、2、3 和 4 分波散射，透射系数 t^{io}（$=t^{oi}$）的相位依次为π/8、3π/8、−3π/8 和−π/8. 图 10.4.1（d）表示在普适情况下（$y=1$）下 $L=0,1,2,3,4$ 分波散射的分子损失速率.

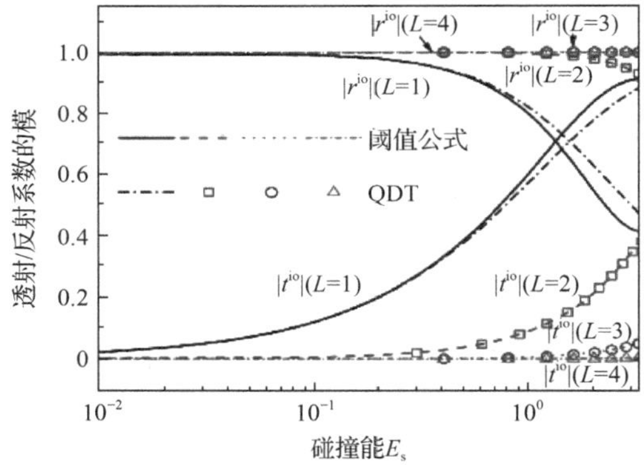

（a）

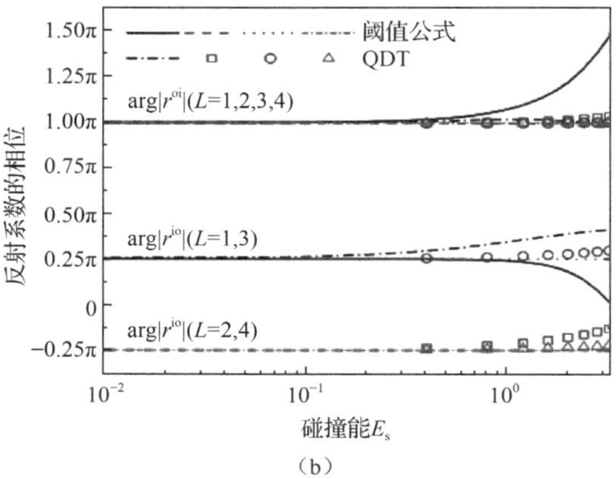

（b）

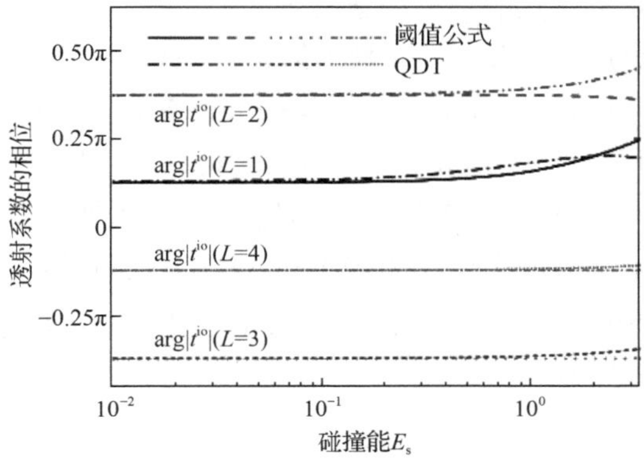

（c）

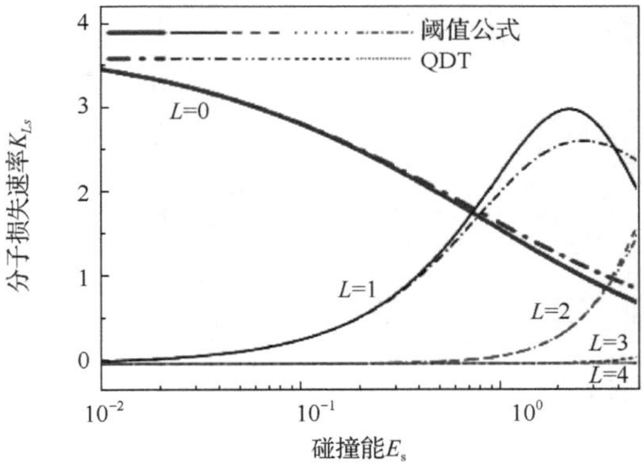

（d）

图 10.4.1　$L = 1,2,3,4$ 分波散射的反射系数、透射系数和损失速率随着碰撞能的变化[61]

（a）为对于 $L = 1,2,3,4$ 分波，分别使用阈值公式（黑色实线、红色虚线、蓝色点线和橙色短点画线）和量子亏损理论（黑色点画线、红色双点画线（方块）、蓝色短虚线（圆圈）和橙色短点线（三角））计算的结果.（b）和（c）分别为使用阈值公式和量子亏损理论计算的反射系数与透射系数的相位.（d）为在普适情况下，分子损失速率 K_{Ls} 随着碰撞能 E_s 的变化. 粗绿色实线和点画线分别表示当 $L = 0$ 时使用阈值公式和量子亏损理论计算的分子损失速率

（扫封底二维码查看彩图）

图 10.4.2 表示在温度 T=1.5μK 条件下，^{87}Rb^{133}Cs + ^{87}Rb^{133}Cs 碰撞的分子热平均损失速率 $K(T)$ 和最小损失速率 $K_{\min}$ 随着短程损耗参数 y 及短程相移 δ_s 变化的图像. 在图 10.4.2（a）中，在 $\delta_s=\pi/8$ 附近的峰值主要来自 s 波散射的分子损失速率；而在 $\delta_s = 5\pi/8$ 附近的凸起部分是由 d 分波形共振引起的. 位于 $\delta_s=\pi/8$ 处的峰和位于 $\delta_s = 5\pi/8$ 处的凸起部分都对应 $\theta_L = 0$ 的情况，即不同反射路径之间的量子干涉使分子损失速率达到极大值.

如图 10.4.2（a）所示，对于低碰撞能，分子损失率主要是由 s 波散射引起的；而对于高碰撞能，分子损失率主要是由高阶分波散射引起的.

不同分波散射对分子总的损失速率有不同的贡献，且与温度有关．分子热平均损失速率存在一个最小值 $K_{\min}$ [64]．最小值 $K_{\min}$ 与短程损耗参数 y 及短程相移 δ_s 有关．对于给定的 δ_s 和 y 值，在分子热平均损失速率 $K(T)$ 曲线上存在一个最小值 $K_{\min}$．通过扫描所有 y=0～1 值和 δ_s=0～π 值，得到 $K_{\min}$ 随着 y 与 δ_s 的变化图像，如图 10.4.2（b）所示．对于固定的 y 值，$K_{\min}$ 以π为周期随着 δ_s 变化；对于固定的 δ_s 值，$K_{\min}$ 随着 y 单调地变化．图 10.4.2（b）中，点画线表示 y 的取值范围．实验测量的最小热平均损失速率为 $0.44\times10^{-10}\mathrm{cm}^3/\mathrm{s}$[71]．利用实验数据得到的拟合结果为 $y = 0.27$ 和 $\delta_s = 0.62\pi$．

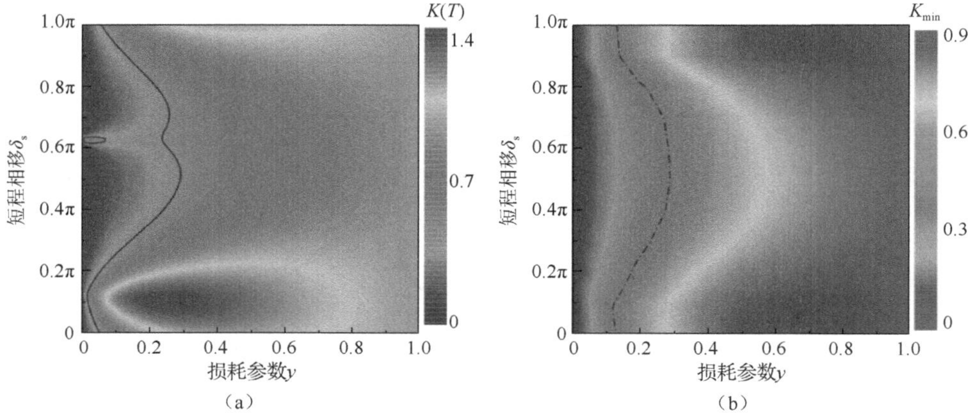

图 10.4.2　超冷 $^{87}\mathrm{Rb}^{133}\mathrm{Cs}$ 分子的热平均损失速率 $K(T)$ 及其最小值 $K_{\min}$ 随着短程损耗参数 y 与短程相移 δ_s 的变化图像[61]

（a）在温度 $T = 1.5\mu\mathrm{K}$ 条件下分子热平均损失速率随着 y 和 δ_s 的变化．黑色实线表示实验测量值 $K_{\exp} = 0.44\times10^{-10}\mathrm{cm}^3/\mathrm{s}$[71]．（b）$K_{\min}$ 随着 y 和 δ_s 的变化．黑色点画线表示 y 的取值范围．$K(T)$和 $K_{\min}$ 的单位为 $10^{-10}\mathrm{cm}^3/\mathrm{s}$．
（扫封底二维码查看彩图）

本节介绍的理论模型可以用于研究其他超冷玻色子分子任意阶分波散射问题．

10.5　超冷费米子分子散射理论及其应用

在超冷费米气体中实现量子简并是一个重要的研究课题[75-78]．2019 年，de Marco 等[40]首次制备了基态 $^{40}\mathrm{K}^{87}\mathrm{Rb}$ 分子简并费米气体．当气体温度低于 0.6 倍费米温度时，实验观测到明显的化学反应抑制现象．使用贝特-温格纳（Bethe-Winger）阈值定理[40]无法解释这种现象．如何解释这种现象是研究者关注的问题．

本节介绍超冷费米子分子的量子散射理论．通过引入统计势，能够定量地解释费米子分子反应速率的抑制现象．统计势描述了全同分子波函数对称性引起的量子统计关联效应[55].

10.5.1　N 个超冷费米子分子的散射理论

在存在离心势的情况下，描述费米子分子散射的径向薛定谔方程为

$$\left(-\frac{\mathrm{d}^2}{\mathrm{d}r^2}+\frac{L(L+1)\hbar^2}{2\mu r^2}+V_{\mathrm{eff}}\right)\psi(r)=E\psi(r) \tag{10.5.1}$$

式中，L 表示分子相对运动的轨道角动量量子数，L 取零和正整数；$\mu=m/2$ 表示在质心坐标系中分子的约化质量（m 为分子的质量）；r 表示分子之间的距离；$V_{\mathrm{eff}}=V(r)+V_{\mathrm{sta}}$ 表示等效的相互作用势，其中 $V(r)$ 和 V_{sta} 分别表示分子之间相互作用势和统计势；$\psi(r)$ 和 E 分别表示哈密顿算符的本征函数和能量本征值．设长度单位 β_α 和能量单位 s_E 分别为

$$\beta_\alpha=\left(\frac{2\mu C_\alpha}{\hbar^2}\right)^{\frac{1}{\alpha-2}} \tag{10.5.2}$$

和

$$s_E=\frac{\hbar^2}{2\mu\beta_\alpha^2} \tag{10.5.3}$$

式中，α 表示大于 2 的正整数；C_α 表示范德瓦耳斯色散系数．

对于理想气体，它的正则系综密度矩阵 $\hat{\rho}$ 的对角矩阵元为

$$\left\langle \boldsymbol{r}_1,\boldsymbol{r}_2,\cdots,\boldsymbol{r}_N\left|\hat{\rho}\right|\boldsymbol{r}_1,\boldsymbol{r}_2,\cdots,\boldsymbol{r}_N\right\rangle=\frac{1}{Z_N^{(0)}(\tilde{V},\beta)}\left\langle \boldsymbol{r}_1,\boldsymbol{r}_2,\cdots,\boldsymbol{r}_N\left|\exp(-\beta\hat{H}_0)\right|\boldsymbol{r}_1,\boldsymbol{r}_2,\cdots,\boldsymbol{r}_N\right\rangle \tag{10.5.4}$$

式中，$\left|\boldsymbol{r}_1,\boldsymbol{r}_2,\cdots,\boldsymbol{r}_N\right\rangle$ 表示理想气体的本征态；$\boldsymbol{r}_i$ 表示第 i 个分子的位置矢量；$\beta=1/(k_{\mathrm{B}}T)$，其中 k_{B} 为玻尔兹曼常数，T 为系统的温度；$\hat{H}_0$ 表示由 N 个自由分子组成的系统的哈密顿算符．$\hat{\rho}$ 的对角矩阵元表示气体分子处于位置 $\boldsymbol{r}_1$, $\boldsymbol{r}_2$, $\cdots$, $\boldsymbol{r}_N$ 的概率密度．理想气体的配分函数 $Z_N^{(0)}(\tilde{V},\beta)$ 为

$$Z_N^{(0)}(\tilde{V},\beta)=\int\mathrm{d}^{3N}r\left\langle \boldsymbol{r}_1,\boldsymbol{r}_2,\cdots,\boldsymbol{r}_N\left|\exp(-\beta\hat{H}_0)\right|\boldsymbol{r}_1,\boldsymbol{r}_2,\cdots,\boldsymbol{r}_N\right\rangle \tag{10.5.5}$$

式中，$\tilde{V}$ 为气体体积；$\mathrm{d}^{3N}r = \mathrm{d}\boldsymbol{r}_1\mathrm{d}\boldsymbol{r}_2\cdots\mathrm{d}\boldsymbol{r}_N$．方程（10.5.4）中密度矩阵元的经典表达式为

$$\int \rho_0 \mathrm{d}^{3N}p = \frac{1}{N!h^{3N}Z_N^c}\int \exp(-\beta\hat{H})\,\mathrm{d}^{3N}p \tag{10.5.6}$$

经典配分函数为

$$Z_N^c = \frac{1}{N!h^{3N}}\int \exp(-\beta\hat{H})\,\mathrm{d}^{3N}r\,\mathrm{d}^{3N}p \tag{10.5.7}$$

式中，$\mathrm{d}^{3N}p = \mathrm{d}\boldsymbol{p}_1\mathrm{d}\boldsymbol{p}_2\cdots\mathrm{d}\boldsymbol{p}_N$；$\hat{H}$ 为经典哈密顿算符．为了从方程（10.5.6）得到与方程（10.5.4）相同的结果，需要在经典哈密顿算符 $\hat{H}$ 中引入统计势．对于理想费米气体，统计势 $V_{\text{sta}}^{(0)}$ 的表达式为[55]

$$V_{\text{sta}}^{(0)} = -\frac{1}{\beta}\ln\left[\tilde{V}^N\left\langle \boldsymbol{r}_1,\boldsymbol{r}_2,\cdots,\boldsymbol{r}_N\middle|\hat{\rho}_0\middle|\boldsymbol{r}_1,\boldsymbol{r}_2,\cdots,\boldsymbol{r}_N\right\rangle\right] \tag{10.5.8}$$

使用理想气体模型不能处理简并分子气体的碰撞损失问题．需要引入真实费米气体的统计势[78]：

$$V_{\text{sta}} = -\frac{1}{\beta}\ln\left[\tilde{V}^N\left\langle 1,2,\cdots,N\middle|\hat{\rho}\middle|1,2,\cdots,N\right\rangle\right] \tag{10.5.9}$$

式中

$$\left\langle 1,2,\cdots,N\middle|\hat{\rho}\middle|1,2,\cdots,N\right\rangle = \frac{1}{Z_N(\tilde{V},\beta)}\left\langle 1,2,\cdots,N\middle|\exp(-\beta\hat{H})\middle|1,2,\cdots,N\right\rangle \tag{10.5.10}$$

$\hat{H}$ 和 $|1,2,\cdots,N\rangle$ 分别为真实费米气体的哈密顿算符和本征态．配分函数 $Z_N(\tilde{V},\beta)$ 为[78]

$$Z_N(\tilde{V},\beta) = \sum_{\{m_l\}}\prod_{l=1}^{N}\frac{1}{m_l!}\left(\frac{\tilde{V}}{\bar{\lambda}^3}b_l\right)^{m_l} \tag{10.5.11}$$

式中，$\{m_l\}$ 是一个整数集合，要求满足条件：

$$\sum_{l=1}^{N} l m_l = N \tag{10.5.12}$$

在方程（10.5.11）中，$\bar{\lambda}$ 表示平均热波长，$b_l = b_l(\tilde{V},\beta)$ 表示一个积分．二者的表达式为

$$\bar{\lambda} = \hbar\left(\frac{2\pi\beta}{m}\right)^{1/2} \tag{10.5.13}$$

$$b_l = b_l(\tilde{V},\beta) = \frac{1}{l!\,\overline{\lambda}^{3(l-1)}\tilde{V}}\int \mathrm{d}^3 r_1\,\mathrm{d}^3 r_2 \cdots \mathrm{d}^3 r_l\, U_l(1,2,\cdots,l) \tag{10.5.14}$$

式中，m 为单个分子的质量；$U_l(1,2,\cdots,l)$ 为集团函数[55].

采用量子亏损理论或者多通道耦合理论数值求解方程（10.5.1），计算弹性散射、非弹性散射和反应散射速率，研究超冷费米子分子的量子散射机理及其相关问题.

10.5.2　两个超冷费米子分子的散射理论

考虑 $N=2$ 的最简单情况．对于理想费米子分子气体，方程（10.5.4）右边的积分简化为

$$\left\langle \boldsymbol{r}_1,\boldsymbol{r}_2 \middle| \exp(-\beta \hat{H}_0) \middle| \boldsymbol{r}_1,\boldsymbol{r}_2 \right\rangle = \frac{1-\exp(-2\pi r^2/\overline{\lambda}^2)}{2\overline{\lambda}^6} \tag{10.5.15}$$

理想费米子分子气体的统计势简化为[55]

$$V_{\mathrm{sta}}^{(0)}(N=2) = -k_{\mathrm{B}} T \ln\left[1-\exp\left(-\frac{2\pi r^2}{\overline{\lambda}^2}\right)\right] \tag{10.5.16}$$

对于真实费米子分子气体，方程（10.5.10）变为[78]

$$\left\langle 1,2 \middle| \hat{\rho} \middle| 1,2 \right\rangle = \frac{1}{Z_2(\tilde{V},\beta)} \left\langle 1,2 \middle| \exp(-\beta \hat{H}) \middle| 1,2 \right\rangle \tag{10.5.17}$$

式中，配分函数 $Z_2(\tilde{V},\beta)$ 为[78]

$$Z_2(\tilde{V},\beta) = \frac{\tilde{V}^2}{2\overline{\lambda}^6} + \frac{\tilde{V}}{\overline{\lambda}^3} b_2 \tag{10.5.18}$$

在 $r \gg 1$ 的渐近区域，相互作用势 $V(r)\to 0$，可以使用 $\left\langle \boldsymbol{r}_1,\boldsymbol{r}_2 \middle| \exp(-\beta \hat{H}_0) \middle| \boldsymbol{r}_1,\boldsymbol{r}_2 \right\rangle$ 近似地代替 $\left\langle 1,2 \middle| \exp(-\beta \hat{H}) \middle| 1,2 \right\rangle$．统计势变为[78]

$$V_{\mathrm{sta}}(N=2) = -k_{\mathrm{B}} T \ln \frac{1-\exp\left(-2\pi r^2/\overline{\lambda}^2\right)}{1+2b_2\overline{\lambda}^3/\tilde{V}} \tag{10.5.19}$$

使用分波相移 $\eta_L(k)$，将 b_2 表示为

$$b_2 = \frac{1}{(2)^{5/2}} + \frac{(2)^{3/2}\overline{\lambda}^2}{\pi^2} \sum_{L=\text{奇数}} (2L+1) \int_0^\infty \mathrm{d}k\, k \eta_L(k) \exp\left(-\beta \hbar^2 k^2/m\right) \tag{10.5.20}$$

费米子分子的损失速率 K 为

$$K = \frac{g}{k} \sum_{L=\text{奇数}} (2L+1)(1-|S_L|^2) \tag{10.5.21}$$

式中，S_L 表示 L 分波散射矩阵；g=1 和 2 分别对应非全同费米子分子和全同费米子分子.

10.5.3　超冷费米子分子 $^{40}K^{87}Rb$ 的 p 波散射

对于 $^{40}K^{87}Rb$ 分子，范德瓦耳斯色散系数为 $C_6 = 17720\text{a.u.}$[77]. 选取长度单位为 $\beta_6 = 253.08\text{a.u.}$，等效相互作用势为

$$V_{\text{eff}} = V(r) + V_{\text{sta}} = -1/r^6 + V_{\text{sta}} \tag{10.5.22}$$

如图 10.5.1 所示，费米分子气体统计势 $V_{\text{sta}} = V_{\text{sta}}(N=2)$ 展现了排斥性质，并随着温度升高而减小. 在计算中，使用平均分子间距 $\overline{r}$ 来代替 r，并把 $\overline{r}$ 视为一个参数. 为了清楚起见，把方程（10.5.1）改写为

$$\left(-\frac{\mathrm{d}^2}{\mathrm{d}r^2} + \frac{L(L+1)\hbar^2}{2\mu r^2} + V(r)\right)\psi(r) = [E - V_{\text{sta}}(\overline{r})]\psi(r) \tag{10.5.23}$$

气体的体积 $\tilde{V}$ 为

$$\tilde{V} = N\overline{r}^3 \tag{10.5.24}$$

从图 10.5.1 可以看出，分子平均间距 $\overline{r}$ 越小，统计势 V_{sta} 的取值就越大. 费米温度 T_{F} 与分子平均间距 $\overline{r}$ 的关系为[55]

$$k_{\text{B}}T_{\text{F}} = \frac{\hbar^2 \overline{r}^2}{2m(3\pi^2)^{2/3}} \tag{10.5.25}$$

在实验中[40]，平均费米温度为 318nK. 由方程（10.5.25）计算的分子平均间距为 $\overline{r} = 17.92\beta_6$. 统计势 V_{sta} 的大小反映了分子间的空间关联强度. 图 10.5.1 中方块和三角符号分别表示在 $T/T_{\text{F}} < 0.6$ 和 $T/T_{\text{F}} > 0.6$ 条件下统计势 V_{sta} 的大小. 在温度 $T/T_{\text{F}} < 0.6$ 范围的空间关联强度大于在温度 $T/T_{\text{F}} > 0.6$ 范围的空间关联强度. 当 $T/T_{\text{F}} < 0.6$ 时，分子损失速率明显偏离使用阈值定理预测的结果[40].

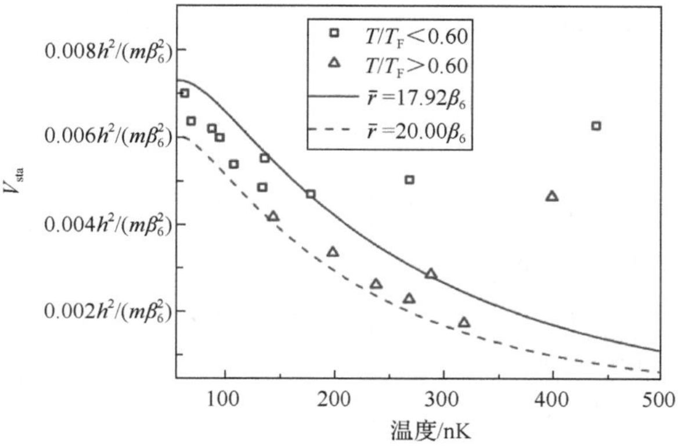

图 10.5.1　费米分子气体的统计势 V_{sta} 随着温度 T 的变化[78]

超冷 $^{40}K^{87}Rb$ 分子自旋极化费米气体以 p 波散射为主．分子损失速率由式（10.5.21）计算．图 10.5.2 表示超冷 $^{40}K^{87}Rb$ 分子热平均损失速率和归一化损失速率随着温度的变化．蓝色点画线和红色实线分别表示相互作用势包含和未包含统计势 V_{sta} 情况下计算的分子热平均损失速率．当忽略统计势 V_{sta}（即使用普适理论计算）时，计算的分子损失速率曲线与 $T/T_F > 0.6$ 条件下的实验测量值（红色三角）[40]吻合．归一化损失速率等于常数 $0.82\times10^{-5}cm^3\cdot s^{-1}\cdot K^{-1}$．这说明普适理论适用于处理较高温度（$T/T_F > 0.6$）费米子分子的散射问题．橙色虚线表示包含统计势 $V_{sta}^{(0)}$ 计算的结果（即忽略分子间相互作用情况下的计算结果）．

在超低温度下，p 波（L=1）散射相移 $\eta_p(k)$ 与散射体积 a_1 之间的关系为[78]

$$\eta_p(k) = -k^3 a_1 \tag{10.5.26}$$

当 $a_1 = -12.97a_0^3$ 时（a_0 为波尔半径），如图 10.5.2 蓝色点画线所示，分子间相互作用对分子损失速率有明显的抑制作用．随着温度的升高，分子损失速率趋近于普适值 $K_0 = 8.2\times10^{-6}cm^3\cdot s^{-1}\cdot K^{-1}$，这说明费米分子气体简并机制逐渐向普适情况过渡．

定义一个参量 γ，用来描述分子间相互作用对分子损失速率的抑制程度．γ 等于考虑相互作用情况下的反应速率与普适的反应速率之比，即 $\gamma=K/K_0$．图 10.5.3 表示参量 γ 随着温度 T 的变化曲线．当 $\gamma\to1$ 时，对分子损失速率的抑制作用消失．这是因为气体的密度反比于 $\bar{r}^3$，导致抑制作用随着密度的增大而增强．这与实验观测到的反应速率在束缚阱中心受到最强抑制的结果一致[40]．在图 10.5.3 中，上方横坐标轴表示 T/T_F（即温度 T 与费米温度 T_F 的比值，$T_F = 318nK$），黑色点线对应于图 10.5.2 中蓝色点画线．

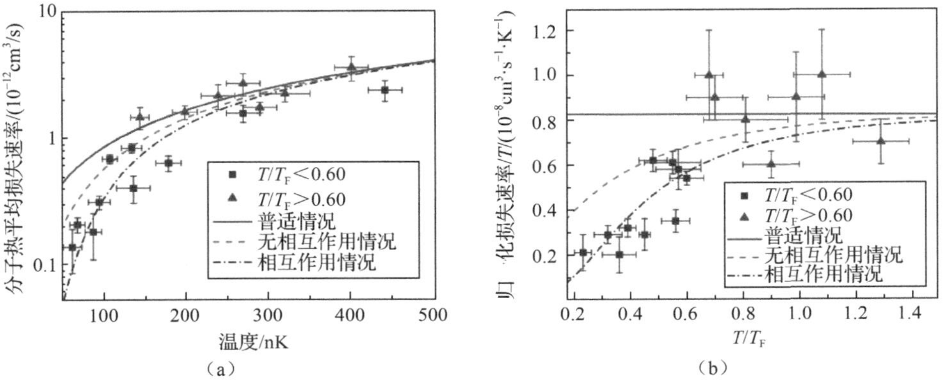

图 10.5.2　超冷 $^{40}K^{87}Rb$ 分子热平均损失速率和归一化损失速率随着温度的变化[78]

(a) 热平均损失速率随着温度的变化. (b) 归一化损失速率随着温度的变化. 红色三角和蓝色方块为实验数据[40]. 红色实线为不含统计势的计算结果 (普适情况), 橙色虚线为包含统计势 V^0_{sta} 计算的结果 (理想气体, $r = 17.92\beta_6$), 蓝色点画线表示包含统计势 V_{sta} 的计算结果 (非理想气体, $r = 17.92\beta_6, a_1 = -12.97a_0^3$). $T_F = 318$nK.

(扫封底二维码查看彩图)

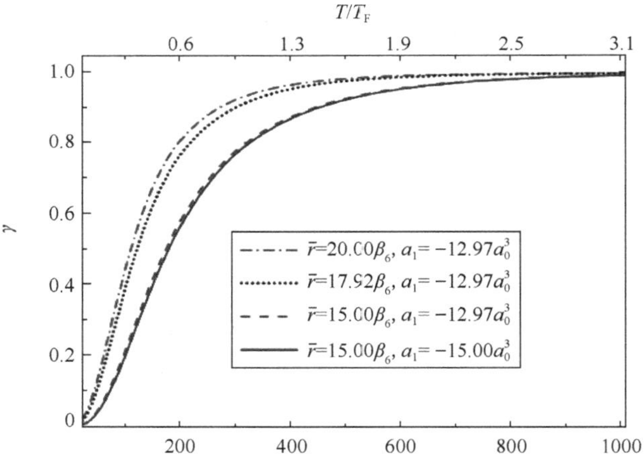

图 10.5.3　参量 γ 随着温度 T 的变化曲线[78]

上面只讨论了总粒子数 $N = 2$ 的情况. 对于 $N \geqslant 3$ 的情况, 计算结果会更接近于实验观测值, 但配分函数的计算会变得非常复杂.

参 考 文 献

[1] Brennen G K, Caves C M, Jessen P S, et al. Quantum logic gates in optical lattices. Physical Review Letters, 1999, 82(5): 1060-1063.

[2] Jaksch D, Briegel H J, Cirac J I, et al. Entanglement of atoms via cold controlled collisions. Physical Review Letters, 1999, 82(9): 1975-1978.

[3] Mandel O, Greiner M, Widera A, et al. Controlled collisions for multi-particle entanglement of optically trapped atoms. Nature, 2003, 425(6961): 937-939.

[4] Pachos J K, Knight P L. Quantum computation with a one-dimensional optical lattice. Physical Review Letters, 2003, 91(10): 107902.

[5] Bloch I. Quantum coherence and entanglement with ultracold atoms in optical lattices. Nature, 2008, 453(7198): 1016-1022.

[6] Bloch I, Dalibard J, Zwerger W. Many-body physics with ultracold gases. Reviews of Modern Physics, 2008, 80(3): 885-964.

[7] Takamoto M, Katori H. Spectroscopy of the $1s_0$-$3p_0$ clock transition of ^{87}Sr in an optical lattice. Physical Review Letters, 2003, 91(22): 223001.

[8] Ludlow A D, Boyd M M, Zelevinsky T, et al. Systematic study of the ^{87}Sr clock transition in an optical lattice. Physical Review Letters, 2006, 96(3): 033003.

[9] Fixler J B, Foster G T, McGuirk J M, et al. Atom interferometer measurement of the Newtonian constant of gravity. Science, 2007, 315(5808): 74-77.

[10] Muller H, Chiow S, Herrmann S, et al. Atom-interferometry tests of the isotropy of post-Newtonian gravity. Physical Review Letters, 2008, 100(3): 031101.

[11] Baranov M, Dobrek L, Goral K, et al. Ultracold dipolar gases: A challenge for experiments and theory. Physica Scripta, 2002, T102: 74-81.

[12] Gooral K, Santos L, Lewenstein M. Quantum phases of dipolar bosons in optical lattices. Physical Review Letters, 2002, 88(17): 170406.

[13] Safronova M S, Budker D, DeMille D, et al. Search for new physics with atoms and molecules. Reviews of Modern Physics, 2018, 90(2): 025008.

[14] Lara M, Bohn J L, Potter D E, et al. Cold collisions between OH and Rb: The field-free case. Physical Review A, 2007, 75(1): 012704.

[15] González-Sánchez L, Bodo E, Gianturco F A. Collisional quenching of rotations in lithium dimers by ultracold helium: The Li_2 and Li_2^+ targets. The Journal of Chemical Physics, 2007, 127(24): 244315.

[16] González-Sánchez L, Bodo E, Yurtsever E, et al. Quenching efficiency of “hot” polar molecules by He buffer gas at ultralow energies: Quantum results for MgH and LiH rotations. The European Physical Journal D, 2008, 48(1): 75-82.

[17] Heinzen D J, Wynar R, Drummond P D, et al. Superchemistry: Dynamics of coupled atomic and molecular Bose-Einstein condensates. Physical Review Letters, 2000, 84(22): 5029-5032.

[18] Moore M G, Vardi A. Bose-enhanced chemistry: Amplification of selectivity in the dissociation of molecular Bose-Einstein condensates. Physical Review Letters, 2002, 88(16): 160402.

[19] Zelevinsky T, Kotochigova S, Ye J. Precision test of mass-ratio variations with lattice-confined ultracold molecules. Physical Review Letters, 2008, 100(4): 043201.

[20] DeMille D, Sainis S, Sage J, et al. Enhanced sensitivity to variation of m_e/m_p in molecular spectra. Physical Review Letters, 2008, 100(4): 043202.
[21] Morita M, Krems R V, Tscherbul T V. Universal probability distributions of scattering observable in ultracold molecular collisions. Physical Review Letters, 2019, 123(1): 013401.
[22] Mies F H. A multichannel quantum defect analysis of diatomic predissociation and inelastic atomic scattering. The Journal of Chemical Physics, 1984, 80(6): 2514-2525.
[23] Mies F H, Raoult M. Analysis of threshold effects in ultracold atomic collisions. Physical Review A, 2000, 62(1): 012708.
[24] Idziaszek Z, Julienne P S. Universal rate constants for reactive collisions of ultracold molecules. Physical Review Letters, 2010, 104(11): 113202.
[25] Idziaszek Z, Quemener G, Bohn J L, et al. Simple quantum model of ultracold polar molecule collisions. Physical Review A, 2010, 82(2): 020703.
[26] Jachymski K, Krych M, Julienne P S, et al. Quantum theory of reactive collisions for $1/r^n$ potentials. Physical Review Letters, 2013, 110(21): 213202.
[27] Gao B. Quantum Langevin model for exoergic ion-molecule reactions and inelastic processes. Physical Review A, 2011, 83(6): 062712.
[28] Turulski J, Niedzielski J. The classical Langevin rate constant for ion/molecule capture: When, if at all, is it constant?. International Journal of Mass Spectrometry and Ion Processes, 1994, 139(1): 155-162.
[29] Quemener G, Bohn J L. Strong dependence of ultracold chemical rates on electric dipole moments. Physical Review A, 2010, 81(2): 022702.
[30] Dashevskaya E I, Litvin I, Nikitin E E, et al. Relocking of intrinsic angular momenta in collisions of diatoms with ions: Capture of $H_2(j=0, 1)$ by H_2^+. The Journal of Chemical Physics, 2016, 145(24): 244315.
[31] Dashevskaya E I, Maergoiz A I, Troe J, et al. Low-temperature behavior of capture rate constants for inverse power potentials. The Journal of Chemical Physics, 2003, 118(16): 7313-7320.
[32] Dashevskaya E I, Litvin I, Nikitin E E, et al. Quantum scattering and adiabatic channel treatment of the low-energy and low-temperature capture of a rotating quadrupolar molecule by an ion. The Journal of Chemical Physics, 2004, 120(21): 9989-9997.
[33] Gao B. General form of the quantum-defect theory for $-1/r^\alpha$ type of potentials with $\alpha > 2$. Physical Review A, 2008, 78(1): 012702.
[34] Arnecke F, Friedrich H, Madronero J. Effective-range theory for quantum reflection amplitudes. Physical Review A, 2006, 74(6): 062702.
[35] Friedrich H, Jurisch A. Quantum reflection times for attractive potential tails. Physical Review Letters, 2004, 92(10): 103202.
[36] Wang G R, Xie T, Huang Y, et al. Quantum reflection by the Casimir-Polder potential: A three parameter model. Journal of Physics B, 2013, 46(18): 185302.
[37] Miret-Artes S, Pollak E. Scattering of He atoms from a microstructured grating: Quantum reflection probabilities and diffraction patterns. The Journal of Physical Chemistry Letters, 2017, 8(5): 1009-1013.
[38] Zelevinsky T. Ultracold and unreactive fermionic molecules. Science, 2019, 363(6429): 820-821.
[39] de Marco B, Jin D S. Onset of Fermi degeneracy in a trapped atomic gas. Science, 1999, 285(5434): 1703-1706.
[40] de Marco L, Valtolina G, Matsuda K, et al. A degenerate Fermi gas of polar molecules. Science, 2019, 363(6429): 853-856.
[41] He P, Bilitewski T, Greene C H, et al. Exploring chemical reactions in a quantum degenerate gas of polar molecules via complex formation. Physical Review A, 2020, 102(6): 063322.

[42] Friedrich H, Trost J. Working with WKB waves far from the semiclassical limit. Physics Reports, 2004, 397(6): 359-449.

[43] Fedoryuk M V. Asymptotic analysis. Berlin: Springer, 1995.

[44] Fourre I, Raoult M. Application of generalized quantum defect theory to van der Waals complex bound state calculations. The Journal of Chemical Physics, 1994, 101(10): 8709-8725.

[45] Burke J P, Greene C H, Bohn J L. Multichannel cold collisions: Simple dependences on energy and magnetic field. Physical Review Letters, 1998, 81(16): 3355-3358.

[46] O'Malley T F, Spruch L, Rosenberg L. Modification of effective-range theory in the presence of a long-range (r^{-4}) potential. Journal of Mathematical Physics, 1961, 2(4): 491-498.

[47] Watanabe S, Greene C H. Atomic polarizability in negative-ion photodetachment. Physical Review A, 1980, 22(1): 158-169.

[48] Gao B. Solutions of the Schrödinger equation for an attractive $1/r^6$ potential. Physical Review A, 1998, 58(3): 1728-1734.

[49] Uhlenbeck G E, Gropper L. The equation of state of a non-ideal Einstein-Bose or Fermi-Dirac gas. Physical Review, 1932, 41(1): 79-90.

[50] Ursell H D. The evaluation of Gibbs' phase-integral for imperfect gases: Mathematical proceedings of the cambridge philosophical society. London: Cambridge University Press, 1927.

[51] Mayer J E, Mayer M G. Statistical mechanics. New York: Wiley, 1940.

[52] Pathria R K. Statistical mechanics. New York: Pergamon Press, 1964.

[53] Kahn B, Uhlenbeck G E. On the theory of condensation. Physica, 1938, 5(5): 399-416.

[54] Lee T D, Yang C N. Many-body problem in quantum statistical mechanics. I. General formulation. Physical Review, 1959, 113(5): 1165-1177.

[55] Huang K. Statistical mechanics. 2nd ed. New York: Wiley, 1987.

[56] Weiner J, Bagnato V S, Zilio S, et al. Experiments and theory in cold and ultracold collisions. Reviews of Modern Physics, 1999, 71(1): 1-85.

[57] Soderberg K B, Gemelke N, Chin C. Ultracold molecules: Vehicles to scalable quantum information processing. New Journal of Physics, 2009, 11(5): 055022.

[58] Zwierlein M W, Stan C A, Schunck C H, et al. Condensation of pairs of Fermionic atoms near a Feshbach resonance. Physical Review Letters, 2004, 92(12): 120403.

[59] Staanum P, Kraft S D, Lange J, et al. Experimental investigation of ultracold atom-molecule collisions. Physical Review Letters, 2006, 96(2): 023201.

[60] Bai Y P, Li J L, Wang G R, et al. Model for investigating quantum reflection and quantum coherence in ultracold molecular collision. Physical Review A, 2019, 100 (1): 012705.

[61] Bai Y P, Li J L, Wang G R, et al. Simple analytical model for high-partial-wave ultracold molecular collisions. Physical Review A, 2020, 101 (6): 063605.

[62] Wang G R, Xie T, Huang Y, et al. Quantum defect theory for the van der Waals plus dipole-dipole interaction. Physical Review A, 2012, 86(6): 062704.

[63] Cote R, Friedrich H, Trost J. Reflection above potential steps. Physical Review A, 1997, 56(3): 1781-1787.

[64] Gao B. Universal model for exoergic bimolecular reactions and inelastic processes. Physical Review Letters, 2010, 105(26): 263203.

[65] Ye X, Guo M Y, Gonzalez-Martinez M L, et al. Collisions of ultracold $^{23}Na^{87}Rb$ molecules with controlled chemical reactivities. Science Advances, 2018, 4(1): eaaq0083.

[66] Croft J F E, Balakrishnan N, Kendrick B K. Long-lived complexes and signatures of chaos in ultracold K_2+Rb collisions. Physical Review A, 2017, 96(6): 062707.

[67] Frye M D, Julienne P S, Hutson J M. Cold atomic and molecular collisions: Approaching the universal loss regime. New Journal of Physics, 2015, 17(4): 045019.

[68] Londono B E, Mahecha J E, Luc-Koenig E, et al. Shape resonances in ground-state diatomic molecules: General trends and the example of RbCs. Physical Review A, 2010, 82(1): 012510.

[69] Boesten H M J M, Tsai C C, Gardner J R, et al. Observation of a shape resonance in the collision of two cold ^{87}Rb atoms. Physical Review A, 1997, 55(1): 636-640.

[70] Crubellier A, González-Férez R, Koch C P, et al. Asymptotic model for shape resonance control of diatomics by intense non-resonant light. New Journal of Physics, 2015, 17(4): 045020.

[71] Gregory P D, Frye M D, Blackmore J A, et al. Sticky collisions of ultracold RbCs molecules. Nature Communications, 2019, 10: 3104(1-7).

[72] Gribakin G F, Flambaum V V. Calculation of the scattering length in atomic collisions using the semiclassical approximation. Physical Review A, 1993, 48(1): 546-553.

[73] Ruzic B P, Greene C H, Bohn J L. Quantum defect theory for high-partial-wave cold collisions. Physical Review A, 2013, 87(3): 184-191.

[74] Abramowitz M, Stegun I A. Handbook of mathematical functions (National Bureau of Standards). Washington: U. S. Government Printing Office, 1964.

[75] Ospelkaus S, Ni K K, Wang D, et al. Quantum-state controlled chemical reactions of ultracold potassium-rubidium molecules. Science, 2010, 327(5967): 853-857.

[76] Moses S A, Covey J P, Miecnikowski M T, et al. Creation of a low-entropy quantum gas of polar molecules in an optical lattice. Science, 2015, 350(6261): 659-662.

[77] Zuchowski P S, Kosicki M, Kodrycka M, et al. van der Waals coefficients for systems with ultracold polar alkali-metal molecules. Physical Review A, 2013, 87(2): 117-122.

[78] Bai Y P, Li J L, Wang G R, et al. Suppressing reactivity in a degenerate Fermi molecular gas via the statistical potential. Physical Review A, 2022, 105(4): 043314.